"十二五"普通高等教育规划教材

液压与气压传动
（第 2 版）

谢群　崔广臣　王健　编著

国防工业出版社

·北京·

内 容 简 介

本书分液压传动和气压传动两篇,共 16 章。第 1 篇为液压传动,主要讲述了液压流体力学基础、液压元件、液压基本回路、典型液压传动系统、电液控制阀与电液伺服系统、液压系统设计。第 2 篇为气压传动,主要讲述了气压传动理论基础、气源装置、气动控制元件、气动回路以及气动回路的设计与应用。本书在注重液压与气动技术基础理论的同时,加强与工程实际的结合,注重培养学生的工程应用和设计能力,同时也介绍了液压与气动技术领域的新技术,既可以满足在校学生学习液压与气动技术基本知识的需要,又可以满足工程技术人员解决实际问题的需要。

本书可作为高等学校机械设计制造及自动化专业、机械电子工程专业以及其他相关专业的教材,也可以供从事液压与气动技术的工程技术人员、研究人员学习和参考。

图书在版编目(CIP)数据

液压与气压传动/谢群,崔广臣,王健编著.—北京:国防工业出版社,2015.3

"十二五"普通高等教育规划教材

ISBN 978-7-118-09998-0

Ⅰ.①液… Ⅱ.①谢…②崔…③王… Ⅲ.①液压传动-高等学校-教材②气压传动-高等学校-教材 Ⅳ.①TH137②TH138

中国版本图书馆 CIP 数据核字(2015)第 046621 号

※

国防工业出版社 出版发行

(北京市海淀区紫竹院南路 23 号 邮政编码 100048)
北京奥鑫印刷厂印刷
新华书店经售

*

开本 787×1092 1/16 印张 20½ 字数 452 千字
2015 年 3 月第 2 版第 1 次印刷 印数 1—4000 册 定价 40.00 元

(本书如有印装错误,我社负责调换)

国防书店:(010)88540777   发行邮购:(010)88540776
发行传真:(010)88540755   发行业务:(010)88540717

前　言

目前，液压与气动技术应用非常广泛，主要应用在制造业、交通运输、军事装备和国防工业等各个领域，成为农业、工业、国防和科学技术现代化中不可替代的一项重要基础技术，也是当代工程师应该掌握的重要基础知识之一。

本书是为高等学校机械工程类专业编写的教材。全书分液压传动和气压传动两篇，共 16 章。书中提供了流体力学基础、液压元件、液压基本回路、典型液压传动系统、电液控制阀与电液伺服系统、液压系统设计、气源装置、气动元件、气动回路以及气动程序控制系统的设计方法等基本理论和基础知识，内容涉及基本概念、理论分析、基本原理、结构特点、设计方法、使用与维护方法等，同时也反映了该学科国内外的最新研究成果及发展趋势，体现了基础性、系统性、先进性和工程应用性等特点。

本书采用目前应用较多的比较新型的元件，针对各类元件阐述其结构、特点和工作原理，基本回路全面、应用性强，典型回路充分反映基础知识的应用并包含国际最新应用成果，本书既可以满足在校学生对基础知识和基本理论的学习要求，又可以满足工程技术人员解决实际问题的需要。作者根据实际从事液压产品设计和调试的工作经验和多年从事液压与气动教学工作的经验，将理论知识与工程实际相结合，以培养应用型人才和更好地解决工程实际问题为目的。本书元件的图形符号、回路和系统原理图采用了流体传动系统及元件图形符号和回路图的国家标准 GB/T 786.1—2009 绘制。

本书在第 1 版教材的基础上，进行了重新修订，保留了第 1 版中的课程体系，在课程内容上作了较大改革。在较全面阐述液压与气动技术基本内容的基础上，进一步提高基础理论与工程实际的结合并反映液压与气动技术发展最新研究成果。为此，我们从以下三个方面进行了修订：一、增加了液压传动工作介质的分类、选用、污染测定、污染等级和污染控制等知识；二、注重液压流体力学理论在液压元件和液压系统中的实际应用，减少理论推导；三、液压元件结构和工作原理介绍选用最新应用的新型液压元件代替原有书中的部分老型号产品。修订后的教材将更加有利于培养既具有扎实理论基础又具有实践经验的应用型人才，更加适应现代化工业发展的要求。

本书由谢群、崔广臣、王健主编。参加编写的有沈阳理工大学李国康（第 1 章）、谢群（第 2 章、第 6 章、第 7 章、第 9 章）、李艳杰（第 3 章）、闫家超（第 3 章）、王健（第 4 章、第 5 章）、崔广臣（第 10 章～第 16 章），东北农业大学苏文海（第 8 章）。

在本书的编写过程中得到了沈阳重型机械集团有限责任公司盾构分公司高伟贤副总经理的支持和帮助，在此表示感谢。

由于编写水平有限，书中难免有不足之处，敬请广大读者指正。

目 录

绪论 1
　一、液压与气压传动的工作原理和基本特征 1
　二、液压与气压传动系统的组成 3
　三、液压与气压传动系统的图形符号 3
　四、液压与气压传动的优缺点 4
　五、液压与气压传动的应用与发展 6

第一篇　液压传动

第1章　流体力学基础 7

1.1　液压传动工作介质 7
　　1.1.1　工作介质的分类 8
　　1.1.2　工作介质的性质 8
　　1.1.3　工作介质的选用 11
　　1.1.4　液压系统的污染控制 12

1.2　液体静力学 16
　　1.2.1　静压力及其性质 16
　　1.2.2　静压力基本方程 16
　　1.2.3　压力的表示方法 17
　　1.2.4　静压力对固体壁面的作用力 18

1.3　液体动力学 18
　　1.3.1　基本概念 19
　　1.3.2　连续方程 20
　　1.3.3　伯努利方程 21
　　1.3.4　动量方程 24

1.4　管路损失计算 26
　　1.4.1　雷诺实验 27
　　1.4.2　雷诺数 27

1.4.3　圆管内层流分析 ……………………………………………… 28
　　　1.4.4　圆管内湍流分析 ……………………………………………… 29
　　　1.4.5　沿程压力损失 ………………………………………………… 30
　　　1.4.6　局部压力损失 ………………………………………………… 31
　　　1.4.7　管路总压力损失 ……………………………………………… 31
　1.5　小孔出流和缝隙流动 ………………………………………………… 32
　　　1.5.1　小孔流量计算 ………………………………………………… 32
　　　1.5.2　缝隙流量计算 ………………………………………………… 34
　1.6　空穴现象和液压冲击 ………………………………………………… 36
　　　1.6.1　空穴现象 ……………………………………………………… 36
　　　1.6.2　液压冲击 ……………………………………………………… 37
　思考题和习题 …………………………………………………………………… 38

第2章　液压动力元件 ………………………………………………………… 42
　2.1　概述 …………………………………………………………………… 42
　　　2.1.1　液压泵的工作原理及基本特点 ……………………………… 42
　　　2.1.2　液压泵的主要性能参数 ……………………………………… 43
　2.2　齿轮泵 ………………………………………………………………… 45
　　　2.2.1　外啮合齿轮泵的工作原理 …………………………………… 45
　　　2.2.2　外啮合齿轮泵的排量与流量 ………………………………… 46
　　　2.2.3　外啮合齿轮泵的结构特点 …………………………………… 47
　　　2.2.4　提高外啮合齿轮泵压力的措施 ……………………………… 49
　　　2.2.5　螺杆泵和内啮合齿轮泵 ……………………………………… 49
　2.3　叶片泵 ………………………………………………………………… 51
　　　2.3.1　单作用叶片泵 ………………………………………………… 51
　　　2.3.2　双作用叶片泵 ………………………………………………… 54
　2.4　柱塞泵 ………………………………………………………………… 57
　　　2.4.1　轴向柱塞泵 …………………………………………………… 58
　　　2.4.2　径向柱塞泵 …………………………………………………… 64
　2.5　液压泵的性能比较与应用 …………………………………………… 65
　思考题和习题 …………………………………………………………………… 66

第3章　液压执行元件 ………………………………………………………… 67
　3.1　液压马达 ……………………………………………………………… 67
　　　3.1.1　液压马达的特点 ……………………………………………… 67

3.1.2 液压马达的主要性能参数 …………………………………………… 67
　　3.1.3 液压马达的工作原理 ………………………………………………… 70
3.2 液压缸 ……………………………………………………………………………… 74
　　3.2.1 液压缸的分类 ………………………………………………………… 74
　　3.2.2 几种典型的液压缸 …………………………………………………… 74
　　3.2.3 液压缸的典型结构及主要零部件 …………………………………… 79
　　3.2.4 液压缸的设计与计算 ………………………………………………… 82
　　3.2.5 数字控制液压缸 ……………………………………………………… 85
思考题和习题 …………………………………………………………………………… 87

第4章 液压控制元件 ……………………………………………………………… 89

4.1 概述 ………………………………………………………………………………… 89
4.2 方向控制阀 ………………………………………………………………………… 89
　　4.2.1 单向阀 ………………………………………………………………… 89
　　4.2.2 换向阀 ………………………………………………………………… 90
4.3 压力控制阀 ………………………………………………………………………… 99
　　4.3.1 溢流阀 ………………………………………………………………… 100
　　4.3.2 减压阀 ………………………………………………………………… 106
　　4.3.3 顺序阀 ………………………………………………………………… 110
　　4.3.4 压力继电器 …………………………………………………………… 112
4.4 流量控制阀 ………………………………………………………………………… 113
　　4.4.1 流量控制原理及节流口形式 ………………………………………… 113
　　4.4.2 节流阀的类型及工作原理 …………………………………………… 116
　　4.4.3 节流阀的压力和温度补偿 …………………………………………… 117
4.5 叠加式液压阀 ……………………………………………………………………… 120
4.6 二通插装阀 ………………………………………………………………………… 122
　　4.6.1 插装阀的工作原理 …………………………………………………… 123
　　4.6.2 插装阀的类型 ………………………………………………………… 123
4.7 液压阀的连接 ……………………………………………………………………… 125
思考题和习题 …………………………………………………………………………… 126

第5章 液压辅助元件 ……………………………………………………………… 128

5.1 管路及管接头 ……………………………………………………………………… 128
　　5.1.1 油管的种类和选用 …………………………………………………… 128
　　5.1.2 管接头的种类和选用 ………………………………………………… 129

5.2 油箱 ································ 131
5.2.1 油箱的功用和结构 ············· 131
5.2.2 油箱设计时需要注意的问题 ····· 132
5.3 滤油器 ······························ 133
5.3.1 滤油器的功用和基本要求 ······· 133
5.3.2 过滤器的类型 ···················· 133
5.3.3 过滤器的安装 ···················· 135
5.4 密封装置 ···························· 136
5.4.1 对密封装置的要求 ··············· 136
5.4.2 密封装置的类型和特点 ·········· 137
5.5 蓄能器 ······························ 139
5.5.1 蓄能器的功用 ···················· 139
5.5.2 蓄能器的类型与结构 ············ 140
5.5.3 蓄能器的容量计算 ··············· 141
5.5.4 蓄能器的安装 ···················· 142
5.6 冷热交换器 ·························· 142
5.6.1 冷却器 ··························· 142
5.6.2 加热器 ··························· 143
5.7 压力表及压力表开关 ················· 143
5.7.1 压力表 ··························· 143
5.7.2 压力表开关 ······················· 143
思考题和习题 ······························ 144

第6章 液压基本回路 ······················· 145
6.1 压力控制回路 ·························· 145
6.1.1 调压回路 ·························· 145
6.1.2 减压回路 ·························· 146
6.1.3 增压回路 ·························· 147
6.1.4 卸荷回路 ·························· 148
6.1.5 保压回路 ·························· 149
6.1.6 泄压回路 ·························· 151
6.1.7 平衡回路 ·························· 151
6.2 速度控制回路 ·························· 153
6.2.1 调速回路 ·························· 153
6.2.2 快速运动回路 ····················· 163

		6.2.3	速度换接回路	166
	6.3	多执行元件控制回路		167
		6.3.1	顺序动作回路	168
		6.3.2	同步回路	169
		6.3.3	互不干扰回路	172
	6.4	其他控制回路		173
		6.4.1	锁紧回路	173
		6.4.2	缓冲回路	173
	思考题和习题			174

第7章 典型液压系统 … 177

- 7.1 组合机床动力滑台液压系统 … 177
  - 7.1.1 概述 … 177
  - 7.1.2 工作原理 … 177
  - 7.1.3 技术特点 … 179
- 7.2 液压机液压系统 … 179
  - 7.2.1 概述 … 179
  - 7.2.2 工作原理 … 179
  - 7.2.3 技术特点 … 182
- 7.3 塑料注射成型机液压系统 … 182
  - 7.3.1 概述 … 182
  - 7.3.2 工作原理 … 183
  - 7.3.3 技术特点 … 185
- 7.4 盾构机刀盘驱动液压系统 … 186
  - 7.4.1 概述 … 186
  - 7.4.2 工作原理 … 186
  - 7.4.3 技术特点 … 188
- 思考题和习题 … 189

第8章 电液控制阀与电液伺服系统 … 190

- 8.1 电液伺服阀 … 190
  - 8.1.1 电液伺服阀的分类 … 190
  - 8.1.2 电液伺服阀的结构原理 … 190
  - 8.1.3 伺服控制元件常用的结构形式 … 192
  - 8.1.4 电液伺服阀的特性 … 194

8.2 电液比例控制阀 ·· 197
    8.2.1 比例阀的特点 ·· 198
    8.2.2 比例阀的组成 ·· 198
    8.2.3 比例电磁铁的工作原理 ···································· 199
    8.2.4 比例电磁铁的选用 ·· 200
8.3 电液数字阀 ·· 200
8.4 电液伺服系统实例 ·· 201
    8.4.1 机械手伸缩运动伺服系统 ·································· 201
    8.4.2 钢带张力控制系统 ·· 202
    8.4.3 试验机电液比例加载测控系统 ······························ 203
    8.4.4 直驱式容积控制电液伺服系统 ······························ 204
思考题和习题 ·· 205

第9章 液压系统的设计与计算 ·· 206

9.1 明确设计要求进行工况分析 ·· 206
    9.1.1 明确设计要求 ·· 206
    9.1.2 进行工况分析 ·· 206
9.2 确定液压系统的主要参数 ·· 208
    9.2.1 初选系统的工作压力 ······································ 208
    9.2.2 计算液压缸主要结构尺寸和液压马达排量 ···················· 208
    9.2.3 计算执行元件所需流量 ···································· 210
    9.2.4 绘制执行元件工况图 ······································ 210
9.3 拟定液压系统原理图 ·· 211
9.4 液压元件的计算和选择 ·· 212
    9.4.1 液压泵的选择 ·· 212
    9.4.2 确定液压泵的驱动功率 ···································· 213
    9.4.3 控制阀的选择 ·· 214
    9.4.4 液压辅件的选择 ·· 214
9.5 液压系统性能验算 ·· 215
    9.5.1 液压系统压力损失验算 ···································· 215
    9.5.2 系统发热及温升计算 ······································ 215
9.6 设计液压装置、编制技术文件 ······································ 216
    9.6.1 液压装置的结构设计 ······································ 216
    9.6.2 绘制工作图、编制技术文件 ································ 217
9.7 液压系统设计计算举例 ·· 217

  9.7.1 负载与运动分析 218
  9.7.2 确定液压缸主要参数 219
  9.7.3 拟定液压系统原理图 221
  9.7.4 选择液压元件 221
  9.7.5 液压系统的主要性能验算 222
思考题和习题 224

第二篇　气 压 传 动

第10章　气压传动理论基础 225
 10.1 空气的基本性质 225
  10.1.1 空气的组成 225
  10.1.2 空气的密度 225
  10.1.3 空气的黏性和黏度 225
  10.1.4 气体体积的可压缩性 226
 10.2 气体状态方程 226
  10.2.1 理想气体的状态方程 226
  10.2.2 理想气体的状态变化过程 227
 10.3 湿空气 228
  10.3.1 湿度 229
  10.3.2 空气的含湿量 229
  10.3.3 露点 230
 思考题和习题 230

第11章　气源装置及气动辅助元件 231
 11.1 气源装置 231
  11.1.1 压缩空气站概述 231
  11.1.2 空气压缩机 232
 11.2 气源净化及处理装置 234
  11.2.1 空气过滤器 234
  11.2.2 后冷却器 234
  11.2.3 油水分离器 235
  11.2.4 空气干燥器 236
  11.2.5 储气罐 236
  11.2.6 油雾器 237

11.2.7 气源处理"三联件" ············ 239
11.3 传统气动系统辅助元件 ············ 240
11.3.1 消声器 ············ 240
11.3.2 管道与接头 ············ 241
11.3.3 管道布置 ············ 242
11.4 现代气动自动控制系统辅助元件 ············ 243
11.4.1 传感器 ············ 243
11.4.2 转换器 ············ 244
11.4.3 程序器 ············ 245
11.4.4 气动放大器 ············ 245
11.4.5 气动延时器 ············ 246
11.4.6 气动变送器 ············ 246
思考题和习题 ············ 247

第12章 气动执行元件 ············ 248

12.1 气缸 ············ 248
12.1.1 气缸的分类 ············ 248
12.1.2 气缸的工作特性 ············ 248
12.1.3 气缸的主要尺寸及结构设计 ············ 251
12.1.4 常用气缸 ············ 254
12.2 气动马达 ············ 256
思考题和习题 ············ 257

第13章 气动控制元件 ············ 258

13.1 压力控制阀 ············ 258
13.2 方向控制阀 ············ 260
13.2.1 方向控制阀的分类 ············ 260
13.2.2 单向型控制阀 ············ 261
13.2.3 换向阀 ············ 263
13.3 流量控制阀 ············ 267
13.3.1 排气节流阀(带消声器) ············ 268
13.3.2 其他节流阀 ············ 268
13.4 气动逻辑元件 ············ 268
13.4.1 气动逻辑元件的分类 ············ 268
13.4.2 高压截止式逻辑元件 ············ 269

13.4.3　高压膜片式逻辑元件 ⋯⋯⋯⋯⋯⋯⋯⋯⋯⋯⋯⋯⋯⋯⋯⋯⋯⋯⋯⋯⋯ 272

　　　13.4.4　逻辑元件的选用 ⋯⋯⋯⋯⋯⋯⋯⋯⋯⋯⋯⋯⋯⋯⋯⋯⋯⋯⋯⋯⋯⋯⋯ 272

　13.5　气动比例阀及气动伺服阀 ⋯⋯⋯⋯⋯⋯⋯⋯⋯⋯⋯⋯⋯⋯⋯⋯⋯⋯⋯⋯⋯⋯ 272

　　　13.5.1　气动比例阀 ⋯⋯⋯⋯⋯⋯⋯⋯⋯⋯⋯⋯⋯⋯⋯⋯⋯⋯⋯⋯⋯⋯⋯⋯⋯ 273

　　　13.5.2　电—气伺服阀（简称气动伺服阀） ⋯⋯⋯⋯⋯⋯⋯⋯⋯⋯⋯⋯⋯⋯⋯ 274

　思考题和习题 ⋯⋯⋯⋯⋯⋯⋯⋯⋯⋯⋯⋯⋯⋯⋯⋯⋯⋯⋯⋯⋯⋯⋯⋯⋯⋯⋯⋯⋯⋯ 274

第14章　气动基本回路 ⋯⋯⋯⋯⋯⋯⋯⋯⋯⋯⋯⋯⋯⋯⋯⋯⋯⋯⋯⋯⋯⋯⋯⋯⋯⋯ 276

　14.1　压力控制回路 ⋯⋯⋯⋯⋯⋯⋯⋯⋯⋯⋯⋯⋯⋯⋯⋯⋯⋯⋯⋯⋯⋯⋯⋯⋯⋯⋯ 276

　　　14.1.1　压力控制回路组成 ⋯⋯⋯⋯⋯⋯⋯⋯⋯⋯⋯⋯⋯⋯⋯⋯⋯⋯⋯⋯⋯ 276

　　　14.1.2　压力控制回路分类 ⋯⋯⋯⋯⋯⋯⋯⋯⋯⋯⋯⋯⋯⋯⋯⋯⋯⋯⋯⋯⋯ 276

　14.2　速度控制回路 ⋯⋯⋯⋯⋯⋯⋯⋯⋯⋯⋯⋯⋯⋯⋯⋯⋯⋯⋯⋯⋯⋯⋯⋯⋯⋯⋯ 277

　　　14.2.1　单作用气缸速度控制回路 ⋯⋯⋯⋯⋯⋯⋯⋯⋯⋯⋯⋯⋯⋯⋯⋯⋯⋯ 277

　　　14.2.2　双作用气缸速度控制回路 ⋯⋯⋯⋯⋯⋯⋯⋯⋯⋯⋯⋯⋯⋯⋯⋯⋯⋯ 277

　　　14.2.3　快速往复运动回路 ⋯⋯⋯⋯⋯⋯⋯⋯⋯⋯⋯⋯⋯⋯⋯⋯⋯⋯⋯⋯⋯ 278

　　　14.2.4　速度换接回路 ⋯⋯⋯⋯⋯⋯⋯⋯⋯⋯⋯⋯⋯⋯⋯⋯⋯⋯⋯⋯⋯⋯⋯ 279

　　　14.2.5　缓冲回路 ⋯⋯⋯⋯⋯⋯⋯⋯⋯⋯⋯⋯⋯⋯⋯⋯⋯⋯⋯⋯⋯⋯⋯⋯⋯ 279

　14.3　换向回路 ⋯⋯⋯⋯⋯⋯⋯⋯⋯⋯⋯⋯⋯⋯⋯⋯⋯⋯⋯⋯⋯⋯⋯⋯⋯⋯⋯⋯⋯ 279

　　　14.3.1　单作用气缸换向回路 ⋯⋯⋯⋯⋯⋯⋯⋯⋯⋯⋯⋯⋯⋯⋯⋯⋯⋯⋯⋯ 279

　　　14.3.2　双作用气缸换向回路 ⋯⋯⋯⋯⋯⋯⋯⋯⋯⋯⋯⋯⋯⋯⋯⋯⋯⋯⋯⋯ 280

　14.4　气—液联动回路 ⋯⋯⋯⋯⋯⋯⋯⋯⋯⋯⋯⋯⋯⋯⋯⋯⋯⋯⋯⋯⋯⋯⋯⋯⋯⋯ 280

　14.5　延时回路 ⋯⋯⋯⋯⋯⋯⋯⋯⋯⋯⋯⋯⋯⋯⋯⋯⋯⋯⋯⋯⋯⋯⋯⋯⋯⋯⋯⋯⋯ 282

　14.6　计数回路 ⋯⋯⋯⋯⋯⋯⋯⋯⋯⋯⋯⋯⋯⋯⋯⋯⋯⋯⋯⋯⋯⋯⋯⋯⋯⋯⋯⋯⋯ 283

　14.7　安全保护回路 ⋯⋯⋯⋯⋯⋯⋯⋯⋯⋯⋯⋯⋯⋯⋯⋯⋯⋯⋯⋯⋯⋯⋯⋯⋯⋯⋯ 283

　　　14.7.1　过载保护回路 ⋯⋯⋯⋯⋯⋯⋯⋯⋯⋯⋯⋯⋯⋯⋯⋯⋯⋯⋯⋯⋯⋯⋯ 283

　　　14.7.2　互锁回路 ⋯⋯⋯⋯⋯⋯⋯⋯⋯⋯⋯⋯⋯⋯⋯⋯⋯⋯⋯⋯⋯⋯⋯⋯⋯ 284

　　　14.7.3　双手同时操作回路 ⋯⋯⋯⋯⋯⋯⋯⋯⋯⋯⋯⋯⋯⋯⋯⋯⋯⋯⋯⋯⋯ 284

　14.8　顺序动作回路 ⋯⋯⋯⋯⋯⋯⋯⋯⋯⋯⋯⋯⋯⋯⋯⋯⋯⋯⋯⋯⋯⋯⋯⋯⋯⋯⋯ 285

　　　14.8.1　单缸往复动作回路 ⋯⋯⋯⋯⋯⋯⋯⋯⋯⋯⋯⋯⋯⋯⋯⋯⋯⋯⋯⋯⋯ 285

　　　14.8.2　多缸顺序动作回路 ⋯⋯⋯⋯⋯⋯⋯⋯⋯⋯⋯⋯⋯⋯⋯⋯⋯⋯⋯⋯⋯ 286

　思考题和习题 ⋯⋯⋯⋯⋯⋯⋯⋯⋯⋯⋯⋯⋯⋯⋯⋯⋯⋯⋯⋯⋯⋯⋯⋯⋯⋯⋯⋯⋯⋯ 286

第15章　气动逻辑控制系统设计及举例 ⋯⋯⋯⋯⋯⋯⋯⋯⋯⋯⋯⋯⋯⋯⋯⋯⋯⋯⋯ 288

　15.1　逻辑代数简介 ⋯⋯⋯⋯⋯⋯⋯⋯⋯⋯⋯⋯⋯⋯⋯⋯⋯⋯⋯⋯⋯⋯⋯⋯⋯⋯⋯ 288

　　　15.1.1　逻辑函数真值表和卡诺图 ⋯⋯⋯⋯⋯⋯⋯⋯⋯⋯⋯⋯⋯⋯⋯⋯⋯⋯ 288

         15.1.2 逻辑代数的基本逻辑运算及其恒等式 …………………………… 289
         15.1.3 逻辑函数表达式的简化 …………………………………………… 290
    15.2 组合逻辑控制回路设计 ……………………………………………………… 292
         15.2.1 组合逻辑控制回路设计的一般步骤 ……………………………… 292
         15.2.2 组合逻辑控制回路设计举例 ……………………………………… 294
    思考题和习题 ……………………………………………………………………… 297

第16章 程序控制系统设计及举例 ………………………………………………… 298
    16.1 程序控制系统概述 …………………………………………………………… 298
    16.2 程序控制系统的设计步骤 …………………………………………………… 298
         16.2.1 设计准备工作 ……………………………………………………… 298
         16.2.2 控制回路设计步骤 ………………………………………………… 299
    16.3 多缸单往复行程程序回路设计及举例 ……………………………………… 299
         16.3.1 障碍信号的判断和排除 …………………………………………… 300
         16.3.2 X-D 状态图建立 …………………………………………………… 301
         16.3.3 X-D 状态图应用方法介绍 ………………………………………… 302
         16.3.4 绘制气动程序控制逻辑原理图(简称逻辑原理图) ……………… 307
         16.3.5 气动回路图的绘制 ………………………………………………… 308
         16.3.6 气动回路图的应用说明 …………………………………………… 309
    16.4 多缸多往复行程程序回路设计举例 ………………………………………… 309
         16.4.1 画 X-D 线图 ………………………………………………………… 309
         16.4.2 判断和消障 ………………………………………………………… 309
         16.4.3 画出"$A_1B_1B_0B_1B_0A_0$"的逻辑原理图 ………………………… 311
         16.4.4 画出"$A_1B_1B_0B_1B_0A_0$"气动控制回路图 ……………………… 311
    思考题和习题 ……………………………………………………………………… 312

参考文献 ……………………………………………………………………………… 313

绪 论

任何一部机器一般都有传动装置,按照所采用的传动件或工作介质的不同,传动的类型主要分为机械传动、电力传动和流体传动。流体传动又可分为液体传动和气体传动。按工作原理不同,液(气)体传动又分为液(气)力传动和液(气)压传动。液(气)力传动是利用流体的动能进行工作;液(气)压传动是利用流体的压力能来传递动力和进行控制。

液压与气压传动是以流体作为工作介质实现能量转换、传递和控制的技术。液压传动的工作介质为液压油或各种合成液,气压传动的工作介质为压缩空气。液压传动与气压传动简称为液压与气动技术。

一、液压与气压传动的工作原理和基本特征

液压传动与气压传动的工作原理基本相同。现以液压千斤顶为例来说明液压与气压传动的基本工作原理。如图 0-1(a)所示,当手动抬起杠杆手柄时,小液压缸 1 中活塞向上运动,活塞下腔容积增大,形成局部真空,单向阀 2 关闭,在大气压作用下,油箱 5 中的油液通过吸油管 4 顶开单向阀 3 进入小液压缸下腔,完成吸油过程;当压下杠杆手柄时,小液压缸活塞向下运动,活塞下腔油液压力升高,关闭单向阀 3,顶开单向阀 2,油液经压油管 8 进入大液压缸 9,推动活塞上移顶起重物。不断往复扳动手柄,则不断有油液进入大液压缸下腔,将重物逐渐顶起。停止扳动手柄,由于截止阀 7 关闭,大液压缸油液压力使单向阀 2 关闭,则重物停止不动。如果打开截止阀,大液压缸下腔油液经回油管 6 流回油箱,大活塞在重物和自重作用下向下移动,回到原始位置。杠杆手柄、小液压缸、单向阀 2 和 3 组成手动液压泵,完成吸油与压油,将机械能转换成压力能输出。大液压缸称为举升液压缸,它将压力能转换成机械能,举起重物。它们共同组成了最简单的液压传动系统,实现了能量的转换和传递。

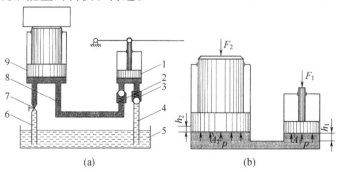

图 0-1 液压千斤顶

1—小液压缸;2,3—单向阀;4—吸油管;5—油箱;
6—回油管;7—截止阀;8—压油管;9—大液压缸。

基本特征如下：

1. 力的传递

力的传递根据液体静压传递原理实现。

如图0-1(b)液压千斤顶的简化模型所示,当大液压缸活塞上的负载力为F_2、活塞面积为A_2时,大液压缸中所产生的液体压力$p = F_2/A_2$,根据帕斯卡原理:"在密闭容器内,施加于静止液体上的压力将以等值同时传递到液体内部各点"。因此小液压缸中的液体压力应等于p,即

$$p = \frac{F_1}{A_1} = \frac{F_2}{A_2} \qquad (0-1)$$

式中:F_1为杠杆手柄作用在小活塞上的力;A_1为小液压缸活塞面积。

因此,系统所能克服的负载力为

$$F_2 = F_1 \frac{A_2}{A_1} \qquad (0-2)$$

式(0-2)为液压与气压传动中力传递的基本公式。由此可以看出:

(1) 因$A_2 > A_1$,则$F_2 > F_1$,所以用一个很小的力F_1,就可以推动一个较大的负载F_2,因此液压系统可看做一个力的放大机构。

(2) 在A_1、A_2一定时,负载力F_2越大,系统中的压力p也越大,因此得出液压与气压传动的第一个基本特征:工作压力取决于负载。

2. 运动的传递

运动速度的传递根据密闭工作容积变化相等的原则实现。

如果不考虑液体的可压缩性、泄漏和液压缸、管路的变形等因素,小液压缸排出的液体的体积必然等于进入大液压缸的液体体积,即

$$h_1 A_1 = h_2 A_2 \qquad (0-3)$$

式中:h_1、h_2分别为小液压缸活塞和大液压缸活塞的位移。

式(0-3)两边同除以活塞运动时间t,得

$$q_1 = v_1 A_1 = v_2 A_2 = q_2 = q \qquad (0-4)$$

式中:v_1、v_2分别为小液压缸活塞和大液压缸活塞平均运动速度;q_1、q_2分别为小液压缸的输出流量和大液压缸的输入流量;q为系统中液体的流量,即单位时间内液体流过某一截面的液体的体积。

由式(0-4),得

$$v_2 = \frac{q}{A_2} \qquad (0-5)$$

因此,改变进入大液压缸的流量,即可改变大液压缸活塞的运动速度,这是液压与气压传动能实现无级调速的基本原理。因此得出液压与气压传动的第二个基本特征:运动速度取决于流量。

3. 功率关系

系统的能量传递符合能量守恒定律。

如果不计损失,则系统的输入功率

$$P_1 = F_1v_1 = pA_1v_1 = pq \qquad (0-6)$$

输出功率

$$P_2 = F_2v_2 = pA_2v_2 = pq \qquad (0-7)$$

系统的输入功率与输出功率相等,液压与气压传动中功率等于压力与流量之积。

从以上的分析可以看出,与外负载力相对应的流体参数是压力,与运动速度相对应的流体参数是流量。因此,压力和流量是液压与气压传动系统中两个最基本、最重要的参数。

二、液压与气压传动系统的组成

图 0-2 所示为一台简单的机床工作台液压系统,下面通过对系统的工作原理分析来说明液压与气压传动系统的组成。系统由油箱 1、滤油器 2、液压泵 3、溢流阀 4、节流阀 5、手动换向阀 6、液压缸 7 以及连接这些元件的管路等组成。该系统的工作原理是:液压泵由电动机驱动从油箱经过滤油器吸油,液压泵输出的压力油进入压油管路。当换向阀 6 的阀芯处于如图 0-2(a)所示位置时,压力油经节流阀、换向阀进入液压缸左腔,推动液压缸活塞带动工作台向右运动,液压缸右腔油液经过换向阀和管路流回油箱。如果扳动换向阀 6 的手柄驱动阀芯运动到如图 0-2(b)位置,则压力油将进入液压缸右腔,液压缸左腔油液流回油箱,活塞带动工作台向左运动。当换向阀 6 的阀芯处于图 0-2(c)位置时,工作台停止运动。因此,通过换向阀控制了液压缸活塞的运动方向。

调节节流阀的开口大小,可以调节进入液压缸的流量。液压泵输出的压力油,一部分经过节流阀进入液压缸进行调速,多余的流量通过溢流阀溢流回油箱。因此,通过节流阀控制了液压缸活塞的运动速度。

液压缸的工作压力取决于负载,负载包括推动工作台移动时所受到的各种阻力,如切削力和摩擦阻力等。液压泵最大工作压力由溢流阀调定,其调定值应为液压缸的最大工作压力和系统中油液流经阀和管路时的压力损失的总和。当系统压力超过溢流阀调定压力时溢流阀打开。因此,溢流阀控制了系统的工作压力,同时对系统还起到过载保护的作用。

通过以上分析可以看出,液压与气压传动系统主要由以下五部分组成:

(1) 动力元件。将机械能转换成流体的压力能的元件,为液(气)压传动系统提供具有一定流量和压力的工作介质。一般最常见的是液压泵和空气压缩机。

(2) 执行元件。将流体的压力能转换成机械能的元件,驱动负载做功。一般指液(气)压缸和液(气)压马达。

(3) 控制元件。控制和调节液(气)压系统中流体的压力、流量和流动方向的元件。例如溢流阀、节流阀和换向阀等。

(4) 辅助元件。保证系统能够正常工作并便于检测、控制的元件。例如油箱、过滤器、管路、管接头、压力表、空气滤清器、油雾器等。

(5) 工作介质。传递能量和信号的流体,即液压油或压缩空气。

三、液压与气压传动系统的图形符号

为了简化液压与气压传动系统的表示方法,通常采用图形符号来绘制系统原理图。

我国已制定了流体传动系统及元件图形符号和回路图的国家标准,图0-3为按照国家标准 GB/T 786.1—2009 绘制的图0-2机床工作台液压系统的原理图。图中元件的图形符号不表示元件的结构和参数,只表示其功能、控制方式和外部连接。用图形符号绘制的液压与气动系统原理图表明了组成系统的元件、元件间的相互关系及整个系统的工作原理,并不表示元件实际安装位置和管路布置。图形符号均以元件的静止位置或中间零位置表示,当系统的动作另有说明时,可作例外。

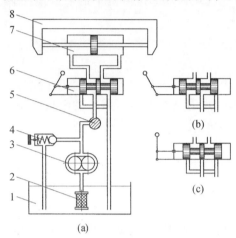

图0-2 机床工作台液压系统工作原理结构示意图
1—油箱;2—滤油器;3—液压泵;4—溢流阀;
5—节流阀;6—换向阀;7—液压缸;8—工作台。

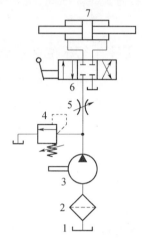

图0-3 机床工作台液压系统原理图
1—油箱;2—滤油器;3—液压泵;4—溢流阀;
5—节流阀;6—换向阀;7—液压缸。

四、液压与气压传动的优缺点

每种传动方式各有其特点、用途和适用范围。

机械传动的优点是传动准确可靠,制造容易,操作简单,维护方便,不受负载影响和传动效率高等;缺点是一般不能进行无级调速,远距离操作比较困难,结构比较复杂等。

电力传动的优点是能量传递方便,信号传递迅速,标准化程度高,易于实现自动化等;缺点是运动平稳性差,易受外界负载的影响,惯性大,起动及换向慢,成本较高,受温度、湿度、振动、腐蚀等环境因素影响较大。

与以上传动方式比较,液压与气压传动有其自己的特点。

1. 液压传动的优点

(1) 容易获得很大的输出力和转矩。液压元件的工作压力已达32MPa以上,通过液压泵产生很高压力的液压油液、高压油进入液压缸或液压马达即可以产生很大的力或转矩。

(2) 体积小、质量轻。例如,在相同的功率条件下,液压泵和液压马达的质量只有发电机和电动机的1/10左右,前者体积约为后者的12%。又由于质量轻,因此惯性小,动作灵敏,可以实现快速启动、制动和频繁换向。

(3) 可以在运动过程中方便地实现无级调速,调速范围大。例如,通过改变流量控制阀开口大小,可以调节进入液压缸的流量从而控制液压缸的运行速度。调速范围可达

2000∶1,这是由于液压缸和液压马达可以在很低的速度和转速下稳定运转。

(4) 运动平稳。油液具有吸收冲击的能力,而机械传动会因为加工和装配误差引起振动和撞击,因此与机械传动相比,液压传递运动均匀、平稳。

(5) 易于实现过载保护。例如,液压系统的工作压力很容易由压力控制元件控制,避免系统超压,实现过载自动保护。

(6) 易于实现自动化。液压传动与电气控制相结合,可以很方便地实现复杂的自动工作循环和进行远程控制。

(7) 液压系统安装布置灵活。液压元件可随设备和环境的需求任意安排,执行元件与液压泵可以相距较远,执行元件本身位置也可以改变,这是机械传动难以实现的。

(8) 液压系统设计、制造和使用维护方便。液压元件已实现了标准化、系列化和通用化,因此便于缩短机器设备的设计制造周期和降低制造成本。

2. 液压传动的缺点

(1) 难以保证严格的传动比。由于液体的可压缩性、管路弹性变形和泄漏等因素的影响,液压传动不能严格保证定比传动。

(2) 传动效率较低。传动过程中需经两次能量转换,在转换过程中常有较多的机械摩擦损失和泄漏容积损失,此外液体经过阀口、管路都有压力损失,因此传动效率较低,而且也不适合于远距离传动。

(3) 工作稳定性易受温度影响。液体黏度随温度变化直接影响泄漏、压力损失及通过节流元件的流量等,从而影响执行元件运动的稳定性,另外,工作介质的性能和使用寿命也受温度影响,因此液压系统不宜在过高或过低温度下工作。

(4) 液压元件价格较高。为防止和减少泄漏,液压元件制造精度要求较高,因此造价较高。

(5) 故障诊断困难。液压元件与系统容易因液压油液污染等原因造成系统故障,且发生故障不易诊断,因此系统的安装、使用和维护的技术水平要求较高。

3. 气压传动的优缺点

(1) 工作介质来源方便。空气可以从大气中取之不尽,将用过的气体排入大气处理方便,不会污染环境。

(2) 宜于远距离传动和控制。由于空气的黏性很小,在管路中传动的阻力损失远远小于液压传动系统,因此与液压传动相比气压传动更宜于远距离传动和控制。

(3) 使用维护方便。由于气压传动工作压力低,元件的材料性能和制造精度低,结构简单,因此价格较低。同时维护简单,使用安全。

(4) 传动与控制响应快。

(5) 适应工作环境能力强。气动元件可以根据不同场合,选用相应材料,使元件能够在恶劣的环境下(易燃、易爆、强磁、粉尘、强振动、强腐蚀等)进行正常工作。

(6) 输出功率较小。由于气压传动工作压力低,因此只适用于小功率输出,且传动效率较低。

(7) 运动不平稳。由于气体压缩性远大于液体的压缩性,因此在动作响应能力和工作平稳性方面不如液压传动。

五、液压与气压传动的应用与发展

液压与气压传动所具有的独特优势使其在工业生产各个部门中得到了广泛的应用。例如,工程机械、矿山机械、压力机械和航空工业应用液压传动主要是因为其具有结构简单、体积小、质量轻、容易获得很大的输出力;金属切削机床应用液压传动主要是因为其具有运行平稳、易于启动和换向、能够在运行过程中方便地实现无级调速;采矿、钢铁和化工等部门中应用气压传动是因为其具有防爆、防燃等特点;电子、食品、包装、印刷等行业应用气压传动是因为其具有操作简单、无污染等特点。表 0-1 所列为液压与气压传动在各类机械行业中的应用。

表 0-1 液压与气压传动在各类机械行业中的应用

行业名称	应用举例
工程机械	挖掘机,装载机,推土机,铲运机,平路机
矿山机械	凿岩机,破碎机,开掘机,提升机,液压支架
锻压机械	液压机,冲压机,模锻锤,剪板机,空气锤
冶金机械	轧钢设备,电极升降机
机床工业	组合机床,龙门刨床,磨床,拉床,车床
汽车工业	自卸式汽车,高空作业车,汽车中的制动、转向、变速装置
农业机械	联合收割机,拖拉机
轻工机械	注塑机,橡胶硫化机,造纸机,打包机
船舶工业	船舶舵机,起货机,舰船减摇装置
航空工业	飞机舵机,起落架,前轮转向装置
兵器工业	导弹发射车,火箭推进器,坦克火炮稳定系统

液压技术是近年来发展最快的技术之一,也是衡量一个国家工业水平的重要标志。自 1795 年世界上第一台水压机诞生至今,液压技术已有 200 多年的历史,但液压传动在工业上被广泛应用和有较大幅度的发展是 20 世纪中期以后的事情。第二次世界大战期间,在各种兵器装备上应用了功率大、反应迅速、动作准确的液压传动和控制装置,促使液压技术得到了迅速应用和发展。战后液压技术迅速转向民用工业,到 20 世纪 60 年代,随着原子能技术、空间技术、计算机技术、微电子技术等的发展,液压技术已应用到国民经济的各个领域。目前,液压传动在某些领域已占有绝对优势,例如,国外生产的 95% 工程机械、95% 以上的自动生产线、90% 的数控加工中心,都采用了液压技术。当前,液压技术在实现高压、高速、大功率、高效率、低噪声、高可靠性、高度集成化等方面都取得了重大进展,并与微电子技术、计算机技术、传感器技术等为代表的新技术紧密结合,形成一个完善高效的控制中枢,成为包括传动、控制、检测、显示乃至校正、预报在内的综合自动化技术。

气动技术的发展趋势是产品向体积小、质量轻、功耗低、组合集成化方向发展;执行元件向种类多、结构紧凑、定位精度高的方向发展;气动元件与电子技术相结合,向智能化方向发展;元件性能向高速、高频、高响应、高寿命、耐高温、耐高压方向发展,并普遍采用无油润滑和向应用新工艺、新技术、新材料方面发展。

第一篇 液压传动

第1章 流体力学基础

流体包括液体和气体两大部分,它们的共同特点是质点间的凝聚力很小,没有一定的形状,容易流动,因而可以通过管道系统传递能量和运动。

流体力学是研究液体和气体平衡和运动规律的一门学科。本章主要介绍与液压传动有关的流体力学知识,为分析设计液压系统奠定较为坚实的理论基础。

1.1 液压传动工作介质

液压传动系统是通过液压工作介质传递能量和动力,实现对机械设备各种动作的控制。因此液压工作介质的成分和物理、化学性能对机械设备的性能、寿命和工作可靠性有着非常重要的影响。

液压传动工作介质在系统中的主要功能有:
(1) 传递动力。
(2) 润滑液压元件和运动部件。
(3) 散发热量。
(4) 密封液压元件对偶摩擦中的间隙。
(5) 传输、分离和沉淀非可溶性污染物。
(6) 为元件和系统失效提供诊断信息。

对液压传动工作介质提出的要求是:
(1) 可压缩性尽可能小。
(2) 合适的黏度和较好的黏温特性。
(3) 润滑性能好。
(4) 质地纯净,杂质少。
(5) 对热、氧化、水解和剪切都有良好的稳定性。
(6) 防锈和抗腐蚀性能好。
(7) 抗泡沫性好。
(8) 抗乳化性好。

(9) 对金属、密封件、橡胶软管、涂料等有良好的相容性。
(10) 燃点高,挥发性小。
(11) 无毒、无臭味,比热容和热导率大,热膨胀系数小。

1.1.1 工作介质的分类

液压系统中使用的工作介质主要包括矿物油型液压油和难燃液压液两类,如表1-1所列。目前,90%以上的液压设备采用矿物油型液压油。为了改善液压油性能,满足液压设备的不同要求,往往在基油中加入各种添加剂。添加剂分为两类:一类用于改善油液的化学性能,如抗氧化剂、防腐剂、防锈剂等;另一类用于改善油液的物理性能,如增黏剂、抗磨剂和抗黏—滑添加剂等。矿物油型液压油有许多优点,但其主要缺点是具有可燃性,在接近明火、高温热源或其他易发生火灾的地方,使用矿物油会有着火的危险,必须改用难燃液压液。所谓难燃液压液并非绝对不能燃烧,而是移去火源后介质不会继续燃烧,火焰能自熄,因而广泛应用于煤矿、发电、石油、冶金、钢铁、船舶、航空等领域。

表1-1 液压传动工作介质的分类与应用

分类		名称	产品符号L-	组成和特性	典型应用
矿物油型液压油		精制矿物油	HH	无添加剂	一般循环润滑系统,低压液压系统
		普通液压油	HL	HH油,改善其防锈性和抗氧化性	低压液压系统
		抗磨液压油	HM	HL油,改善其抗磨性	低、中、高压液压系统,特别适合于带叶片泵的液压系统
		低温液压油	HV	HM油,改善其黏温特性	能在-40~-20℃的低温环境中工作的工程机械和船用设备的液压系统
		高黏度指数液压油	HR	HL油,改善其黏温特性	黏温特性优于HV油,用于数控机床液压系统和伺服系统
		液压导轨油	HG	HM油,具有黏—滑特性	适用于导轨和液压共用一个系统的精密机床
		其他液压油		加入多种添加剂	用于高品质的专用液压系统
难燃液压液	乳化液	水包油乳化液	HFAE	含水大于80%	液压支架及用液量非常大的液压系统
		油包水乳化液	HFB	含60%精致矿物油	用于要求抗燃、润滑性、防锈性好的中压液压系统
	合成液	水-乙二醇液	HFC	水和乙二醇相溶加添加剂	飞机液压系统
		磷酸酯液	HFDR	无水磷酸酯加添加剂	冶金设备、汽轮机等高温高压系统,常用于大型民航客机的液压系统

1.1.2 工作介质的性质

1. 密度

单位体积液体的质量称为液体的密度。体积为 V、质量为 m 的液体密度为

$$\rho = \frac{m}{V} \tag{1-1}$$

常用液压传动工作介质的密度值如表1-2所列。

表1-2 常用液压传动工作介质的密度(20℃)

工作介质	密度 $\rho/(kg \cdot m^{-3})$	工作介质	密度 $\rho/(kg \cdot m^{-3})$
抗磨液压油 L-HM32	0.87×10^3	水-乙二醇液 L-HFC	1.06×10^3
抗磨液压油 L-HM46	0.875×10^3	通用磷酸酯液 L-HFDR	1.15×10^3
油包水乳化液 L-HFB	0.932×10^3	飞机用磷酸酯液 L-HFDR	1.05×10^3
水包油乳化液 L-HFAE	0.9977×10^3	10号航空液压油	0.85×10^3

液体的密度随压力的升高有所增加,随温度的上升有所减小,但其变化量一般很小,在工程计算中可以忽略不计。

2. 可压缩性

液体因所受压力增加而使体积减少的性质,称为可压缩性。可压缩性的大小用体积压缩系数 k 来表示。压力为 p_0、体积为 V_0 的液体,当压力增加 Δp 时,体积减小 ΔV,则液体的体积压缩系数 k 为

$$k = -\frac{1}{\Delta p}\frac{\Delta V}{V_0} \tag{1-2}$$

因为 ΔV 与 Δp 的变化相反,压力增加时体积减少,所以在式(1-2)中加一负号,以正数来表示 k。

液体体积压缩系数的倒数,称为液体的体积弹性模量,即

$$K = \frac{1}{k} = -\frac{\Delta p}{\Delta V}V_0 \tag{1-3}$$

表1-3所列为各种液压传动工作介质的体积模量。由表中石油基液压油体积模量的数值可知,它的可压缩性是钢的50~100倍。

表1-3 各种工作介质的体积模量(20℃,大气压)

工作介质	体积模量 $K/(MPa)$	工作介质	体积模量 $K/(MPa)$
矿物油液压油	$(1.4~2) \times 10^3$	水-乙二醇液压液	3.45×10^3
水包油乳化液	1.95×10^3	磷酸酯液压液	2.65×10^3
油包水乳化液	2.3×10^3		

一般情况下,液体的可压缩性对液压系统性能的影响不大,但在高压下或研究系统动态性能及计算远距离操纵的液压机构时,则必须予以考虑。例如,在液压机工作过程中,由于油液有压缩性,在加压过程时,工作缸内的油液被压缩,吸收了能量,工作压力越高,吸收的能量就越多,当液压机卸压时,这部分能量将很快释放,产生液压冲击,造成管路的剧烈振动和噪声。因此在设计液压机等高压系统时,应注意对回程时的卸压过程进行合理的控制。

石油基液压油的体积模量与温度、压力有关:温度升高时,K 值减小。在液压油正常

工作温度范围内，K 值会有 5%～25% 的变化；压力增加时，K 值增大，但这种变化不呈线性关系，当 $p \geqslant 3\text{MPa}$ 时基本上不再增大。当工作介质中有游离气泡时，K 值将大大减小，因此应采取措施尽量减少液压系统工作介质中的游离气泡的含量。

3. 黏性

液体在外力作用下流动时，分子间的内聚力阻止分子运动而产生内摩擦力，这一特性称为液体的黏性。黏性使流动液体内部各处的速度不相等，以图 1-1 为例，若距离为 h 的两平行平板间充满液体，下平板固定，而上平板以速度 u_0 向右平动。由于液体的黏性，紧靠着下平板的液层速度为零，紧靠着上平板的液层速度为 u_0，而中间各层的液体速度视它与下平板间距离按曲线规律或线性规律变化。

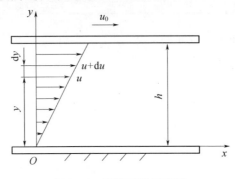

图 1-1 液体黏性示意图

实验测定指出，液体流动时相邻液层间的内摩擦力 F_f 与液层接触面积 A、液层间的速度梯度 $\mathrm{d}u/\mathrm{d}y$ 成正比，即

$$F_f = \mu A \frac{\mathrm{d}u}{\mathrm{d}y} \tag{1-4}$$

式中：μ 为比例常数，称为黏性系数或动力黏度。

如以 τ 表示液层间的切应力，即单位面积上的内摩擦力，则

$$\tau = \frac{F_f}{A} = \mu \frac{\mathrm{d}u}{\mathrm{d}y} \tag{1-5}$$

这就是牛顿液体内摩擦定律。

由式(1-4)可知，液体的黏度是指它在单位速度梯度下流动时，单位面积上产生的内摩擦力。黏度是衡量液体黏性的指标。静止液体不呈现黏性。

常用的黏度有三种，即动力黏度、运动黏度和相对黏度。

黏度 μ 称为动力黏度，单位为 $\text{Pa} \cdot \text{s}$。

液体动力黏度与其密度之比称为液体的运动黏度 ν，单位为 m^2/s，即

$$\nu = \frac{\mu}{\rho} \tag{1-6}$$

就物理意义来说，运动黏度不是一个黏度的量，但习惯上常用它来标志液体黏度。液压传动工作介质的黏度等级是以 40℃ 时运动黏度（$\times 10^{-6}\text{m}^2/\text{s}$）的平均值进行划分。例如，某一牌号 L-HL22 普通液压油在 40℃ 时运动黏度的平均值为 $22 \times 10^{-6}\text{m}^2/\text{s}$。

相对黏度是根据特定测量条件制定的，故又称条件黏度。由于测定黏度的方法很

多,所以条件黏度的种类也很多,如恩氏黏度、赛氏黏度、雷氏黏度。我国主要采用运动黏度,国际标准化组织也规定统一采用运动黏度来表示油的黏度,但恩氏黏度仍被很多国家采用。运动黏度和恩氏黏度之间可用一定的转换公式进行转换。

流体的黏度随液体的压力和温度而变化。对液压传动工作介质来说,压力增大时,液体分子间距离减小,内聚力增加,黏度增大。在一般液压系统使用的压力范围内,增大的数值很小,可以忽略不计。温度变化使液体内聚力发生变化,因此液体的黏度对温度变化十分敏感,如图1-2所示,温度升高,黏度下降,这一特性称为液体的黏—温特性。

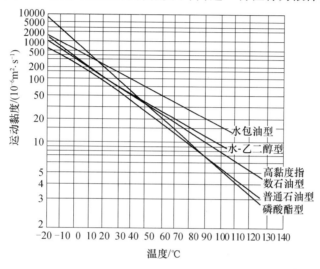

图1-2 液体黏度和温度间的关系

1.1.3 工作介质的选用

工作介质的选择包含两个方面:品种和黏度。具体选用时,应从以下三个方面着手。

（1）根据工作环境和工况条件选择液压油　不同类型液压油有不同的工作温度范围。另外,当液压系统工作压力不同时,对工作介质极压抗磨性能的要求也不同,如表1-4所列为根据工作环境和工况条件选择液压油的示例。

表1-4　根据工作环境和工况条件选择液压油

环境＼工况	压力7MPa以下 温度50℃以下	压力7~14MPa、 温度50℃以下	压力7~14MPa、 温度50~80℃	压力14MPa以上、 温度80~100℃
室内固定液压设备	L-HL或L-HM	L-HM或L-HL	L-HM	L-HM
寒冷地区或严寒区	L-HV或L-HR	L-HV或L-HS	L-HV或L-HS	L-HV或L-HS
地下、水上	L-HL或L-HM	L-HM或L-HL	L-HM	L-HM
高温热源或明火附近	HFAS或HFAM	HFB、HFC或HFAM	HFDR	HFDR

（2）根据液压泵的类型选择液压油　液压泵对油液抗磨性能要求高低的顺序是叶片泵、柱塞泵、齿轮泵。对于以叶片泵为主泵的液压系统,不管压力高低,均应选用L-HM油。液压泵是液压系统中对工作介质黏度最敏感的元件,每种液压泵的最佳黏度范

围,是使液压泵的容积效率和机械效率这两个相互矛盾的因素达到最佳统一,使液压泵发挥最大效率的黏度。一般根据制造厂家推荐,按液压泵的要求确定工作介质的黏度,根据液压泵的要求所选择的黏度一般也适用于液压阀(伺服阀除外)。表1-5为根据工作温度范围及液压泵的类型选用液压油的黏度等级。

表1-5 根据工作温度范围及液压泵的类型选用液压油的黏度等级

液压泵类型	压力	运动黏度 $\nu/(\mathrm{mm}^2 \cdot \mathrm{s}^{-1})$		适用品种和黏度等级
		5~40℃	40~80℃	
叶片泵	7MPa以下	30~50	40~75	L-HM油,32、46、68
	7MPa以上	50~70	55~90	L-HM油,46、68、100
螺杆泵		30~50	40~80	L-HL油,32、46、68
齿轮泵		30~70	95~165	L-HM或L-HL油(中、高压用L-HM),32、46、68、100、150
径向柱塞泵		30~50	65~240	L-HM或L-HL油(中、高压用L-HM),32、46、68、100、150
轴向柱塞泵		40	70~150	L-HM或L-HL油(中、高压用L-HM),32、46、68、100、150

注:表中5~40℃、40~80℃均为液压系统工作温度

(3) 检查液压油与材料的相容性　初选液压油后,应仔细检查所选液压油及其中的添加剂与液压元件及系统中所有金属材料、非金属材料、密封材料、过滤材料及涂料等是否相容。

1.1.4　液压系统的污染控制

工作介质的污染是液压系统发生故障的主要原因,它严重影响液压系统的可靠性和液压元件的寿命。据统计,液压系统中,70%以上的故障是由于油液污染所造成的,因此对工作介质必须正确使用、管理以及进行污染控制。油液中的污染物根据其物理形态不同,可分为固体、液体和气体三种类型。固体污染物以颗粒状态存在于系统油液中,液体污染物主要是从外界侵入系统中的水,气体污染物主要是空气。

1. 污染的根源

液压系统油液中污染物的来源主要有以下四个方面:

(1) 已被污染的新油　新油污染包括在炼制、分装、运输和储存等过程中产生的污染。另外,新油在长期储存过程中,油液中的颗粒污染物有聚结成团的趋势。

(2) 残留污染　新的液压设备中往往包含元件和系统在加工、装配、试验、包装、储存及运输过程中残留下来但未被清除的污染物,如毛刺、切屑、飞边、灰尘、砂土、焊渣、涂料、密封胶、冲洗液、棉纱纤维等。

(3) 侵入污染　周围环境中的污染物可能通过油箱通气孔和液压缸活塞杆侵入系统。另外,还有注油和维修过程侵入的污染物。

(4) 生成污染　元件磨损产生的磨屑、管道内的锈蚀剥落物、油液氧化和分解所产生

的固体颗粒和胶状物质均为生成污染物。其中磨屑是系统中最危险、最具破坏性的污染物。

2. 污染的危害

固体污染物引起的液压系统故障占总污染故障的60%~70%。固体污染颗粒对液压元件和系统的危害主要有：

（1）元件的磨损　固体颗粒进入元件磨擦副间隙内,对摩擦副表面产生磨料磨损及疲劳磨损。高速液流中的固体颗粒对零件表面产生冲蚀磨损,使密封间隙扩大,泄漏增加,甚至损坏表面材料。

（2）元件卡紧或堵塞　固体颗粒进入元件磨擦副间隙内,可使摩擦副卡死而导致元件失效;进入液压缸内,可使活塞杆拉伤。固体颗粒也可能堵塞元件的阻尼孔或节流口使元件不能正常工作。

（3）加速油液变质　油液中的水、空气是油液氧化的必要条件,而油液中的金属颗粒对油液氧化起着催化作用。

空气侵入液压系统,会降低油液的体积弹性模量,使系统刚性和响应特性变差;导致气蚀,加剧元件表面材料的剥蚀与损坏,并且引起振动和噪声;加速油液的氧化变质,使油液的润滑性能下降,酸值和沉淀物增加。

水对液压系统的危害主要表现在:水与油液中某些添加剂和清洁剂的金属硫化物或氯化物作用,产生酸性物质,对元件产生腐蚀作用;水与油液中的某些添加剂作用,产生沉淀物和胶质等,加速油液变质;水使油液乳化,降低油液的润滑性能。

3. 污染的测定

工作介质的污染度是指单位容积工作介质中固体颗粒污染物的含量。含量可用质量或颗粒数表示,因而相应的污染度测定方法有称重法和颗粒计数法两种。

质量污染度表示方法虽然比较简单,但不能反映颗粒污染物的尺寸及其分布。实际上,颗粒污染物对元件和系统的危害作用与其颗粒尺寸分布及数量密切相关。目前普遍采用颗粒污染度的表示方法。

颗粒计数法是测定工作介质样品单位容积中不同尺寸范围内颗粒污染物的颗粒数,以查明其区间颗粒含量或累计颗粒含量。目前较普遍应用的有显微镜颗粒计数法和自动颗粒计数法。

显微镜颗粒计数法是将一定体积的样品进行真空过滤,并将过滤得到的颗粒经溶剂处理后,在显微镜下测定颗粒的大小,并按要求的尺寸范围计数。这种方法设备简单,能够直观地观察到污染物的种类、大小及数量,从而可推测污染原因。但计数准确性取决于操作人员的经验和主观性,技术重复性较差。

自动颗粒计数法是利用光源照射工作介质样品时,颗粒在光电传感器上投影所发出的脉冲信号来测定工作介质的污染度。由于信号的强弱和多少分别与颗粒的大小和数量有关,将测得的信号与标准颗粒产生的信号相比较,就可以算出工作介质样品中颗粒的大小与数量。这种方法能自动计数,测定简便、迅速、精确,可以从高压管道中抽样测定,因此得到了广泛的应用。但是此法不能直接观察到污染颗粒本身,对油液中悬浮的微小气泡和水珠同颗粒一样计数,因而样品中不得含有气泡和水珠。

4. 污染度等级

工作介质的污染度等级定量地评定了油液的污染程度。下面分别介绍我国

GB/T 14039—2002《液压传动油液固体颗粒污染等级代号》标准及美国 NAS1638 油液污染度等级标准的规定。

我国 GB/T 14039—2002《液压传动油液固体颗粒污染等级代号》标准参照国际标准 ISO 4406:1999,规定固体颗粒污染等级代号由斜线隔开的三个数字代码组成,第一个数字代表 1mL 油液中尺寸大于或等于 4μm 的颗粒数代码,第二个数字代表 1mL 油液中尺寸大于或等于 6μm 的颗粒数代码,第三个数字代表 1mL 油液中尺寸大于或等于 14μm 的颗粒数代码。旧标准 ISO 4406:1991 选择的是 5μm 和 15μm 这两个特征颗粒尺寸,是因为 5μm 左右的微小颗粒是在密封间隙中引起淤积和堵塞故障的主要原因;而大于 15μm 的颗粒对元件的磨损起着主导作用。因此,选择这两个尺寸的颗粒浓度作为划分污染等级的依据,可比较全面地反映不同尺寸的颗粒对液压元件的影响。但标准没有规定对小于 5μm 的颗粒计数,随着现代液压系统中各类元件精密度提高,摩擦副动态间隙 0.5 ~ 5μm 对微细颗粒更敏感。因此,目前污染度等级为三个代码(如 GB/T 14039—2002 标准所示)。例如:代号 22/18/13,其中 22 代表每毫升油液中大于或等于 4μm 的颗粒数为 20000 ~ 40000;18 代表每毫升油液中大于或等于 6μm 的颗粒数为 1300 ~ 2500;13 代表每毫升油液中大于或等于 14μm 的颗粒数为 40 ~ 80,如表 1 - 6 所列。

表 1 - 6 代码的确定

1mL 的颗粒数		代码	1mL 的颗粒数		代码
大于	小于或等于		大于	小于或等于	
2500000		>28	80	160	14
1300000	2500000	28	40	80	13
640000	1300000	27	20	40	12
320000	640000	26	10	20	11
160000	320000	25	5	10	10
80000	160000	24	2.5	5	9
40000	80000	23	1.3	2.5	8
20000	40000	22	0.64	1.3	7
10000	20000	21	0.32	0.64	6
5000	10000	20	0.16	0.32	5
2500	5000	19	0.08	0.16	4
1300	2500	18	0.04	0.08	3
640	1300	17	0.02	0.04	2
320	640	16	0.01	0.02	1
160	320	15	0.00	0.01	0

NAS1638 污染度等级是美国宇航学会标准,它以颗粒浓度为基础,按照 100mL 油液中在 5 ~ 10μm、10 ~ 25μm、25 ~ 50μm、50 ~ 100μm 和大于 100μm 五个尺寸范围内的最大允许颗粒数,划分为 14 个污染度等级,如表 1 - 7 所列。相邻两个等级颗粒浓度的比为 2,因此当油液污染度超过表中的 12 级,可用外推法确定其污染度等级。

表 1-7 NAS1638 污染度等级(100mL 中的颗粒数)

污染度等级	颗粒尺寸范围/μm				
	5~10	10~25	25~50	50~100	>100
00	125	22	4	1	0
0	250	44	8	2	0
1	500	89	16	3	1
2	1000	178	32	6	1
3	2000	356	63	11	2
4	4000	712	126	22	4
5	8000	1425	253	45	8
6	16000	2850	506	90	16
7	32000	5700	1012	180	32
8	64000	11400	2025	360	64
9	128000	22800	4050	720	128
10	256000	45600	8100	1440	256
11	512000	91200	16200	2880	512
12	1024000	182400	32400	5760	1024

5. 工作介质的污染控制

为了延长液压元件的使用寿命,保证液压系统可靠地工作,必须控制液压系统工作介质的污染度,可以通过以下方法减少工作介质的污染。

(1) 严格清洗元件和系统 液压元件在每道加工工序后都应净化,装配后应严格清洗,以清除在加工和装配过程中残留的污染物。组装系统前,先清洗油箱和管道,组装后,用系统工作时使用的工作介质对系统进行彻底冲洗,达到要求后,将冲洗液放掉,注入新的工作介质后才能使用。

(2) 防止污染物从外界侵入 在储存、运输及加注的各个阶段都应防止工作介质污染。工作介质必须通过过滤器注入系统;油箱应采用加空气过滤器的密封油箱;应在液压缸的活塞杆端加防尘密封。

(3) 设置合适的过滤器 这是控制液压系统工作介质污染的有效手段,它可使系统在工作中不断滤除内部产生的和外部侵入的污染物。过滤器必须定期检查、清洗或更换滤芯。

(4) 控制工作介质的温度 工作介质温度过高会加速其氧化变质,产生各种生成物,缩短其使用周期。液压装置必须有很好的散热条件并将工作温度限制在65℃以下,机床液压系统还应更低些。

(5) 定期检查和更换工作介质 定期对液压系统的工作介质进行抽样分析,如发现污染度超过标准,必须立即更换。在更换新的工作介质前,必须对整个液压系统进行彻底清洗。

1.2 液体静力学

液体静力学是研究静止液体的平衡规律以及这些规律的应用。所谓静止液体是指液体内部质点间没有相对运动,而不考虑盛装液体的容器是静止的还是运动的。

1.2.1 静压力及其性质

作用在液体上的力有两种,即质量力和表面力。单位质量液体所受的质量力称为单位质量力,在数值上就等于重力加速度。单位面积上作用的表面力称为应力,包括法向应力和切向应力。当液体静止时,液体质点间没有相对运动,不存在摩擦,所以静止液体的表面力只有法向力。习惯上把液体在单位面积上所受的法线方向的法向应力称为压力,即在 ΔA 面积上作用有法向力 ΔF,则液体内某点处的压力定义为

$$p = \lim_{\Delta A \to 0} \frac{\Delta F}{\Delta A} \tag{1-7}$$

我国法定的压力单位为帕斯卡,简称帕(Pa),$1\text{Pa} = 1 \text{ N/m}^2$。在液压技术中经常采用兆帕(MPa)和巴(bar),$1\text{bar} = 10^5 \text{Pa} = 0.1 \text{MPa}$。

液体静压力有两个重要特性:

(1)液体静压力的方向总是在作用面的内法线方向。这是由于液体质点的凝聚力很小,不能受拉。

(2)静止液体内任一点所受的压力在各个方向上都相等。

1.2.2 静压力基本方程

1. 静压力基本方程

在重力作用下的静止液体,其受力情况如图 1-3(a)所示,假设作用在液面上的压力为 p_0,如要求出液面下深度为 h 处的某一点液体压力 p,可以从液体中取出一个底面通过该点的底面积为 ΔA、高为 h 的垂直小液柱,如图 1-3(b)所示,小液柱在重力及周围液体的压力作用下处于平衡状态,其在垂直方向上的力平衡方程式为

$$p\Delta A = p_0\Delta A + \rho g h \Delta A$$

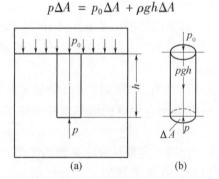

图 1-3 静压力受力分析图

化简,得

$$p = p_0 + \rho g h \quad (1-8)$$

式中:ρ 为液体的密度;g 为重力加速度。

式(1-8)即为静压力基本方程。它说明液体静压力分布有如下特征:

(1) 静止液体内任一点的压力由两部分组成,一部分是液面上的压力 p_0,另一部分是该点以上液体重力所产生的压力 $\rho g h$。当液面上只受大气压力 p_a 作用时,该点的压力为

$$p = p_a + \rho g h \quad (1-9)$$

(2) 静止液体内的压力随液体深度 h 的增加而线性增加。

(3) 同一液体中,深度相同的各点压力相等。由压力相等的点组成的面称为等压面。在重力作用下,静止液体中的等压面是一个水平面。

2. 静压力基本方程的物理意义

建立如图 1-4 所示坐标系,根据静压力基本方程可确定距液面深 h 处 A 点的压力 p,即

$$p = p_0 + \rho g h = p_0 + \rho g (z_0 - z) \quad (1-10)$$

式中:z_0 为液面与基准水平面之间的距离;z 为深度 h 点与基准水平面之间的距离。

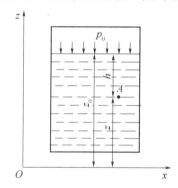

图 1-4 静压力基本方程的物理意义

整理式(1-10),得

$$\frac{p}{\rho g} + z = \frac{p_0}{\rho g} + z_0 = 常数 \quad (1-11)$$

式中:z 为单位质量液体相对于基准平面的位能;$\frac{p}{\rho g}$ 为单位质量液体的压力能,二者之和为常数。

式(1-11)是静压力基本方程的另一种表现形式。由式(1-11)可知,静压力基本方程的物理意义是:静止液体内任何一点具有压力能和位能两种能量形式,且其总和保持不变,即能量守恒,但两种能量形式之间可以相互转换。

1.2.3 压力的表示方法

根据基准的不同,压力的表示方法有两种,即绝对压力和相对压力。绝对压力是以

绝对零压力作为基准所表示的压力;相对压力则是以当地大气压力为基准所表示的压力。由于大多数测压仪表所测得的压力都是相对压力,故相对压力也称表压力。绝对压力为大气压力与相对压力(表压力)之和,如图1-5所示。

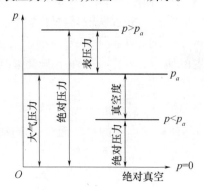

图1-5 绝对压力、表压力和真空度的相互关系

当液体中某点的绝对压力小于大气压力时,该点的绝对压力比大气压力小的那部分压力值称为真空度,即

$$真空度 = 大气压力 - 绝对压力$$

1.2.4 静压力对固体壁面的作用力

静止液体和固体壁面相接触时,固体壁面上各点在某一方向上所受静压作用力的总和,便是液体在该方向上作用于固体壁面上的力。

当固体壁面为一平面时,如不计重力作用,平面上各点处的静压力大小相等,作用在固体壁面上的力等于静压力与承压面积的乘积,即 $F = pA$,其作用方向垂直于壁面。

当固体壁面为一曲面时,作用在曲面上各点处的压力方向是不平行的,因此,曲面上液压作用力在某一方向上的分力等于压力和曲面在该方向的垂直面内投影面积的乘积。

例1-1 试求如图1-6所示安全阀钢球所受液体作用力 F。

解 液体压力作用于钢球底部球面上所产生的向上作用力 F 应等于液体压力 p 与钢球受压面在水平面上的投影面积的乘积。

由图1-6几何关系知,投影面积

$$A = \pi r^2 \sin^2 \alpha$$

所以,有

$$F = \pi r^2 p \sin^2 \alpha$$

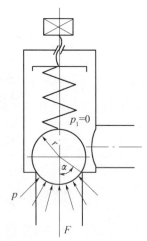

图1-6 例1-1图

1.3 液体动力学

液体动力学主要研究液体流动时的运动规律、能量转换和流动液体对固体壁面的作

用力等问题。本节主要介绍三个基本方程——连续方程、伯努利方程和动量方程,前两个方程用来解决压力、流速与流量之间的关系,动量方程用来解决流动液体与固体壁面作用力的问题。

液体流动时,由于重力、惯性力、黏性摩擦力等的影响,其内部各处质点的运动状态是各不相同的。这些质点在不同时间、不同空间处的运动变化对液体能量损耗的影响也有所不同。

1.3.1 基本概念

1. 理想液体、恒定流动和一维流动

研究液体流动时应当考虑液体黏性和压缩性的影响,但由于这样分析问题比较复杂,所以开始分析时可以先假定液体为无黏性、不可压缩的理想液体,以便于问题的分析和解决,之后再考虑黏性和压缩性的影响予以修正,使之比较符合实际情况。这种假想的既无黏性又不可压缩的液体称为理想液体。

液体流动时,若液体中任何一点的压力、速度和密度都不随时间而变化,则这种流动称为恒定流动,也称为定常流动或非时变流动。研究液压系统静态特性时,可以认为液体做恒定流动,但在研究其动态特性时则必须按非恒定流动来考虑。

当液体做整体线形流动时,称为一维流动,当做平面或空间流动时,称为二维或三维流动。严格来讲,一维流动要求液流截面上各点处的速度矢量完全相同,这种情况在实际液流中极为少见。一般液压传动中常把容器内液体的流动按一维流动处理,再用实验数据来修正其结果。

2. 流线、流束和通流截面

流线是表示某一瞬时液流中一条标志其各处质点运动状态的曲线,在流线上各点处的瞬时液流方向与该点的切线方向重合,如图 1-7 所示。对于非恒定流动,由于液流通过空间点的速度随时间而变化,因而其流线形状也随时间而变化,只有在恒定流动下流线形状才不随时间而变化。由于液流中每一质点每一瞬时只能有一个速度,因而流线既不能相交,也不能转折,它是一条光滑的曲线。

如果通过某截面所有各点画出流线,这些流线的集合就构成流束,如图 1-8 所示。根据流线不能相交的性质,流束内外的流线均不能穿越流束表面。

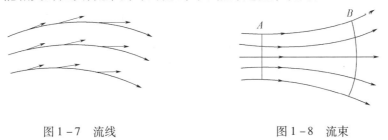

图 1-7 流线　　　　　图 1-8 流束

流束中与所有流线正交的截面称为通流截面,如图 1-8 中 A、B 两截面所示,截面上每点处的流动速度都垂直于这个面。

流线彼此平行的流动称为平行流动,流线夹角很小或流线曲率半径很大的流动称为缓变流动。平行流动和缓变流动都可以算是一维流动。

3. 流量和平均流速

单位时间内通过通流截面的液体体积称为流量。用符号 q 表示,法定单位为 m^3/s,在实际应用中常用 L/min 表示。如液流中某一微小流束通流截面面积 dA 上的流速为 u,则通过 dA 的微小流量为

$$dq = udA$$

流过整个通流截面面积 A 的流量为

$$q = \int_A udA$$

由此得平均流速为

$$v = \frac{\int_A udA}{A} = \frac{q}{A} \tag{1-12}$$

1.3.2 连续方程

连续方程是质量守恒定律在流体力学中的一种表达形式。如果液体做恒定流动,且不可压缩,在流场中任取一流管,其两端通流截面面积分别为 A_1、A_2,如图1-9所示。在流管中取一微小流束,流束两端的截面积分别为 dA_1、dA_2,液体流经这两个微小截面的流速分别为 u_1 和 u_2,根据质量守恒定律,在 dt 时间内经截面 dA_1 流入微小流束的液体质量应与从 dA_2 流出微小流束的液体的质量相等,即

$$\rho u_1 dA_1 dt = \rho u_2 dA_2 dt$$

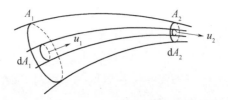

图1-9 连续方程推导简图

故有

$$u_1 dA_1 = u_2 dA_2$$

对上式积分,得到流入、流出整个流管的流量,即

$$\int_{A_1} u_1 dA_1 = \int_{A_2} u_2 dA_2$$

即

$$q_1 = q_2$$

用平均速度表示,得

$$v_1 A_1 = v_2 A_2 \tag{1-13}$$

由于两通流截面是任意选取的,故有

$$q = Av = 常数 \tag{1-14}$$

上式为流量连续方程。它说明液体做恒定流动时,通过流管任意截面的不可压缩液体的流量相等,而液体的流速和通流截面面积成反比。

1.3.3 伯努利方程

伯努利方程是能量守恒定律在流体力学中的一种表达形式。

1. 理想液体伯努利方程

某一瞬时 t,在理想液体液流的微小流束上取一段通流截面面积为 dA、长度为 ds 的微元体,如图 1-10 所示。微流束各点处的流速和压力 p 是该点所在位置 s 和时间 t 的函数,因为理想液体不存在切向摩擦力,所以该微元体沿运动方向仅与两端面液体压力、自身重力和惯性力有关。

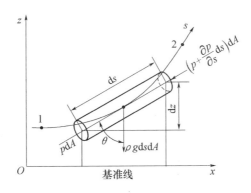

图 1-10 流动液体上的作用力

微元体两端面液体压力为

$$p dA - \left(p + \frac{\partial p}{\partial s} ds\right) dA = -\frac{\partial p}{\partial s} ds dA$$

微元体沿流动方向的重力为

$$-\rho g ds dA \frac{\partial z}{\partial s}$$

在恒定流动下微元体的惯性力为

$$ma = \rho ds dA \frac{du}{dt} = \rho ds dA \left(u \frac{\partial u}{\partial s}\right)$$

根据牛顿第二定律,有

$$-\frac{\partial p}{\partial s} ds dA - \rho g ds dA \frac{\partial z}{\partial s} = \rho ds dA \left(u \frac{\partial u}{\partial s}\right)$$

故有

$$-\frac{1}{\rho} \frac{\partial p}{\partial s} - g \frac{\partial z}{\partial s} = u \frac{\partial u}{\partial s} \tag{1-15}$$

式(1-15)就是理想液体微元体沿流束作恒定流动时的运动微分方程。

对式(1-15)方程两边各乘以 ds,并从流线上的截面 1 积分到截面 2,即

$$\int_1^2 \left(-\frac{1}{\rho}\frac{\partial p}{\partial s} - g\frac{\partial z}{\partial s}\right)\mathrm{d}s = \int_1^2 \frac{\partial}{\partial s}\left(\frac{u^2}{2}\right)\mathrm{d}s$$

上式两边各除以 g，整理后得

$$\frac{p_1}{\rho g} + z_1 + \frac{u_1^2}{2g} = \frac{p_2}{\rho g} + z_2 + \frac{u_2^2}{2g} \quad (1-16)$$

式(1-16)为理想液体微小流束做恒定流动时的能量方程，也叫伯努利方程。由于截面 1 和 2 是任意选取的，所以式(1-16)还可以写成

$$\frac{p}{\rho g} + z + \frac{u^2}{2g} = 常数 \quad (1-17)$$

理想液体伯努利方程的物理意义是：在管路中做恒定流动的理想液体在任意截面处具有压力能、位能和动能三种能量形式，三种能量之间可以互相转换。但其总和保持不变即能量守恒。静压力基本方程是伯努利方程的一个特例。

2. 实际液体总流伯努利方程

式(1-16)是理想液体微流束的伯努利方程，实际液体在流动时因黏性会产生摩擦而损耗能量。所以实际微流束的伯努利方程应增加能量损失项 h'_w，即有

$$\frac{p_1}{\rho g} + z_1 + \frac{u_1^2}{2g} = \frac{p_2}{\rho g} + z_2 + \frac{u_2^2}{2g} + h'_w \quad (1-18)$$

为了求得实际液体的伯努利方程，图 1-11 中示出了实际流体总流的一段流管，两端的通流截面积各为 A_1 和 A_2。在这段流管中取出一微小流束，两端的通流截面各为 $\mathrm{d}A_1$ 和 $\mathrm{d}A_2$，其相应的压力、流速和高度分别为 p_1、u_1、z_1 和 p_2、u_2、z_2。这一微小流束的伯努利方程就是式(1-18)。将式(1-18)的两端乘以相应的微小流量 $\mathrm{d}q(\mathrm{d}q = u_1 A_1 = u_2 A_2)$，然后各自对流管的通流截面积 A_1 和 A_2 进行积分，得

$$\int_{A_1}\left(\frac{p_1}{\rho g} + z_1\right)u_1\mathrm{d}A_1 + \int_{A_1}\frac{u_1^2}{2g}u_1\mathrm{d}A_1 = \int_{A_2}\left(\frac{p_2}{\rho g} + z_2\right)u_2\mathrm{d}A_2 + \int_{A_2}\frac{u_2^2}{2g}u_2\mathrm{d}A_2 + \int_q h'_w \mathrm{d}q$$
$$(1-19)$$

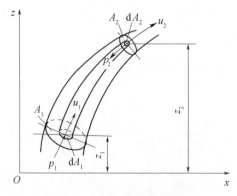

图 1-11 伯努利方程推导简图

式(1-19)左端及右端前两项积分分别表示单位时间内流过 A_1 和 A_2 的流量所具有的总能量，而右端最后一项则表示流管内液体从 A_1 流到 A_2 因黏性摩擦而损耗的能量。

为使式(1-19)便于使用,首先将图1-11中截面 A_1 和 A_2 处的流动限于平行流动(或缓变流动),这样,通流截面上各点处的压力符合液体静力学的分布规律,即 $p/(\rho g)+z=$ 常数。其次,用平均流速 v 代替流管截面积 A_1 或 A_2 上各点处不等的流速 u,且令单位时间内截面 A 处液流的实际动能和按平均流速计算出的动能之比为动能修正系数 α,即

$$\alpha = \frac{\frac{1}{2}\int_A u^2 \rho u \mathrm{d}A}{\frac{1}{2}\rho A v v^2} = \frac{\int_A u^3 \mathrm{d}A}{v^3 A} \tag{1-20}$$

此外对液体在流管中流动时因黏性摩擦而产生的能量损耗,也用平均能量损耗的概念来处理,即令 $h_w = \left(\int_q h'_w \mathrm{d}q\right)/q$,则式(1-19)为

$$\left(\frac{p_1}{\rho g}+z_1\right)v_1 A_1 + \frac{\alpha_1}{2g}v_1^3 A_1 = \left(\frac{p_2}{\rho g}+z_2\right)v_2 A_2 + \frac{\alpha_2}{2g}v_2^3 A_2 + h_w q \tag{1-21}$$

根据流量连续方程, $q=v_1 A_1=v_2 A_2$,所以式(1-21)整理为

$$\frac{p_1}{\rho g}+z_1+\frac{\alpha_1 v_1^2}{2g} = \frac{p_2}{\rho g}+z_2+\frac{\alpha_2 v_2^2}{2g}+h_w \tag{1-22}$$

式中: h_w 为单位质量液体流动时的能量损失; α_1、α_2 为因流速不均匀引起的动能修正系数,经理论和实验验证,对圆管来说 $\alpha=1\sim2$,湍流时 $\alpha=1.1$(通常取 $\alpha=1$),层流时 $\alpha=2$。

式(1-22)即为实际液体总流的伯努利方程。它的物理意义是单位质量液体的能量守恒。在应用时必须注意 p 和 z 应为通流截面的同一点上的两个参数,一般把这点取在截面的轴心处。同时两个计算通流截面应取在缓变流动处,但两截面之间的流动不受此限制。

伯努利方程是液体力学中的重要方程,在液压传动中常与连续方程一起应用来求解系统中的压力和速度问题。

例 1-2 推导如图 1-12 所示文丘利流量计的流量公式。

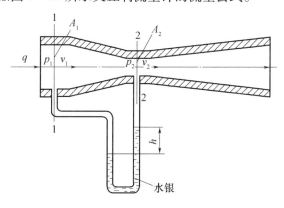

图 1-12 文丘利流量计

解 选取1—1和2—2两个通流截面,它们的面积、平均流速、和压力分别为 A_1、v_1、p_1 和 A_2、v_2、p_2。如不计能量损失,并取动能修正系数 $\alpha = 1$,根据伯努利方程则,有

$$\frac{p_1}{\rho g} + \frac{v_1^2}{2g} = \frac{p_2}{\rho g} + \frac{v_2^2}{2g}$$

根据连续性方程

$$v_1 A_1 = v_2 A_2$$

U形管内静压力平衡方程(设液体和水银的密度分别为 ρ 和 ρ')为

$$p_1 + \rho g h = p_2 + \rho' g h$$

整理以上三式,得

$$q = v_2 A_2 = \frac{A_2}{\sqrt{1 - \left(\frac{A_2}{A_1}\right)^2}} \sqrt{\frac{2}{\rho}(p_1 - p_2)} = \frac{A_2}{\sqrt{1 - \left(\frac{A_2}{A_1}\right)^2}} \sqrt{\frac{2g(\rho' - \rho)}{\rho} h} = C\sqrt{h}$$

即流量可以直接按水银压差计的读数换算得到。

例 1—3 计算如图 1—13 所示泵吸油腔的真空度及泵允许的最大吸油高度。

解 设泵的吸油口比油箱液面高 h,取油箱液面 1—1 和泵进口处截面 2—2 列伯努利方程,并取 1—1 截面为基准水平面,有

$$\frac{p_1}{\rho g} + \frac{v_1^2}{2g} = \frac{p_2}{\rho g} + h + \frac{v_2^2}{2g} + h_w$$

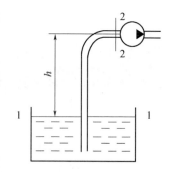

图 1—13 例 1—3 图

p_1 为油箱液面的压力,一般油箱液面与大气接触,故 p_1 为大气压力,即 $p_1 = p_a$,p_2 为泵吸油口的绝对压力;v_2 为泵吸油口的流速,一般可取吸油管流速;v_1 为油箱液面流速,由于 $v_1 \ll v_2$,故 v_1 可忽略不计;h_w 为能量损失。据此,上式可简化为

$$\frac{p_a}{\rho g} = \frac{p_2}{\rho g} + h + \frac{v_2^2}{2g} + h_w$$

泵吸油口的真空度为

$$p_a - p_2 = \rho g h + \frac{\rho v_2^2}{2} + \rho g h_w = \rho g h + \frac{\rho v_2^2}{2} + \Delta p$$

为求泵的吸油高度,应限制泵吸油口的绝对压力,使之不能低于空气分离压,以避免空穴现象的发生。所以 p_2 应以空气分离压 p_g 代替,即

$$h \leq \frac{p_a - p_g}{\rho g} - \frac{v_2^2}{2g} - \frac{\Delta p}{\rho g}$$

1.3.4 动量方程

动量方程是动量定理在流体力学中的具体应用。液体作用在固体壁面上的力,用动量定理来求解比较方便。动量定理指出:作用在物体上的力的大小等于物体在力作用方

向上的动量变化率,即

$$\sum F = \frac{dM}{dt} = \frac{d(mv)}{dt} \tag{1-23}$$

将动量方程应用于流动液体上时,须在任意时刻 t 从流管中取出被通流截面 $A-A$ 和截面 $B-B$ 所限制的液体并称之为控制体积,如图 1-14 所示。此控制体积经 dt 时间后流至新的位置,在此控制体积内的微小流束中取一流线长为 ds、截面积为 dA、流速为 u 的微元体,则这一微元体的动量为

$$\rho dAds u = \rho dq ds$$

控制体内微小流束的动量为

$$dM = \int_{s_1}^{s_2} \rho dq ds = \rho dq (s_2 - s_1)$$

整个控制体积内液体的动量为

$$M = \int dM = \int_q \rho (s_2 - s_1) dq \tag{1-24}$$

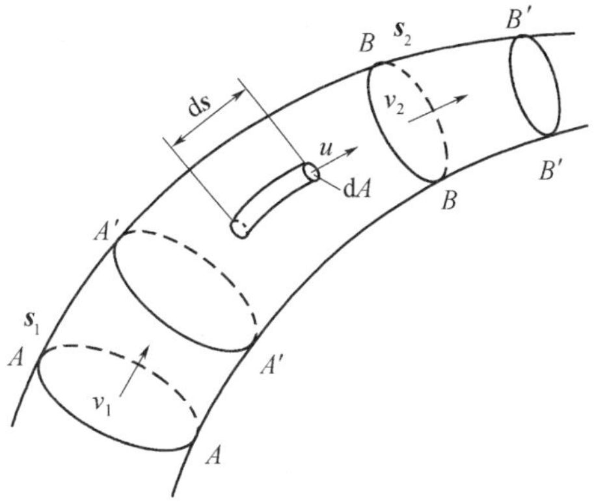

图 1-14 液体动量方程推导简图

式中:s_1、s_2 分别为 $A-A$ 和 $B-B$ 截面处的坐标,由动量定理,得

$$\sum F = \frac{dM}{dt} = \frac{d}{dt} \int_q \rho dq (s_2 - s_1) = \rho (s_2 - s_1) \frac{dq}{dt} + \int_q \rho (u_2 - u_1) dq$$

$$= \rho (s_2 - s_1) \frac{dq}{dt} + \int_q \rho u_2 dq - \int_q u_1 dq$$

在实际应用中,用平均流速 v 代替实际流速 u,其误差用一动量修正系数 β 予以修正,上式可写为

$$\sum F = \frac{dM}{dt} = \rho (s_2 - s_1) \frac{dq}{dt} + \rho q (\beta_2 v_2 - \beta_1 v_1) \tag{1-25}$$

式中:β 为修正系数,且

$$\beta = \frac{\rho \int_A u dq}{\rho q v} = \frac{\int_A u^2 dq}{q v} \tag{1-26}$$

湍流时,$\beta = 1.03 \sim 1.05$,通常取 $\beta = 1$;层流时,$\beta = 4/3$。

式(1-25)即为流动液体的动量方程。$\sum F$ 为作用于控制体积内液体上的外力的矢量和;$\rho (s_2 - s_1) \frac{dq}{dt}$ 为瞬态力,即单位时间控制体积内流体动量的增量;$\rho q (\beta_2 v_2 - \beta_1 v_1)$ 为稳态力,即单位时间流出和流入控制体积的流体动量之差。

定常流动时,$dq/dt = 0$,因此式(1-25)中只有稳态力,即

$$\sum F = \rho q (\beta_2 v_2 - \beta_1 v_1) \tag{1-27}$$

式(1-25)和式(1-27)均为矢量方程,在实际应用时应根据具体要求向指定方向投影,列出该方向上的动量方程,然后再进行求解。如果控制体积内的液体在所研究方向上不受其他外力,只有液体与固体壁面间的相互作用力,则二力的大小相等方向相反。

例 1-4　分析图 1-15 所示两种情况下液体对阀芯的轴向作用力 F'。

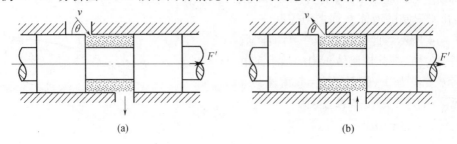

图 1-15　例 1-4 图滑阀液动力

解　在图 1-15 中,液体在阀体与阀芯所形成容积的动量变化,引起对阀芯轴向方向作用力的变化,取该容积为控制体积。

图 1-15(a)中液体流进控制体积的速度在轴向方向分量 $v_1 = v\cos\theta$,液体流出控制体积的速度在轴向方向分量 $v_2 = 0$,根据动量方程并取 $\beta = 1$ 得出阀芯对液体的作用力为

$$F = \rho q(v_2 - v_1) = \rho q(0 - v\cos\theta) = -\rho q v\cos\theta$$

因此阀芯受到轴向方向作用力为

$$F' = -F = \rho q v\cos\theta$$

此时 F' 方向与 $v\cos\theta$ 方向相同,使阀芯趋于关闭。

图 1-15(b)中液体流进控制体积的速度在轴向方向分量 $v_1 = 0$,液体流出控制体积的速度在轴向方向分量 $v_2 = v\cos\theta$,因此阀芯受到轴向方向作用力为

$$F' = -F = -\rho q(v_2 - v_1) = -\rho q v\cos\theta$$

此时 F' 方向与 $v\cos\theta$ 方向相反,同样也使阀芯趋于关闭。

1.4　管路损失计算

实际液体具有黏性,在流动时存在阻力,为了克服阻力就要消耗能量,这部分能量损失就是式(1-22)实际液体伯努利方程中的 h_w 项。

液压传动中,能量损失主要表现为压力损失。研究管路压力损失的目的是:①正确计算液压系统中管路的压力损失;②找出减小压力损失的途径;③利用压力损失所形成的压差来控制某些液压元件的动作。

管路压力损失分为两种:一种是沿程压力损失,简称为沿程损失;另一种是局部压力损失,简称为局部损失。

实际液体具有黏性,黏性是产生流体压力损失的根本原因。然而流动状态不同,则压力损失不同。

液体的流动状态分为层流和湍流两种,湍流也称紊流。

1.4.1 雷诺实验

英国物理学家雷诺在1883年通过实验发现,流体在流动时存在两种状态,不同流态的流体的运动呈现完全不同的规律。

图1-16所示为雷诺实验及其结果示意图。将水管流量调节阀 T_1 从关闭位置微微打开,使水管中保持小速度稳定水流,然后打开红墨水管调节阀 T_2 放出连续的细流,可以观察到水管内红墨水成一条直的流线,如图1-16(a)所示,表明水流微团各自在自己的轨道上运动,互不混淆,不发生质量和动量的交换,这种流动状态称为层流。开大阀门 T_1 使水流速度逐渐增加,当流速达到某一数值 v^* 时,红墨水线开始抖动,如图1-16(b)所示,表明层流开始变得不稳定了。继续开大阀门 T_1,红墨水线的抖动加剧,并在某个时刻红墨水线突然完全消失,红墨水管出口下游的水管中全部是淡红色的水流,如图1-16(c)所示,表明水流微团之间不断发生质量和动量交换,导致红墨水被掺混在整个水流中,这种流动状态称为湍流。

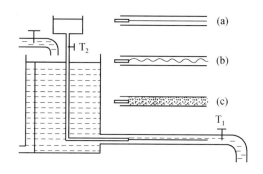

图1-16 雷诺实验及结果

在水管内已经是湍流的情况下,关小阀门 T_1 使流速逐渐减小,最终可以看到水流从湍流恢复为层流,但对应的临界流速不再是 v^* 而是 v_*,且有 $v_* < v^*$,v^* 和 v_* 分别称为上临界速度和下临界速度。

层流和湍流是两种不同性质的流态。层流时,液体流速较低,质点受黏性制约,不能随意运动,黏性力起主导作用;湍流时,液体流速较高,黏性的制约作用减弱,惯性力起主导作用。

1.4.2 雷诺数

实验表明,液体在圆管中的流动状态不仅与管内的平均流速 v 有关,而且还与管径 d、液体的运动黏度 ν 有关。真正决定液体流动状态的,是由这三个参数组成一个无量纲数,即雷诺数,其计算公式为

$$Re = \frac{vd}{\nu} \tag{1-28}$$

如前所述,液流由层流转变为湍流和由湍流转变为层流时的对应的速度是不同的,

也即对应的雷诺数是不同的,后者的数值小,所以一般都用后者作为判别液流状态的依据,称为临界雷诺数,记为Re_{cr}。当液流的雷诺数Re小于临界雷诺数Re_{cr}时,液流为层流,反之为湍流。常见的液流管道的临界雷诺数由实验求得,如表1-8所列。

表1-8 常见液流管道的临界雷诺数

管道的形状	Re_{cr}	管道的形状	Re_{cr}
光滑的金属圆管	2000~2320	带环槽的同心环状缝隙	700
橡胶软管	1600~2000	带环槽的偏心环状缝隙	400
光滑的同心环状缝隙	1100	圆柱形滑阀阀口	260
光滑的偏心环状缝隙	1000	锥阀阀口	20~100

1.4.3 圆管内层流分析

液体在圆管中的层流流动是液压传动系统中常见的现象,在设计和使用液压系统时希望管道中的液流保持这种状态。

图1-17所示液体为在等直径水平圆管中做恒定层流时的情况。在管内取一段半径为r、长度为l、轴线与管轴相重合的小圆柱体,作用在其两端面上的压力为p_1和p_2,作用在其侧面上的内摩擦力为F_f,由力的平衡,有

$$F_f = (p_1 - p_2)\pi r^2 \quad (1-29)$$

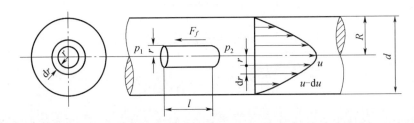

图1-17 圆管中的层流

根据式(1-4),有

$$F_f = -\mu A \frac{du}{dr} = -2\pi r l \mu \frac{du}{dr} \quad (1-30)$$

式(1-30)中因速度梯度du/dr为负值,故须加一负号。

令$\Delta p = p_1 - p_2$,将式(1-30)代入(1-29),得

$$-2\pi r l \mu \frac{du}{dr} = \Delta p \pi r^2$$

整理,得

$$\frac{du}{dr} = -\frac{\Delta p}{2\mu l} r \quad (1-31)$$

对式(1-31)积分,代入边界条件$r = R$时,$u = 0$,得

$$u = \frac{\Delta p}{4\mu l}(R^2 - r^2) \quad (1-32)$$

可见管内流速在半径方向上按抛物线规律分布。最大流速发生在轴线上,其值为

$$u_{\max} = \frac{\Delta p}{4\mu l} R^2$$

由流速分布式(1-32)计算流量 q 和平均流速 v 为

$$q = \int_0^R u \mathrm{d}A = \int_0^R \frac{\Delta p}{4\mu l}(R^2 - r^2) 2\pi r \mathrm{d}r = \frac{\pi R^4}{8\mu l}\Delta p = \frac{\pi d^4}{128\mu l}\Delta p \qquad (1-33)$$

$$v = \frac{d^2}{32\mu l}\Delta p \qquad (1-34)$$

由式(1-33)可知,流量与管径的4次方成正比,压差与管径的4次方成反比,所以管径对流量或压力的影响是很大的。

式(1-34)说明圆管内液体层流流动时液流平均流速是最大流速的1/2。

1.4.4 圆管内湍流分析

自然界中以及工程技术中的流动多数为湍流,实际流体在圆管内的流动大多数情况下也是如此。湍流运动非常复杂,各流动参数随时间和空间坐标呈现无规则的脉动变化。黏性涡的随机产生、成长、破碎、湮灭与湍流有着极其密切的关系,但湍流的基本机理至今仍未十分明确,对湍流的定义也不尽严格。

流体做湍流运动时,流体微团在任何时刻都不停地做无规则运动,导致流动的各瞬态物理量发生无规则的变化,但它们的平均值和脉动值还是有一定的规则可循,因而可将湍流各物理量的瞬态值看成为由平均量和脉动量两部分组成,例如将流速表示为

湍流瞬态流速 = 平均流速 + 脉动流速

工程中,湍流分析常采用时间平均法。如图1-18所示,流速随时间随机变化时可定义其时均值即时均流速为

$$\bar{u} = \frac{1}{T}\int_{t_0}^{t_0+T} u \mathrm{d}t \qquad (1-35)$$

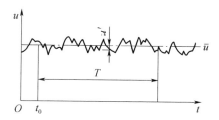

图1-18 湍流时的流速

故可把瞬态流速 u 分为时均流速 $\bar{u}$ 和脉动流速 u' 两部分

$$u = \bar{u} + u' \qquad (1-36)$$

由时均流速的定义可推知,脉动流速的时间平均值等于零,即

$$\overline{u'} = \lim_{T\to\infty}\frac{1}{T}\int_{t_0}^{t_0+T} u' \mathrm{d}t = 0 \qquad (1-37)$$

根据随机函数的性质,t_0可任意取值而不影响时均值的大小,但T必须足够大才能保证时均流速成为一个稳定的数值。

湍流的其他物理量,如压强、密度等也可用时均法表示。

对于充分流动的湍流流动来说,其通流截面上流速的分布图形如图 1-19 所示。由图可见,湍流中的流速分布是比较均匀的,其最大流速为 $u_{\max} \approx (1.0 \sim 1.3)v$。

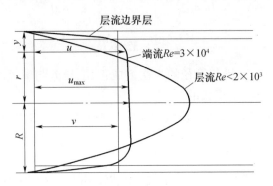

图 1-19 湍流时圆管中的流速分布

在靠近管壁处有极薄一层惯性力不足以克服黏性力的液体在做层流流动,称为层流边界层。层流边界层的厚度将随流动雷诺数的增大而减小。

1.4.5 沿程压力损失

沿程压力损失是指液体在等直径直管内流动时因摩擦而产生的压力损失。显然沿程压力损失的大小与流动路程的长度成正比,除此以外,沿程损失还与管路直径 d、液体流速 v、以及管壁的粗糙度、液体黏性有很大关系。由圆管层流的流量公式(1-33),可求得沿程压力损失 Δp_f,即

$$\Delta p_f = \frac{128\mu l}{\pi d^4} q \qquad (1-38)$$

将 $\mu = \rho \nu$、$Re = vd/\nu$、$q = v\pi d^2/4$ 代入上式并整理,得

$$\Delta p_f = \frac{64}{Re} \frac{l}{d} \frac{\rho v^2}{2} = \lambda \frac{l}{d} \frac{\rho v^2}{2} \qquad (1-39)$$

式中:λ 为沿程阻力系数,λ 的理论值为 $64/Re$,但实际值要稍大一些。液压油在金属圆管中流动时可取 $\lambda = 75/Re$,在橡胶软管中流动时可取 $\lambda = 80/Re$。

但是,液体在直管中作湍流流动时,由于在管道的管壁附近有一层边界层,故当 Re 较低时,层流边界层厚度较大,把管壁的粗糙度掩盖住,因而管壁粗糙度将不影响液体的流动,这时液体近乎流过一光滑管。此时的 λ 只与 Re 有关,和粗糙度无关。当 Re 增大时,层流边界层厚度减薄,小于管壁粗糙度,管壁的粗糙度就突出在层流边界层以外,对液体的流动产生影响,造成压力损失增大,这时的 λ 将和 Re 以及管壁的相对粗糙度 Δ/d 有关(Δ 为管壁的绝对粗糙度)。

湍流时,λ 值可根据不同的雷诺数,按表 1-10 中的经验公式计算。

表 1-10　圆管的沿程阻力系数 λ 的计算公式

流动区域		雷诺数范围		λ 计算公式
层流		$Re < 2320$		$\lambda = \dfrac{75}{Re}$(油); $\lambda = \dfrac{64}{Re}$(水)
湍流	水力光滑管	$Re < 22\left(\dfrac{d}{\Delta}\right)^{\frac{8}{7}}$	$3000 < Re < 10^5$	$\lambda = 0.3164 Re^{-0.25}$
			$10^5 \leqslant Re \leqslant 10^8$	$\lambda = 0.308(0.842 - \lg Re)^{-2}$
	水力粗糙管	$22\left(\dfrac{d}{\Delta}\right)^{\frac{8}{7}} < Re \leqslant 597\left(\dfrac{d}{\Delta}\right)^{\frac{9}{8}}$		$\lambda = \left[1.14 - 2\lg\left(\dfrac{\Delta}{d} + \dfrac{21.25}{Re^{0.9}}\right)\right]^{-2}$
	阻力平方区	$Re > 597\left(\dfrac{d}{\Delta}\right)^{\frac{9}{8}}$		$\lambda = 0.11\left(\dfrac{\Delta}{d}\right)^{0.25}$

管壁表面粗糙度 Δ 的值，在粗估时，对钢管取 0.04mm，铜管取 0.0015～0.01mm，铝管取 0.0015～0.06mm，橡胶软管取 0.03mm，铸铁管取 0.25mm。

1.4.6　局部压力损失

局部压力损失是液体流经管道弯管或截面突然变化（扩大或收缩）等处时，因流速或流向发生急剧变化而产生的局部阻力所造成的压力损失。在这些局部区域，流动极为复杂，边界层发生分离、产生漩涡，随后流体质点掺混、流场调整，在此过程中，一部分流体动能和压能被消耗掉。

由于流动的复杂性，很难从理论上分析局部压力损失的一般规律，因而在工程上更多地是通过试验的方法确定局部损失。液压传动系统中，液体流经各种阀的局部压力损失可由阀的产品技术规格中查得，查得的压力损失为在其公称流量下的压力损失。

理论计算方面，类似于沿程损失表达式，通常将局部损失表示为

$$\Delta p_r = \xi \dfrac{\rho v^2}{2} \tag{1-40}$$

式中：ξ 为局部阻力系数，具体数值可查相应产品技术手册或由实验测得。

工程实际中，局部结构复杂的流道会使流体流动受到强烈干扰而难以保持层流，因此，即使流体在管路中为层流，但在局部件中一般也成为湍流。

1.4.7　管路总压力损失

管路系统的总压力损失等于所有沿程压力损失和所有局部压力损失之和，即

$$\Delta p = \sum \lambda \dfrac{l}{d} \dfrac{\rho v^2}{2} + \sum \xi \dfrac{\rho v^2}{2} \tag{1-41}$$

应用上式计算总压力损失时，只有在两个相邻的局部障碍之间有足够的距离时才能简单相加。因为液流经过局部障碍后受到很大的扰动，要经过一段距离后才能稳定。如两个局部障碍距离太近，液流尚未稳定就进入第二个局部障碍，这时的液流情况更为复杂，阻力系数可能达正常状况的 2～3 倍。

液压系统中，管路一般都不长，而控制阀口及弯头、管接头处的局部阻力较大，和局部损失相比，沿程损失所占比例较小。所以一般情况下总的压力损失以局部压力损失为主。

在实际流体总流的伯努利方程式（1-22）中，总能量损失 h_w 与总压力损失

式(1-41)的 Δp 的关系为

$$h_w = \Delta p/(\rho g) \qquad (1-42)$$

1.5 小孔出流和缝隙流动

在液压系统中,液体流经小孔或缝隙的现象是普遍存在的,例如液压节流阀就是依靠小孔节流或缝隙变化实现流量的调节的;再如液压泵、液压缸、液压阀中有许多相对运动的表面,有相对运动就会有间隙存在,间隙两端如果有压力差,则势必造成泄漏现象出现而影响容积效率。总之,不论是上述哪一种情况,都涉及到小孔或缝隙的流量计算问题。

1.5.1 小孔流量计算

1. 薄壁小孔

所谓薄壁小孔是指小孔的长度和直径之比 $l/d \leqslant 0.5$ 的孔,一般孔口边缘都做成刃口形式,由于孔的长度很小,可不考虑其沿程损失。

液体流经薄壁小孔的情形如图 1-20 所示。液流在小孔上游大约 $d/2$ 处开始加速,并从四周流向小孔。由于不能突然转折,在液体惯性的作用下,外层流线逐渐向管轴方向收缩,逐渐过渡到与管轴线方向平行,从而形成收缩截面 A_2。对于圆孔,约在小孔下游 $d/2$ 处完成收缩。通常把最小收缩面积 A_2 与孔口截面积 A_T 之比称为收缩系数 C_c。

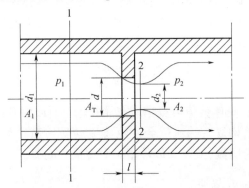

图 1-20 液体在薄壁小孔中的流动

流体收缩的程度取决于雷诺数 Re、孔口边缘形状、孔口离管道内壁的距离等因素。对于圆形小孔,当管道直径 D 与小孔直径 d 之比 $D/d \geqslant 7$ 时,流速的收缩作用不受管壁的影响,称为完全收缩;反之,若管壁对收缩程度有影响,则称为不完全收缩。

对于图 1-20 所示的通过薄壁小孔液流,取截面 1-1 和 2-2 为计算截面,设截面 1-1 处和 2-2 处的压力和平均速度分别为 p_1、v_1 和 p_2、v_2,由于选轴线为参考基准,则 $z_1 = z_2$,根据式(1-22)列伯努利方程,有

$$\frac{p_1}{\rho g} + \frac{\alpha_1 v_1^2}{2g} = \frac{p_2}{\rho g} + \frac{\alpha_2 v_2^2}{2g} + h_w \qquad (1-43)$$

由于小孔前管道的通流截面 A_1 比小孔的收缩截面 A_2 大得多,故 $v_1 \ll v_2$,v_1 可略去不

计。此外式(1-43)中的 $h_w = \Delta p_r/(\rho g)$,$\Delta p_r = \xi \dfrac{\rho v^2}{2}$ 主要是指局部压力损失,它包括管道突然收缩和突然扩大两部分。令 $\Delta p = p_1 - p_2$,整理式(1-43),求得液体流经薄壁小孔的平均速度为

$$v_2 = \frac{1}{\sqrt{\alpha_2 + \xi}} \sqrt{\frac{2}{\rho} \Delta p} \qquad (1-44)$$

则流经薄壁小孔的流量为

$$q = A_2 v_2 = C_c A_T v_2 = C_c A_T \frac{1}{\sqrt{\alpha_2 + \xi}} \sqrt{\frac{2}{\rho} \Delta p}$$

即

$$q = C_d A_T \sqrt{\frac{2}{\rho} \Delta p} \qquad (1-45)$$

式中:C_d 为流量系数,$C_d = \dfrac{C_c}{\sqrt{\alpha_2 + \xi}}$,一般由试验测得。

在液流完全收缩的情况下,当 $Re \leq 10^5$ 时,$C_d = 0.964 Re^{-0.05}$;当 $Re > 10^5$ 时,C_d 视为常数,取 $C_d = 0.60 \sim 0.62$。

液流不完全收缩时的流量系数可由表 1-11 查出。

表 1-11 不完全收缩时液体流量系数

A_T/A_1	0.1	0.2	0.3	0.4	0.5	0.6	0.7
C_d	0.602	0.615	0.634	0.661	0.696	0.742	0.804

由式(1-45)可知,薄壁小孔的流量与小孔前后压差的 1/2 次方成正比,且薄壁小孔的沿程损失非常小,流量受黏度影响小,对油温变化不敏感,且不易堵塞,故常用作液压系统的节流器。

2. 短孔和细长孔

短孔一般指 $0.5 < l/d \leq 4$,细长孔为 $l/d > 4$。

短孔的流量计算式仍可用式(1-45)计算,但其流量系数应由图 1-21 确定。短孔加工比薄壁孔容易,故常用作固定节流器使用。

液体在细长孔中的流动一般为层流,故可用液体流经圆管的流量计算式(1-33)计算,即

$$q = \frac{\pi d^4}{128 \mu l} \Delta p$$

由上式可知,液体流经细长孔的流量 q 与其前后压差成正比,与液体黏度成反比。当液温变化时,液体黏度也发生变化,致使通过细长孔的流量也发生变化。另外,细长小孔容易堵塞,这些特点与薄壁小孔的特性明显不同。

1.5.2 缝隙流量计算

液压元件相对运动的表面要有一定的间隙,它造成运动部件之间的泄漏。泄漏是由

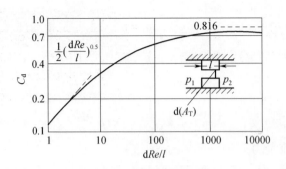

图 1-21 短孔的流量系数

压差与间隙造成的。内泄漏的损失转换为热能,使油温升高。外泄漏污染环境,两者均影响系统的性能和效率。因此,研究液体流经间隙的泄漏量、压差与间隙量之间的关系,对提高元件性能及保证系统正常工作是非常必要的。

1. 平行平板缝隙

液体通过平行平板缝隙时的最一般情况是,既受到压差 $\Delta p = p_1 - p_2$ 的作用,又受到平行平板间相对运动的作用,如图 1-22 所示。图中 h 为缝隙高度,b 和 l 为缝隙的宽度和长度,一般恒有 $b \gg h$ 和 $l \gg h$。

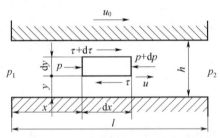

图 1-22 平行平板缝隙流动

在液流中取一个微元体,长为 dx、高为 dy、宽为 dz。作用在它与液体相垂直的两个表面上的压力为 p 和 $p + dp$,作用在它与液流相平行的两个表面上的切应力为 τ 和 $\tau + d\tau$,因此它的受力平衡方程为

$$pdydz + (\tau + d\tau)dxdz = (p + dp)dydz + \tau dxdz$$

经整理并代入牛顿内摩擦定律表达式,有

$$\frac{d^2u}{dy^2} = \frac{1}{\mu}\frac{dp}{dx} \tag{1-46}$$

对式(1-46)进行两次积分,得

$$u = \frac{y^2}{2\mu}\frac{dp}{dx} + C_1 y + C_2 \tag{1-47}$$

式中:C_1、C_2 为积分常数。

当平行平板间的相对运动速度为 u_0 时,则在 $y=0$ 处,$u=0$,$y=h$ 处,$u=u_0$;此外,液流作层流运动时,p 只是 x 的线性函数,即 $dp/dx = (p_2 - p_1)/l$,把这些关系式代到式(1-47)中,有

$$u = \frac{y(h-y)}{2\mu l}\Delta p + \frac{u_0}{h}y \qquad (1-48)$$

由此得通过平行平板缝隙的流量为

$$q = \int_0^h ub\mathrm{d}y = \int_0^h \left[\frac{y(h-y)}{2\mu l}\Delta p + \frac{u_0}{h}y\right]b\mathrm{d}y$$

$$= \frac{bh^3}{12\mu l}\Delta p + \frac{bh}{2}u_0 \qquad (1-49)$$

式(1-49)是平板运动速度 u_0 与压差 Δp 方向相同时得到的结果，其流量迭加图如图1-23(a)所示；如二者方向相反，则有

$$q = \frac{bh^3}{12\mu l}\Delta p - \frac{bh}{2}u_0 \qquad (1-50)$$

流量迭加图如图1-23(b)所示。

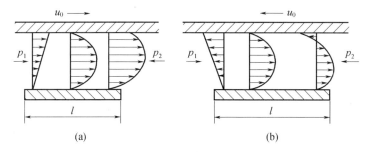

图1-23 压差与剪切联合作用下的平行平板流动

很明显，只有在 $u_0 = \mp h^2\Delta p/(6\mu l)$ 时，平行平板缝隙间才没有液体通过。当平行平板间没有相对运动时，通过的液体由压差引起，即为压差流动。其值为

$$q = \frac{bh^3}{12\mu l}\Delta p \qquad (1-51)$$

当平行平板两端不存在压差时，通过的液流由平板运动引起，称为剪切流动。其值为

$$q = \frac{bh}{2}u_0 \qquad (1-52)$$

如果将上面这些流量理解为液压元件缝隙中的泄漏量，就可以看到，通过缝隙的泄漏量与缝隙的3次方成正比，这说明元件内缝隙的大小对其泄漏量的影响是很大的。此外，如果将泄漏所造成的功率损失写成

$$P = \Delta p q = \Delta p \left(\frac{bh^3}{12\mu l}\Delta p \pm \frac{u_0}{2}bh\right)$$

因此，缝隙越小，泄漏功率损失也越小，但是，h 的减小会使元件中的摩擦功率损失增大，因而缝隙 h 有一个使这两种功率损失之和达到最小的最佳值，h 并不是越小越好。

2. 环形缝隙

液压元件中经常出现环形缝隙的情况,例如活塞与液压缸之间的间隙、阀芯与阀套之间的间隙等。图 1-24 表示了偏心环状缝隙的简图。孔半径为 R,其圆心为 O,轴半径为 r,其圆心为 O_1,偏心距 e,设任意角度 α 时,两圆柱表面间隙为 h,从图可看出

$$h = R - (r\cos\beta + e\cos\alpha)$$

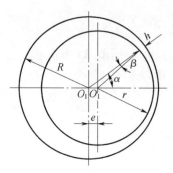

图 1-24 偏心环形缝隙流动

因 β 很小,$\cos\beta \to 1$,所以

$$h = R - (r + e\cos\alpha) \quad (1-53)$$

在一个很小角度范围 $d\alpha$ 内,通过间隙的流量 dq 可应用平面间隙流量公式(1-51),但式中的 b 相当于 $Rd\alpha$,于是得

$$dq = \frac{\Delta p}{12\mu l} h^3 R d\alpha \quad (1-54)$$

将式(1-53)代入到式(1-54),并从 0 积分到 2π,得通过整个偏心环形缝隙的流量为

$$q = \frac{R\Delta p}{12\mu l} \int_0^{2\pi} h^3 d\alpha = \frac{R\Delta p}{12\mu l} \int_0^{2\pi} (R - r - e\cos\alpha)^3 d\alpha$$

令 $R - r = h_0$(同心时半径间隙量),$e/h_0 = \varepsilon$(相对偏心率),则有

$$R - r - e\cos\alpha = h_0 - e\cos\alpha = h_0(1 - \varepsilon\cos\alpha)$$

令 $d = 2R$,于是

$$q = \frac{h_0^3 R\Delta p}{12\mu l} \int_0^{2\pi} (1 - \varepsilon\cos\alpha)^3 d\alpha$$

$$= \frac{\pi d h_0^3 \Delta p}{12\mu l}(1 + 1.5\varepsilon^2) \quad (1-55)$$

由式(1-55)可以看出,当 $\varepsilon = 0$ 时即为同心环状间隙。当 $\varepsilon = 1$,即最大偏心时,其流量为同心时流量的 2.5 倍。这说明偏心对泄漏量的影响,所以对液压元件的同心度应有适当要求。

1.6 空穴现象和液压冲击

1.6.1 空穴现象

在流动的液体中,因某点处的流速变化引起压力降低而使气泡产生的现象,称为空

穴现象。

在液压系统中,由于某种原因会产生低压区(如流速很大的区域压力会降低),当压力低于工作温度下液体的空气分离压时,溶解于液体中的空气将迅速地大量分离出来;如低压区的压力低于工作温度下液体的饱和蒸汽压,液体将迅速汽化。不论是前者还是后者,液体中都会出现大量气泡,这些气泡随着液流流到压力较高的区域时会因承受不了高压而破灭,此过程非常激烈,会产生局部的液压冲击,发出噪声并引起振动。如果这种状况发生在金属表面,将会加剧金属氧化腐蚀,往往使金属零件表面逐渐形成麻点,严重时会使表皮脱落出现小坑。这种因空穴现象而加剧金属表面腐蚀的现象,称为气蚀。在节流口的下游部位、液压泵吸油口或液压缸内壁处常可发现这种腐蚀的现象。

常态下,一般矿物油中都含有6%~12%的空气,当系统中的压力低于空气分离压时就会析出并形成气泡;对于液压系统和液压元件来说,出现空气混入系统的现象经常发生。例如:回油管装得太高而露出液面时,回油冲入油箱会产生大量气泡而被液压泵吸入管道;管道接头、液压元件密封不良等也会使空气吸入管道。此外液压系统中液压泵吸油管直径太小,吸油管阻力太大,滤油器堵塞,泵的转速过高等也易形成空穴。

空穴现象应当尽量避免,只有减小空穴现象发生的可能性,才能有效地降低气蚀现象的发生。目前,减小空穴现象的措施主要有:

(1)减小阀孔前后的压差,一般希望阀孔前后的压力比 $p_1/p_2 < 3.5$。

(2)正确设计液压泵的结构参数,适当加大吸油管内径,限制吸油管中液流速度不致太高,尽量避免管路急剧转弯或存在局部狭窄处,接头应密封良好,滤油器要及时清洗,要及时更换滤芯,对高压泵及自吸能力差的泵宜设置辅助泵供油。

(3)提高零件的抗气蚀能力,应增加零件的机械强度,采用抗腐蚀能力强的金属材料,使零件表面的加工粗糙度细化。

1.6.2 液压冲击

液压系统中,常常因为某些原因而使液体的压力在某一瞬时突然急剧上升,形成一个很大的压力峰值,这种现象称为液压冲击。出现液压冲击,液体中的压力峰值比正常工作压力要大好几倍,常常伴随着巨大的噪声和振动,使液压系统产生温升,压力升高严重时足以使一些液压元件或管件及密封件损坏。因此,要考虑防止或减少液压冲击。

图 1-25 中,设管道的截面积和长度为 A、l,管道中液体流速为 v_0,密度为 ρ。当管道末端 B 处阀门突然关闭时,液体立即停止运动。根据能量转化和守恒定律,液体的动能 $\rho A l v^2/2$ 转化为液体的弹性能 $A l \Delta p^2/(2K')$,即

$$\frac{1}{2}\rho A l v^2 = \frac{1}{2}\frac{Al}{K'}\Delta p^2$$

所以

$$\Delta p = \rho\sqrt{\frac{K'}{\rho}}v = \rho c v \qquad (1-56)$$

式中:Δp 为液压冲击时压力的升高值(N/m^2);K' 为液体的等效体积模量(N/m^2);c 为冲击波在管中的传播速度(m/s),$c = \sqrt{K'/\rho}$。

由式(1-56)可知,对于一定的油液种类和管道材质来说,ρ 和 c 均为定值,因此唯一

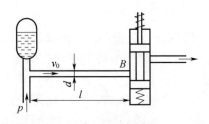

图 1-25 液压冲击

能减小 Δp 的办法是加大管道的通流截面以降低 v 值。

冲击波在管道中的液压油内的传播速度 c 一般在 $890\sim 1270\text{m/s}$ 范围内。

式(1-56)仅适用于管道瞬间关死的情况,即阀门的关闭时间 t 小于压力波来回一次所需的时间 t_c(临界关闭时间)的情况,即

$$t < t_c \left(t_c = \frac{2l}{c} \right) \tag{1-57}$$

满足式(1-57)则称为完全冲击,否则称为非完全冲击。非完全冲击时引起的压力值比完全冲击的低,按下式计算,即

$$\Delta p = \rho c v \frac{t_c}{t} \tag{1-58}$$

如果阀门不是关死,而是部分关闭,使液流流速从 v 降到 v',即冲击前后的稳态流速变化值为 $\Delta v = v - v'$,这种情况下只要在式(1-56)和式(1-58)中以 Δv 代替 v,即可求得相应条件下的压力升高值 Δp。

求出了 Δp,便可计算出冲击后管道的最大压力为

$$p_{\max} = p + \Delta p$$

式中:p 为正常工作压力(N/m^2)。

要减小液压冲击,可以延长阀门关闭时间,在容易产生液压冲击的地方安装蓄能器(蓄能器不但能缩短压力波的传播距离,还能吸收压力冲击)。此外,适当加大管径以降低液流流速或采用橡胶软管也很有效。

思考题和习题

1-1 如图 1-26 所示各盛水圆筒上部的活塞上的作用力 $F = 3000\text{N}$。已知:$d = 1\text{m}$,$h = 1\text{m}$,$\rho = 1000\text{kg/m}^2$,试求圆筒底部所受的压力及总作用力。又当 $F = 0$ 时,求圆筒内底部所受的压力及总作用力。

1-2 如图 1-27 所示,已知容器 A 中液体的密度 $\rho_A = 0.9 \times 10^3 \text{kg/m}^3$,容器 B 中液体的密度 $\rho_B = 1.2 \times 10^3 \text{kg/m}^3$,$z_A = 200\text{mm}$,$z_B = 180\text{mm}$,$h = 60\text{mm}$,U 形计中测压介质为汞,试求 A、B 之间的压差。

1-3 如图 1-28 所示,直径为 d,重量为 G 的柱塞,浸入充满密闭容器密度为 ρ 的液体中,并在力 F 作用下处于平衡状态,柱塞的浸入深度为 h,试求测压管内液体上升的高度。

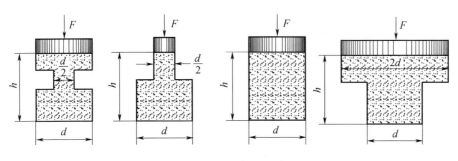

图 1-26 题 1-1 图

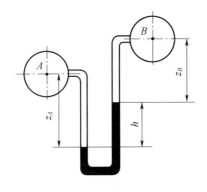

图 1-27 题 1-2 图

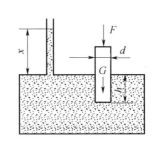

图 1-28 题 1-3 图

1-4 如图 1-29 所示，设压力 $p=3\text{MPa}$ 时阀开启，弹簧刚度 $k=8\text{N/mm}$，活塞直径 $D=22\text{mm}$，$D_0=20\text{mm}$。试确定安全阀上弹簧的预压缩量 x_0。

1-5 如图 1-30 所示，圆锥体在槽中绕铅垂轴做等角速旋转运动。锥体高度 $H=0.4\text{m}$，锥底直径 $d=0.6\text{m}$，锥体与槽之间的间隙 $\delta=1\text{mm}$，其间充满动力黏度 $\mu=0.1\text{Pa·s}$ 的润滑油。问当旋转角速度 $\omega=100\text{rad/s}$ 时需要多大的旋转力矩？

1-6 如图 1-31 所示，直径为 d 的内圆筒与转动的外圆筒垂直同心放置，筒壁间隙 δ 很小，其间注有高度 $h\gg d$ 的牛顿流体。当外圆筒以等角速度 ω 旋转时，测得轴的转矩为 T，求流体的动力黏度 μ。

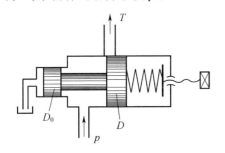

图 1-29 题 1-4 图

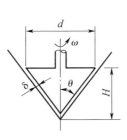

图 1-30 题 1-5 图

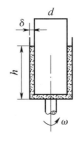

图 1-31 题 1-6 图

1-7 如图 1-32 所示以抽吸设备水平放置，出口和大气相通，1-1 截面处面积 $A_1=3.2\times10^{-4}\text{m}^2$，出口 2-2 截面处面积 $A_2=4A_1$，$h=1\text{m}$，求开始抽吸时，水平管中所必

39

须通过的流量 q（液体为理想液体，不计损失）。

1-8 如图 1-33 所示，活塞上作用力 $F = 3000\text{N}$，油液从液压缸一端的薄壁孔口流出，液压缸直径 $D = 80\text{mm}$，薄壁孔口直径 $d = 20\text{mm}$，忽略活塞和缸体的摩擦以及流动损失，求作用于液压缸底面上的液压力。设油液密度 $\rho = 0.9 \times 10^3 \text{kg/m}^3$。

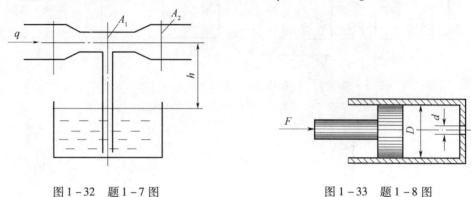

图 1-32 题 1-7 图　　　　　图 1-33 题 1-8 图

1-9 如图 1-34 所示，一管道输送 $\rho = 0.9 \times 10^3 \text{kg/m}^3$ 的液体，已知 $h = 15\text{m}$，1 处的压力为 0.45MPa，2 处的压力为 0.4MPa，求油液的流动方向。

1-10 如图 1-35 所示，当地大气压力为 $97 \times 10^3 \text{Pa}$，收缩段的直径应当限制在什么数值以上，才能保证不出现空化。已知水温 40℃ 时，水的密度 $\rho = 992.2\text{kg/m}^3$，水的汽化压强 $p_w = 7.38 \times 10^3 \text{Pa}$。

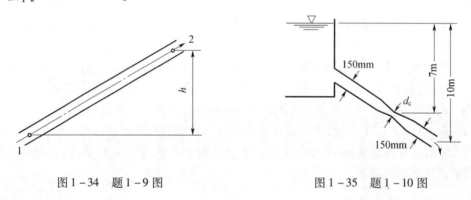

图 1-34 题 1-9 图　　　　　图 1-35 题 1-10 图

1-11 如图 1-36 所示为等截面液体射流冲向一面积为 A 的斜立平板的情况。高射流及夹板四周为大气，求夹板受到的射流作用力及射流分支的流量（不计重力和流体黏性）。

1-12 如图 1-37 所示，水在直径为 100mm 的水平弯管中，以 5m/s 的流速流动，弯管前端的压力为 $9.807 \times 10^3 \text{Pa}$，如不计损失，求水流对弯管的作用力。

1-13 如图 1-38 所示管路突然扩大的情况，试导出其局部阻力系数表达式。

1-14 如图 1-39 所示一立式液压缸，已知活塞直径 $D = 50\text{mm}$，活塞宽度 $B = 52\text{mm}$，活塞与缸体的间隙 $\delta = 0.02\text{mm}$，活塞举升的重物和活塞自重之和 $W + G = 500\text{N}$，油液的动力黏度 $\mu = 50 \times 10^{-11} \text{Pa·s}$，当活塞上升到与缸底的距离 $H = 80\text{mm}$ 时，关闭进油口，活塞在重物和自重作用下将自行下降，求其下降到缸底部所需的时间。

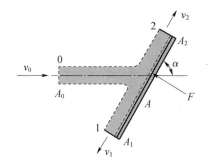

图 1-36 题 1-11 图

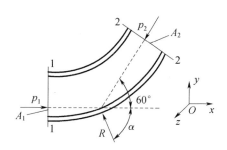

图 1-37 题 1-12 图

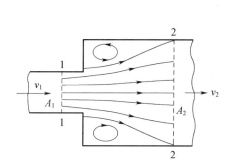

图 1-38 题 1-13 图

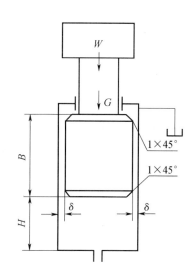

图 1-39 题 1-14 图

41

第 2 章　液压动力元件

2.1　概　述

液压动力元件为能量转换装置,液压泵是液压传动系统中的动力元件,它由原动机(电动机、内燃机等)驱动,把机械能转换成液压能,输出具有一定压力和流量的液体。

2.1.1　液压泵的工作原理及基本特点

1. 液压泵的工作原理

图 2-1 所示为液压泵的工作原理图。原动机驱动偏心轮 1 旋转,柱塞 2 在偏心轮和弹簧 4 的作用下在泵体 3 中作往复运动,柱塞在弹簧力的作用下始终压紧在偏心轮上。当柱塞伸出时,密封工作腔 c 的容积由小变大,形成局部真空,油箱中的油液在大气压作用下,经过吸油管顶开单向阀 6 进入工作腔 c 而实现吸油;当密封工作腔 c 的容积由大变小时,工作腔 c 中的油液受到挤压,压力升高,关闭单向阀 6,顶开单向阀 5 进入系统而实现压油。原动机驱动偏心轮不断旋转,液压泵不断地吸油和压油。

由此可见,液压泵是依靠密封容积变化进行工作的。所以把液压泵称为容积式泵。以上单个柱塞的液压泵只有一个工作腔,输出的压力油是不连续的。工程上,为了使液压系统的执行元件运行平稳,希望液压泵的流量连续且脉动量小,因此要用均匀排列的三缸以上的柱塞泵或其他形式的液压泵。后面的章节将对这些液压泵逐一进行介绍。

2. 液压泵的特点

从上述液压泵的工作过程,可以得出液压泵的基本特点:

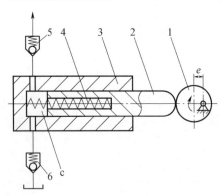

图 2-1　液压泵工作原理
1—偏心轮;2—柱塞;3—泵体;4—弹簧;5,6—单向阀。

(1) 具有若干个周期性变化的密封工作腔。容积式液压泵中的密封工作腔处于吸油时称为吸油腔,吸油腔容积增大吸入工作液体,完成吸油过程;工作腔处于排油时称为压油腔,压油腔体积缩小排出液体,完成压油过程。

(2) 具有相应的配油机构。配油机构使吸油腔和压油腔严格分开,保证液压泵连续工作。图 2-1 所示的单向阀 5、6 就是配油机构。吸油时,单向阀 5 关闭,将单向阀后面的压油通路(压油腔)与吸油腔隔开;压油时,单向阀 6 关闭,使吸油通路(吸油腔)与压油腔不相通。液压泵的结构原理不同,其配油机构也不相同。

(3) 具有自吸能力。液压泵能够借助大气压力自行吸油而正常工作的能力称为泵的自吸能力。为了使液压泵能够在大气压力作用下从油箱中吸油,液压系统中的油箱必须与大气相通或采用密闭的充压油箱。

为了保证液压泵在最高转速下能够正常吸油,泵的吸油口存在一个最低吸入压力。泵的吸油腔的压力取决于吸油高度和吸油管路的阻力,当泵的安装高度太高或吸油阻力太大时,泵的吸油压力低于最低吸入压力,液压泵将不能充分吸满甚至产生气穴和汽蚀。

液压泵按泵轴每转一转排出油液的体积是否可以调节分为定量泵和变量泵两类;按结构形式可分为齿轮泵、叶片泵和柱塞泵等。

2.1.2 液压泵的主要性能参数

1. 压力

(1) 工作压力 p。液压泵实际工作时的压力称为工作压力。在工作过程中,液压泵的工作压力取决于负载(包括外负载力和液阻),而与液压泵的流量无关。

(2) 额定压力 p_n。液压泵在正常工作条件下,按试验标准规定连续运转的最高压力称为液压泵的额定压力。实际工作中,泵的工作压力应小于或等于额定压力。

(3) 最高允许压力。按试验标准规定,超过额定压力允许短暂运行的最高压力称为液压泵的最高允许压力。

2. 排量、流量

(1) 排量 V。液压泵轴每转一周,按其几何尺寸计算而得到的排出的液体体积,称为液压泵的排量。

排量可以调节的液压泵称为变量泵;排量不可以调节的液压泵称为定量泵。

(2) 理论流量 q_t。根据液压泵的几何尺寸计算而得到的单位时间内液压泵排出的液体的体积,称为液压泵的理论流量,一般指平均理论流量,有

$$q_t = Vn \tag{2-1}$$

式中:q_t 为泵的理论流量(m^3/s);V 为泵的排量(m^3/r);n 为泵轴转速(r/s)。

工程实践中,常把零压力差下液压泵的流量视为液压泵的理论流量。

(3) 实际流量 q。液压泵工作时,单位时间内实际排出的液体的体积,称为液压泵的实际流量。它等于液压泵的理论流量 q_t 减去因泄漏、液体压缩等损失的流量 Δq,即

$$q = q_t - \Delta q \tag{2-2}$$

液压泵的理论流量与密封容积的变化量和单位时间内的变化次数成正比,与工作压力无关。但工作压力影响泵的内泄漏和油液的压缩量,从而影响泵的实际流量。因此,液压泵的实际流量随着工作压力的升高而降低。

(4) 额定流量。在正常工作条件下,按试验标准规定(如在额定压力和额定转速下),液压泵必须保证的输出流量。

3. 功率、效率

(1) 输入功率 P_i。实际驱动液压泵轴的机械功率,称为液压泵的输入功率。

$$P_i = 2\pi nT \tag{2-3}$$

式中:P_i 为液压泵的输入功率(W);n 为液压泵轴的转速(r/s);T 为液压泵的实际输入

转矩(N·m)。

(2) 输出功率 P_o。液压泵实际输出的液压功率,称为液压泵的输出功率。

$$P_o = \Delta p q \tag{2-4}$$

式中:P_o 为液压泵的输出功率(W);Δp 为液压泵的进、出口压力差(Pa);q 为液压泵的实际流量(m^3/s)。

在实际计算中,若油箱通大气,液压泵的进、出口压力差用液压泵出口压力 p 代入。

(3) 容积损失与容积效率。因液体的泄漏、压缩等损失的能量称为容积损失。

液压泵的容积效率 η_v 表示液压泵抵抗泄漏的能力,等于泵的实际流量 q 与理论流量 q_t 之比,即

$$\eta_v = \frac{q}{q_t} \tag{2-5}$$

因此,液压泵的实际流量 q 为

$$q = q_t \eta_v = V n \eta_v \tag{2-6}$$

容积效率与工作压力、液压泵中的摩擦副间隙大小、工作液体的黏度以及转速等有关。当工作压力较高,或间隙较大,或黏度较低时,因泄漏较大,故容积效率较低;转速较低时,因理论流量较小,泄漏量比例增加,使得液压泵的容积效率下降。

(4) 机械损失与机械效率。因运动部件之间和运动部件与流体之间摩擦而损失的能量称为机械损失。

液压泵的机械效率 η_m 等于泵的理论转矩与实际输入转矩之比,即

$$\eta_m = \frac{T_t}{T} \tag{2-7}$$

因摩擦而造成的转矩损失 ΔT,使得驱动泵的实际转矩 T 大于其理论转矩 T_t,即

$$T = T_t + \Delta T \tag{2-8}$$

机械效率与摩擦损失有关,当摩擦损失加大时,对于液压泵,同样大小的理论输出功率需要较大的输入机械功率,故机械效率下降;当液体的黏度加大或间隙减小时,因液体摩擦或运动部件间的摩擦增大,机械效率也会降低。

(5) 总效率。液压泵的输出功率与输入功率之比,称为液压泵的总效率 η,即

$$\eta = \frac{P_o}{P_i} = \frac{\Delta p q}{2\pi n T} = \frac{\Delta p q_t \eta_v}{\frac{2\pi n T_t}{\eta_m}} = \eta_m \eta_v \tag{2-9}$$

因此,液压泵的总效率等于液压泵的机械效率与容积效率之积。

液压泵的输入功率即原动机的驱动功率也可写成

$$P_i = \frac{\Delta p q}{\eta} \tag{2-10}$$

4. 液压泵的特性曲线

液压泵的特性曲线反映了液压泵的容积效率 η_v、机械效率 η_m、总效率 η 和输入功率 P_i 与工作压力的关系。它是液压泵在某种工作液体、一定转速和一定油温等条件下通过

实验得出的,如图 2-2 所示。由于泵的泄漏量随工作压力升高而增加,所以泵的容积效率 η_v 随着压力的升高而降低,压力为零时的容积效率为 100%,这时的实际流量等于理论流量。由于压力为零时泵的理论输出功率为零,因此相应的机械效率为零;随着压力的提高,最初机械效率 η_m 很快上升,而后变缓。所以,总效率 $\eta(\eta = \eta_v \eta_m)$ 始于零,随着压力的升高而升高,达到一个最高点后下降。泵的输入功率 P_i 随着工作压力的升高而增大。

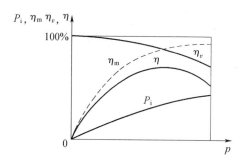

图 2-2 液压泵的特性曲线

例 2-1 已知液压泵的排量 $V = 60 \times 10^{-6} \mathrm{m^3/rad}$,转速 $n = 24.17 \mathrm{rad/s}$,机械效率 $\eta_m = 0.92$,容积效率 $\eta_v = 0.9$,泵的工作压力 $p = 10 \mathrm{MPa}$。求:(1)泵的实际流量 q;(2)泵的输出功率 P_o;(3)泵的输入功率 P_i(驱动功率)。

解 (1)泵的实际流量为

$$q = V n \eta_v = 60 \times 10^{-6} \times 24.17 \times 0.9 \mathrm{m^3/s} = 1305.18 \times 10^{-6} \mathrm{m^3/s}$$

不计吸油管路压力损失,因此 $\Delta p = p = 10 \mathrm{MPa}$

(2)泵的输出功率为

$$P_o = pq = 10 \times 10^6 \times 1305.18 \times 10^{-6} \mathrm{W} = 13051.8 \mathrm{W} = 13.1 \mathrm{kW}$$

(3)因为

$$\eta = \frac{P_o}{P_i}$$

所以,泵的输入功率为

$$P_i = \frac{P_o}{\eta} = \frac{P_o}{\eta_m \eta_v} = \frac{13.1}{0.92 \times 0.9} \mathrm{kW} = 15.8 \mathrm{kW}$$

2.2 齿 轮 泵

齿轮泵是一种常用的液压泵。它的主要优点是:结构简单、制造方便、外形尺寸小、重量轻、造价低、自吸性能好、对油液的污染不敏感、工作可靠。由于齿轮泵中的啮合齿轮是轴对称的旋转体,因此允许转速较高。其缺点是流量和压力脉动大,噪声高,排量不能调节。低压齿轮泵的工作压力为 2.5MPa;中高压齿轮泵的工作压力为 16MPa~20MPa;某些高压齿轮泵的工作压力已达到 32MPa;齿轮泵的最高转速一般可达 3000 r/min 左右,在个别情况下(如飞机用齿轮泵)最高转速可达 8000r/min。齿轮泵的低速性能较差,当其转速低于 200~300r/min 时,容积效率很低,使泵无法正常工作。按齿轮啮合形式不同,齿轮泵分为外啮合齿轮泵和内啮合齿轮泵。

2.2.1 外啮合齿轮泵的工作原理

外啮合齿轮泵的工作原理如图 2-3 所示,泵体中的一对参数相同的渐开线齿轮互相啮合,这对齿轮与前后端盖(图中未画出)和泵体形成密封工作腔,当传动轴带动齿轮按图示方向旋转时,泵的吸油腔的轮齿逐渐退出啮合,使吸油腔容积增大而吸油,油液进入齿间被带到压油腔。在泵的压油腔,轮齿逐渐进入啮合,使压油腔容积减小,将油液压出。齿轮泵齿轮啮合线分隔吸、压油腔,起到配油作用,因此外啮合齿轮泵不需要专门的配油机构,这是齿轮泵与其他类型泵的不同之处。

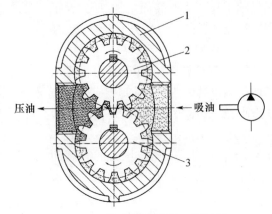

图2-3 外啮合齿轮泵工作原理
1—泵体;2—主动齿轮;3—从动齿轮。

图2-4所示为我国自行研制的CB型齿轮泵的结构图,为了防止压力油从泵体和端盖间泄漏,并减小螺钉的拉力,在泵体的两端面各铣有油封卸荷槽b,经泵体端面泄漏的油液由卸荷槽流回吸油腔。在泵前后端盖上开有困油卸荷槽e,以消除泵工作时产生的困油现象。在端盖和从动轴上的卸荷孔a、c、d,可将泄漏到轴承端部的油液引到泵的吸油腔,使传动轴处的密封圈处于低压,因而不必设置单独的外泄油口。这种泵的吸油腔不能承受高压,因此不能逆转工作。CB型齿轮泵为低压泵,工作压力为2.5MPa。

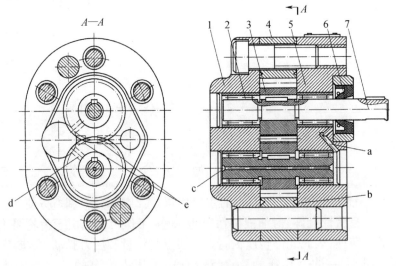

图2-4 CB型齿轮泵的结构
1—后端盖;2—滚针轴承;3—齿轮;4—泵体;5—前端盖;6—防尘圈;7—传动轴;a、c、d—卸荷孔道;b—油封卸荷槽;e—困油卸荷槽。

2.2.2 外啮合齿轮泵的排量与流量

根据齿轮泵的结构尺寸可计算泵的排量。外啮合齿轮泵排量的精确计算应依啮合原理来进行。在工程实践中,通常采用以下近似计算公式。可以认为泵的排量等于两个齿轮的齿间工作容积之和,假设齿间的工作容积与轮齿的有效体积相等,则齿轮泵的排量等于一个齿轮的所有齿间工作容积和轮齿有效体积的总和,即等于齿轮齿顶圆与基圆之间环形圆柱的体积。因此,外啮合齿轮泵的排量为

$$V = \pi DhB = 2\pi z m^2 B \quad (2-11)$$

式中:D 为齿轮分度圆直径(m),$D=mz$;h 为有效齿高(m),$h=2m$(m);B 为齿宽(m);m 为齿轮模数(m);z 为齿轮齿数。

实际上齿间的工作容积要比轮齿的有效体积稍大,所以上式可近似写成

$$V = 6.66zm^2B \quad (2-12)$$

因此,外啮合齿轮泵的实际输出流量 q 为

$$q = 6.66zm^2Bn\eta_v \quad (2-13)$$

式中:n 为齿轮泵转速(r/min);η_v 为齿轮泵的容积效率。

式(2-13)所表示的是齿轮泵的平均流量。实际上随着啮合点位置的不断改变,齿轮泵每一瞬时的容积变化率是不均匀的,为了评价泵的瞬时流量脉动,引入流量脉动率。设 q_{max},q_{min} 分别表示最大、最小瞬时流量。则流量脉动率 δ_q 可表示为

$$\delta_q = \frac{q_{max} - q_{min}}{q_p} \times 100\% \quad (2-14)$$

表 2-1 所列为不同齿数时齿轮泵的流量脉动率。

表 2-1 齿轮泵流量脉动率与齿数的关系

z	6	8	10	12	14	16	20
$\delta_q/\%$	34.7	26.3	21.2	17.8	15.2	13.4	10.7

液压系统传动的均匀性、平稳性及噪声等都和泵的流量脉动有关,显然,增加齿数可以减小齿轮泵的流量脉动率。由于齿轮泵的流量脉动率与其他类型泵相比较大,因此性能要求较高的液压系统不宜采用这种泵。

从式(2-13)可以看出流量与齿轮模数 m 的平方成正比,因此在泵的体积一定时,增大模数,流量增加,但齿数减少,因此流量脉动大。用于机床上的低压齿轮泵,要求流量均匀,因此齿数多取为 $z=13\sim20$;而中高压齿轮泵,要求有较大的齿根强度,因此高压齿轮泵的齿数较少,而且为了防止根切而削弱齿根强度,要求齿形修正,取 $z=6\sim14$。另外,流量和齿宽 B、转速 n 成正比。一般对于高压齿轮泵,$B=(3\sim6)m$;对于低压齿轮泵,$B=(6\sim10)m$。转速 n 的选取应与原动机的转速一致,一般为 750r/min、1000 r/min、1500r/min、2000r/min。转速过高,会造成吸油不足,转速过低,容积效率很低,泵不能正常工作。

2.2.3 外啮合齿轮泵的结构特点

1. 泄漏

齿轮泵存在三个间隙泄漏途径:一是齿轮端面与端盖间的轴向间隙(占总泄漏量的 70%~80%);二是齿轮外圆与泵体内表面之间的径向间隙(占总泄漏量的 12% 左右);三是齿轮啮合处的间隙。其中,轴向间隙由于泄漏途径短、泄漏面积大而使泄漏量最大。如果轴向间隙过大,则泄漏增加,使泵的容积效率下降。若轴向间隙过小,则齿轮端面和端盖间

的机械摩擦损失增大,使泵的机械效率下降。因此,应严格控制泵的轴向间隙。

2. 困油现象

为了保证齿轮传动的平稳性、高低压油腔严格地隔开和密封以使泵能均匀连续地供油,齿轮泵齿轮啮合的重合度 ε 必须大于1(一般 $\varepsilon = 1.05 \sim 1.3$),即在前一对轮齿尚未脱开啮合之前,后一对轮齿已经进入啮合。当两对轮齿同时啮合时,在两对轮齿的齿向啮合线之间形成一个封闭容积,该封闭容积与泵的高低压油腔均不相通,且随齿轮的转动而变化,如图2-5所示。从图2-5(a)到图2-5(b),封闭容积逐渐减小,到两啮合点处于节点两侧的对称位置,如图2-5(b)时,封闭容积为最小;从图2-5(b)到图2-5(c),封闭容积逐渐增大。当封闭容积由大变小时,油液受挤压,压力升高,齿轮泵轴承受周期性压力冲击,同时高压油从缝隙中挤出,造成功率损失,使油液发热;当封闭容积由小变大时,又因无油液补充而形成局部真空和气穴,出现汽蚀现象,引起振动和噪声。这种因封闭容积大小发生变化导致压力冲击和产生气蚀的现象称为困油现象。困油现象对齿轮泵的正常工作十分有害。

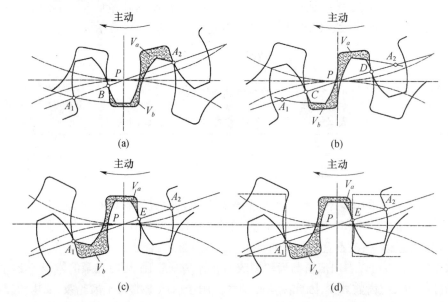

图2-5 齿轮泵的困油现象和困油卸荷槽

消除困油现象的常用办法,通常是在齿轮泵的前后端盖或浮动轴套等零件上开困油卸荷槽,如图2-5(d)虚线所示,当封闭容积减小时,使其与压油腔相通,当封闭容积增大时,使其与吸油腔相通。一般的齿轮泵两卸荷槽是非对称布置的,使其向吸油腔侧偏移了一个距离,使 V_a 在压缩到最小值的过程中始终与压油腔相通。但两卸荷槽的距离必须保证任何时候都不能使吸油腔和压油腔互通。

3. 径向不平衡力

齿轮泵工作时,齿轮承受圆周液体压力所产生的径向力的作用。在吸油腔和压油腔的齿轮外圆和齿廓表面分别承受吸油压力和工作压力,在齿轮和泵体内表面的径向间隙中,可以认为压力从压油腔压力过渡到吸油腔压力逐渐减小。因此,液体压力产生的径向力是不平衡的。工作压力越高,径向不平衡力越大,其结果不仅加速了轴承的磨损,降低了轴承的寿命,而且使轴变形,造成齿顶和泵体内表面的摩擦等,使齿轮泵压力的提高受到限制。为了解决径向力不平衡问题,CB 型齿轮泵采用缩小压油口的办法,以减少压油压力对齿顶的作用面积来减小径向不平衡力,所以泵的压油口比吸油口小。

2.2.4 提高外啮合齿轮泵压力的措施

低压齿轮泵的轴向间隙和径向间隙都是定值,当工作压力提高后,其间隙泄漏量大大增加,容积效率显著下降(如低于 80%~85%);另外,随着压力的提高,原来并不平衡的径向力随之增大,导致轴承失效。高压齿轮泵主要是针对上述两个问题,在结构上采取了一些措施,如尽量减小径向不平衡力和提高轴的刚度与轴承的承载能力;对泄漏量最大处的间隙泄漏采用自动补偿装置等。由于外啮合齿轮泵的泄漏主要是轴向间隙泄漏,因此下面对此间隙的补偿原理作简单介绍。

在中高压和高压齿轮泵中,轴向间隙自动补偿一般是采用浮动轴套、浮动侧板或弹性侧板,使之在液压力的作用下压紧齿轮端面,使轴向间隙减小,从而减少泄漏。如图 2-6 所示为浮动轴套式的间隙补偿原理。两个互相啮合的齿轮由前后轴套中的滑动轴承(或滚动轴承)支承,轴套可在泵体内作轴向浮动。由压油腔引至轴套外端面的压力油,作用在一定形状和大小的面积 A_1 上,产生液压力 F_1,使轴套紧贴齿轮的侧面,因而可以消除间隙并可补偿齿轮侧面和轴套间的磨损量。在泵起动时,浮动轴套在弹性元件橡胶密封圈或弹簧弹力 F_t 的作用下,紧贴齿轮端面以保证密封。齿轮端面的液压力作用在轴套内端面,形成反推力 F_f,设计时应使压紧力 $F_y(F_1+F_t)$ 大于反推力,一般取 $\dfrac{F_y}{F_f}=1\sim 1.2$。此外,还必须保证压紧力和反推力的作用线重合,否则会产生力偶,致使轴套倾斜而增加泄漏。

2.2.5 螺杆泵和内啮合齿轮泵

1. 螺杆泵

螺杆泵实质上是一种外啮合的摆线齿轮泵,泵内的螺杆可以有两个,也可以有三个,图 2-7 所示为三螺杆泵的工作原理。在泵的壳体内有三根相互啮合的双头螺杆,主动螺杆 2 为凸螺杆,从动螺杆 1 是凹螺杆。三个螺杆的外圆与壳体的对应弧面保持着良好的配合。在横截面内,它们的齿廓由几对摆线共轭曲线组成,螺杆的啮合线把主动螺杆和从动螺杆的螺旋槽分割成若干密封工作腔。当主动螺杆带动从动螺杆旋转时,这些密封工作腔沿着轴向从左向右移动(主动螺杆每旋转一周,每个密封工作腔移动一个工作导程)。左端形成密封工作腔容积逐渐增大,进行吸油;右端工作腔容积逐渐缩小,将油压出。螺杆泵的螺杆直径越大,螺旋槽越深,排量也越大。螺杆越长,吸油口和压油口之间的密封层次越多,密封越好,泵的额定压力就越高。

螺杆泵结构简单、紧凑,体积小,质量轻,运转平稳,输油均匀,噪声小,允许采用高转速,容积效率高(达 90%~95%),对油液污染不敏感,因此它在一些精密机床的液压系统中得到了应用。螺杆泵的主要缺点是螺杆形状复杂,加工较困难,不易保证精度。

2. 内啮合齿轮泵

内啮合齿轮泵主要有渐开线齿轮泵和摆线转子泵两种类型。

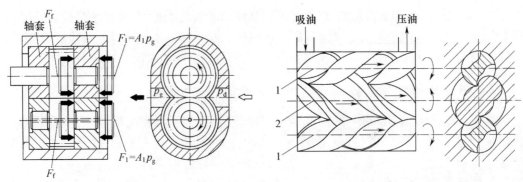

图2-6 轴向间隙补偿原理

图2-7 螺杆泵的工作原理
1—从动螺杆；2—主动螺杆。

内啮合渐开线齿轮泵的工作原理如图2-8(a)所示。相互啮合的内转子和外转子之间有月牙型隔板，月牙板将吸油腔与压油腔隔开。当传动轴带动内转子按图示方向旋转时，外转子以相同方向旋转，图中左半部轮齿脱开啮合，齿间容积逐渐增大，从端盖上的吸油窗口 A 吸油；右半部轮齿进入啮合，齿间容积逐渐减小，将油液从压油窗口 B 排出。

内啮合渐开线齿轮泵与外啮合齿轮泵相比，流量脉动率小（仅是外啮合齿轮泵的1/10～1/20）、结构紧凑、质量轻、噪声低、效率高以及没有困油现象等优点。它的缺点是齿形复杂，需专门的高精度加工设备。渐开线内啮合齿轮泵结构上也有单泵和双联泵，工程上应用也较多。

摆线转子泵是以摆线成形、外转子比内转子多一个齿的内啮合齿轮泵。如图2-8(b)所示为摆线转子泵的工作原理图。在工作时，所有内转子的齿都进入啮合，相邻两齿的啮合线与泵体和前后端盖形成密封容腔。内、外转子存在偏心，分别以各自的轴心旋转，内转子为主动轴，当内转子围绕轴心如图示方向旋转时，带动外转子绕外转子轴心作同向旋转。左侧油腔密封容积不断增加，通过端盖上的配油窗口 A 吸油；右侧密封容积不断减小从压油窗口 B 压油。内转子每转一周，由内转子齿顶和外转子齿谷所构成的每个密封容积，完成吸、压油各一次。

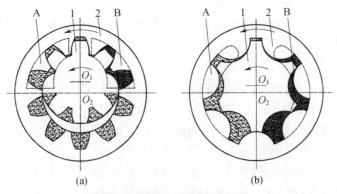

图2-8 内啮合齿轮泵工作原理
(a) 渐开线齿轮泵；(b) 摆线转子泵。
1—内转子；2—外转子；A—吸油窗口；B—压油窗口。

内啮合摆线转子泵的优点是结构紧凑、体积小、零件数少、转速高、运动平稳、噪声低等;缺点是啮合处间隙泄漏大,容积效率低,转子的制造工艺复杂等。内啮合齿轮泵可正、反转,也可做液压马达用。

2.3 叶片泵

叶片泵具有流量均匀、运转平稳、噪声低、体积小、质量轻、易实现变量等优点。在机床、工程机械、船舶及冶金设备中得到广泛应用。中低压叶片泵的工作压力一般为 8MPa,高压叶片泵的工作压力可达 25～32MPa。叶片泵的缺点是对油液的污染较齿轮泵敏感;泵的转速不能太高,也不宜太低,一般可在 600r/min～2500r/min 范围内使用;叶片泵的结构比齿轮泵复杂;吸油特性没有齿轮泵好。

叶片泵主要分为单作用(转子旋转一周完成吸、排油各一次)和双作用(转子旋转一周完成吸、排油各二次)两种形式。单作用叶片泵多为变量泵,双作用叶片泵一般为定量泵。

2.3.1 单作用叶片泵

1. 单作用叶片泵的工作原理

单作用叶片泵的工作原理如图 2-9 所示,泵由转子 1、定子 2、叶片 3、配油盘和端盖等组成。定子具有圆柱形内表面,定子和转子间有偏心距 e,叶片装在转子槽中,并可在槽内滑动,当转子转动时,由于离心力的作用,使叶片紧靠在定子内表面,配油盘上各有一个腰形的吸油窗口和压油窗口。这样在定子、转子、叶片和两侧配油盘间就形成若干个密封的工作腔,当转子按图示的方向旋转时,在右半部分,叶片逐渐伸出,叶片间的工作腔逐渐增大,通过吸油口从配油盘上的吸油窗口

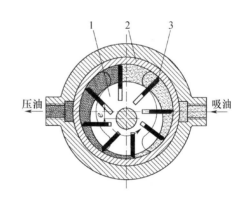

图 2-9 单作用叶片泵的工作原理
1—转子;2—定子;3—叶片。

吸油。在左半部分,叶片被定子内表面逐渐压进槽内,密封工作腔逐渐缩小,将油液经配油盘压油窗口从压油口压出。在吸油腔和压油腔之间,有一段封油区,把吸油腔和压油腔隔开,这种叶片泵转子每转一周,每个密封工作腔完成一次吸油和压油,因此称为单作用叶片泵。

2. 单作用叶片泵的排量和流量计算

单作用叶片泵的排量为各工作容积在泵轴旋转一周时所排出的液体的总和,因此两个叶片形成的一个工作容积 V_0 近似为

$$V_0 = V_1 - V_2 = \frac{1}{2}B\beta[(R+e)^2 - (R-e)^2] = \frac{4\pi}{z}ReB \tag{2-15}$$

式中:R 为定子的内径(m);e 为转子与定子之间的偏心距(m);B 为定子的宽度(m);β

为相邻两个叶片间的夹角，$\beta = \dfrac{2\pi}{z}$；z 为叶片的个数。

因此，单作用叶片泵的排量 V_p 为

$$V_p = zV_0 = 4\pi ReB \tag{2-16}$$

当单作用叶片泵转速为 n，泵的容积效率为 η_v 时，泵的实际流量 q 为

$$q = q_t\eta_v = 4\pi ReBn\eta_v \tag{2-17}$$

上述流量计算中并未考虑叶片的厚度以及叶片的倾角对单作用叶片泵排量和流量的影响。实际上叶片在槽中伸出和缩进时，叶片槽底部也有吸油和压油过程，由于压油腔和吸油腔处叶片的底部分别和压油腔及吸油腔相通，因而叶片槽底部的吸油和压油恰好补偿了叶片厚度及倾角所占据体积而引起的排量和流量的减小，因此，在计算中不考虑叶片厚度和倾角的影响。

单作用叶片泵的流量也是有脉动的，理论分析表明，泵内叶片数越多，流量脉动率越小，此外，泵具有奇数叶片数时的脉动比偶数叶片时小，所以单作用叶片泵的叶片数均为奇数，一般为 13 片或 15 片。

3. 单作用叶片泵的特点

(1) 单作用叶片泵为变量泵。改变定子和转子之间的偏心距可改变排量。偏心反向时，吸油和压油方向相反。

(2) 叶片径向压力平衡。叶片处于吸油区时，叶片底部通吸油区油液，叶片处于压油区时，叶片底部通压油区油液，避免叶片与定子内表面严重磨损。

(3) 轴上径向液压力不平衡。轴上承受不平衡的径向液压力，导致轴及轴承磨损加剧，限制了工作压力的提高。

(4) 叶片后倾。为了使叶片容易伸出叶片槽，转子槽常做成与转动方向相反的后倾。

4. 变量叶片泵

变量泵可以根据液压系统中执行元件的运行速度提供相匹配的流量，尤其是速度变化时，避免了能量损失及系统发热，功率利用率高。改变单作用叶片泵定子与转子的偏心，即可改变泵的流量。按改变偏心方式的不同，变量叶片泵的变量形式分为手动变量、压力补偿变量、功率匹配变量、恒压变量以及恒流量等。下面介绍目前应用最广泛的限压式变量叶片泵。

1) 限压式变量叶片泵的工作原理

限压式变量叶片泵（也称压力补偿或压力反馈式叶片泵），它是利用泵出口压力控制偏心量来自动实现变量的。如图 2-10 所示为限压式变量叶片泵工作原理图。转子 1 中心固定，定子 2 可以左右移动，配油盘上的吸油窗口和压油窗口沿定子与转子的中心线对称布置，3 为最大流量调节螺钉，4 为柱塞，泵出口压力油 p 经泵内通道引入柱塞缸作用于柱塞 4 上，5 为调压弹簧，6 为调压螺钉。在泵未运转时，定子在弹簧 5 的作用下，紧靠柱塞 4，柱塞 4 靠在螺钉 3 上。这时，定子与转子有一初始偏心量 e_0。调节螺钉 3 的位置，可以改变 e_0 的大小。

泵工作时，当泵出口压力较低时，作用在柱塞上的液压力小于弹簧作用力，即

$$pA < k_s x_0 \tag{2-18}$$

式中：k_s 为弹簧刚度；x_0 为偏心量为 e_0 时的弹簧的预压缩量。

此时定子与转子的偏心量最大，输出的流量最大。随着外负载的增加，泵出口的压力增大，当压力 p 达到限定压力 p_B 时，有

$$p_B A = k_s x_0 \quad (2-19)$$

调节调压螺钉 6，可改变弹簧的预压缩量 x_0，即可改变限定压力 p_B 的大小。当压力进一步提高时，有

$$pA > k_s x_0 \quad (2-20)$$

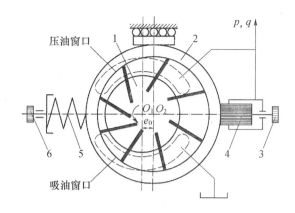

图 2-10 限压式变量叶片泵的工作原理
1—转子；2—定子；3—最大流量调节螺钉；
4—柱塞；5—调压弹簧；6—调压螺钉。

若不考虑定子移动的摩擦力，液压力克服弹簧力推动定子左移，泵的偏心量减小，泵的输出流量减少。设偏心量减少时，弹簧的附加压缩量为 x，定子移动后的偏心量为 e，则

$$e = e_0 - x \quad (2-21)$$

这时定子上的受力平衡方程式是

$$pA = k_s(x_0 + x) \quad (2-22)$$

将式（2-19）、式（2-22）代入式（2-21），得

$$e = e_0 - \frac{A(p - p_B)}{k_s} \quad (p \geq p_B) \quad (2-23)$$

式（2-23）表示了泵的偏心量随工作压力变化的关系。泵的工作压力越高，偏心量越小，泵的输出流量越少。当 $p = k_s \dfrac{(e_0 + x_0)}{A}$ 时，泵的输出流量为零。控制定子移动的作用力是将液压泵出口的压力油引到柱塞上，然后再加到定子上去，这种控制方式称为外反馈式。

2）限压式变量叶片泵的特性曲线

图 2-11 所示为限压式变量泵的特性曲线，限压式变量叶片泵在工作过程中，当工作压力 p 小于预先调定的限定压力时，液压作用力不能克服弹簧的预紧力，这时定子的偏心距保持最大不变，因此泵的输出流量 q_A 不变，但由于供油压力增大时，泵的泄漏流量 q_1 也增加，所以泵的实际输出流量 q 也略有减少，如图 2-11 中的 AB 段所示。调节流量调节螺钉 3（图 2-10）可调节最大偏心量（初始偏心量）的大小，从而改变泵的最大输出流量 q_A，特性曲线 AB 段上下平移，当泵的供油压力 p 超过预先调定的压

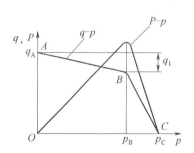

图 2-11 限压式变量叶片泵曲线

力时,液压作用力大于弹簧的预紧力,此时弹簧受压缩定子向偏心量减小的方向移动,使泵的输出流量减小,压力越高,弹簧压缩量越大,偏心量越小,输出流量越小,其变化规律如特性曲线 BC 段所示。调节调压弹簧 6 可改变限定压力 p_B 的大小,这时特性曲线 BC 段左右平移,而改变调压弹簧的刚度时,可以改变 BC 段的斜率,弹簧越"软"(k_s 值越小),BC 段越陡,p_C 值越小;反之,弹簧越"硬"(k_s 值越大),BC 段越平坦,p_C 值亦越大。当定子和转子之间的偏心量为零时,系统压力达到最大值 p_C,该压力称为截止压力。实际上由于泵的泄漏存在,当偏心量尚未达到零时,泵向系统的输出流量实际已为零。

限压式变量叶片泵对既要实现快速行程,又要实现工作进给(慢进)的执行元件来说是一种合适的油源。快速行程需要大流量,工作压力低,正好使用特性曲线的 AB 段,工作进给时负载压力升高,需要流量减少,正好使用其特性曲线的 BC 段,因而合理调整拐点压力 p_B 是使用该泵的关键。目前这种泵被广泛用于要求执行元件有快速、慢速和保压阶段的中低压系统中,有利于节能和简化回路。

2.3.2 双作用叶片泵

1. 双作用叶片泵的工作原理

图 2-12 所示为双作用叶片泵的工作原理图。它由定子 1、转子 2、叶片 3 和配油盘等组成。转子和定子中心重合,定子内表面是由两段半径为 R 的大圆弧、两段半径为 r 的小圆弧以及四段连接大小圆弧的过渡曲线组成。叶片可以在转子的叶片槽内滑动,转子、叶片、定子和前后两个配油盘间形成若干个密封容积。当转子旋转时,叶片受离心力和叶片槽底部压力油作用而紧贴定子内表面,起密封作用,将吸油腔与压油腔隔开。当叶片从定子内表面的小圆弧区向大圆弧移动时,叶片伸出,两个封油叶片之间的密封容积增大,通过配油盘上的吸油窗口吸油;由大圆弧段移向小圆弧区

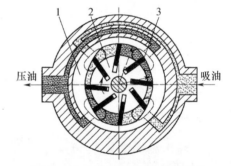

图 2-12 双作用叶片泵工作原理
1—定子;2—转子;3—叶片。

时,叶片被定子内表面逐渐压进槽内,密封容积减小,通过配油盘上的压油窗口排油。转子每转一周,密封容积完成两次吸、排油过程,所以称为双作用叶片泵。

为了使叶片可靠地顶在定子表面形成密封容积,双作用叶片泵转子中的叶片槽底部通压力油,因此在建立排油压力后,处在吸油区的叶片对定子内表面的压紧力为其离心力和叶片底部液压力之和。在压力还未建立起来的启动时刻,此压紧力仅由离心力产生。如果离心力不够大,叶片顶部就不能与定子内表面贴紧以形成高、低压腔之间的可靠密封,泵由于吸、压油腔沟通而不能正常工作。这就是叶片泵最低转速不能太低的原因。

双作用叶片泵的两个吸油腔和两个压油腔均为对称布置,故作用在转子上的液压力平衡,轴和轴承的寿命较长,因此双作用叶片泵又称为卸荷式叶片泵。为了使径向力完全平衡,密封空间数(即叶片数)应为双数。

2. 双作用叶片泵的排量和流量计算

转子旋转一周,每个密封容积完成两次吸、压油过程,因此,当定子的大圆弧半径为 R、小圆弧半径为 r、定子宽度为 B、定子叶片数为 z 时,在不考虑叶片厚度和叶片倾角的影响下,双作用叶片泵的排量为

$$V' = 2\pi(R^2 - r^2)B \tag{2-24}$$

由于一般双作用叶片泵叶片底部全部接通压力油,同时考虑叶片的厚度及叶片的倾角,双作用叶片泵当叶片厚度为 b、叶片倾角为 θ 时的排量为

$$V = 2\pi(R^2 - r^2)B - 2\frac{R-r}{\cos\theta}bzB = 2B\left[\pi(R^2 - r^2) - \frac{R-r}{\cos\theta}bz\right] \tag{2-25}$$

所以当双作用叶片泵的转数为 n,容积效率为 η_v 时,泵的实际输出流量为

$$q = q_t\eta_v = 2B\left[\pi(R^2 - r^2) - \frac{R-r}{\cos\theta}bz\right]n\eta_v \tag{2-26}$$

双作用叶片泵受叶片厚度的影响,且长半径圆弧和短半径圆弧也不可能完全同心,以及叶片底部槽与压油腔相通,因此泵的输出流量将出现微小的脉动,但其流量脉动率较其他形式的泵小得多,且在叶片数为 4 的整数倍时最小。因此,双作用叶片泵的叶片数一般为 12 或 16 片。

3. 双作用叶片泵的结构特点

(1) 配油盘。双作用叶片泵的配油盘如图 2-13 所示,配油盘有两个吸油窗口 2,4 和两个压油窗口 1,3,窗口之间为封油区,为保证吸、压油腔之间的密封,应使封油区对应的中心角 α 稍大于或等于两个叶片之间的夹角 $\beta(\beta = 2\pi/z)$。当相邻两个叶片间密封油液从吸油区过渡到封油区(长半径圆弧区)时,其压力基本上与吸油压力相同。但当转子再继续旋转一个微小角度时,该密封腔突然与压油腔相通,其中油液压力突然升高,油液的体积突然收缩,压油腔中的油倒流进该腔,使液压泵的瞬时流量突然减小,引起液压泵的流量脉动、压力脉动和噪声。为此在配油盘的压油窗口,叶片从封油区进入压油区的一端,开有一个截面形状为三角形的三角槽,使两叶片之间的封闭油液在未进入压油区之前,就通过该三角槽与压力油相连,通过三角槽的阻尼作用,使压力逐渐上升,因而减缓了流量和压力脉动,并降低了噪声。环形槽 c 与压油腔相通并与转子叶片槽底部相通,使叶片的底部作用有压力油。

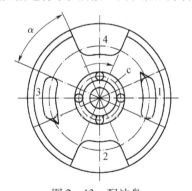

图 2-13 配油盘
1,3—压油窗口;2,4—吸油窗口;c—环形槽。

(2) 定子曲线。双作用叶片泵的定子内表面是由四段圆弧和四段过渡曲线组成的。为了避免发生困油现象,圆弧区段所对应的中心角应大于等于封油区对应的中心角。过渡曲线应保证叶片贴紧在定子内表面上,保证叶片在转子槽中径向运动时速度和加速度的变化均匀,使叶片对定子的内表面的冲击尽可能小,避免造成连接点处严重磨损和产生噪声。

过渡曲线如采用阿基米德螺旋线,则叶片泵的流量理论上没有脉动,但是叶片在大、小圆弧和过渡曲线的连接点处产生很大的径向加速度,对定子产生冲击,连接点处用小圆弧进行修正,可以改善这种情况。目前这种过渡曲线已很少使用。现在较广泛应用的一种过渡曲线是等加速、等减速曲线。高压高性能泵则采用3次以上的高次曲线作为过渡曲线。

(3) 叶片的倾角。叶片沿定子曲线滑动时,为了避免接触压力角过大而使叶片在槽中滑动困难或被卡住,结构上将叶片槽相对转子半径沿转动方向前倾一个角度 θ(一般为 $10°\sim14°$),以减小压力角,例如 YB 型和 YB_1 型双作用叶片泵。但近年的研究表明,叶片倾角并非完全必要,对于吸油区的叶片,叶片前倾反而会使叶片的接触压力角增大,使叶片受力情况更加恶劣,而且吸油区叶片受力本来就比排油区严重得多。所以,新型高压双作用叶片泵的转子槽是径向的,且叶片顶部为圆柱面。

4. 提高双作用叶片泵压力的措施

双作用叶片泵主要通过解决以下两个问题来提高压力:一是叶片和转子内表面的磨损问题;二是转子及叶片端面的泄漏问题。

由于一般双作用叶片泵的所有叶片槽底部始终通压力油,使处于吸油腔的叶片顶部和底部的液压作用力不平衡,叶片会对定子内表面产生较大的压紧力,导致定子和叶片急剧磨损,影响叶片泵的使用寿命。工作压力越高,磨损越严重。双作用高压叶片泵在结构上采取减小吸油区叶片对定子内表面的作用力的措施,主要有以下几种结构。

(1) 减小作用在叶片底部的油液压力。通过阻尼槽或内装小减压阀,把泵的压油腔的压力油进行适当减压后再引入吸油区的叶片底部。

(2) 减小叶片底部作用面积。如图 2-14(a)所示为子母叶片结构,母叶片 3 与子叶片 4 能自由相对滑动。压力油通过配油盘、转子槽压力通道 a 引入母子叶片之间的中间压力腔 b,而母叶片底部腔,则通过转子上的压力平衡孔 c,始终与叶片顶部油液压力相同。这样,无论叶片处在吸油区还是压油区,母叶片顶部和底部腔的压力油总是相等的。当叶片处在吸油腔时,只有中间压力腔的压力油作用而使叶片压向定子内表面,减小了叶片和定子内表面间的作用力。图 2-14(b)所示为阶梯式叶片结构。阶梯叶片和转子上的阶梯叶片槽之间的中间压力腔 b 通过配油盘上的压力通道 a 始终与压力油相通,而叶片的底部和所在腔相通。这样,叶片在中间压力腔中油液压力作用下压向定子表面,由于作用面积减小,使其作用力不致太大,但这种结构的加工工艺性较差。

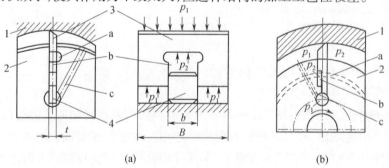

图 2-14 减小叶片作用面积的高压叶片泵叶片结构
1—定子;2—转子;3—母叶片;4—子叶片。

(3) 使叶片顶端和底部的液压力平衡。如图2-15(a)所示采用双叶片结构。两个可以作相对滑动的叶片1和2代替原来的整体叶片,叶片顶端棱边与定子内表面接触,两叶片倒角形成三角形油腔a,叶片底部油腔b始终与压油腔相通,并通过两叶片间的小孔c引入油腔a,因而使叶片顶端和底部的液压作用力基本平衡。适当选择叶片顶部棱边的宽度,可以使叶片对定子表面既有一定的压紧力,又不致使该力过大。为了使叶片运动灵活,对零件的制造精度将提出较高的要求,此结构适用于大排量的叶片泵。图2-15(b)所示为弹簧加压式结构,这种结构叶片较厚,顶部与底部有孔相通,叶片底部的油液是由叶片顶部经叶片的孔引入的,因此叶片上下油腔油液的作用力基本平衡,为使叶片紧贴定子内表面,保证密封,在叶片根部装有弹簧,将叶片压紧定子表面。

可以通过减小转子、叶片端面与配油盘之间的泄漏,叶片泵采用浮动配油盘自动补偿轴向间隙的结构,使叶片泵在高压下也能保持较高的容积效率。图2-16所示为 PV_2R 型中高压双作用叶片泵的结构图,它由左泵体1、固定配油盘2、转子3、定子4、浮动配油盘5、右泵体6和传动轴7等组成。浮动配油盘的右侧通有高压油,产生的压紧力稍大于左侧的油压推力,工作时配油盘自动紧贴定子端面,并产生适量的弹性变形,使转子与配油盘之间保持很小的间隙。这种泵的额定压力为16MPa。这种泵同时采用薄叶片(最小厚度为1.6mm),以及提高定子强度的办法使泵的工作压力有所提高。

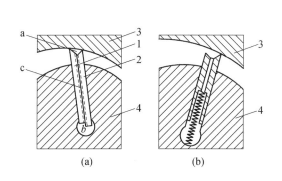
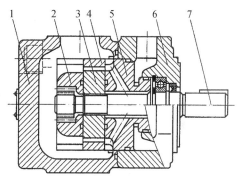

图2-15 叶片液压力平衡的高压
叶片泵叶片结构
1,2—叶片;3—定子;4—转子。

图2-16 PV_2R 型双作用叶片泵
1—左泵体;2—固定配油盘;3—转子;4—定子;
5—浮动配油盘;6—右泵体;7—传动轴。

2.4 柱塞泵

柱塞泵是利用柱塞在缸体柱塞孔中做往复运动,密封容积发生变化而实现吸油与压油来进行工作的。根据柱塞的排列形式不同,柱塞泵可分为轴向柱塞泵和径向柱塞泵两大类。轴向柱塞泵因柱塞的轴线与缸体轴线平行而得名。它具有结构紧凑、单位功率体积小、工作压力高(额定工作压力一般可达32~40MPa)、高压下仍能保持较高的容积效率(一般在95%左右)、容易实现变量等优点,因此广泛应用于高压、大流量、大功率的液压系统中。轴向柱塞泵的缺点是对油液的污染比较敏感、对材质和加工精度要求也比较高、使用和维护比较严格、价格贵。这种泵在龙门刨床、拉床、液压机、工程机械、矿山冶金设备、船舶上得到广泛的应用。径向柱塞泵由于结构复杂,体积较大,所以应用较少,因此只作简单介绍。

2.4.1 轴向柱塞泵

轴向柱塞泵按其结构特点可分为斜盘式和斜轴式两大类。

1. 斜盘式轴向柱塞泵

1) 工作原理

图2-17所示为斜盘式轴向柱塞泵的工作原理图。柱塞4安装在缸体5上沿圆周均匀布置的柱塞孔中,斜盘3与缸体轴线倾斜一个角度γ,弹簧始终将柱塞与斜盘压紧,当原动机驱动传动轴带动缸体旋转时,柱塞随缸体旋转的同时,在斜盘和弹簧的共同作用下,在缸体内沿缸体轴线作往复运动。当传动轴按图示方向旋转时,位于$A-A$剖面右半部的柱塞不断伸出,密封工作容积逐渐增大,从配油盘的吸油窗口吸油。位于$A-A$剖面左半部的柱塞不断缩回,密封工作容积逐渐减小,油液受压从配油盘的压油窗口排出。随着泵轴的旋转,每个柱塞不断往复运动进行吸、排油,多个柱塞作用形成连续的流量输出。如改变斜盘倾角,即改变柱塞行程的长度,可以改变液压泵的排量。改变斜盘倾角方向,即改变吸油和压油的方向,则成为双向变量泵。

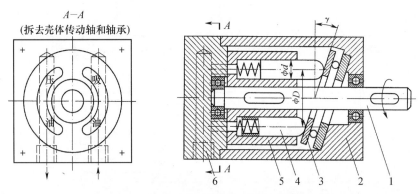

图2-17 斜盘式轴向柱塞泵的工作原理
1—传动轴;2—泵体;3—斜盘;4—柱塞;5—缸体;6—配油盘。

2) 排量和流量计算

如图2-17所示,当泵的柱塞直径为d,柱塞孔分布圆直径为D,斜盘倾角为γ,柱塞数为z时,柱塞的行程为$s=D\tan\gamma$,所以轴向柱塞泵的排量为

$$V = \frac{\pi}{4}d^2 zD\tan\gamma \tag{2-27}$$

设泵的转数为n,容积效率为η_v,则泵的实际输出流量q为

$$q = \frac{\pi}{4}d^2 zD\tan\gamma \cdot n\eta_v \tag{2-28}$$

实际上,由于柱塞在缸体柱塞孔中的瞬时运动速度不是恒定的,因此轴向柱塞泵的输出流量存在脉动。经过计算和实践证明,当柱塞数为奇数且柱塞数量多时,泵的脉动量较小,因而一般常用的柱塞泵的柱塞个数为7或9。

3) 结构特点

轴向柱塞泵由于起密封作用的柱塞和缸孔为圆柱形滑动配合,可以达到很高的加工精度;缸体和配油盘之间的端面密封为液压自动压紧。所以轴向柱塞泵的泄漏可以得到严格控制,在高压下其容积效率较高。如图 2-17 所示的轴向柱塞泵,因柱塞头部与斜盘之间为点接触,因此被称为点接触型轴向柱塞泵。当泵工作时,在柱塞头部与斜盘的接触点上承受很大的挤压应力,限制了柱塞直径和泵的工作压力。因此,点接触型轴向柱塞泵不能用于高压和大流量的场合。另外,因弹簧频繁地承受交变压应力而引起疲劳破坏,影响泵的使用寿命和工做可靠性。因此,点接触型多用作液压马达。

图 2-18 所示为国产 CY 型斜盘式轴向柱塞泵的典型结构,该泵克服了以上缺点,在生产实际中应用十分广泛。CY 型斜盘式轴向柱塞泵由主体结构和变量机构两部分组成。CY 泵主体的主要特点为:① 在柱塞头部加滑靴 9,改点接触为面接触,并将高压油引入滑靴底部产生静压润滑,降低了磨损,提高了机械效率;② 将分散布置在柱塞底部的弹簧改为集中弹簧 8,因弹簧承受静载荷而不会产生疲劳破坏,同时通过回程盘 3 使柱塞 5 紧贴斜盘 2;③ 将传动轴改为半轴,悬臂端通过缸体外大轴承 10 支承,这种泵将来自斜盘的径向力传至大轴承,泵轴只传递转矩,因此传动轴为半轴结构。由于采用了上述结构,CY 型轴向柱塞泵的额定工作压力可达 32MPa。不过,因为缸体外大轴承不宜用于高速,使泵的转速提高受到限制;其结构也比较复杂,使用维护要求高。

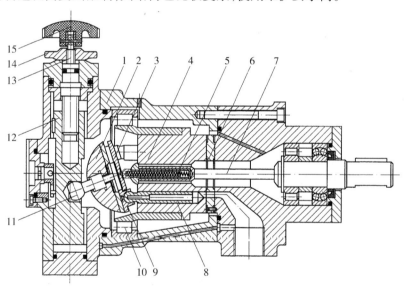

图 2-18 CY 型斜盘式轴向柱塞泵结构

1—泵体;2—斜盘;3—回程盘;4—缸体;5—柱塞;6—配油盘;7—传动轴;8—柱塞弹簧;
9—滑靴;10—大轴承;11—轴销;12—变量活塞;13—丝杠;14—锁紧螺母;15—调节手轮。

图 2-19 所示为斜盘式轴向柱塞泵的另外一种结构形式,称为通轴型轴向柱塞泵。它具有如下特点:① 斜盘 6 靠近原动机一端,由于传动轴穿过斜盘,因此称为通轴泵;② 传动轴直接由前后端盖上的滚动轴承支承,减小了轴承尺寸,改变了传动轴的受力状态,提高了泵的转速;③ 传动轴伸出,驱动一个泵后盖上的小齿轮泵,当该泵用于闭式回路时,齿轮泵作辅助泵用,可以简化系统和管路;④ 变量机构的运动活塞与传动轴平行,

且作用于斜盘的外缘,可以缩小泵的径向尺寸和减小实现变量所需要的操纵力;⑤ 传动轴既承受转矩又承受来自斜盘传递的径向力,所以传动轴比较粗。通轴型轴向柱塞泵主要用于行走机械。行走机械的特点是发动机驱动泵,旋转速度和加速度变化范围大,通轴型柱塞泵的结构对加速度变化引起的振动具有相当好的刚性。

轴向柱塞泵中的柱塞是靠斜盘来实现往复运动的,因此斜盘对柱塞产生与轴线垂直的作用力,使柱塞受到弯矩,同时也使柱塞孔受到侧压力的作用,因此斜盘式轴向柱塞泵的斜盘倾角一般不大于20°。

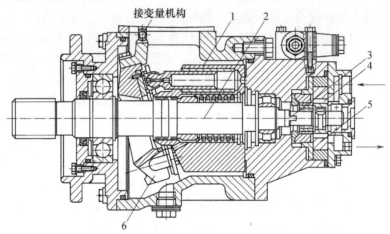

图 2-19 通轴型轴向柱塞泵结构
1—缸体;2—传动轴;3—联轴器;4,5—辅助泵内外转子;6—斜盘。

2. 斜轴式轴向柱塞泵

斜轴式轴向柱塞泵的传动轴与缸体轴线倾斜一个角度,因此称为斜轴泵。如图 2-20 所示 A2F 型轴向柱塞泵为斜轴式泵的典型结构。主轴 1 由 3 个轴承组成的轴承组 2 支承,连杆和柱塞经滚压而连接在一起组成连杆柱塞副 3,连杆大球头由回程盘压在主轴的球窝里,缸体与配油盘之间采用球面配流。采用这种结构,即使缸体相对于旋转轴线有些倾斜,仍能保持缸体与配油盘之间的紧密配合,并且由套在中心轴上的碟型弹簧 9 将缸体压在配油盘上,因而具有较高的容积效率。中心轴支承在主轴中心球窝和配油盘中心孔之间,它能保证缸体很好地绕着中心轴旋转。当原动机通过传动轴、连杆带动缸体旋转时,柱塞在缸体柱塞孔中既随缸体一起旋转,又沿缸体轴线作往复运动,通过配油盘完成吸、压油过程。由于结构简单,目前这种泵应用比较广泛。只要轴向柱塞泵设计得当,可以使连杆的轴线与缸孔轴线间的夹角设计得很小,因而柱塞上的径向力大为减小,这对于改善柱塞和缸体孔间的磨损以及减小缸体的倾覆力矩都大有益处。

斜轴式轴向柱塞泵发展较早,构造成熟。与斜盘式轴向柱塞泵相比,有如下特点:

(1) 斜轴式轴向柱塞泵中的柱塞是由连杆带动运动的,所受径向力很小,因此允许传动轴与缸体轴线之间的夹角 γ 达到 25°,个别甚至达到 40°,因而泵的排量较大。而斜盘式轴向柱塞泵的斜盘倾角受径向力的限制,一般不超过 20°。

(2) 缸体受到的倾覆力矩很小,缸体端面与配油盘贴合均匀,泄漏损失小,容积效率高;摩擦损失小,机械效率高。

(3)结构坚固,抗冲击性能好。

(4)由于斜轴泵的传动轴要承受相当大的轴向力和径向力,需采用承载能力大的推力轴承。轴承寿命低是斜轴泵的薄弱环节。

(5)斜轴泵的总效率略高于斜盘泵。但斜轴泵的体积大,流量的调节靠摆动缸体使缸体轴线与传动轴线的夹角发生变化来实现,运动部件的惯性大,动态响应慢。

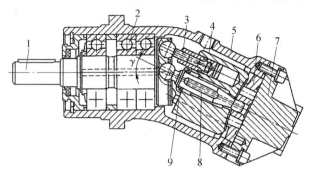

图 2-20 斜轴式轴向柱塞泵
1—主轴;2—轴承组;3—连杆柱塞副;4—缸体;5—泵体;
6—配油盘;7—后盖;8—中心轴;9—碟型弹簧。

3. 轴向柱塞泵的变量机构

变量泵可在转速不变的情况下调节输出流量,满足液压系统执行元件的速度变化的要求,达到节能的效果。轴向柱塞泵只要改变配油盘和主轴轴线之间的夹角,即可改变泵的排量和输出流量。变量泵靠变量机构实现流量调节,不同的变量机构与相同轴向柱塞泵的泵体部分组合就成为各种不同变量方式的轴向柱塞泵。根据变量机构操纵力的形式,可分为手动、机动、电动、液控、电液控等。下面是常用轴向柱塞泵变量机构的工作原理。

1)手动变量机构

图 2-18 所示的 CY 型手动变量轴向柱塞泵的变量机构由调节手轮 15、丝杠 13、变量活塞 12、导向键等组成。调节变量时,转动手轮使丝杠旋转并带动变量活塞作向上或向下运动,在导向键的作用下,变量活塞只能轴向移动,不能转动。通过变量活塞上的轴销 11 使斜盘绕变量机构壳体上的圆弧导轨面的中心(即钢球中心)旋转,从而使斜盘倾角改变,达到变量的目的。当流量达到要求时,可用锁紧螺母锁紧。这种变量机构结构简单,但由于要克服各种阻力,只能在停机或工作压力较低的工况下才能实现变量,而且不能实现远程控制。

2)伺服变量机构

如图 2-21(a)所示为轴向柱塞泵的伺服变量机构。其工作原理为:泵输出的压力油经单向阀 6 进入变量活塞 4 的下端 d 腔。当与伺服阀阀芯 1 相连接的拉杆 8 不动时(图示状态),变量活塞 4 的上腔 g 处于封闭状态,变量活塞不动,斜盘 3 在某一相应的位置上。当推动拉杆使阀芯向下移动时,阀芯 1 的上阀口打开,d 腔的压力油经通道 e 进入上腔 g。由于变量活塞上端的有效面积大于下端的有效面积,向下的液压力大于向上的液压力,因此变量活塞也随之向下移动,直到将通道 e 的油口封闭为止。变量活塞的移动量等于拉杆的位移量。当变量活塞向下移动时,斜盘倾角增加,泵的排量增加,拉杆的位移量对应着一定的斜盘倾角;当拉杆带动伺服阀阀芯向上运动时,阀芯的下阀口打开,上腔 g 的油液通过卸压通道 f 接通回油,在液压力作用下,变量活塞向上移动,直到阀芯将卸压通道关闭为止。它的移动量也等于拉杆的移动量。这时斜盘的倾角减小,泵的排量减小。伺服变量机构加在拉杆上的力很小,控制灵敏。同样原理也可以组成伺服变量马达。图 2-21(b)所示为伺服变量机构的图形符号。

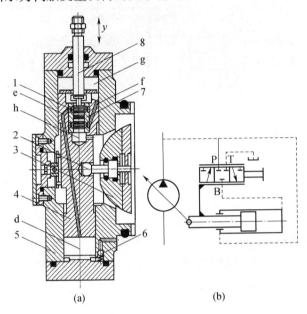

图 2-21　伺服变量机构
（a）结构；（b）图形符号。
1—伺服阀芯；2—球铰；3—斜盘；4—变量活塞；5—泵体；6—单向阀；7—阀套；8—拉杆。

图 2-21 所示推动变量活塞的压力油来自泵本身,这种控制方式称为内控式。如果控制油由外部油源供给,则称为外控式。外控式油源不受泵本身负载和压力的影响,因此控制比较稳定,且可实现双向变量。由于内控式当泵处于零排量工况时没有流量输出,变量机构不能继续移动而无法实现双向变量。如果图中的伺服变量机构由手动推动拉杆则称为手动伺服变量,若改成电液比例变量或电液伺服变量机构,即推动拉杆的力为电磁力,则其排量与输入电流成正比,因此可以方便地实现远程控制、自动控制和程序控制。为了适应各种液压系统对变量泵提出的要求,变量泵还有很多种变量机构,如恒功率变量机构、恒压变量机构、恒流量变量机构等。

3）恒功率变量机构

恒功率变量泵可以提高液压系统的效率。图 2-22 所示为 A7V 恒功率变量斜轴式轴向柱塞泵的结构图,它的变量机构由装在后盖上的变量活塞 4、调节螺钉 5、调节弹簧 6、阀套 7、控制阀芯 8、拨销 9、大小弹簧 10 和 11、导杆 13、先导活塞 14、喷嘴 15 等组成。泵的变量机构的工作原理为:变量活塞 4 为一个阶梯状柱塞,上面为小端,下面为大端。拨销穿过变量活塞,其左端与配油盘的中心孔相配合,右端套在导杆上,当变量活塞上下移动时,便带动配油盘沿后盖的弧形滑道滑动,从而改变缸体轴线与主轴之间的夹角,实现变量。变量活塞上腔与高压油相通,同时高压油进入控制阀芯的两个台阶之间。压力油通过喷嘴作用于先导活塞 14 上腔产生液压力。当压力不高时,此力通过导杆传到控制阀芯上的力小于或等于调节弹簧的力,高压油被控制阀芯的两个台阶封住,没有进入变量活塞下腔。这时变量活塞上腔为高压、下腔为低压,在压差的作用下变量活塞处于最下位置,即处于最大摆角,此时泵的输出流量最大。当压力升高时,先导活塞上端的液压推力大于调节弹簧作用力,控制阀芯向下移动,阀口打开,使高压油流入变量活塞的下腔。这时,变量活塞上下两端压力相等,由于下端面积大而上端面积小,所以变量活塞在两端的压力差的作用下向上运动,从而使泵的摆角变小,泵的输出流量减少,实现了变量的目的。与此同时,拨销向上运动,套在导杆上的大小弹簧受到压缩,弹簧力通过导杆作用于先导活塞上,使先导活塞上移,同时控制阀芯也向上移动关闭阀口,于是变量活塞就固定在一个位置上。当压力减小时,则调节弹簧的作用力通过控制阀芯、导杆传到先导活塞上,当此力大于先导活塞上腔的液压力时,使控制阀芯上移,将变量活塞大腔与低压油相通,变量活塞在压差的作用下向下移动,并处于一个新的平衡位置。由此可知,恒功率变量泵当压力升高时,泵从大摆角向小摆角变化,则流量减少;相反,当压力减小时,则泵从小摆角向大摆角变化,流量增大。

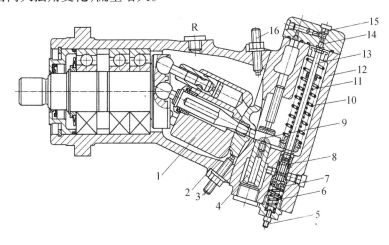

图 2 - 22 A7V 恒功率变量斜轴式轴向柱塞泵
1—缸体;2—配油盘;3—最大摆角限位螺钉;4—变量活塞;5—调节螺钉;
6—调节弹簧;7—阀套;8—控制阀芯;9—拨销;10—大弹簧;11—小弹簧;
12—后盖;13—导杆;14—先导活塞;15—喷嘴;16—最小摆角限位螺钉。

图 2 - 23 所示为恒功率变量泵的流量—压力特性曲线,当控制滑阀上移开始一段距离时,仅大弹簧 10 起作用,作用在滑阀上的液压力与大弹簧的弹簧力相平衡。当滑阀移动一段距离后,小弹簧开始受压缩,两个弹簧力之和与液压力相平衡。由于上述两个弹簧的作用,泵的流量—压力特性曲线即为图 2 - 23 所示的折线 ab、bc。适当选择图中折线的斜率及截距,即大、小弹簧的刚度及压缩量,可使泵的流量—压力曲线与双曲线相近似,因此可以始终大致保持流量与压力的乘积不变,即恒功率变量。

恒功率变量泵使泵的输出动力自动调节,可以满足液压系统中执行元件空程时需要低压、大流量,工进时高压、小流量的要求,提高了原动机的功率利用率,是一种高效节能的动力源。

2.4.2 径向柱塞泵

1. 径向柱塞泵的工作原理

径向柱塞泵的工作原理如图 2-24 所示,缸体 2 上径向均匀排列着柱塞孔,柱塞 1 安装在缸体中,可在柱塞孔中往复运动。由原动机带动缸体连同柱塞一起旋转,所以缸体一般称为转子。衬套 3 压紧在转子内,并和转子一起旋转,配油轴 5 固定不动。当转子按图示方向旋转时,柱塞在离心力(或在低压油)的作用下始终紧贴定子 4 的内表面,由于定子和转子之间有偏心距 e,柱塞经过上半周时向外伸出,柱塞底部的容积逐渐增大,产生局部真空,油箱里的油液经过配油轴上的 a 孔进入油口 b,并从衬套上的油孔进入柱塞底部,完成吸油过程;当柱塞转到下半周时,定子内表面将柱塞向里推,柱塞底部的容积逐渐减小,向配油轴的压油口 c 压油,油液从油口 d 排出。当转子旋转一周时,每个柱塞底部的密封容积完成一次吸、排油过程,转子连续运转,泵不断输出压力油。为了进行配油,在配油轴上和衬套 3 相接触的一段加工出上下两个缺口,形成吸油口 b 和压油口 c,留下的部分形成封油区。封油区的宽度应能封住衬套上的吸压油孔,以防吸油口和压油口相连通,但尺寸也不能大得太多,以免产生困油现象。改变定子和转子偏心量 e 的大小,可以改变泵的排量;改变偏心的方向,可以改变泵的吸压油口方向。因此径向柱塞泵可以实现双向变量。

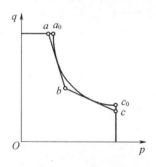

图 2-23 恒功率变量泵的
流量—压力特性曲线

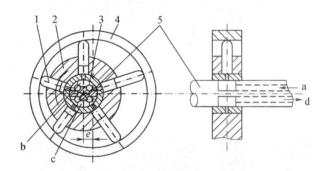

图 2-24 径向柱塞泵的工作原理
1—柱塞;2—缸体;3—衬套;4—定子;5—配油轴。

由于径向柱塞泵的径向尺寸大,结构较复杂,自吸能力差,配油轴受径向不平衡液压力的作用,易于磨损,同时配油轴与衬套之间磨损后的间隙不能自动补偿,泄漏较大,从而限制了径向柱塞泵的转速和压力的提高。

2. 径向柱塞泵的排量和流量计算

当径向柱塞泵转子和定子之间的偏心距为 e 时,柱塞在缸体孔中的行程为 $2e$,设柱塞个数为 z,直径为 d 时,泵的排量为

$$V = \frac{\pi}{4}d^2 \cdot 2ez \qquad (2-29)$$

设泵的转数为 n,容积效率为 η_v,则泵的实际输出流量为

$$q_t = \frac{\pi}{4}d^2 \cdot 2ezn\eta_v = \frac{\pi}{2}d^2 \cdot ezn\eta_v \qquad (2-30)$$

由于同一瞬时每个柱塞在缸体中径向运动速度是变化的,所以径向柱塞泵的瞬时流量是脉动的,当柱塞数较多且为奇数时,流量脉动也较小。

2.5 液压泵的性能比较与应用

在国民经济的各个领域中,液压泵的应用范围很广,但可以归纳为两大类:一类统称为固定设备用液压装置,如各种机床、液压机、注塑机、轧钢机等;另一类统称为移动设备用液压装置,如起重机、各种工程机械、汽车、军用车辆、飞机等。两类液压装置对液压泵的选用有较大差异,它们的区别如表2-2所列。

表2-2 两类不同液压装置的主要区别

固 定 设 备 用	移 动 设 备 用
原动机多为电动机,驱动转速较稳定,多为1500r/min	原动机多为内燃机,驱动转速变化范围较大,一般为500~4000r/min
多采用中压范围,由7~21MPa,个别可达25MPa	多采用中高压范围,由14~35MPa,个别高达40MPa
环境温度较稳定,液压装置工作温度约为50~70℃	环境温度变化范围大,液压装置工作温度约为-20~110℃
工作环境较清洁	工作环境较脏、尘埃多
因在室内工作,要求噪声低,应不超过80dB	因在室外工作,噪声可较大,允许90dB
空间布置尺寸较宽裕,利于维修、保养	空间布置尺寸紧凑,不利于维修、保养

液压泵类型的选用应根据主机工作性质、运行工况合理选择,可根据以下几个方面选择液压泵。

1. 根据系统运行工况选择

(1) 如果系统为单执行元件,且速度恒定,则选择定量泵。

(2) 如果系统有快速和慢速运行工况,可考虑选择双联泵或多联泵。对于既要求变速运行又要求保压时,则应考虑选择变量泵,以利于节约能源。

2. 根据系统工作压力和流量选择

(1) 对于高压大流量系统,可考虑选择柱塞泵。

(2) 对于中低压系统可考虑选择齿轮泵或叶片泵。

3. 根据工作环境选择

(1) 对于野外作业和环境较差的系统,可选齿轮泵或柱塞泵。

(2) 对于室内或固定设备用或环境好的系统可考虑选择叶片泵、齿轮泵或柱塞泵。

液压泵的类型确定后,根据系统所要求的压力、流量大小确定其规格型号。

表2-3所列为液压系统中常用液压泵的主要性能。

表2-3 液压系统中常用液压泵的性能比较

性能	齿轮泵			叶片泵		柱塞泵		
	内啮合		外啮合	单作用	双作用	轴向		径向
	渐开线	摆线转子				斜轴	斜盘径向	
压力范围/MPa	2~4	1.6~16	2.5~16	≤63	6.3~16	21~40		10~20
排量范围/(mL·r⁻¹)	0.3~300	2.5~150	0.3~650	1~320	0.5~480	0.2~3600	0.2~560	20~720
转速范围/(r·min⁻¹)	300~4000	1000~4500	300~7000	500~2000	500~4000	600~6000		700~1800
容积效率/%	≤96	80~90	70~95	85~92	80~94	88~93		80~90
总效率/%	≤90	65~80	63~87	71~85	65~82	81~88		81~83
流量脉动/%	1~3	≤3	11~27			1~5		<2
功率质量比/(kW·kg⁻¹)	大	中	中	小	中	中	大	小
噪声	小	小	中	中	中	大		中
耐污能力	中	中	好	中	中	中	差	中
价格	低	低	最低	中	中低	高		高

思考题和习题

2-1 液压泵的工作原理是什么？液压泵的特点是什么？

2-2 什么是液压泵的额定压力和工作压力？泵的工作压力取决于什么？

2-3 液压泵在工作中会产生哪些能量损失？产生损失的原因是什么？

2-4 齿轮泵存在的结构问题及解决方法？

2-5 提高双作用叶片泵的工作压力的措施有哪些？

2-6 图2-25所示限压式变量叶片泵的特性曲线中 AB 和 BC 段的意义是什么？

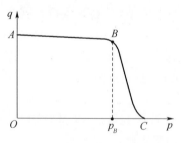

图2-25 题2-6图

2-7 斜轴式轴向柱塞泵和斜盘式轴向柱塞泵在结构上有何不同？

2-8 液压泵的机械效率为0.9，当泵的压力为零时，泵输出流量为 1.77×10^{-3} m³/s，当泵的压力为2.5MPa时，输出流量为 1.68×10^{-3} m³/s，求：(1) 泵的容积效率 η_v；(2) 泵的输入功率 P_i；(3) 泵的输出功率 P_o。

2-9 液压泵的工作压力为10MPa，转速为24.17rad/s，排量 $V = 100 \times 10^{-6}$ m³/rad，容积效率为0.95，总效率为0.9，求：(1) 泵的输出功率 P_o；(2) 泵的输入功率 P_i。

第3章 液压执行元件

液压执行元件是将液压能转换成机械能的装置,它包括液压马达和液压缸。液压马达输出转矩和转速;液压缸输出力和速度。

3.1 液压马达

3.1.1 液压马达的特点

从能量转换来看,液压泵和液压马达是可逆工作的,液压马达的输入是具有一定流量和压力的液体,输出是转矩和转速。从原理上讲,液压泵可以作液压马达用,液压马达也可作液压泵用,但实际上同类型的泵和马达虽然在结构上相似,而由于它们的使用目的不同,导致了结构上的差异。这些不同点主要表现以下几点:

(1) 液压马达需要正反转,所以在内部结构上应具有对称性,液压泵一般是单方向旋转的,因此不必要求结构对称。

(2) 液压马达应保证在很宽的转速范围内正常工作,而且最低稳定转速要低,所以应采用滚动轴承或静压轴承。因为当马达转速很低时,若采用动压轴承,就不易形成润滑油膜。而液压泵转速高且一般变化很小。

(3) 液压马达在输入压力油条件下工作,不必具备自吸能力。而液压泵在结构上应保证能够自吸。

(4) 液压马达要求具有较大的起动转矩,并需要一定的初始密封性。

由于液压马达和液压泵具有上述不同的特点,使得同种类型的液压马达和液压泵一般不能互逆使用。

3.1.2 液压马达的主要性能参数

1. 压力

(1) 工作压力 p。液压马达实际工作时的压力称为液压马达的工作压力。

(2) 额定压力 p_n。在正常工作条件下,按试验标准规定,能连续运转的最高压力称为液压马达的额定压力。实际工作中,马达的工作压力应小于或等于额定压力。

(3) 最高允许压力。按试验标准规定,超过额定压力允许短暂运行的最高压力称为液压马达的最高允许压力。

2. 排量、流量

液压马达的流量为单位时间内输入液压马达的液体体积。

(1) 排量 V。液压马达轴每转一周,按其几何尺寸计算而得到的输入的液体体积,称为液压马达的排量。

排量可调节的液压马达称为变量马达;排量不可调节的液压马达称为定量马达。

(2) 理论流量 q_t。根据液压马达的几何尺寸计算而得到的流量称为液压马达的理论流量 q_t,一般指平均理论流量。

马达的理论流量 q_t(m^3/s)与排量 V 的关系式如下:

$$q_t = Vn \tag{3-1}$$

式中: q_t 为马达的理论流量(m^3/s); V 为马达的排量(m^3/rad); n 为马达轴的转速(rad/s)。

(3) 实际流量 q。液压马达实际输入的流量称为液压马达的实际流量,它等于液压马达的理论流量 q_t 加上因泄漏等而损失的流量 Δq,即

$$q = q_t + \Delta q \tag{3-2}$$

(4) 额定流量。在正常工作条件下,按试验标准规定(如在额定压力和额定转速下),液压马达必须保证的输入流量。

3. 功率、效率

(1) 输入功率 P_i。液压马达的输入功率为实际输入的液压功率。输入功率等于马达的进、出口压力差 Δp 与其实际输入流量 q 的乘积,即

$$P_i = \Delta p q \tag{3-3}$$

(2) 输出功率 P_o。液压马达的输出功率为马达实际输出的机械功率。当马达的实际输出转矩为 T,其转速为 n 时,则

$$P_o = 2\pi n T \tag{3-4}$$

(3) 容积效率 η_v。液压马达的理论流量与实际流量之比称为液压马达的容积效率 η_V,即

$$\eta_v = \frac{q_t}{q} = \frac{q_t}{(q_t + \Delta q)} \tag{3-5}$$

因此,液压马达的实际输入流量 q 为

$$q = \frac{q_t}{\eta_v} \tag{3-6}$$

(4) 机械效率 η_m。液压马达的实际输出转矩与其理论转矩之比,称为液压马达的机械效率 η_m,即

$$\eta_m = \frac{T}{T_t} \tag{3-7}$$

由于摩擦而造成的转矩损失 ΔT,使得液压马达的实际输出转矩 T 小于其理论输出转矩 T_t,即

$$T = T_t - \Delta T \tag{3-8}$$

(5) 总效率 η。液压马达的实际输出功率与输入功率之比,称为液压马达的总效率 η

$$\eta = \frac{P_o}{P_i} = \frac{2\pi n T}{\Delta p q} = \frac{2\pi n T_t \eta_m}{\frac{\Delta p q_t}{\eta_v}} = \eta_m \eta_v \tag{3-9}$$

因此,液压马达的总效率等于液压马达的机械效率与容积效率之积。

4. 输出转矩和起动转矩

(1) 输出转矩 T。当液压马达进出口的压力差为 Δp,实际输入液压马达的流量为 q,马达排量为 V,液压马达实际输出转矩为 T,输出转速为 n 时,液压马达输入的液压功率乘以液压马达的总效率等于液压马达输出的机械功率,即

$$\Delta p q \eta = 2\pi n T \tag{3-10}$$

又 $q = \dfrac{q_t}{\eta_v}$,$q_t = Vn$,$\eta = \eta_m \eta_v$,因此液压马达的输出转矩为

$$T = \dfrac{\Delta p V}{2\pi} \eta_m \tag{3-11}$$

由上式可以得出,根据排量的大小,可以计算在给定压力下液压马达所能输出的转矩的大小,也可以计算在给定的负载转矩下马达的工作压力的大小。

(2) 起动转矩 T_0。液压马达的起动转矩是在额定压力下,由静止状态起动时输出轴上的转矩。液压马达的起动转矩比同一压差下的运转中的转矩低,这给液压马达带载起动造成了困难,因此起动性能对液压马达是非常重要的。起动转矩降低的原因是马达内部各相对运动部件之间在静止状态下的摩擦力比在运动时的摩擦力大得多,引起机械效率下降。另外,还受转矩的不均匀性的影响,输出轴处于不同相位角时,其起动转矩也稍有不同,如果起动时处于转矩脉动的最小值,其起动转矩也小。实际工作中都希望起动性能好一些。

液压马达的起动性能主要由起动机械效率 η_{om} 表示,它等于马达起动转矩 T_0 与同一压差时的理论转矩 T_t 之比,即

$$\eta_{om} = \dfrac{T_0}{T_t} \tag{3-12}$$

液压马达可分为高速液压马达和低速液压马达,高速液压马达有轴向柱塞马达、叶片马达和齿轮马达等;低速液压马达有多作用内曲线马达和曲轴连杆马达等。

多作用内曲线马达的起动性能最好,轴向柱塞马达、曲轴连杆马达居中,叶片马达较差,而齿轮马达最差。

5. 实际转速、最低稳定转速、最高使用转速和调速范围

(1) 实际转速 n。液压马达的实际转速取决于实际输入的流量 q 和液压马达的排量 V。由于液压马达内部有泄漏,不是所有进入马达的液体都推动马达做功,所以液压马达的实际转速要比理想情况低一些,即

$$q \eta_v = Vn$$

因此,液压马达的实际转速为

$$n = \dfrac{q}{V} \eta_v \tag{3-13}$$

(2) 最低稳定转速 n_{min}。最低稳定转速是指液压马达在额定负载下,不出现爬行(抖动或时转时停)现象的最低转速。液压马达在低速时产生爬行现象的原因有以下几个方面,即摩擦力的大小不稳定、液压马达理论转矩不均匀、泄漏量大小不稳定等因素。其

中,液压马达的泄漏量不是每个瞬间都相同,它随转子转动的相位角度变化作周期性波动。由于低速时进入马达的流量小,泄漏所占的比重增大,泄漏量的不稳定明显地影响到参与马达工作的流量数值,从而造成转速的波动,马达低速转动时,其转动部分及所带的负载表现出来的惯性较小,所以上述影响比较明显,因而出现爬行现象。

实际工作中,一般都期望最低稳定转速越低越好。

不同结构形式的液压马达的最低稳定转速大致为:多作用内曲线马达 $0.1\sim1$ r/min;曲轴连杆式马达约 $1\sim3$ r/min;轴向柱塞马达 $30\sim50$ r/min,有的可达 $2\sim5$ r/min,个别可达 $0.5\sim1.5$ r/min;高速叶片马达 $50\sim100$ r/min;低速大转矩叶片马达约 5r/min;齿轮马达的低速性能最差,一般 $200\sim300$ r/min,个别可到 $50\sim150$ r/min。

(3) 最高使用转速 n_{max}。液压马达的最高使用转速主要受使用寿命和机械效率的限制。转速提高后,各运动副的磨损加剧,使用寿命降低;转速高则液压马达需要输入的流量就大,因此各过流部分的流速相应增大,压力损失也随之增加,从而使机械效率降低。对某些液压马达,转速的提高还受到背压的限制。例如曲轴连杆式液压马达,转速提高时,回油背压必须显著增大才能保证连杆不会撞击曲轴表面。随着转速的提高,回油腔所需的背压值也应随之提高。但过分的提高背压,会使液压马达的效率明显下降。不同结构形式液压马达的最高使用转速:齿轮马达约为 $1500\sim3000$ r/min;叶片马达约为 $1500\sim2000$ r/min;轴向柱塞马达可达 $1000\sim2000$ r/min;曲轴连杆式马达为 $400\sim500$ r/min;多作用内曲线马达在 300r/min 以下。

(4) 调速范围 i。液压马达的调速范围用最高使用转速 n_{max} 和最低稳定转速 n_{min} 之比表示,即

$$i = \frac{n_{max}}{n_{min}} \qquad (3-14)$$

6. 滑转速度

液压马达进出油口切断后,理论上输出轴应完全不转动,但因负载力的作用使马达变为泵工况,马达的出油口成为高压腔,油液从此腔向外泄漏,使得马达缓慢转动(滑转)。通常用额定转矩下的滑转速度表示液压马达的制动性能。液压马达不能完全避免泄漏现象,因此无法保证绝对的制动性,所以当需要长时间制动时,应该另外设置其他制动装置。

3.1.3 液压马达的工作原理

液压马达按其额定转速分为高速和低速两大类,一般认为,额定转速高于 500r/min 的属于高速液压马达,额定转速低于 500r/min 的属于低速液压马达。

高速液压马达的基本形式有齿轮式、叶片式和轴向柱塞式等。低速液压马达的基本形式是径向柱塞式,此外,在轴向柱塞式、叶片式和齿轮式中也有低速液压马达的形式。

1. 高速液压马达

高速液压马达的主要特点是转速较高、转动惯量小,便于起动和制动,调速和换向的灵敏度高。通常高速液压马达的输出转矩不大(仅几十牛米到几百牛米),所以又称为高速小转矩液压马达。高速液压马达的结构与同类型的液压泵基本相同,因此它们的主要性能特点也相似。例如齿轮马达具有结构简单、体积小、价格低、使用可靠性好等优点和

低速稳定性差、输出转矩和转速脉动性大、径向力不平衡、噪声大等缺点,但是同类型的马达与泵由于使用要求不同仍存在许多不同点。

下面分别对叶片式和轴向柱塞式液压马达予以介绍。

1) 叶片马达

图3-1所示为双作用叶片马达工作原理图。当压力油通过配油盘进入马达后,在叶片1和叶片3上都作用有液压力,但因叶片3的承压面积及其合力中心的半径都比叶片1大,因此产生转矩。同样,叶片5和叶片7也产生相同的驱动转矩,其余叶片上的液压力平衡。所以叶片和转子在驱动转矩作用下沿图示方向旋转,带动传动轴输出转矩和转速。当进油方向改变时,液压马达反转。

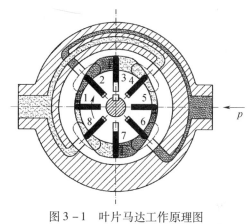

图3-1 叶片马达工作原理图
1、2、3、4、5、6、7、8—叶片

双作用叶片马达和双作用叶片泵相比,具有以下结构特点:

(1) 马达的叶片由燕式弹簧将其推出,使起动时叶片顶部与定子的内表面紧密接触,以保证良好的密封。而叶片泵是靠叶片与转子一起高速旋转产生的离心力使叶片紧贴定子表面起封油作用的。

(2) 为满足叶片马达正反转的要求,叶片在转子中沿径向布置,且叶片顶端对称倒角。

(3) 叶片底部通有高压油,将叶片压向定子表面以保证可靠密封。采用一组梭阀结构的单向阀,保证变换进出油口时叶片底部常通高压。

叶片马达具有体积小、转动惯性小、动作灵敏、输出转矩均匀等优点,但泄漏较大,不能在很低的转速下工作,抗负载变化性能也不够好,因此一般用于转速高、转矩小和换向频繁的场合,常用于磨床回转工作台、机床操纵机构等。

2) 轴向柱塞马达

图3-2所示为斜盘式轴向柱塞马达的工作原理图。主要部件与斜盘式轴向柱塞泵基本相同。其工作原理是当高压油通过配油盘配油窗口进入柱塞底部时,产生液压力推动柱塞外伸,斜盘对柱塞产生一个法向反力 F,F 可分解成轴向分力 F_x 和垂直于轴向的分力 F_y。其中,轴向分力 F_x 与柱塞底部液压力相平衡,而 F_y 通过柱塞传到缸体上,对传动轴产生转矩。任意一个工作柱塞对传动轴产生的转矩为

$$T = F_y R\sin\theta = \Delta p_m \pi \frac{d^2}{4}\tan\gamma \cdot R\sin\theta \tag{3-15}$$

式中:Δp_m 为马达进出油口压力差(Pa);γ 为斜盘倾角;R 为柱塞分布圆半径(m);d 为柱塞直径(m);θ 为柱塞瞬时方位角。

由式(3-15)可知,由于 θ 角的不断变化,每个柱塞产生的转矩也随时变化,马达的输出转矩等于处在进油腔半周内各柱塞瞬时转矩之和。因此,液压马达的输出转矩是有脉动的。

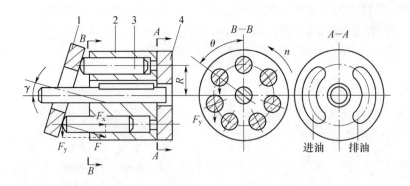

图 3-2 斜盘式轴向柱塞马达原理图
1—斜盘;2—缸体;3—柱塞;4—配油盘。

当液压马达的进、出油口互换时,马达反向转动。当改变马达斜盘倾角时,马达的排量随之改变,由此可以调节输出转速和转矩。

一些轴向柱塞马达与同类型轴向柱塞泵可以互逆使用。例如,SCY14-1 轴向柱塞泵,其结构基本对称,按使用说明,将配油盘适当旋转安装后则可作液压马达使用;A6V 斜轴式柱塞马达可作液压泵用,其结构与 A7V 斜轴式柱塞泵相似。

2. 低速大转矩液压马达

低速马达的主要特点是排量大、体积大、低速稳定性好(一般可在 10r/min 以下平稳运转,有的可低到 0.5r/min 以下),因此可以直接与工作机构连接,不需要减速装置,使传动机构大大简化。通常低速马达的输出转矩较大(几千牛米到几万牛米),所以称为低速大转矩马达。低速马达的基本形式是径向柱塞式,其中主要包括单作用连杆式和多作用内曲线式等。

1) 单作用连杆型径向柱塞马达

图 3-3 所示为连杆型径向柱塞马达的工作原理图,5 个(或 7 个)柱塞缸径向均匀布

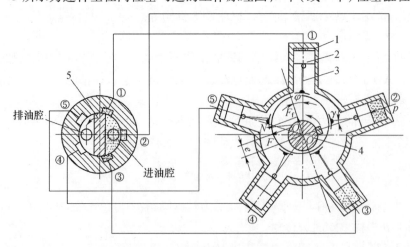

图 3-3 单作用连杆型径向柱塞马达原理图
1—缸体;2—柱塞;3—连杆;4—曲轴;5—配油轴。

置,柱塞2通过球铰与连杆3连接,连杆的另一端的圆弧面与曲轴4的偏心轮紧贴,曲轴的一端通过十字接头与配流轴5相接。

高压油进入马达进油腔后,通过泵体上的通道①②③引入相应的柱塞中。高压油产生的液压力推动柱塞,通过连杆传递到曲轴偏心轮上。例如图中柱塞缸②作用于偏心轮上的力为N,其方向通过偏心轮的圆心O_1,此作用力可分解为法向分力F_f和切向分力F,切向分力对传动轴中心O产生转矩使传动轴如图示方向旋转。传动轴旋转的总转矩等于与高压腔相通的柱塞缸所产生的转矩之和。由于配油轴随传动轴一起旋转,进油腔和排油腔依次与各个柱塞接通,从而保证传动轴连续旋转。每个柱塞进油和排油一次,传动轴转一圈,所以,称其为单作用式。

马达进、出口互换后,可实现马达的反转。连杆型径向柱塞马达还可以做成可变量的结构。将偏心环与马达轴分开,并采取措施使偏心距可以调节,就能达到改变马达排量的目的。

连杆型马达的配油轴的一侧为高压腔,另一侧为低压腔,所以配油轴工作过程受到很大的径向力,此径向力使间隙加大,造成滑动表面的摩损和泄漏量增加,致使效率下降。因此,一般采取开设对称平衡油槽的方法,使对应的压力油通道形成液压径向力平衡。

曲轴连杆式液压马达的优点是结构简单、工作可靠、品种规格多、价格低。其缺点是体积和重量较大、转矩脉动较大。近年来,这种马达的主要摩擦副大多采用静压平衡结构,因而其效率高,低速稳定性有很大改善,最低稳定转速可达3r/min以下。

2) 多作用内曲线径向柱塞马达

多作用内曲线径向柱塞式液压马达(简称内曲线马达),是利用具有特殊内曲线的定子,使每个柱塞在缸体每转一周中往复运动多次的径向柱塞马达。内曲线马达具有尺寸较小、径向力平衡、转矩脉动小、起动效率高、并能在很低的转速下稳定工作等优点,因此获得了广泛应用。

图3-4所示为内曲线马达工作原理图,它由定子1、横梁2、滚轮3、缸体4、柱塞5和配油轴6组成。定子的内表面由偶数x个(一般为6、8个)均布的形状完全相同的曲线组成,每个曲线凹部的顶点将该曲线分成两个区段,一侧为进油区段(即工作区段),另一侧为排油区段(即空载区段)。缸体的圆周方向有z个均布的柱塞缸孔,柱塞在缸体孔中往复运动,并与传力横梁接触,横梁为滚轮的芯轴。配流轴上有$2x$个均布的配油窗口,其中x个窗口与高压油相通,另外x个窗口与回油相通,这$2x$个配油窗口分别与x个定子曲面的进油区段和排油区段相对应。

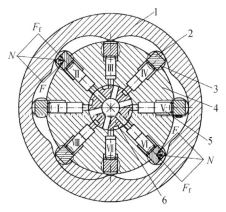

图3-4 内曲线马达工作原理图
1—定子;2—缸体;3—柱塞;
4—配流轴;5—滚轮;6—横梁。

当高压液体进入柱塞(如图中柱塞Ⅱ、Ⅵ)底部时,推动柱塞向外运动,将横梁和滚轮压向定子曲面,而定子曲面对滚轮产生法向反力N,反力的径向分力F_f与作用在柱塞底部的液压力平衡,而切向分力 F 通过横梁侧面传给缸体,产生使缸体旋转的转矩,缸体带动传动轴转动输出转矩和转速。柱塞外伸的同时还随缸体一起旋转,当柱塞到达曲面凹入顶点时,柱塞底部油孔被配流轴封闭,与高低压腔都不通(如图中柱塞Ⅰ、Ⅴ)。当柱塞进入定子曲面排油区段时,柱塞的径向油孔与配流回油通道相通,此时定子曲面将柱塞压回,油液经配流轴排出。当柱塞运动到内死点时(如图Ⅲ、Ⅶ)柱塞底部油孔也被配流轴封闭而与高低压腔都不相通。每一瞬时,至少有一对柱塞可以产生转矩,使传动轴连续转动。这种马达的转速范围为 $0\sim100\text{r/min}$。适用于负载转矩很大、转速低、平稳性要求高的场合。例如挖掘机、拖拉机、起重机、采煤机牵引部件等。

液压马达种类很多,应用和选择范围很宽,可根据负载对转矩和转速特性及安装和环境要求,查阅产品样本选择使用。

3.2 液压缸

3.2.1 液压缸的分类

液压缸的种类繁多,分类方法各异。

按结构形式可分为活塞缸、柱塞缸、伸缩缸和摆动缸。活塞缸、柱塞缸和伸缩缸实现直线往复运动,输出力和速度。活塞缸按活塞杆形式又可分为单活塞杆缸和双活塞杆缸;摆动缸则能实现小于360°的回转摆动,输出转矩和角速度。

按供油方式液压缸又可分为单作用缸和双作用缸,单作用缸只往缸的一侧输入液压油,活塞只作单向出力运动,回程靠重力、弹簧力或者其他外力;双作用缸则可以分别向缸的两侧输入压力油,靠液压力来完成活塞的往复运动。

液压缸除了单个使用外,还可以几个组合起来或者和其他机构组合起来,以完成特殊的功用,称为组合缸,其按特殊用途又可分为串联缸、增压缸、增速缸、多位缸、数字控制缸等。

3.2.2 几种典型的液压缸

1. 活塞缸

活塞式液压缸可分为双杆式和单杆式两种结构形式,其固定方式有缸筒固定和活塞杆固定两种。

1) 双作用单活塞杆液压缸

如图3-5所示,双作用单活塞杆液压缸只有一端有活塞杆伸出,往复运动由液压实现,其在长度方向占有的空间大致为活塞杆长度的两倍。

由于单活塞杆液压缸活塞两端的有效面积不等,如果以相同压力和流量的液压油分别进入液压缸的左、右腔,它在两个方向上的输出力和速度也不等。当输入液压缸的油液流量为 q,液压缸进出口压力分别为 p_1 和 p_2 时,若油液从左腔(无杆腔)输入,其活塞上所产生的推力 F_1 和速度 v_1 为

$$F_1 = A_1 p_1 - A_2 p_2 = \frac{\pi}{4}[(p_1 - p_2)D^2 + p_2 d^2] \tag{3-16}$$

$$v_1 = \frac{q}{A_1} = \frac{4q}{\pi D^2} \qquad (3-17)$$

式中:D 为液压缸活塞直径(m);d 为液压缸活塞杆直径(m);A_1 为左腔(无杆腔)的有效工作面积(m^2);A_2 为右腔(有杆腔)的有效工作面积(m^2)。

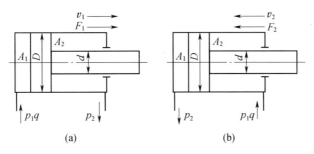

图 3-5 双作用单活塞杆液压缸

若油液从右腔(有杆腔)输入时,其活塞上所产生的推力 F_2 和速度 v_2 为

$$F_2 = A_2 p_1 - A_1 p_2 = \frac{\pi}{4}[(p_1 - p_2)D^2 - p_1 d^2] \qquad (3-18)$$

$$v_2 = \frac{q}{A_2} = \frac{4q}{\pi(D^2 - d^2)} \qquad (3-19)$$

由式(3-16)~式(3-19)可知,由于 $A_1 > A_2$,所以 $F_1 > F_2$,$v_1 < v_2$,可见无杆腔进油时液压缸输出力大,因此常用做工作腔。通常把两个方向上的输出速度 v_2 和 v_1 的比值称为速度比,记作 φ。φ 也是单活塞杆无杆腔和有杆腔的有效面积的比值,故也称为面积比。

$$\varphi = \frac{v_2}{v_1} = \frac{A_1}{A_2} = \frac{D^2}{D^2 - d^2} = \frac{1}{1 - (d/D)^2} \qquad (3-20)$$

GB/T 7933—1987 给出了液压缸的面积比 φ 系列,如表 3-1 所列。

表 3-1 单活塞杆液压缸两腔面积比 φ(速度比)

φ	1.06	1.12	1.25	1.40	1.60	2.00	2.50	5.00
$\dfrac{d}{D}$	0.25	0.32	0.45	0.55	0.63	0.70	0.80	0.90

可以将单活塞杆缸作如图 3-6 所示的差动连接,此时单活塞杆缸的左右两腔同时通压力油。作差动连接的液压缸称为差动液压缸。开始工作时差动缸左右两腔的油液压力相同,但是由于左腔(无杆腔)的有效面积大于右腔(有杆腔)的有效面积,故活塞向右运动,同时使右腔中排出的油液(流量为 q')也进入左腔,加大了流入左腔的流量($q + q'$),从而加快了活塞移动的速度。实际上活塞在运动时,由于差动连接时两腔间的管路中有压力损失,所以右腔中油液的压力稍大于左腔中油液的压力,而这个差值一般都较小,可以忽略不计,则差动缸活塞推力 F_3 和运动速度 v_3 为

$$F_3 = p_1(A_1 - A_2) = p_1 \frac{\pi}{4} d^2 \qquad (3-21)$$

$$v_3 = \frac{q + q'}{A_1} = \frac{q + \frac{\pi}{4}(D^2 - d^2)v_3}{\frac{\pi}{4}D^2}$$

即

$$v_3 = \frac{4q}{\pi d^2} \qquad (3-22)$$

由式(3-21)和式(3-22)可知,差动连接时液压缸的推力比非差动连接时小,速度比非差动连接时大,因此,可以在不加大油源流量的情况下得到较快的运动速度。这种连接方式被广泛应用于组合机床的液压动力滑台和其他机械设备的快速运动中。

当 $D = \sqrt{2}d$ 时,差动连接的液压缸的快进和快退的速度相等,即 $v_2 = v_3$。

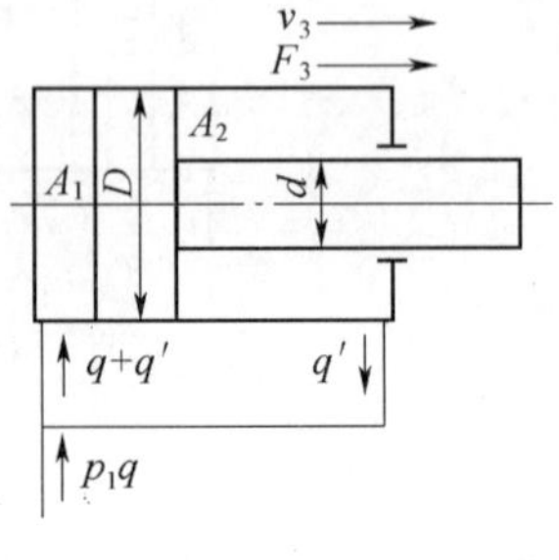

2)双作用双活塞杆液压缸

图3-6 液压缸的差动连接

双作用双活塞杆液压缸的原理如图3-7所示。双活塞缸两端的活塞杆直径通常是相等的,因此它左、右两腔的有效面积也相等。当分别向左、右腔输入相同压力和相同流量的油液时,液压缸左、右两个方向的推力和速度相等。当活塞直径为 D,活塞杆直径为 d,液压缸进、出油腔的压力为 p_1 和 p_2,输入流量为 q 时,双活塞杆液压缸的推力 F 和速度 v 为

$$F = A(p_1 - p_2) = \frac{\pi}{4}(D^2 - d^2)(p_1 - p_2) \qquad (3-23)$$

$$v = \frac{q}{A} = \frac{4q}{\pi(D^2 - d^2)} \qquad (3-24)$$

式中:A 为活塞的有效工作面积(m^2)。

图3-7(a)所示为缸体固定、活塞杆移动的结构形式,液压缸的左腔进油,推动活塞向右移动,右腔回油;反之,活塞反向移动。其运动范围约等于活塞有效行程的3倍,一般用于中小型设备。图3-7(b)所示为活塞杆固定、缸体移动的结构形式,液压缸的左腔进油,推动缸体向左移动,右腔回油;反之,缸体反向移动。其运动范围约等于缸体有效行程的2倍,因此常用于大中型设备中。实际应用中液压缸的运动范围还要考虑活塞和缸盖等尺寸所占用的空间。

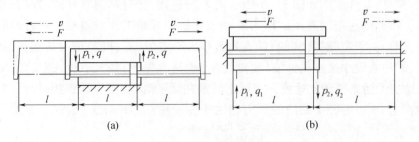

图3-7 双活塞杆液压缸
(a)缸体固定,活塞杆移动;(b)活塞杆固定,缸体移动。

2. 柱塞缸

柱塞缸的原理如图3-8(a)所示,它只能实现一个方向的运动,回程靠重力或弹簧力或其他力来推动。为了得到双向运动,通常成对、反向地布置使用,如图3-8(b)所示。

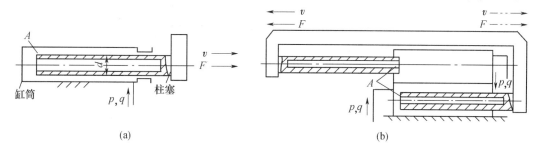

图3-8 柱塞缸

当输入液压油的压力为p,流量为q时,柱塞缸产生的推力和运动速度为

$$F = Ap = \frac{\pi}{4}d^2 p \tag{3-25}$$

$$v = \frac{4q}{\pi d^2} \tag{3-26}$$

式中:A为柱塞缸有效工作面积(m^2);d为柱塞直径(m)。

柱塞缸的特点是缸筒内壁与柱塞没有配合要求,因此缸筒内孔只作粗加工或不加工,大大简化了缸筒的加工工艺。柱塞是端部受压,为保证柱塞缸有足够的推力和稳定性,柱塞一般较粗,质量较大,水平安装时会产生单边磨损,故柱塞缸宜垂直安装。水平安装使用时,为减轻质量和提高稳定性,常用无缝钢管制成空心柱塞。

这种液压缸常用于长行程机床,如龙门刨、导轨磨、大型拉床等。

3. 增压缸

增压缸又称增压器,常与低压大流量泵配合使用,用于短时或局部需要高压的液压系统中。增压缸的工作原理如图3-9所示,有单作用和双作用两种形式。当输入压力p_1的低压液体推动增压缸的大活塞D时,大活塞即推动与其连成一体的小活塞d,输出压力为p_2的高压液体,有

$$\frac{p_2}{p_1} = \frac{D^2}{d^2} = K$$

$$\frac{q_2}{q_1} = \frac{d^2}{D^2} = \frac{1}{K}$$

式中:K为增压比,代表其增压的能力,$K = \frac{D^2}{d^2}$。

显然,增压能力在增大输出压力的同时,降低了有效流量,但其输出能量保持不变。

图3-9(a)所示单作用增压缸只能在一次行程中连续输出高压液体;采用双作用增压缸则可实现由两个高压端连续向系统供油,如图3-9(b)所示。

4. 伸缩式液压缸

伸缩式液压缸又称多级液压缸,适用于安装空间受到限制但要求有很大行程的设备

中。如液压支架为适应变化较大的煤层厚度,其立柱多采用伸缩缸;某些汽车起重机液压系统中的吊臂缸等。

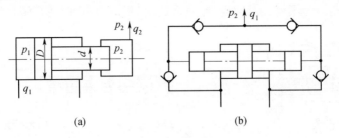

图 3-9 增压缸

伸缩缸可以是如图 3-10(a)所示的单作用式,也可以是如图 3-10(b)所示的双作用式,前者靠外力回程,后者靠液压回程;伸缩缸还可以是柱塞式的,如图 3-11 所示。

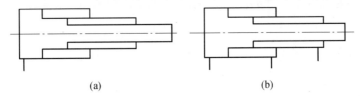

图 3-10 伸缩式液压缸

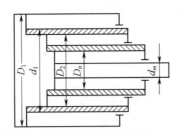

图 3-11 柱塞式伸缩缸

伸缩缸的外伸动作是逐级进行的,首先是最大直径的缸筒以最低的油液压力开始外伸,当到达行程终点后,稍小直径的缸筒开始外伸,直径最小的末级最后伸出,随着工作级数变大,外伸缸筒直径越来越小。在输入流量不变的情况下,伸缩缸输出推力逐级减小,速度逐级加大,其值为

$$F_i = p_1 \frac{\pi}{4} D_i^2 \tag{3-27}$$

$$v_i = \frac{4q}{\pi D_i^2} \tag{3-28}$$

式中:i 为第 i 级活塞缸;D_i 为第 i 级活塞缸直径(m)。

5. 摆动缸

摆动式液压缸又称摆动液压马达,是一种输出轴能够直接输出转矩、往复回转角度小于 360°的回转液压缸,常用于夹具夹紧装置、送料装置、转位装置以及需要周期性进给的系统中。图 3-12(a)所示为单叶片式摆动缸原理图,它的摆动角度可达 300°。当进

出油口压力为 p_1 和 p_2,输入流量为 q 时,摆动缸输出转矩 T 及回转角速度 ω 分别为

$$T = b\int_{R_1}^{R_2}(p_1 - p_2)r\mathrm{d}r = \frac{b}{2}(R_2^2 - R_1^2)(p_1 - p_2) \qquad (3-29)$$

$$\omega = 2\pi n = \frac{2q}{b(R_2^2 - R_1^2)} \qquad (3-30)$$

式中:b 为叶片的宽度;R_1,R_2 分别为叶片底部、顶部的回转半径。

图 3-12(b)所示为双叶片式摆动缸,它的摆动角度为 150°,它的输出力矩是单叶片式的两倍,而角速度是单叶片式的 1/2。

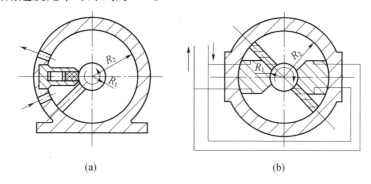

图 3-12 摆动液压缸

3.2.3 液压缸的典型结构及主要零部件

1. 液压缸的典型结构举例

图 3-13 所示为一个较常用的双作用单活塞杆液压缸。它是由缸底 20、缸筒 10、缸盖兼导向套 9、活塞 11 和活塞杆 18 等主要零部件组成。缸筒一端与缸底焊接,另一端缸盖(导向套)与缸筒用卡键 6、套 5 和弹簧挡圈 4 固定,以便拆装检修,两端设有油口 A 和 B。活塞 11 与活塞杆 18 利用卡键 15、卡键帽 16 和弹簧挡圈 17 连在一起。活塞与缸孔的密封采用的是一对 Y 形聚氨酯密封圈 12,由于活塞与缸孔有一定间隙,采用由尼龙1010 制成的耐磨环(又叫支承环)13 定心导向。杆 18 和活塞 11 的内孔由密封圈 14 密封。较长的导向套 9 则可保证活塞杆不偏离中心,导向套外径由 O 形圈 7 密封,而其内

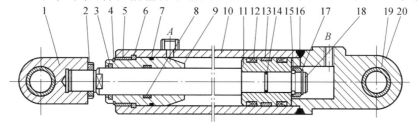

图 3-13 双作用单活塞杆液压缸结构图
1—耳环;2—螺母;3—防尘圈;4,17—弹簧挡圈;5—套;6,15—卡键;
7,14—O 形密封圈;8,12—Y 形密封圈;9—缸盖兼导向套;10—缸筒;
11—活塞;13—耐磨环;16—卡键帽;18—活塞杆;19—衬套;20—缸底。

孔则由Y形密封圈8和防尘圈3分别防止油外漏和灰尘带入缸内。缸与杆端销孔与外界连接,销孔内有尼龙衬套抗磨。

2. 液压缸的组成

液压缸的结构基本上可以分为缸筒和缸盖、活塞和活塞杆、密封装置、缓冲装置和排气装置5个部分。

1) 缸筒和缸盖

图3-14所示为常用的缸筒和缸盖的连接方式,在设计过程中采用哪种连接方式主要取决于液压缸的工作压力、缸筒的材料和具体的工作条件。工作压力$p<10$MPa时,使用铸铁,常用图3-14(a)所示的法兰连接,它的结构简单,容易加工,也容易装拆,但外形尺寸和质量都较大;$p<20$MPa时,使用无缝钢管或者锻钢,常用图3-14(b)所示的半环连接,它容易加工和装拆,质量较轻,但缸筒壁部因开了环形槽而削弱了强度,为此有时要加厚缸壁;$p>20$MPa时,使用铸钢或锻钢,常用图3-14(b)、(c)、(d)所示的半环连接和螺纹连接。螺纹连接结构缸筒端部结构复杂,外径加工时要求保证内外径同心,装拆要使用专用工具,它的外形尺寸和质量都较小。图3-14(e)所示为拉杆连接式,结构的通用性大,容易加工和装拆,但外形尺寸较大,且较重。图3-14(f)所示为焊接连接式,结构简单,尺寸小,但缸底处内径不易加工,且可能引起变形。

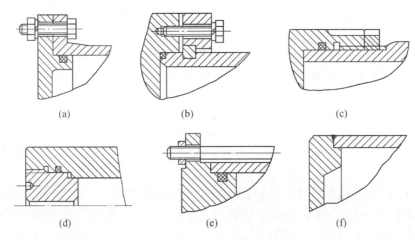

图3-14 缸筒和缸盖结构
(a) 法兰式;(b) 半环式;(c) 外螺纹式;(d) 内螺纹式;(e) 拉杆式;(f) 焊接式。

2) 活塞和活塞杆

常用的活塞和活塞杆之间有螺纹式连接、半环式连接、径向销式连接等多种连接方式,所有方式均需有锁紧措施,以防止工作时因往复运动而松开。螺纹式连接如图3-15(a)所示,其结构简单,安装方便可靠,但在活塞杆上车螺纹将削弱其强度,它适用于负载较小,受力无冲击的液压缸中。半环式连接如图3-15(b)所示,其结构复杂,装拆不便,但工作较可靠。径向销式连接结构特别适用于双出杆式活塞。

3) 密封装置

液压缸的密封装置用以防止油液的泄漏。液压缸的密封主要指活塞、活塞杆处的动密封和缸底与缸筒、缸盖与缸筒之间的静密封。一般要求密封装置应具有良好的密封性、尽可能长的寿命、制造简单、拆装方便、成本低。密封装置设计的好坏直接影响液压缸的静、动态性能。有关密封装置的结构、材料、安装和使用等详见第5章。

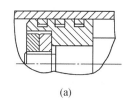
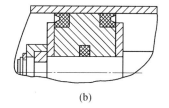

图 3 – 15 活塞和活塞杆结构
(a) 螺纹式连接结构；(b) 半环式连接结构。

4）缓冲装置

对大型、高速或要求高的液压缸，为了防止活塞在行程终点时和缸盖相互撞击，引起噪声、冲击，甚至严重影响工作精度和引起整个系统及元件的损坏，必须设置缓冲装置。

缓冲装置的工作原理是利用活塞或缸筒在其走向行程终端时封住活塞和缸盖之间的部分油液，强迫它从小孔、细缝或节流阀挤出，增大液压缸回油阻力，使回油腔中产生足够大的缓冲压力，使工作部件受到制动，逐渐减慢运动速度，避免活塞和缸盖相互撞击。

常见的液压缸缓冲装置如图 3 – 16 所示，图 3 – 16(a)、(b)为间隙式缓冲装置，当缓冲柱塞进入与其相配的缸盖上的内孔时，孔中的液压油只能通过间隙排出，使回油腔中压力升高而形成缓冲压力，从而使活塞速度降低。图 3 – 16(c)为可调节流缓冲装置，当缓冲柱塞进入配合孔之后，油腔中的油只能经节流阀排出，从而在回油腔形成缓冲压力，使活塞受到制动。这种缓冲装置可以根据负载情况调整节流阀开口的大小，改变缓冲压力的大小，但仍不能解决速度减低后缓冲作用减弱的缺点。图 3 – 16(d)为可变节流缓冲装置，缓冲柱塞上开有三角槽，随着柱塞逐渐进入配合孔中，其节流面积越来越小，解决了在行程最后阶段缓冲作用过弱的问题，从而使缓冲作用均匀，冲击压力小，制动位置精度高。

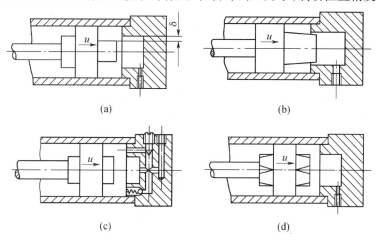

图 3 – 16 液压缸的缓冲装置
(a) 圆柱形环隙式；(b) 圆锥形环隙式；(c) 可调节流孔式；(d) 可变节流槽式。

5）排气装置

液压缸在安装过程中或长时间停放后，液压缸里和管道系统中会渗入空气，为了防止执行元件出现爬行、噪声和发热等不正常现象,液压缸结构应保证能及时排除积留在液压缸内的气体。一般可在液压缸内腔的最高处设置专门的排气装置,如排气螺钉、排气阀等,如图3-17所示。

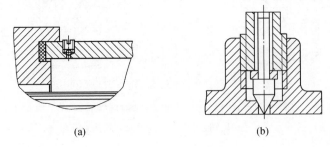

图3-17 排气装置

3.2.4 液压缸的设计与计算

1. 设计内容和设计步骤

液压缸是液压传动的执行元件,它和主机工作机构直接相关,根据机械设备及其工作机构的不同,液压缸具有不同的用途和工作要求,因此在进行液压缸设计之前,必须对整个液压系统进行工况分析,选定系统的工作压力。液压缸设计的主要内容和步骤如下:

(1)选择液压缸的类型和各部分结构形式。
(2)确定液压缸的工作参数和结构尺寸。
(3)结构强度、刚度的计算和校核。
(4)导向、密封、防尘、排气和缓冲等装置的设计。
(5)绘制装配图、零件图、编写设计说明书。

2. 基本参数确定

1)工作负载与液压缸推力

液压缸的工作负载是指工作机构在满负荷情况下,以一定加速度起动时对液压缸产生的总阻力,即

$$F_R = F_1 + F_f + F_g \tag{3-31}$$

式中:F_R为液压缸的工作负载;F_1为工作机构的负载、自重等对液压缸产生的作用力;F_f为工作机构在满负载下起动时的静摩擦力;F_g为工作机构满负载起动时的惯性力。

液压缸的推力 F 应等于或大于其工作时的总阻力。

2)工作速度

液压缸的运动速度与输入流量和活塞、活塞杆的面积有关。如果工作机构对液压缸的运动速度有一定要求,应根据所需的运动速度和缸径来选择液压泵;如果对液压缸运动速度没有要求,则可根据已选定的泵流量和缸径来确定运动速度。

3)主要结构尺寸

液压缸的主要结构尺寸有:缸筒内径 D、活塞杆直径 d,缸筒长度 L 和最小导向长度 H。

(1)缸筒内径 D。当给定工作负载,且选定液压系统工作压力 p(设回油背压为零)时,可依据式(3-32)和式(3-33)确定缸筒内径 D。

对无杆腔,当要求推力为 F_1 时,有

$$D_1 = \sqrt{\frac{4F_1}{\pi p \eta_m}} \qquad (3-32)$$

对有杆腔,当要求推力为 F_2 时,有

$$D_2 = \sqrt{\frac{4F_2}{\pi p \eta_m} + d^2} \qquad (3-33)$$

式中:p 为液压缸的工作压力,由液压系统设计时给定;η_m 为液压缸机械效率,一般取 $\eta_m = 0.95$。

选择 D_1、D_2 中较大者,按 GB/T 2348—1993 中所列的液压缸内径系列圆整为标准值。圆整后液压缸的工作压力应作相应的调整。

当对液压缸运动速度 v 有要求时,可根据液压缸的流量 q 计算缸筒内径 D。对于无杆腔,当运动速度为 v_1,进入液压缸的流量为 q_1 时,有

$$D_1 = \sqrt{\frac{4q_1}{\pi v_1}} \qquad (3-34)$$

对于有杆腔,当运动速度为 v_2,进入液压缸的流量为 q_2 时,有

$$D_2 = \sqrt{\frac{4q_2}{\pi v_2} + d^2} \qquad (3-35)$$

同样,缸筒内径需按 D_1、D_2 中较大者圆整为标准值。

(2) 活塞杆直径 d。确定活塞杆直径 d,通常应先满足液压缸的速度或速比的要求,然后再校核其结构强度和稳定性。若速比为 φ,则

$$d = D\sqrt{\frac{\varphi - 1}{\varphi}} \qquad (3-36)$$

(3) 缸筒长度 L。液压缸的缸筒长度 L 由最大工作行程长度决定,缸筒的长度一般最好不超过其内径的 20 倍。

(4) 最小导向长度 H。如图 3-18 所示,当活塞杆全部外伸时,从活塞支承面中点到导向套滑动面中点的距离称为最小导向长度 H。如果导向长度过小,将使液压缸的初始挠度(间隙引起的挠度)增大,影响液压缸的稳定性,因此设计时必须保证有一定的最小导向长度。

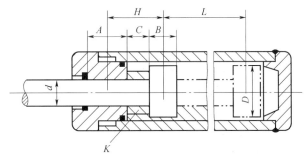

图 3-18 液压缸的导向长度

对于一般的液压缸,其最小导向长度应满足

$$H \geqslant \frac{L}{20} + \frac{D}{2} \qquad (3-37)$$

式中:L 为液压缸最大工作行程;D 为缸筒内径。

一般情况下,在 $D<80\mathrm{mm}$ 时取导向套滑动面的长度 $l_1=(0.6\sim1.0)D$,在 $D<80\mathrm{mm}$ 时取 $l_1=(0.6\sim1.0)d$;活塞的宽度 $l_3=(0.6\sim1.0)D$。为保证最小导向长度,过分增大 l_1 和 l_3 都是不适宜的,最好在导向套与活塞之间装一隔套,隔套宽度 l_2 由所需的最小导向长度决定,即

$$l_2 = H - \frac{l_1 + l_3}{2} \qquad (3-38)$$

采用隔套不仅能保证最小导向长度,还可以改善导向套及活塞的通用性。

3. 液压缸的结构计算和校核

对液压缸的缸筒壁厚 δ、活塞杆直径 d 和缸盖固定螺栓的直径,在高压系统中必须进行强度校核。

1) 缸筒壁厚 δ 的计算和校核

当 $\dfrac{\delta}{D} \leqslant 0.08$ 时,称为薄壁缸筒,一般为无缝钢管,壁厚按材料力学薄壁圆筒公式计算

$$\delta \geqslant \frac{p_{\max}D}{2\sigma_s} \qquad (3-39)$$

当 $0.3 \geqslant \dfrac{\delta}{D} \geqslant 0.08$ 时,可用实用公式

$$\delta \geqslant \frac{p_{\max}D}{2.3\sigma_s - 3p_{\max}} \qquad (3-40)$$

当 $\dfrac{\delta}{D} \geqslant 0.3$ 时,称为厚壁缸筒,一般为铸铁缸筒,厚壁按材料力学第二强度理论计算

$$\delta \geqslant \frac{D}{2}\left[\sqrt{\frac{\sigma_s + 0.4p_{\max}}{\sigma_s - 1.3p_{\max}}} - 1\right] \qquad (3-41)$$

式中:$p_{\max}$ 为缸筒内最高工作压力;σ_s 为缸筒材料许用应力,$\sigma_s = \dfrac{\sigma_b}{\eta}$,其中,$\sigma_b$ 为材料抗拉强度;η 为安全系数,$\eta = 5$。

缸筒壁厚确定之后,即可求出液压缸的外径

$$D_1 = D + 2\delta \qquad (3-42)$$

D_1 值应按有关标准圆整为标准值。

2) 活塞杆强度及压杆稳定性计算

按速比要求初步确定活塞杆直径后,还必须满足本身的强度要求及液压缸的稳定性。活塞杆的直径 d 按下式进行校核:

$$d \geqslant \sqrt{\frac{4F}{\pi\sigma_s}} \qquad (3-43)$$

式中:F 为工作负荷;$\sigma_s = \dfrac{\sigma_b}{\eta}$,其中 $\eta = 1.4$。

当活塞杆的长径比 $\dfrac{l}{d}$ 大于 10 时,要进行稳定性验算。根据材料力学理论,其稳定条件为

$$F \leqslant \dfrac{F_k}{\eta_k} \tag{3-44}$$

式中:F 为活塞杆最大推力;F_k 为液压缸稳定临界力;η_k 为稳定性安全系数 $\eta_k = 2 \sim 4$。

4. 液压缸设计中应注意的问题

液压缸在使用过程中经常会遇到液压缸安装不当、活塞杆承受偏载、液压缸或活塞下垂以及活塞杆的压杆失稳等问题,在液压缸设计过程中应注意以下几点,以减少使用中故障的发生,提高液压缸的性能。

(1)尽量使液压缸的活塞杆在受拉状态下承受最大负载,或在受压状态下具有良好的稳定性。

(2)考虑液压缸行程终了处的制动问题和液压缸的排气问题,需要在缸内设置缓冲装置和排气装置。

(3)正确确定液压缸的安装、固定方式。如承受弯曲的活塞杆不能用螺纹连接,要用止口连接;液压缸不能在两端用键或销定位,只能在一端定位,为的是不致阻碍它在受热时的膨胀;如冲击载荷使活塞杆压缩,定位件须设置在活塞杆端,如冲击载荷使活塞杆拉伸,定位件则应设置在缸盖端。

(4)液压缸各部分的结构需根据推荐的结构形式和设计标准进行设计,尽可能做到结构简单、紧凑,加工、装配和维修方便。

(5)在保证能满足运动行程和负载力的条件下,应尽可能地缩小液压缸的轮廓尺寸。

(6)要保证密封可靠,防尘良好。

3.2.5 数字控制液压缸

数字控制液压缸是数字液压缸及其配套数字控制器的组合,简称数字液压缸。它利用极为巧妙的结构设计,几乎将液压技术的所有功能集于一身,与专门研制的可编程数字控制器配合,可高精度地完成液压缸的方向控制、速度控制和位置控制。它是集计算机技术、微电子技术、传感技术、机械技术和液压技术为一身的高科技产品,是液压技术的一次飞跃,为液压技术和控制技术带来了崭新的活力。

目前,我国已有的数字液压缸主要分为两种:一种是能够输出数字或者模拟信号的内反馈式数字液压缸;另一种是使用数字信号控制运行速度和位移的数字液压缸。前者仅能够将液压缸运行的速度和位移信号传递出来,其运动控制依靠外部的液压系统实现,数字液压缸本身无法完成运动控制;后者则可以通过发送脉冲信号完成对数字液压缸的运动控制,具有结构简单,控制精度高等显著优点。

图 3-19 所示为数字控制电液步进液压缸的结构图和工作原理图,它由步进电动机

发出的数字信号控制液压缸的速度和位移。通常这类液压缸由步进电动机和液压力放大器两部分组成。为了选择速比和增大传动转矩,二者之间有时设置减速齿轮。

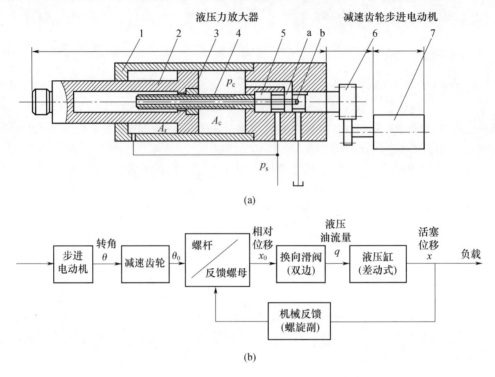

图 3-19 数字控制电液步进液压缸工作原理图
1—液压缸体;2—活塞;3—反馈螺母;4—螺杆;5—三通阀阀芯;6—减速齿轮;7—步进电动机。

步进电动机是一种数/模(D/A)转换装置。可将输入的电脉冲信号转换为角位移量输出,即给步进电动机输入一个电脉冲,其输出轴转过一步距角(或脉冲当量)。由于步进电动机功率较小,因此必须通过液压力放大器进行功率放大后再去驱动负载。

液压力放大器是一个直接位置反馈式液压伺服机构,它由控制阀、活塞缸、螺杆和反馈螺母组成。图 3-19(a)中电液步进液压缸为单出杆差动连接液压缸,可采用三通双边滑阀 5 来控制。压力油 p_s 直接引入有杆腔,活塞腔内压力 p_c 受阀心 5 的棱边所控制,若差动液压缸两腔的面积比 $A_r : A_c = 1 : 2$,空载稳态时,$p_c = \dfrac{p_s}{2}$,活塞 2 处于平衡状态,阀口 a 处于某个稳定状态。在指令输入脉冲作用下,步进电动机带动阀心 5 旋转,活塞及反馈螺母 3 尚未动作,螺杆 4 对螺母 3 作相对运动,阀心 5 右移,阀口 a 开大,$p_c > \dfrac{p_s}{2}$,于是活塞 2 向左运动,活塞杆外伸,与此同时,同活塞 2 联成一体的反馈螺母 3 带动阀心 5 左移,实现了直接位置负反馈,使阀口 a 关小,开口量及 p_c 值又恢复到初始状态。如果输入连续的脉冲,则步进电动机连续旋转,活塞杆便随着外伸;反之,输入反转脉冲时,步进电动机反转,活塞杆内缩。

活塞杆外伸运动时,棱边 a 为工作边,活塞杆内缩时,棱边 b 为工作边。如果活塞杆上存在外负载,稳态平衡时,$p_c \neq \dfrac{p_s}{2}$。通过螺杆螺母之间的间隙泄漏到空心活塞杆腔内的油液,可经螺杆4的中心孔引至回油腔。

思考题和习题

3-1 液压马达与液压泵结构上有何异同?

3-2 液压马达的排量为 $160 \times 10^{-6} \mathrm{m^3/rad}$,进口压力为 10MPa,出口压力为 0.5 MPa,容积效率为 0.95,机械效率为 0.9,当输入流量为 $1.2 \times 10^{-3} \mathrm{m^3/s}$ 时,求:(1) 马达的输出转矩 T_m;(2) 马达的输出转速 n_m;(3) 马达的输出功率 P_{om};(4) 马达的输入功率 P_{im}。

3-3 液压泵和液压马达组成系统,已知泵的转速 25rad/s,机械效率 0.88,容积效率 0.9;马达排量 $100 \times 10^{-6} \mathrm{m^3/r}$,机械效率 0.9,容积效率 0.92,工作中输出转矩 80 N·m,转速为 2.67rad/s,管路损失不计,求:(1) 变量泵的排量 V_p;(2) 变量泵工作压力 p_p;(3) 泵的驱动功率 P_{ip}。

3-4 液压缸在液压系统中的作用是什么?液压缸是怎么分类的?

3-5 液压缸为什么要设置缓冲装置?常见的缓冲装置有哪几种形式?

3-6 液压缸为什么要设置排气装置?如何确定排气装置的位置?

3-7 液压缸设计中应注意哪些问题?

3-8 数字液压缸的组成和工作原理是什么?

3-9 如图 3-20(a)所示一单杆活塞缸,无杆腔的有效工作面积为 A_1,有杆腔的有效工作面积为 A_2,且 $A_1 = 2A_2$。当供油流量 $q = 100 \mathrm{L/min}$ 时,回油流量是多少?若液压缸差动连接,如图 3-20(b)所示,其他条件不变,则进入液压缸无杆腔的流量为多少?

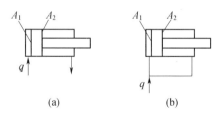

图 3-20 题 3-9 图

3-10 一单杆液压缸快进向前运动时采用差动连接,退回时,压力油输入液压缸有杆腔。假如活塞往复运动的速度都是 0.1m/s,退回时负载为 25000N,输入流量 $q = 25$ L/min,背压 $p_2 = 0.2 \mathrm{MPa}$,求:(1) 活塞和活塞杆的直径;(2) 如果缸筒材料的许用应力 $\sigma_s = 5 \times 10^7 \mathrm{N/m^2}$,试计算缸筒的壁厚。

3-11 如图 3-21 所示,两个液压缸串联,其无杆腔面积和有杆腔面积分别为 $A_1 = 100 \mathrm{cm^2}$,$A_2 = 80 \mathrm{cm^2}$,输入的压力为 $p_1 = 1.8 \mathrm{MPa}$,流量为 $q = 16 \mathrm{L/min}$,所有损失不计,试

求:(1) 当缸的负载相等时,可能承担的最大负载 F 是多少？(2) 若两缸负载不相等,缸Ⅱ能承担的最大负载将比(1)条件下承担的负载大多少？(3) 两缸的活塞运动速度各为多少？

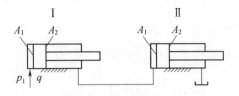

图3-21　题3-11图

3-12　如图3-22所示的并联油缸,外负载 $F_1 = F_2 = 10^4 \text{N}$,两缸无杆腔面积分别为 $A_1 = 25 \text{ cm}^2$, $A_2 = 50 \text{cm}^2$,当泵的供油流量 $q = 30\text{L/min}$,溢流阀调定压力 $p_s = 4.5 \text{ MPa}$ 时,试分析:(1) Ⅰ、Ⅱ两缸的动作顺序及运动速度各为多少？(2) 油泵的最大输出功率为多少？

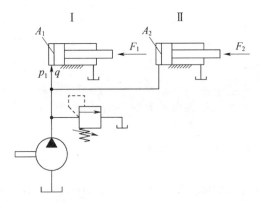

图3-22　题3-12图

第4章 液压控制元件

4.1 概 述

在液压系统中,执行元件(如液压缸、液压马达)在工作时会经常地启动、制动、换向、改变运动速度以及适应外负载的变化。液压阀就是控制或调节液压系统中油液流动方向、压力和流量的元件。因此,液压阀性能的优劣、工作是否可靠对整个液压系统能否正常工作将产生直接影响。

各类液压控制阀虽然形式不同,控制的功能各有所异,但都具有共性。首先,在结构上,所有的阀都由阀体、阀芯和驱使阀芯运动的元部件(如弹簧、电磁铁)等组成;其次,在工作原理上,所有阀的阀口大小,阀进、出油口之间的压差,以及通过阀口的流量之间的关系都符合孔口流量公式($q = KA\Delta p^m$),只是各种阀控制的参数各不相同而已。如压力阀控制的是压力,流量阀控制的是流量等。

1. 液压阀分类

液压阀的分类方法很多,以至于同一种阀在不同的场合,具有不同的名称,下面介绍几种不同的分类方法。

(1) 按用途分:压力控制阀、流量控制阀、方向控制阀。
(2) 按操纵方式分:人力操纵阀、机械操纵阀、电动操纵阀。
(3) 按连接方式分:管式连接、板式及叠加式连接、插装式连接。
(4) 按结构分:滑阀、座阀、射流管阀。
(5) 按控制信号方式分:电液比例阀、伺服阀、数字控制阀。
(6) 按输出参量可调节性分:开关控制阀、输出参量可调节的阀。

2. 液压系统对液压阀的基本要求

(1) 工作可靠、动作灵敏、冲击振动小、噪声低,工作寿命长。
(2) 液体通过液压阀时压力损失小、密封性好、内泄漏少、无外泄漏。
(3) 所控制的参量(压力或流量)稳定,受外界干扰时变化小。
(4) 结构紧凑,安装、调整、维护、使用方便,通用性好。

4.2 方向控制阀

在液压系统中,控制油路通断或改变液体流动方向的阀称为方向控制阀。方向控制阀的工作原理是利用阀芯和阀体相对位置的改变,实现油路与油路间的接通或断开,以满足系统对油液流向的控制要求。方向控制阀主要分为单向阀和换向阀两类。

4.2.1 单向阀

单向阀分为普通单向阀和液控单向阀。单向阀的作用是控制油液的单向流动。对单向阀的性能要求是正向流动阻力损失小,反向时密封性好,动作灵敏。

1. 普通单向阀

图 4-1(a)所示为一种管式普通单向阀的结构,压力油从阀体左端的油口流入时克服弹簧 3 作用在阀芯上的力,使阀芯向右移动,打开阀口,并通过阀芯上的径向孔 a、轴向孔 b 从阀体右端的油口流出;当压力油从阀体右端的油口流入时,液压力和弹簧力一起使阀芯压紧在阀座上,使阀口关闭,油液无法通过,单向阀反向截止,其图形符号如图 4-1(b)所示。

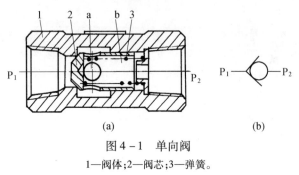

图 4-1 单向阀
1—阀体;2—阀芯;3—弹簧。

单向阀中的弹簧主要用来克服阀芯的摩擦阻力和惯性力,使阀芯反向关闭,弹簧刚度一般都选得比较小,以保证单向阀工作灵敏、可靠,同时使油液流动时不产生较大的压力降,其开启压力一般为 0.035~0.1MPa。若将弹簧换成较大刚度的弹簧,则可将其作为背压阀用,此时阀的开启压力为 0.2~0.6MPa。

2. 液控单向阀

图 4-2(a)所示为一种液控单向阀的结构,当控制口 K 处无压力油通入时,它的工作和普通单向阀一样,压力油只能从进油口 P_1 流向出油口 P_2,不能反向流动。当控制口 K 处有压力油通入时,控制活塞 1 右腔通泄油口(图中未画出),在液压力作用下活塞向右移动,推动顶杆 2 顶开阀芯 3,使油口 P_1 和 P_2 接通,油液就可以从 P_2 口流向 P_1 口。图 4-2(b)所示为其图形符号。

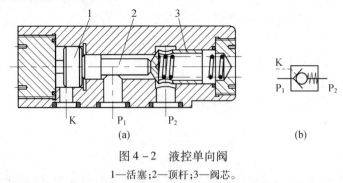

图 4-2 液控单向阀
1—活塞;2—顶杆;3—阀芯。

液控单向阀具有良好的单向密封性,常用于执行元件需要长时间保压、锁紧的情况下,这种阀也称为液压锁。

4.2.2 换向阀

换向阀是利用阀芯在阀体中运动,控制油路接通、断开或改变液流方向,从而实现液压执行元件的启动、停止或变换运动方向。

液压传动系统对换向阀性能的主要要求是：油液流经换向阀时压力损失小，互不相通的油口之间的泄漏要小，换向要平稳、迅速、可靠，没有冲击、噪声。

换向阀的用途十分广泛，种类也很多，其分类如表4-1所列。

表4-1 换向阀的分类

分类方式	类型
按阀的操纵方式	手动、机动、电动、液动、电液动
按阀的工作位置数和通路数	二位二通、二位三通、三位四通、三位五通等
按阀的结构形式	滑阀式、转阀式、锥阀式
按阀的安装方式	管式、板式、法兰式等

由于滑阀式换向阀数量多、应用广泛，具有代表性。下面以滑阀式换向阀为例说明换向阀的工作原理、图形符号、机能特点和操作方式等。

1. 换向阀的工作原理

图4-3所示为滑阀式换向阀的工作原理。滑阀阀芯是一个具有多个环形槽的圆柱体（图示阀芯有3个台肩），而阀体孔内有若干个切割槽（图示阀体为5槽）。每条切割槽都通过相应的孔道与外部相通，其中P为进油口，T为回油口，而A和B则为工作油口。当阀芯处于图4-3(a)位置时，P与B相通、A与T相通，液压缸活塞向左运动；当阀芯向右移至图4-3(b)位置时，P与A相通、B与T相通，液压缸活塞向右运动。图中右侧用简化了的图形符号清晰地表明了以上所述的通断情况。

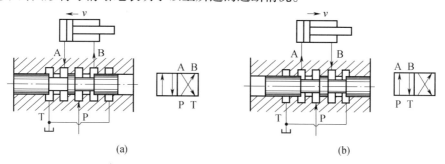

图4-3 换向阀换向原理

表4-2所列为几种常用的滑阀式换向阀的结构原理图及其图形符号。图形符号表示的含义为：

(1) 用方框表示阀的工作位置，方框数即"位"数。

(2) 箭头表示两油口连通，并不表示流向；"⊥"或"⊤"表示此油口不通流。

(3) 在一个方框内，箭头或"⊥"符号与方框的交点数为油口的通路数，即"通"数。

(4) P表示压力油的进口，T表示与油箱连通的回油口，A和B表示连接其他工作油路的油口。

(5) 三位阀的中位及二位阀侧面画有弹簧的那一方框为常态位。在液压原理图中，换向阀的油路连接一般应画在常态位上。二位二通阀有常开型（常态位置两油口连通）和常闭型（常态位置两油口不连通）。

一个换向阀完整的图形符号还应表示出操纵方式、复位方式和定位方式等。

表 4-2　换向阀结构原理图及其图形符号

名称	结构原理图	图形符号
二位二通	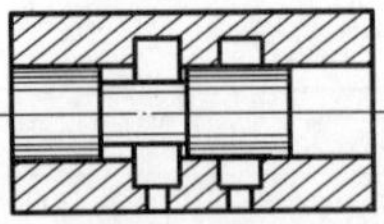	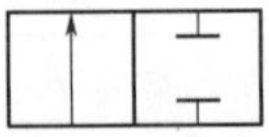
二位三通	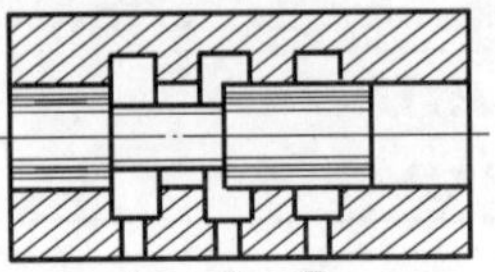	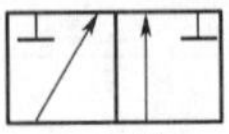
二位四通	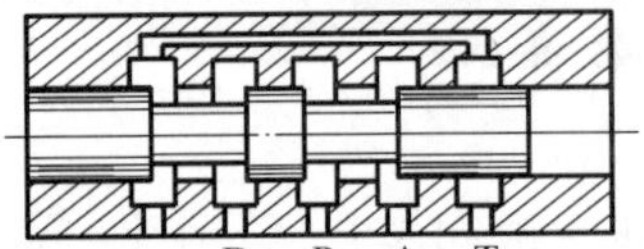	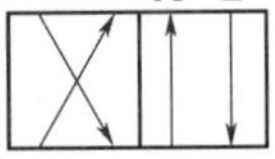
三位四通	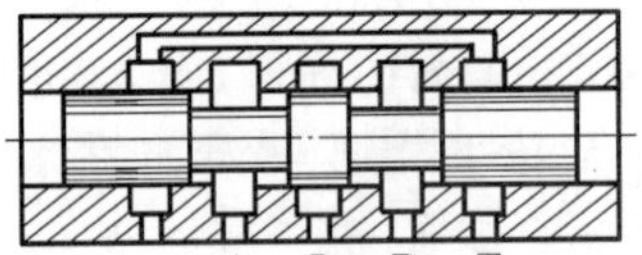	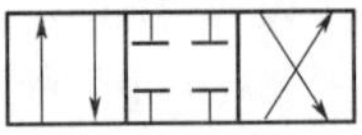

换向阀的操纵方式有手动换向、机动(行程)换向、电磁换向、液动换向、电液换向等。换向阀的操纵方式符号如图 4-4 所示,不同的操作方式与图 4-3 所示的换向阀的位和通路符号组合就可以得到不同的换向阀,如二位三通电磁换向阀、三位四通液动换向阀等。

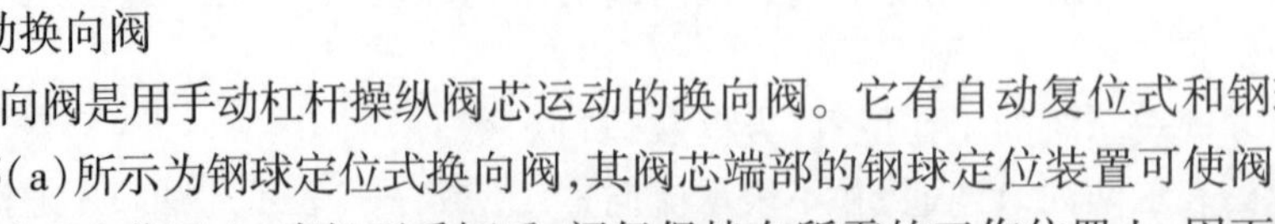

手动　　踏板　　电磁　　弹簧　　电液　　液控

图 4-4　换向阀的操纵方式符号

2. 换向阀的结构

1) 手动换向阀

手动换向阀是用手动杠杆操纵阀芯运动的换向阀。它有自动复位式和钢球定位式两种。图 4-5(a)所示为钢球定位式换向阀,其阀芯端部的钢球定位装置可使阀芯分别停止在左、中、右这 3 个位置上,当松开手柄后,阀仍保持在所需的工作位置上,因而可用于工作持续时间较长的场合。图 4-5(b)所示为自动复位式换向阀,可用手操作使换向阀左位或右位工作,但当操纵力取消后,阀芯便在弹簧力作用下自动恢复至中位停止工作,因而适用于换向动作频繁,工作持续时间短的场合。常用于工程机械的液压传动系统中。

2) 机动换向阀

机动换向阀又称行程换向阀,它主要用来控制机械运动部件的行程,它依靠安装在运动部件上的挡块或凸轮来推动阀芯移动,从而控制油液的流动方向实现换向。机动换向阀通常为二位的,有二通、三通、四通和五通等,其中二位二通机动换向阀按其常态分为常闭和常开两种。

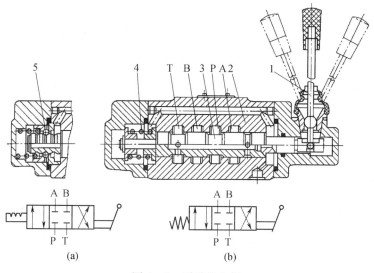

图 4-5 手动换向阀
1—手柄;2—阀体;3—阀芯;4—弹簧;5—钢球。

图 4-6(a)所示为二位二通机动换向阀。在图示位置(常态位),阀芯 3 在弹簧 4 作用下处于左位,油腔 P 与 A 不相通;当运动部件上的挡铁 1 压住滚轮 2 使阀芯移至右位时,油腔 P 与 A 相通。

机动换向阀具有结构简单、换向时阀口逐渐关闭或打开的特点,故换向平稳、可靠、位置精度高。但它必须安装在运动部件附近,一般油管较长。常用于控制运动部件的行程,或快、慢速度的转换。图 4-6(b)所示为二位二通机动换向阀的图形符号。

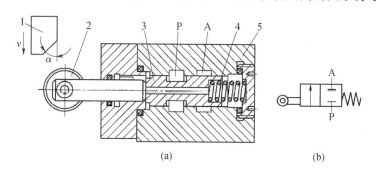

图 4-6 机动换向阀
1—挡铁;2—滚轮;3—阀芯;4—弹簧;5—阀体。

3）电磁换向阀

电磁换向阀是利用电磁铁吸力推动阀芯来控制油液的流动方向的,它是电气系统和液压系统之间的信号转换元件,其电气信号由液压设备中的按钮开关、限位开关、行程开关的电气元件发出,进而可以使液压系统方便地实现各种操作及自动顺序动作。电磁换向阀包括换向滑阀和电磁铁两部分。

电磁铁按使用电源不同可分为交流电磁铁和直流电磁铁两种。交流电磁铁使用电压为220V或380V,直流电磁铁使用电压为24V。交流电磁铁的优点是电源简单方便,电磁吸力大,换向迅速,动作时间约为 $0.01\sim0.03s$;缺点是冲击及噪声较大,起动电流大,寿命低,在实际使用中交流电磁铁允许的切换频率一般为10次/min,不得超过30次/min。在阀芯被卡住时易烧毁电磁铁线圈。直流电磁铁具有工作可靠,换向冲击小,噪声小,体积小,寿命长的特点,其动作时间约为 $0.05\sim0.08s$,一般切换频率为120次/min,最高可达300次/min,但需要有专门的直流电源,成本较高。

电磁铁按衔铁是否浸在油里,又分为干式和湿式两种。干式电磁铁不允许油液进入电磁铁内部,因此推动阀芯的推杆处要有可靠的密封。湿式电磁铁可以浸在油液中工作,所以电磁阀的相对运动件之间就不需要密封装置,这就减小了阀芯运动的阻力,提高了滑阀换向的可靠性。湿式电磁铁性能好,但价格较高。

图4-7(a)所示为二位三通电磁换向阀,采用干式交流电磁铁。图示位置为电磁铁不通电状态,即常态位,此时P与A相通,B封闭;当电磁铁通电时,推杆1右移,通过推杆使阀芯2推压弹簧3,并移至右端,P与B接通,而A封闭。图4-7(b)所示为二位三通电磁换向阀的图形符号。

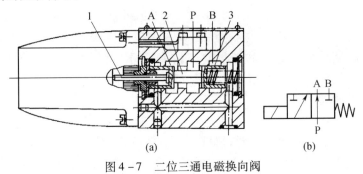

图4-7 二位三通电磁换向阀
1—推杆;2—阀芯;3—弹簧。

图4-8(a)所示为三位四通电磁换向阀,采用湿式直流电磁铁。阀两端对中弹簧使阀芯在常态时(两端电磁铁均断电时)处于中位,P、A、B、T互不相通;当右端电磁铁通电时,右衔铁通过推杆将阀芯推至左端,控制油口P与A通,B与T通;当左端电磁铁通电时,其阀芯移至右端,油口P与B通、A与T通。图4-8(b)所示为三位四通电磁换向阀的图形符号。

电磁阀操纵方便,布置灵活,易于实现动作转换的自动化。但因电磁铁吸力有限,所以电磁阀只适用于流量不大的场合。

4) 液动换向阀

液动换向阀是利用控制油路的压力油推动阀芯的移动来实现换向的换向阀,因此它可以制造成流量较大的换向阀。

图4-9(a)所示为三位四通液动换向阀。当其两端控制油口 K_1 和 K_2 均不通入压力油时,阀芯在两端弹簧的作用下处于中位;当 K_1 进压力油,K_2 接油箱时,阀芯移至右端,P与A通,B与T通;反之,K_2 进压力油,K_1 接油箱时,阀芯移至左端,P与B通,A与T通。图4-9(b)所示为三位四通液动换向阀的图形符号。

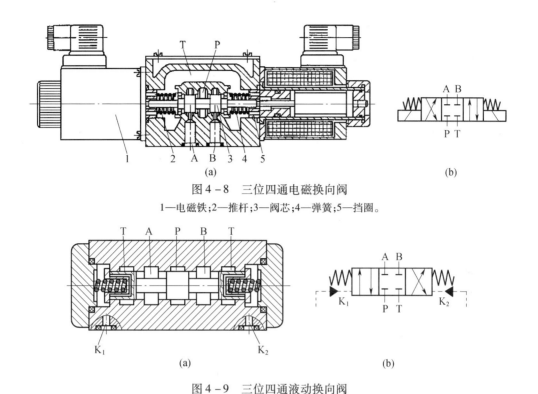

图4－8 三位四通电磁换向阀
1—电磁铁；2—推杆；3—阀芯；4—弹簧；5—挡圈。

图4－9 三位四通液动换向阀

液动换向阀具有结构简单、动作可靠、平稳的特点，由于液压驱动力大，故可用于流量大的液压系统中，但它不如电磁换向阀控制方便。

5）电液换向阀

当通过阀的流量较大时，作用在滑阀上的摩擦力和液动力较大，此时电磁换向阀的电磁铁推力相对比较小，需要采用电液换向阀代替电磁换向阀，电液换向阀是由电磁换向阀和液动换向阀组成的复合阀。电磁换向阀为先导阀，用以改变控制油路的方向；液动换向阀为主阀，用以改变主油路的方向。这种阀综合了电磁阀和液动阀的优点，由于操纵液动换向阀的液压推力可以很大，所以液动阀的主阀芯的尺寸可以做得很大，允许较大流量的油液通过，因此，用较小电磁铁就能控制大流量。

图4－10所示为三位四通电液换向阀的结构、图形符号和简化符号。当先导阀的电磁铁都断电时，电磁阀芯在两端弹簧力作用下处于中位，控制油口关闭。这时主阀芯两侧的油经两个小节流阀及电磁换向阀的通路与油箱相通，因而主阀芯也在两端弹簧的作用下处于中位。在主油路中P、A、B、T互不相通。当左端电磁铁通电时，电磁阀芯移至右端，电磁阀左位工作，控制压力油经过左端单向阀进入主阀芯左端油腔，而回油经主阀芯右端油腔经右端节流阀回油箱。于是，主阀芯在左端液压推力的作用下移至右端，即主阀左位工作，主油路P与A通，B与T通。同理，当右端电磁铁通电时，电磁阀处于右位，控制主阀芯右位工作，主油路P与B通，A与T通。液动换向阀的换向速度可由两端节流阀调整，因而可使换向平稳，无冲击。

3. 换向阀的性能和特点

滑阀式换向阀处于中间位置或原始位置时，各油口的连通方式称为换向阀的滑阀机

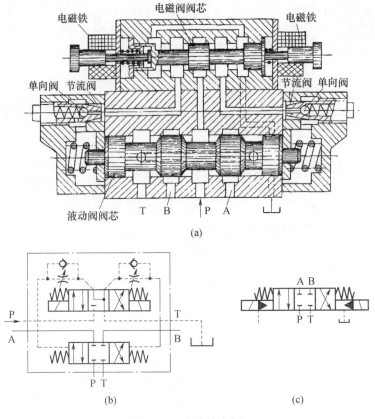

图 4-10 电液换向阀

能（又称中位机能）。

1) 中位机能

表 4-3 所列为常用三位四通和三位五通换向阀在中位时的结构简图、图形符号。其常用的有"O"型、"H"型、"P"型、"K"型、"M"型等。

表 4-3 三位换向阀的滑阀机能

中位机能型式	中间位置时的滑阀状态	中间位置的符号	
		三位四通	三位五通
O	T(T₁) A P B T(T₂)	A B / P T	A B / T₁ P T₂
H	T(T₁) A P B T(T₂)	A B / P T	A B / T₁ P T₂
Y	T(T₁) A P B T(T₂)	A B / P T	A B / T₁ P T₂

(续)

中位机能型式	中间位置时的滑阀状态	中间位置的符号	
		三位四通	三位五通
J	T(T₁) A P B T(T₂)	A B / P T	A B / T₁ P T₂
C	T(T₁) A P B T(T₂)	A B / P T	A B / T₁ P T₂
P	T(T₁) A P B T(T₂)	A B / P T	A B / T₁ P T₂
K	T(T₁) A P B T(T₂)	A B / P T	A B / T₁ P T₂
X	T(T₁) A P B T(T₂)	A B / P T	A B / T₁ P T₂
M	T(T₁) A P B T(T₂)	A B / P T	A B / T₁ P T₂
U	T(T₁) A P B T(T₂)	A B / P T	A B / T₁ P T₂

常用的中位机能简介：

O 型：各油口全部封闭，液压缸被锁紧，液压泵不卸荷，并联的其他缸可运动。

H 型：各油口全部连通，液压缸浮动，液压泵卸荷，其他缸不能并联使用。

Y 型：液压缸两腔通油箱，液压缸浮动，液压泵不卸荷，并联缸可运动。

P 型：压力油口与液压缸两腔连通，回油口封闭，液压泵不卸荷，并联缸可运动，单杆活塞缸实现差动连接。

M 型：液压缸两腔封闭，液压缸被锁紧，液压泵卸荷，其他缸不能并联使用。

分析和选择三位换向阀的中位机能时，通常考虑：

(1) 系统保压。P 口堵塞时，系统保压，液压泵用于多缸系统。

(2) 系统卸荷。P 口通畅地与 T 口相通，系统卸荷。(H、K、X、M 型)

(3) 换向平稳与精度。A、B 两口堵塞,换向过程中易产生冲击,换向不平稳,但精度高;A、B 口都通 T 口,换向平稳,但精度低。

(4) 启动平稳性。阀在中位时,液压缸某腔通油箱,启动时无足够的油液起缓冲,启动不平稳。

(5) 液压缸浮动和在任意位置上停止。

2) 滑阀的液动力

由流体的动量定律可知,油液通过换向阀时,作用在阀芯上的液动力有稳态液动力和瞬态液动力两种。滑阀上的稳态液动力是在阀芯运动结束,开口固定之后,流体流过阀口时因动量变化而作用在阀芯上的使阀口有关小趋势的力,其值与通过阀的流量大小有关,流量越大,液动力也越大,因而使换向阀切换的操纵力也应越大。由于在滑阀式换向阀中稳态液动力相当于一个回复力,故它对滑阀性能的影响是使滑阀的工作趋于稳定。滑阀上的瞬态液动力是滑阀在移动过程中(即开口大小发生变化时),阀腔流体因加速或减速而作用在阀芯上的力,这个力与阀芯的运动速度有关(即与阀口开度的变化率有关),而与阀口开度本身无关,且瞬态液动力对滑阀工作稳定性的影响要视具体结构而定,在此不作详细分析。

3) 滑阀的液压卡紧现象

滑阀的阀孔和阀芯之间有很小的间隙,当间隙均匀且间隙中有油液时,移动阀芯所需的力只须克服黏性摩擦力,数值是相当小的。但在实际应用中,特别是在中、高压系统中,当阀芯停止运动一段时间后(一般约 5 min 以后),这个阻力可以达到几百牛顿,使阀芯重新移动十分费力,这就是所谓的液压卡紧现象。

引起液压卡紧的原因,有的是由于脏物进入间隙而使阀芯移动困难,有的是由于间隙过小,油温升高时造成阀芯膨胀而卡死,但是主要原因是来自滑阀副几何形状误差和同心度变化所引起的径向不平衡液压力。如图 4-11(a)所示,当阀芯和阀体孔之间无几何形状误差且轴心线平行但不重合时,阀芯周围间隙内的压力分布是线性的(图中 A_1 和 A_2 线所示),且各向相等,阀芯上不会出现不平衡的径向力;当阀芯因加工误差而带有倒锥(锥部大端朝向高压腔)且轴心线平行而不重合时,阀芯周围间隙内的压力分布如图 4-11(b)中曲线 A_1 和 A_2 所示,这时阀芯将受到径向不平衡力(图中阴影部分)的作用而使偏心距越来越大,直到二者表面接触为止,这时径向不平衡液压力达到最大值。但是,如阀芯带有顺锥(锥部大端朝向低压腔)时,产生的径向不平衡力将使阀芯和阀孔间的偏心距减小;图 4-11(c)所示为阀芯表面有局部凸起相当于阀芯碰伤,残留毛刺或间隙中楔入脏物时,阀芯受到的径向不平衡力将使阀芯的凸起部分推向孔壁。

当阀芯受到径向不平衡力作用而和阀孔相接触后,间隙中存留液体被挤出,阀芯和阀孔间的摩擦变成半干摩擦乃至干摩擦,因而使阀芯重新移动时所需的力增大了许多。

滑阀的液压卡紧现象不仅存在换向阀中,其他的液压阀也普遍存在,在高压系统中更为突出,特别是滑阀的停留时间越长,液压卡紧力越大,可导致移动滑阀的推力(如电磁铁推力)不能克服卡紧阻力,使滑阀不能复位。

为了减小径向不平衡力,应严格控制阀芯和阀孔的制造精度,在装配时,尽可能使其成为顺锥形式,另一方面在阀芯上开环形均压槽,也可以大大减小径向不平衡力,如图 4-12 所示,一般环形均压槽的尺寸是:宽 0.3~0.5mm,深 0.5~0.8mm,槽距 1~5mm。

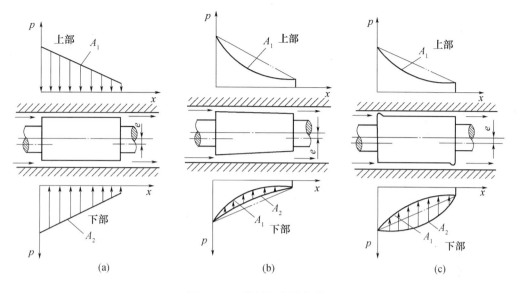

图 4-11 滑阀上的径向力

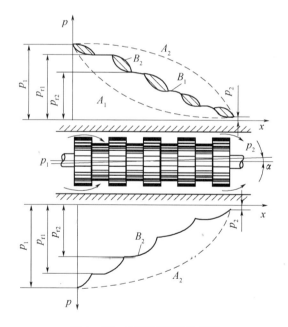

图 4-12 滑阀环形槽的作用

4.3 压力控制阀

在液压传动系统中,控制油液压力高低的液压阀称为压力控制阀,简称压力阀。这类阀的共同点是利用作用在阀芯上的液压力和弹簧力相平衡的原理工作。按其功能和用途不同分为溢流阀、减压阀、顺序阀和压力继电器等。

4.3.1 溢流阀

当液压执行元件不工作时,由于泵还在工作,排出的油液无处可去,因而系统压力将一直增大,直到液压元件破裂为止,此时电动机为维持定转速运转,输出电流将无限增大至电动机烧毁。前者使液压系统损坏,后者会引起火灾,因此要绝对避免,防止方法就是在系统中加入溢流阀。溢流阀在液压系统中的功用主要有两个方面:一是起溢流稳压作用,保持液压系统的压力恒定;二是起限压保护作用,防止液压系统过载。溢流阀通常接在液压泵出口处的油路上。

1. 溢流阀的作用和性能要求

1) 溢流阀的作用

(1) 在液压系统中用来维持定压是溢流阀的主要用途。它常用于定量泵节流调速系统中,溢流阀和流量控制阀配合使用,调节进入执行元件的流量,多余的压力油可经溢流阀流回油箱,并保持系统的压力基本恒定,如图4-13(a)所示。

(2) 图4-13(b)所示为变量泵液压系统,在正常工作状态下,溢流阀是关闭的,只有在系统压力大于其调整压力时,溢流阀才被打开溢流,对系统起过载保护作用。用于过载保护的溢流阀一般称为安全阀。

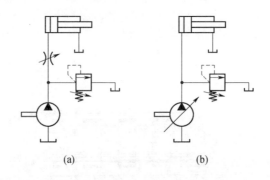

图4-13 溢流阀的作用

2) 液压系统对溢流阀的性能要求

(1) 定压精度高 当流过溢流阀的流量发生变化时,系统中的压力变化要小,即静态压力超调要小。

(2) 灵敏度高 如图4-13(a)所示,当液压缸突然停止运动时,溢流阀要迅速开大。否则,定量泵输出的油液将因不能及时排出而使系统压力突然升高,并超过溢流阀的调定压力,使系统中各元件超压,影响其寿命。溢流阀的灵敏度越高,动态压力超调越小。

(3) 工作平稳且无振动和噪声。

(4) 当阀关闭时密封要好,泄漏要小。

对于经常开启的溢流阀,主要要求前三项性能,而对于安全阀,则主要要求(2)和(4)两项性能。实际上,溢流阀和安全阀都是同一结构的阀,只不过是在不同要求时有不同的作用而已。

常用的溢流阀按其结构形式和基本动作方式可归结为直动式和先导式两种。

1) 直动式溢流阀

直动式溢流阀是依靠系统中的压力油直接作用在阀芯上与弹簧力相平衡,以控制阀芯的启闭动作的溢流阀。图4-14(a)所示为直动式溢流阀的结构。由图可知,P为进油口,T为回油口。进油口P的压力油经阀芯7上的阻尼孔g通入阀芯底部,阀芯的下端面便受到压力为p的油液的作用,作用面积为A,压力油作用于该端面上的力为pA,调压弹簧3作用在阀芯上的预紧力为F_s。当进油压力较小,即$pA < F_s$时,阀芯处于下端(图示)位置,关闭回油口T,P与T不通,不溢流,即为常闭状态。随着进油压力升高,当$pA > F_s$时,阀芯上移,弹簧被压缩,打开回油口T,P与T接通,溢流阀开始溢流。

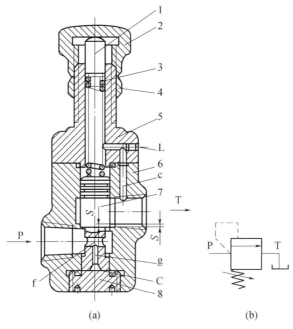

图4-14 直动式溢流阀

1—调压杆;2—调节螺母;3—调压弹簧;4—锁紧螺母;
5—上盖;6—阀体;7—阀芯;8—螺塞。

当溢流阀稳定工作时,若不考虑阀芯的自重、摩擦力和液动力的影响,则溢流阀进口压力为

$$p = \frac{F_s}{A} \quad (4-1)$$

由于F_s变化不大,故可以认为溢流阀进口处的压力p基本保持恒定,这时溢流阀起定压溢流作用。

调节螺母2可以改变弹簧的预压缩量,从而调定溢流阀的工作压力p。通道e使弹簧腔与回油口沟通,以排掉泄入弹簧腔的油液,此泄油方式为内泄式。阀芯上阻尼孔g的作用是减小油压的脉动,提高阀工作的平稳性。图4-14(b)所示为直动式溢流阀的图形符号。

直动式溢流阀结构简单、制造容易、成本低,但油液压力直接靠弹簧平衡,所以压力稳定性较差,动作时有振动和噪声。此外,系统压力较高时,要求弹簧刚度大,使阀的开

启性能变坏。所以直动式溢流阀只用于低压液压系统，或作为先导阀使用，其最大调整压力为 2.5MPa。

直动式溢流阀采取适当的措施也可以用于高压大流量的场合。例如，德国 Rexroth 公司开发的通径 6～20mm 的直动溢流阀压力为 40～63MPa，通径 25～30mm 的直动溢流阀压力为 31.5MPa，最大的流量可以达到 330L/min，其中典型的锥阀式结构如图 4-15 所示。

2) 先导式溢流阀

先导式溢流阀由先导阀和主阀两部分组成。先导阀实际上是一个小流量的直动式溢流阀，阀芯是锥阀，用来调定压力；主阀用来实现溢流。先导式溢流阀有多种结构，常见的结构形式有三节同心式和二节同心式。图 4-16(a) 为先导式溢流阀的图形符号。

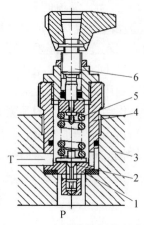

图 4-15 直动式锥阀芯溢流阀
1—阀座；2—锥阀芯；3—阀体；
4—套筒；5—弹簧；6—调节杆。

图 4-16(b) 所示是 YF 型三节同心结构先导式溢流阀，主阀芯 5 分别与阀盖 3、阀体 4 和主阀座 6 有三处同心配合要求。当溢流阀主阀进

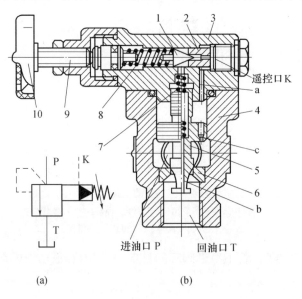

图 4-16 YF 型先导式溢流阀
1—先导阀芯；2—先导阀座；3—阀盖；4—阀体；5—主阀芯；
6—主阀座；7—主阀弹簧；8—调压弹簧；9—调节螺钉；10—调节手轮。

油口通压力油(压力为 p)时，压力油作用在主阀芯下腔，作用面积为 A，同时，压力油经过主阀芯上的阻尼孔 c 至主阀芯上腔，作用面积为 A_1，压力油继续经阀盖上流道 a 进入先导锥阀芯右端，对先导阀芯施加一个液压力 F_x，若液压力 F_x 小于弹簧 8 的弹簧力时，先导阀关闭，阻尼孔 c 中无油液流过，主阀芯上下两腔压力相等。因上腔作用面积 A_1 稍大于下腔作用面积 A($A_1/A=1.03～1.05$)，因此作用于主阀芯上下腔的压力差与弹簧力共同作用将主阀芯压紧在主阀座 6 上，主阀阀口关闭。当进油压力增大到使先导阀打开时,液流通过主阀芯上的阻尼孔 c、流道 a、锥阀阀口、主阀芯中心泄油口 b 流回油箱。由于液流通过阻尼孔 c 时,产生压力损失,使主阀上腔压力 p_1 小于下腔压力 p,压差产生的向上的液压力大于主阀弹簧力时,推动主阀上移,主阀阀口开启,实现溢流,并维持压力基本稳定。调节先导阀调压弹簧 8,便可调节溢流压力。

当先导阀芯重力、摩擦力和液动力忽略不计时,因先导阀的流量极小,仅为主阀流量的 1% 左右,先导阀的开口量 x_s 也很小,因此有

$$p_1 \approx k_s x_{s0}/A_s \tag{4-2}$$

式中:A_s 为先导阀芯的有效承压面积(m^2);k_s 为先导阀调压弹簧刚度(N/m);x_{s0} 为先导阀弹簧预压缩量(m)。

由式(4-2)可以看出,只要在设计时保证 $x_s \ll x_{s0}$,即可使 p_1 = 常数。因此,先导级可以对主阀的压力 p_1 进行调压和稳压。

在主阀中,当主阀芯重力、摩擦力和液动力忽略不计时,主阀芯在稳定状态下的力平衡方程为

$$pA - p_1 A_1 = kx \tag{4-3}$$

式中:k 为主阀弹簧刚度(N/m);x 为主阀弹簧压缩量(m)。

因主阀弹簧只起主阀芯复位的作用,因此弹簧极软,弹簧力基本为零,故有 $p = p_1 \dfrac{A_1}{A}$,代入式(4-2),得

$$p = k_s \frac{x_{s0}}{A_s} \frac{A_1}{A} = 常数 \tag{4-4}$$

由式(4-4)可以看出,只要在设计时保证主阀弹簧很软,且主阀芯的承压面积较大,摩擦力和液动力相对于液压驱动力可以忽略不计,即可使系统压力为常数。先导式溢流阀在溢流量发生大幅度变化时,压力只有很小的变化,即定压精度高。此外,由于先导阀的溢流量较小,因此先导阀阀座孔的面积和开口量及调压弹簧刚度都不必很大。所以,先导式溢流阀广泛用于高压、大流量的液压系统中。

先导式溢流阀有一个遥控口 K,如果将 K 口用油管接到另一个远程调压阀(远程调压阀的结构和溢流阀的先导控制部分一样),调节远程调压阀的弹簧力,即可调节溢流阀主阀芯上端的液压力,从而对溢流阀的溢流压力实现远程调压。但是,远程调压阀所能调节的最高压力不得超过溢流阀本身导阀的调整压力。当遥控口 K 通过二位二通阀接通油箱时,主阀芯上端的压力接近于零,主阀芯上移到最高位置,阀口开得很大。由于主阀弹簧较软,这时溢流阀 P 口处压力很低,系统的油液在低压下通过溢流阀流回油箱,实现系统卸荷。

图 4-17 所示为 DB 型先导式溢流阀,其主阀芯为带有圆柱面的锥阀。为使主阀关闭时有良好的密封性,要求主阀芯 1 的圆柱导向面和圆锥面与阀套 8 配合良好,两处的同心度要求较高,故称二节同心。主阀芯上没有阻尼孔,而将三个阻尼孔 a、b、c 分别设在阀体 7 和先导阀阀体 3 上。其工作原理与三节同心先导式溢流阀相同,只不过油液从主阀下腔到主阀上腔,需经过三个阻尼孔。阻尼孔 a 和 c 串联,相当于三节同心溢流阀主阀芯中的阻尼孔,其作用是使主阀下腔与先导阀前腔之间产生压力差,再通过阻尼孔 b

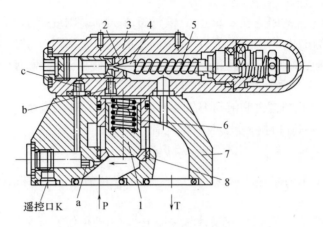

图 4-17 DB 型先导式溢流阀
1—主阀芯；2—先导阀座；3—先导阀体；4—先导阀芯；
5—调压弹簧；6—主阀弹簧；7—阀体；8—阀套。

作用于主阀上腔,从而控制主阀芯开启。阻尼孔 b 的主要作用是提高主阀芯的稳定性。

与三节同心结构相比,二节同心结构的特点是:①主阀芯仅与阀套有同心度要求,与先导阀无配合,故结构简单,加工和装配方便;②过流面积大,在相同流量的情况下,主阀开度小,或者在相同主阀开度情况下,其通流能力大,因此,体积小、质量轻;③主阀芯与阀套可以通用化,便于批量生产。

先导式溢流阀的先导阀部分结构尺寸较小,调压弹簧刚度不必很大,因此压力调整比较轻便。但因先导式溢流阀要在先导阀和主阀都动作后才能起控制作用,因此反应不如直动式溢流阀灵敏。

3) 电磁溢流阀

电磁溢流阀是小通径电磁换向阀与先导式溢流阀构成的复合阀,用于系统的多级压力控制或卸荷。为减小卸荷时的液压冲击,可在电磁阀和溢流阀之间加缓冲阀。

图 4-18 所示为电磁溢流阀的结构,它由先导式溢流阀与常闭型二位二通电磁换向阀组合而成。电磁换向阀的两个油口分别与主阀上腔(先导阀前腔)及主阀溢流口相连。当电磁铁断电时,电磁阀两油口断开,系统压力由先导溢流阀调定。当电磁铁通电换向时,主阀上腔与主阀溢流口相通,相当于先导溢流阀遥控口接油箱,溢流阀主阀阀口全开,系统卸荷。

电磁溢流阀除应具有溢流阀的基本性能外,还要满足以下要求:

(1) 建压时间短。

(2) 具有通电卸荷或断电卸荷功能。

(3) 卸荷时间短且无明显液压冲击。

3. 溢流阀的性能

溢流阀的性能包括溢流阀的静态性能和动态性能。

1) 静态性能

(1) 压力调节范围。压力调节范围是指调压弹簧在规定的范围内调节时,系统压力能平稳地上升或下降,而且压力无突跳及迟滞现象时的最大和最小调定压力。溢流阀的

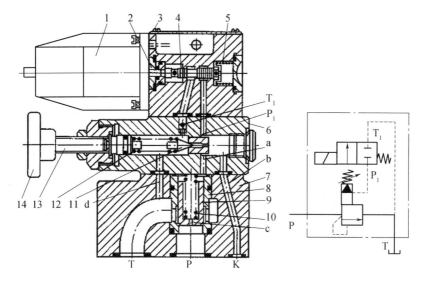

图 4-18 电磁溢流阀

1—电磁铁；2—推杆；3—电磁阀体；4—电磁阀芯；5—电磁阀弹簧；6—阀盖；7—阀体；
8—阀套；9—主阀芯；10—复位弹簧；11—先导阀芯；12—调压弹簧；13—调节螺钉；14—调节手轮。

最大允许流量为其额定流量,在额定流量下工作时溢流阀应无噪声、溢流阀的最小稳定流量取决于它的压力平稳性要求,一般规定为额定流量的 15%。

(2) 启闭特性。启闭特性是指溢流阀在稳态情况下从开启后到闭合的过程中,被控压力与通过溢流阀的溢流量之间的关系。它是衡量溢流阀定压精度的一个重要指标,一般用溢流阀处于额定流量、调定压力 p_s 时,开始溢流的开启压力 p_k 及停止溢流的闭合压力 p_b 分别与 p_s 的百分比来衡量,前者称为开启比 $\bar{p}_k$,后者称为闭合比 $\bar{p}_b$。

$$\bar{p}_k = \frac{p_k}{p_s} \times 100\% \qquad (4-5)$$

$$\bar{p}_b = \frac{p_b}{p_s} \times 100\% \qquad (4-6)$$

式中:p_s 可以是溢流阀调压范围内的任何一个值,显然上述两个比值越大,开启压力和闭合压力与调定压力越接近,溢流阀的启闭特性就越好, 一般应使 $\bar{p}_k \geq 90\%$,$\bar{p}_b \geq 85\%$,直动式和先导式溢流阀的启闭特性曲线如图 4-19 所示。

溢流阀的阀芯在移动过程中要受到摩擦力的作用,阀口开大和关小时的摩擦力方向刚好相反,使溢流阀开启时和闭合时的特性有所差异。

(3) 卸荷压力。当溢流阀的遥控口 K 与油箱相连时,额定流量下的压力损失称为卸荷压力。

2) 动态特性

当溢流阀在溢流量发生由零至额定流量的阶跃变化时,它的进口压力,也就是它所控制的系统压力,将会迅速升高并超过额定压力的调定值,然后逐步衰减到最终稳定压力,从而完成其动态过渡过程,如图 4-20 所示,t_1 称为响应时间;t_2 称为过渡过程时间。显然,t_1 越小,溢流阀的响应越快;t_2 越小,溢流阀的动态过渡过程时间越短。

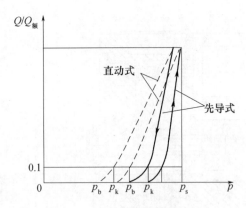

图 4-19 溢流阀的启闭特性

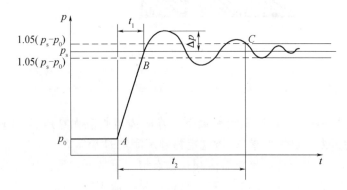

图 4-20 流量阶跃变化时溢流阀的进口压力响应特性曲线

定义最高瞬时压力峰值与额定压力调定值 p_s 的差值为压力超调量 Δp,则压力超调率为

$$\overline{\Delta p} = \frac{\Delta p}{p_s} \times 100\% \tag{4-7}$$

它是衡量溢流阀动态定压误差的一个性能标准,一个性能良好的溢流阀 $\overline{\Delta p} \leqslant 10\% \sim 30\%$。

4.3.2 减压阀

1. 减压阀的作用和分类

减压阀是使出口压力低于进口压力的一种压力控制阀。其作用是用来降低液压系统中某一回路的油液压力,使用一个油源能同时提供两个或几个不同压力的输出。减压阀在各种液压设备的夹紧系统、润滑系统和控制系统中应用较多。此外,当油压不稳定时,在回路中串入减压阀可得到稳定的较低的压力。根据减压阀所控制的压力不同,它可分为定值减压阀、定差减压阀、定比减压阀。减压阀根据结构和工作原理不同,分为直动式减压阀和先导式减压阀两类。

2. 减压阀的结构和工作原理

1) 定值减压阀

图 4-21(a)所示为直动式定值减压阀的结构原理图。压力为 p_1 的油液进入减压阀

经减压阀阀口(其开度为h)减压为p_2后流出,同时,出口油液经阻尼孔a进入阀芯底部,产生液压力,与阀芯上部的调压弹簧力进行比较。当出口油液的压力p_2较小,产生的液压力小于弹簧力时,阀芯在弹簧力的作用下处于最下端,阀口全开,此时减压阀不起减压作用;当出口压力达到阀的设定压力时,阀芯上移,阀口减小,实现减压作用,阀口的开度经过一个过渡过程以后,便稳定在某一定值,出口压力p_2也基本稳定在某一值。弹簧腔油液则通过单独泄油口L流回油箱。

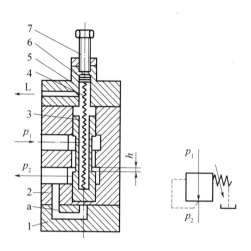

图4-21 直动式减压阀

1—下盖;2—阀体;3—阀芯;4—调压弹簧;5—上盖;6—弹簧座;7—调节螺钉。

当减压阀稳定工作时,若忽略摩擦力,则作用在阀芯上的力平衡方程为

$$p_2 A = k(x_0 + x) + F_s \tag{4-8}$$

式中:p_2为减压阀出口压力(调节压力);F_s为稳态液动力;k为弹簧的刚度;x_0为弹簧的预压缩量;x为阀芯的位移量;A为阀芯底部的有效作用面积。

一般F_s、x都较小,可忽略,则式(4-8)可简化为

$$p_2 = k \frac{x_0}{A} \tag{4-9}$$

由式(4-9)可以认为减压阀出口压力基本保持不变,减压阀起减压并定压的作用,调节弹簧预紧力就可以调节出口压力p_2。

先导式减压阀一般属于先导阀调压、主阀减压的结构。图4-22(a)所示为JF型定值减压阀的结构图。先导阀和主阀分别为锥阀和滑阀结构。该阀的工作原理是:进油口压力p_1,经减压口减压后出油口压力为p_2,出油口压力油经过阀体6下部和端盖8上的通道a进入主阀芯7的下腔,再经主阀芯上的阻尼孔c进入主阀上腔和先导阀前腔,然后通过锥阀座4中的阻尼孔b后,作用在锥阀3上。当出油口压力低于调定压力时,先导阀口关闭,阻尼孔c中没有油液流动,主阀芯上、下两端的油液压力相等,主阀在弹簧力的作用下处于最下端位置,减压口全开,不起减压作用,$p_2 \approx p_1$。当出油口压力超过调定压力时,先导阀芯开启,出油口部分液体经阻尼孔c、先导阀口、阀盖5上的泄油口L流回油箱。阻尼孔c有液体通过,使主阀上下腔产生压差($p_2 > p_3$),当此压差所产生的液压力大

于主阀弹簧力时,主阀上移,使节流口(减压口)关小,减压作用增强,直到主阀芯稳定在某一平衡位置,此时出油口压力 p_2 取决于先导阀弹簧所调定的压力值。

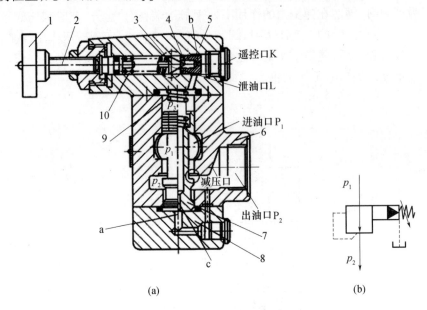

图 4-22 JF 型定值减压阀
1—调压手轮;2—调节螺钉;3—先导阀芯;4—先导阀座;5—阀盖;6—阀体;
7—主阀芯;8—端盖;9—主阀弹簧;10—调压弹簧。

如果外来干扰使进油口压力 p_1 升高,则出油口压力 p_2 也升高,主阀芯上移,节流口减小,p_2 又降低,主阀芯在新的位置上处于平衡,而出油口压力 p_2 基本保持不变;反之亦然。图 4-22(b)为先导式减压阀的图形符号。

图 4-23(a)所示为 DR 型先导式减压阀的结构图,高压油从油口 A 进入,经减压阀口后从油口 B 流出。出口压力油经阻尼孔 a、通道 b 和 d、阻尼孔 c 到达主阀阀芯 1 上端,并同时作用在锥阀阀芯 9 上。当出口压力 p_2 低于调压弹簧 10 的调定值时,锥阀阀芯 9 关闭,通过阻尼孔 a、c 的油液不流动,主阀阀芯 1 上、下两腔压力相等。主阀阀芯 1 在平衡弹簧(软弹簧)的作用下处于最下端位置,减压口全部打开,此时减压阀不减压。当出口压力 p_2 超过调压弹簧 10 的调定值时,锥阀阀芯 9 被打开,油液经弹簧腔从泄油口 Y 流回油箱。由于油液流经阻尼孔 a、c 时产生压降,主阀芯上部压力迅速下降,主阀芯下部压力大于上部压力,主阀阀芯上移,减压口开度减小,油液流经减压口时压力损失加大,出油口 B 压力 p_2 降低,经过一个逐步衰减的过渡过程以后,使作用在主阀芯上的液压力与弹簧力平衡而处于稳态工作状态,从而保证出口压力基本稳定在预先调定值。若要使油液从 B 口向 A 口流动,可采用单向阀与之并联的结构,如图 4-23 中的单向阀 2。

先导减压阀与先导溢流阀的结构有相似之处,都是由先导阀和主阀两部分组成,两阀的主要零件可互相通用。

其主要区别是:
(1) 减压阀控制出口压力基本不变,而溢流阀控制进口压力基本不变。
(2) 由于减压阀的进、出口油液均有压力,所以其先导阀的泄油不能像溢流阀一样

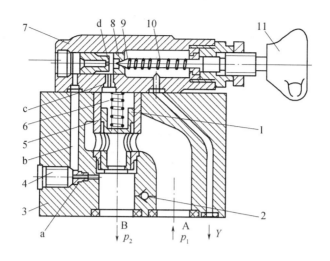

图 4-23 DR 型先导式减压阀
1—主阀芯；2—单向阀；3—主阀体；4—螺堵；5—主阀套；6—主阀弹簧；
7—先导阀体；8—先导阀座；9—锥阀阀芯；10—调压弹簧；11—调节装置。

流入回油口，而必须设有单独的泄油口。

（3）不工作时，减压阀阀口常开，而溢流阀阀口常闭。

2）定差减压阀

定差减压阀是使进、出油口之间的压力差等于或近似于不变的减压阀，其工作原理如图 4-24 所示。高压油 p_1 经节流口 x 减压后以低压 p_2 流出，同时，低压油经阀芯中心孔将压力传至阀芯上腔，则其进、出油液压力在阀芯有效作用面积上的压力差与弹簧力相平衡，即

$$\Delta p = p_1 - p_2 = \frac{k_s(x_0 - x)}{\frac{\pi}{4}(D^2 - d^2)} \quad (4-10)$$

式中：x_0 为当阀芯开口 $x=0$ 时弹簧的预压缩量；k_s 为弹簧刚度。

由式（4-10）可知，只要尽量减小阀口开度 x 的变化量，就可使压力差近似地保持为定值。

定差减压阀主要用来和其他阀组成复合阀，如与节流阀串联组成调速阀等。

定差减压阀与定值减压阀结构相似，结构特点不同之处是定差减压阀的阀口是常闭的。

3）定比减压阀

定比减压阀能使进、出油口压力的比值维持恒定。图 4-25 为其工作原理图，阀芯在稳态时忽略稳态液动力、阀芯的自重和摩擦力，可得到力平衡方程为

$$p_1 A_1 + k_s(x_0 + x) = p_2 A_2 \quad (4-11)$$

式中：x_0 为当阀芯开口 $x=0$ 时弹簧的预压缩量；k_s 为弹簧刚度。

若忽略弹簧力（刚度较小），则有（减压比）

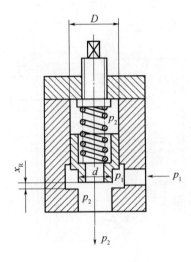

图 4-24 定差减压阀

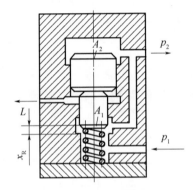

图 4-25 定比减压阀

$$\frac{p_2}{p_1} = \frac{A_1}{A_2} \quad (4-12)$$

由式(4-12)可见,选择阀芯的作用面积 A_1 和 A_2,便可得到所要求的压力比,且比值近似恒定。

4.3.3 顺序阀

1. 顺序阀的功用和分类

顺序阀是用来控制液压系统中各执行元件动作的先后顺序。依控制压力的不同,顺序阀又可分为内控式和外控式两种。前者用阀的进油口压力控制阀芯的启闭,后者用外来的控制压力油控制阀芯的启闭(液控顺序阀)。顺序阀也有直动式和先导式两种,前者一般用于低压系统,后者用于中高压系统。

2. 顺序阀的结构和工作原理

1) 直动式顺序阀

图 4-26(a)所示为直动式顺序阀,工作时,压力油从进油口 P_1(两个)进入,经阀体

上的孔道 a 和端盖上的阻尼孔 b 流到控制活塞的底部,当作用在控制活塞上的液压力能克服阀芯上的弹簧力时,阀芯上移,油液便从 P_2 流出。该阀称为内控式顺序阀,其图形符号如图 4-26(b)所示。必须指出,当进油口一次油路压力 p_1 低于调定压力时,顺序阀一直处于关闭状态;一旦超过调定压力,阀口打开,压力油驱动另一个执行元件。

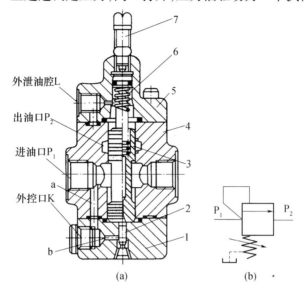

图 4-26 直动式顺序阀
1—端盖;2—控制活塞;3—阀芯;4—阀体;5—阀盖;6—调压弹簧;7—调压螺钉。

若将图 4-26(a)中的端盖旋转 90°安装,切断进油口通向控制活塞下腔的通道,并打开螺塞,引入控制压力油,便成为外控式顺序阀,外控式顺序阀阀口开启与否,与阀的进口压力 p_1 的大小没有关系,仅取决于控制压力的大小。

2) 先导式顺序阀

图 4-27(a)所示为先导式顺序阀。这种先导式顺序阀的原理与先导式溢流阀相似,所不同的是二次油路即出口不接回油箱,而通向某一压力回路,因此泄油口 L 必须单独接回油箱。但这种顺序阀的缺点是外泄漏量过大。因先导阀是按顺序阀压力调整的,当执行元件达到顺序动作后,压力可能继续升高,将先导阀阀口开得很大,导致流量从先导阀处大量外泄,因此用于大流量液压系统中。图 4-27(b)为先导式顺序阀的图形符号。

顺序阀与溢流阀的主要区别:

(1) 溢流阀出油口连通油箱,顺序阀的出油口通常连接另一工作油路,因此顺序阀的进、出口处的油液都是压力油。

(2) 溢流阀打开时,进油口的油液压力基本上保持在调定压力值;顺序阀打开后,进油口的油液压力可以继续升高。

(3) 由于溢流阀出油口连通油箱,其内部泄油可通过回油口流回油箱;而顺序阀出油口油液为压力油,且通往另一工作油路,所以顺序阀的内部要有单独设置的泄油口 L。

(4) 顺序阀关闭时要有良好的密封性能,因此阀芯和阀体间的封油长度 b 较溢流阀长。

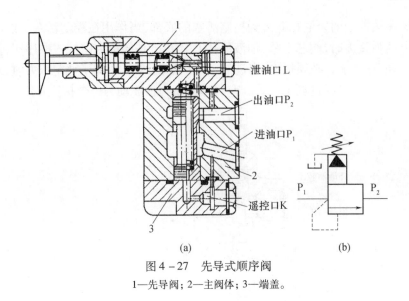

图4-27 先导式顺序阀
1—先导阀；2—主阀体；3—端盖。

4.3.4 压力继电器

压力继电器是一种将油液的压力信号转换成电信号的电液控制元件，当油液压力达到压力继电器的调定压力时，即发出电信号，以控制电磁铁、电磁离合器、继电器等元件动作，使油路卸压、换向、执行元件实现顺序动作，或关闭电动机，使系统停止工作，起安全保护作用等。

压力继电器由压力—位移转换部件和微动开关两部分组成。按结构和工作原理分类，压力继电器可分为柱塞式、弹簧管式、膜片式和波纹管式四种，其中柱塞式压力继电器最常用。图4-28所示为柱塞式压力继电器。当控制口k液压油压力p达到压力继电器的调定压力时，作用在柱塞1上的液压油压力通过顶杆2的推动，合上微动电器开关

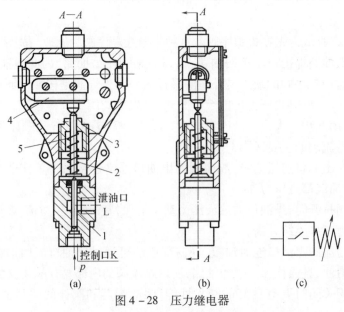

图4-28 压力继电器
1—柱塞；2—顶杆；3—调整螺钉；4—微动开关；5—弹簧。

4,发出电信号。图中 L 为泄油口,改变弹簧的预压缩量,就可以调节压力继电器的调定压力。图 4-28(c)所示为压力继电器的图形符号。

4.4 流量控制阀

液压系统中执行元件运动速度的大小,由输入执行元件的油液流量的大小来确定。流量控制阀就是依靠改变阀口通流面积(节流口局部阻力)的大小或通流通道的长短来控制流量的控制阀。常用的流量控制阀有普通节流阀、压力补偿和温度补偿调速阀、溢流节流阀和分流集流阀等。

4.4.1 流量控制原理及节流口形式

节流阀的节流口通常有三种基本形式,即薄壁小孔、细长小孔和厚壁小孔。为保证流量稳定、节流口的形式以薄壁小孔较为理想。

节流阀是一种可以在较大范围内以改变液阻来调节流量,从而调节液压缸的运动速度的元件。

液压传动系统对流量控制阀的主要要求有以下几点:

(1)较大的流量调节范围,且流量调节要均匀。

(2)当阀前、后压力差发生变化时,通过阀的流量变化要小,以保证负载运动的稳定。

(3)油温变化对通过阀的流量影响要小。

(4)液流通过全开阀时的压力损失要小。

(5)当阀口关闭时,阀的泄漏量要小。

1. 流量控制工作原理

油液流经小孔、狭缝或毛细管时,会产生较大的液阻,通流面积越小,油液受到的液阻越大,通过阀口的流量就越小,所以,改变节流口的通流面积,使液阻发生变化,就可以调节流量的大小,这就是流量控制的工作原理。

实验证明,节流口的流量特性可以用下列通式表示:

$$q = KA_T\Delta p^m \quad (4-13)$$

式中:q 为通过节流口的流量;A_T 为节流口的通流面积;Δp 为节流口前后的压力差;K 为流量系数;m 为取决于孔口形式的指数。

式(4-13)说明:通过节流口的流量与节流口的形式、通流面积、节流口前后的压力差及流体流态和性质有关。调节节流口的通流面积的大小(其他因素不变),就可以达到控制通过节流口流量的目的,这就是节流阀的工作原理。节流阀工作时希望通过节流口的流量能够稳定不变,以保证执行元件的运动速度稳定不变。但实际上通过节流阀的流量是不稳定的,影响节流阀流量稳定性的因素如下:

1)阻塞对流量稳定性的影响

节流口的堵塞是指节流阀在小开度下工作时所出现的流量不稳定和断流现象。

流量小时,流量稳定性与油液的性质和节流口的结构都有关。表面上看只要把节流口关得足够小,便能得到任意小的流量。但是油中不可避免有脏物,节流口开得太小就容易被脏物堵住,使通过节流口的流量不稳定。

产生堵塞的主要原因是:

(1) 油液中的机械杂质或油液因氧化析出的胶质、沥青、炭渣等污物堆积在节流缝隙处。

(2) 由于油液老化或受到挤压后产生带电的极化分子,而节流缝隙的金属表面上存在电位差,故极化分子被吸附到缝隙表面,形成牢固的边界吸附层,因而影响了节流缝隙的大小。以上堆积、吸附物增长到一定厚度时,会被液流冲刷掉,随后又重新附在阀口上。这样周而复始,就形成流量的脉动。

(3) 阀口压差较大时容易产生堵塞现象。

减轻堵塞现象的措施有:

(1) 应选择接近薄壁形式的节流口。一般通流面积越大、节流通道越短时,节流口越不易堵塞。

(2) 适当选择节流口前后的压差。一般取 $\Delta p = 0.2 \sim 0.3$ MPa。因为压差太大,能量损失大,将会引起流体通过节流口时的温度升高,从而加剧油液氧化变质而析出各种杂质,造成阻塞;此外,当流量相同时,压差大的节流口所对应的开口量小,也易引起阻塞。若压差太小,又会使节流口的刚度降低,造成流量的不稳定。

(3) 精密过滤并定期更换油液。在节流阀前设置单独的精滤装置,为了除去铁屑和磨料,可采用磁性过滤器。

(4) 构成节流口的各零件的材料应尽量选用电位差较小的金属,以减小吸附层的厚度。选用抗氧化稳定性好的油液,并控制油液温度的升高,以防止油液过快的氧化和极化,都有助于缓解堵塞的产生。

由于节流口的堵塞现象,使每个节流阀都有一个要求能正常工作的最小限制流量,称为节流阀的最小稳定流量。一般轴向三角槽式节流阀的最小稳定流量为 $30 \sim 50$ mL/min,薄壁节流口的节流阀的最小稳定流量为 $10 \sim 20$ mL/min。

2) 压力差的影响

节流口的流量—压力特性曲线如图4-29所示,节流阀两端压差 Δp 变化时通过它的流量要发生变化。节流口前后的压力差主要取决于负载和节流阀调整压力之差,负载变化时必然引起压差变化,从而导致流量不稳定。节流阀的这一特性可以用节流刚度来描述。节流刚度是指节流阀抵抗负载变化而保持流量稳定不变的能力,它在数值上等于节流口前后压差的变化量

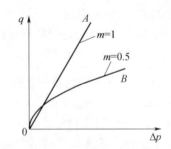

图4-29 节流口的流量—压力特性曲线

与通过节流口流量变化量的比值,它的几何意义是特性曲线上某点斜率的倒数,即

$$T = \frac{\mathrm{d}\Delta p}{\mathrm{d}q} = \frac{\Delta p^{1-m}}{KA_T m} \tag{4-14}$$

由式(4-14)得出如下结论:

(1) 节流口前后的压差 Δp 越大节流刚度 T 越大,但 Δp 不能太大。否则,能量损失

加大,将会加剧液压油氧化变质而析出各种杂质,造成堵塞。一般压差 $\Delta p = 0.2 \sim 0.3 \text{MPa}$。

(2) 当 Δp 一定时,m 值越小,T 值越大,即不同的节流口形式对流量稳定性的影响不同,薄壁孔口的 m 值最小($m = 0.5$),而细长小孔的 m 值最大($m = 1$),因此应采用薄壁节流口。

(3) 当 Δp 一定时,关小阀口(A_T 减小),T 值加大,但阀口不能太小,否则会引起堵塞,阀口的最小开度应考虑最小稳定流量。

3) 油温的影响

当开口度不变时,若油温升高,油液黏度会降低。对于细长孔,当油温升高使油的黏度降低时,流量就会增加。所以节流通道长时温度对流量的稳定性影响大。而对于薄壁孔,油的温度对流量的影响较小,这是由于流体流过薄刃式节流口时为紊流状态,其流量与雷诺数无关,即不受油液黏度变化的影响;节流口形式越接近于薄壁孔,流量稳定性就越好。

图 4-30 所示的节流阀串联在液压泵与执行元件之间,此时必须在液压泵与节流阀之间并联一个溢流阀。调节节流阀,可使进入液压缸的流量改变,由于定量泵供油,多余的油液必须从溢流阀溢出。这样,节流阀才能达到调节液压缸速度的目的。

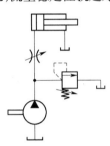

图 4-30 节流调速原理

2. 节流口形式

节流阀节流口的形式很多,常用的几种如图 4-31 所示。

(1) 图 4-31(a) 所示为针阀式节流口。针阀作轴向移

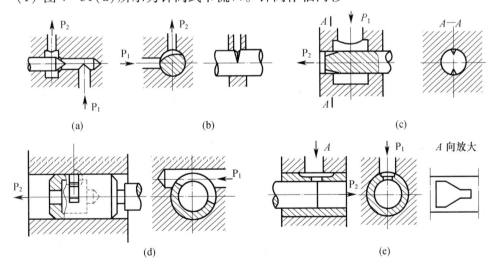

图 4-31 节流口的形式

动时,调节了环形通道的大小,由此改变了流量。这种结构加工简单。但节流口长度大,水力半径小,易堵塞,流量受油温变化的影响也大,一般用于要求较低的场合。

(2) 图 4-31(b) 所示为偏心式节流口。在阀芯上开一个截面为三角形(或矩形)的偏心槽,当转动阀芯时,就可以改变通道大小,由此调节了流量。偏心槽式结构因阀芯受

径向不平衡力,高压时应避免采用。

(3) 图4-31(c)所示为轴向三角槽式节流口。在阀芯端部开有一个或两个斜的三角槽,轴向移动阀芯就可以改变三角槽通流面积从而调节了流量。在高压阀中有时在轴端铣两个斜面来实现节流。轴向三角槽式节流口的水力半径较大。小流量时的稳定性较好。

(4) 图4-31(d)所示为缝隙式节流口。阀芯上开有狭缝,油液可以通过狭缝流入阀芯内孔再经左边的孔流出,旋转阀芯可以改变缝隙的通流面积大小。这种节流口可以做成薄刃结构,从而获得较小的稳定流量,但是阀芯受径向不平衡力,故只适用于低压节流阀中。

(5) 图4-31(e)所示为轴向缝隙式节流口。在套筒上开有轴向缝隙,轴向移动阀芯就可以改变缝隙的通流面积大小。这种节流口可以做成单薄刃或双薄刃式结构,流量对温度不敏感。在小流量时水力半径大,故小流量时的稳定性好,因而可用于性能要求较高的场合(如调速阀中)。但节流口在高压作用下易变形,使用时应改善结构的刚度。

阀的泄漏量要小。对于高压阀来说,还希望其调节力矩要小。

4.4.2 节流阀的类型及工作原理

常用的节流阀有普通节流阀、单向节流阀和行程节流阀等。

1. 节流阀

节流阀是普通节流阀的简称,如图4-32(a)所示的节流阀结构,其节流口采用轴向三角槽形式,图4-32(b)所示为节流阀的图形符号。压力油从进油口P_1流入,经阀芯3左端的节流沟槽,从出油口P_2流出。转动手柄1,通过推杆2使阀芯3作轴向移动,可改变节流口通流截面积,实现流量的调节。弹簧4的作用是使阀芯向右抵紧在推杆上。

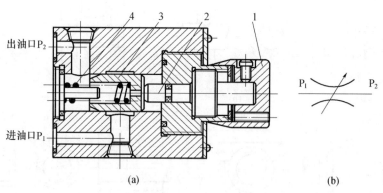

图4-32 节流阀
1—手柄;2—推杆;3—阀芯;4—弹簧。

这种节流阀结构简单,制造容易,体积小,但负载和温度的变化对流量的稳定性影响较大,因此只适用于负载和温度变化不大或执行机构速度稳定性要求较低的液压系统。

2. 单向节流阀

图4-33(a)所示为单向节流阀的结构图。从工作原理来看,单向节流阀是节流阀和

单向阀的组合,在结构上是利用一个阀芯同时起节流阀和单向阀的两种作用。当压力油从油口 P_1 流入时,油液经阀芯上的轴向三角槽节流口从油口 P_2 流出,旋转手柄可改变节流口通流面积大小而调节流量。当压力油从油口 P_2 流入时,在油压作用力作用下,阀芯下移,压力油从油口 P_1 流出,起单向阀作用。图 4-33(b)所示为单向节流阀的图形符号。

3. 行程节流阀

行程节流阀是滚轮控制的可调节流阀,又称减速阀。其原理是通过行程挡块压下滚轮,使阀芯下移改变节流口通流面积,减小流量而实现减速。

图 4-34(a)所示为一种与单向阀组合的行程节流阀,又称单向行程节流阀,它可以满足以下所述机床液压进给系统的快进、工进、快退工作循环的需要。

(1) 快进时,阀芯 1 未被压下,节流口未起节流作用,压力油从油口 P_1 直接流往油口 P_2,执行元件实现快进。

(2) 当行程挡块压在滚轮上,使阀芯下移一定距离,将通道大部分遮断,由阀芯上的三角槽节流口调节流量,实现减速,执行元件慢进,即实现工作进给。

(3) 压力油油液从油口 P_2 进入,推开单向阀阀芯 2(钢球),油液直接由 P_1 流出,不经节流口,执行元件实现快退。

图 4-34(b)所示为行程节流阀的图形符号。

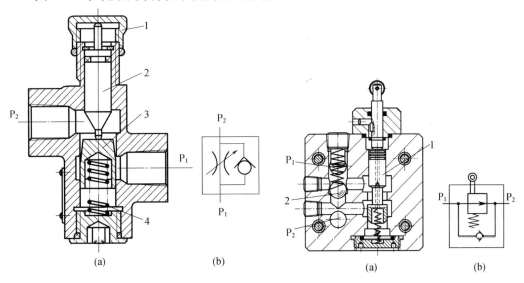

图 4-33 单向节流阀
1—手柄;2—推杆;3—阀芯;4—弹簧。

图 4-34 行程节流阀
1—节流阀阀芯;2—单向阀钢球。

由于使用节流阀调节执行元件运动速度时,其速度将随负载和温度的变化而波动。在速度稳定性要求高的场合,则要使用流量稳定性好的调速阀。

4.4.3 节流阀的压力和温度补偿

普通节流阀由于刚性差,在节流开口一定的条件下通过它的工作流量受工作负载变化影响,不能保持执行元件运动速度的稳定。因此,仅适用于负载变化不大和速度稳定性要求不高的场合。由于工作负载的变化很难避免,为了提高速度稳定性,通常对节流阀进行压力补偿。

节流阀的压力补偿有两种方式:一种是将定差减压阀与节流阀串联起来,组合而成调速阀;另一种是将稳压溢流阀与节流阀并联起来,组成溢流节流阀。这两种压力补偿方式是利用流量变动所引起油路压力的变化,通过阀芯的负反馈动作,来自动调节节流部分的压力差,使其基本保持不变。

油温的变化也必然会引起油液黏度的变化,从而导致通过节流阀的流量发生相应的改变,为此出现了温度补偿调速阀。

1. 调速阀

调速阀即是压力补偿节流阀,它由一个定差减压阀和一个节流阀串联组合而成。节流阀用来调节流量,定差减压阀用来保证节流阀前后的压力差 Δp 不受负载变化的影响,从而使通过节流阀的流量保持稳定。

图 4-35(a)所示为调速阀的工作原理,图中定差减压阀与节流阀串联。若减压阀进口压力为 p_1,出口压力为 p_2,节流阀出口压力为 p_3;则减压阀 d 腔、c 腔、b 腔的油压分别为 p_2、p_2、p_3;若 d 腔、c 腔、b 腔的有效工作面积分别为 A_1、A_2、A_3,则 $A_3 = A_1 + A_2$。

减压阀阀芯的受力平衡方程为

$$p_2 A_1 + p_2 A_2 = p_3 A_3 + F_s \tag{4-15}$$

即

$$\Delta p = p_2 - p_3 = \frac{F_s}{A_3} \approx 常量 \tag{4-16}$$

因为减压阀阀芯弹簧很软(刚度很低),当阀芯移动时,其弹簧作用力 F_s 变化不大,所以节流阀前后的压力差 Δp 基本上不变而为一常量。也就是说当负载变化时,通过调速阀的油液流量基本不变,液压系统执行元件的运动速度保持稳定。

若负载增加,使 p_3 增大的瞬间,减压阀向下推力增大,使阀芯下移,阀口开大,阀口液阻减小,使 p_2 也增大,其差值($\Delta p = p_2 - p_3$)基本保持不变。同理,当负载减小,p_3 减小时,减压阀阀芯上移,p_2 也减小,其差值亦不变。因此调速阀适用于负载变化较大,速度平稳性要求较高的液压系统。图 4-35(b)、(c)所示为调速阀的图形符号。

调速阀的流量特性如图 4-36 所示。当调速阀进、出口压差大于一定数值(Δp_{min})后,通过调速阀的流量不随压差的改变而变化。而当其压差小于 Δp_{min} 时,由于压力差对阀芯产生的作用力不足以克服阀芯上的弹簧力,此时阀芯仍处于下端,阀口完全打开,减压阀不起减压作用,故其特性曲线与节流阀特性曲线重合。因此,欲使调速阀正常工作,就必须保证其有一最小压差(一般为 0.5MPa)。

2. 温度补偿调速阀

普通调速阀的流量虽然已能基本上不受外部载荷变化的影响,但是当流量较小时,节流口的通流面积较小,这时节流孔的长度与通流断面的水力半径的比值相对地增大,因而油的黏度变化对流量变化的影响也增大,所以当油温升高后油的黏度变小时,流量

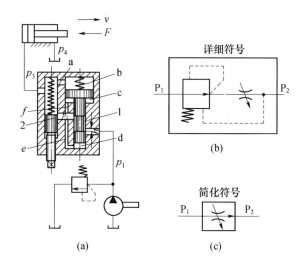
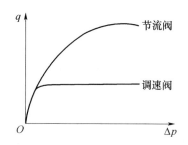

图 4-35　调速阀的工作原理
1—减压阀阀芯；2—节流阀阀芯。

图 4-36　调速阀和节流阀特性比较

仍会增大。为了减小温度对流量的影响，常采用带温度补偿的调速阀。温度补偿调速阀也是由减压阀和节流阀两部分组成。减压阀部分的原理和普通调速阀相同。节流阀部分在结构上采取了温度补偿措施，如图 4-37 所示，其特点是节流阀的芯杆（即温度补偿杆）2 由热膨胀系数较大的材料（如聚氯乙烯塑料）制成，当油温升高时，芯杆热膨胀使节流阀口关小，正好能抵消由于黏性降低使流量增加的影响。

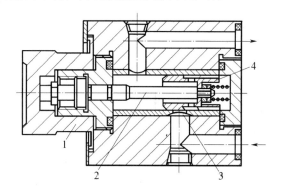

图 4-37　温度补偿原理图
1—手柄；2—温度补偿杆；3—节流口；4—节流阀芯。

3. 溢流节流阀

溢流节流阀与负载相并联，采用并联溢流式流量负反馈，可以认为它是由定差溢流阀和节流阀并联组成的组合阀。其中节流阀充当流量传感器，节流阀口不变时，通过自动调节起定差作用的溢流口的溢流量来实现流量负反馈，从而稳定节流阀前后的压差，保持其流量不变。与调速阀一样，节流阀（传感器）前后压差基本不变，调节节流阀口时，可以改变流量的大小。溢流节流阀能使系统压力随负载变化，没有调速阀中减压阀口的压差损失，功率损失小，是一种较好的节能元件，但流量稳定性略差一些，尤其在小流量工况下更为明显。因此溢流节流阀一般用于对速度稳定性要求相对较高,而且功率较大的进油路节流调速系统。

图 4-38 所示为溢流节流阀的工作原理图和详细图形符号。溢流节流阀有一个进口 P_1、一个出口 P_2 和一个溢流口 T,因而有时也称为三通流量控制阀。来自液压泵的压力油 p_1,一部分经节流阀进入执行元件,另一部分则经溢流阀回油箱。节流阀的出口压力为 p_2,p_1 和 p_2 分别作用于溢流阀阀芯的两端,与上端的弹簧力相平衡。节流阀口前后压差即为溢流阀阀芯两端的压差,溢流阀阀芯在液压作用力和弹簧力的作用下处于某一平衡位置。当执行元件负载增大时,溢流节流阀的出口压力 p_2 增加,于是作用在溢流阀阀芯上端的液压力增大,使阀芯下移,溢流口减小,溢流阻力增大,导致液压泵出口压力 p_1 增大,即作用于溢流阀阀芯下端的液压力随之增大,从而使溢流阀阀芯两端受力恢复平衡,节流阀口前后压差 $(p_1 - p_2)$ 基本保持不变,通过节流阀进入执行元件的流量可保持稳定,而不受负载变化的影响。这种溢流节流阀上还附有安全阀,以免系统过载。

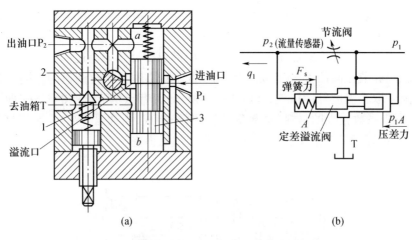

图 4-38 溢流节流阀
1—安全阀;2—节流阀;3—溢流阀。

4.5 叠加式液压阀

叠加式液压阀简称叠加阀,它是近十年发展起来的集成式液压元件。叠加阀的工作原理与一般液压阀相同,只是具体结构有所不同,它自成系列,每个叠加阀既有一般液压元件的控制功能,又起到通道体的作用,每一种通径系列的叠加阀其主油路通道和螺栓连接孔的位置都与所选用的相应通径的换向阀相同,因此,同一通径的叠加阀都可以按要求叠加起来组成各种不同的控制系统。用叠加式液压阀组成的液压系统具有如下特点:

(1) 用叠加阀组装液压系统,不需要另外的连接块,因而结构紧凑,体积小,质量轻。

(2) 系统的设计工作量小,绘制出叠加阀式液压系统原理图后即可进行组装,且组装简便,周期短。

（3）整个系统配置灵活,调整、改换或增减系统的液压元件方便简单。

（4）元件之间可实现无管连接,不仅省掉大量管件,减少了产生压力损失、泄漏和振动环节,而且使外观整齐,便于维护保养。

（5）标准化、通用化和集成化程度高。

我国叠加阀现有5个通径系列,即 $\phi 6$、$\phi 10$、$\phi 16$、$\phi 20$、$\phi 32$ mm,额定压力为20MPa,额定流量为 $10\sim200$L/min。

叠加阀按功用的不同分为压力控制阀、流量控制阀和方向控制阀3类,其中方向控制阀仅有单向阀类,主换向阀不属于叠加阀。

1. 叠加阀的结构及工作原理

叠加阀的工作原理与一般液压阀相同,只是具体结构有所不同。现以溢流阀为例,说明其结构和工作原理。

图4-39(a)所示为 Y_1-F10D-P/T 先导式叠加溢流阀,其型号含义是:Y表示溢流阀,F表示压力等级(20MPa),10表示 $\phi 10$mm 通径系列,D表示叠加阀,P/T表示进油口为P,回油口为T。它由先导阀和主阀两部分组成,先导阀为锥阀,主阀相当于锥阀式的单向阀。

其工作原理是压力油由进油口P进入主阀阀芯6右端的e腔,并经阀芯上阻尼孔d流至阀芯6左端b腔,再经小孔a作用于锥阀阀芯3上。当系统压力低于溢流阀调定压力时,锥阀关闭,主阀也关闭,阀不溢流;当系统压力达到溢流阀的调定压力时,锥阀阀芯3打开,b腔的油液经锥阀口及孔c由油口T流回油箱,主阀阀芯6右腔的油经阻尼孔d向左流动,于是使主阀阀芯的两端油液产生压力差。此压力差使主阀阀芯克服弹簧5而左移,主阀阀口打开,实现了自油口P向油口T的溢流。调节弹簧2的预压缩量便可调节溢流阀的调整压力,即溢流压力。图4-39(b)所示为叠加式溢流阀的图形符号。

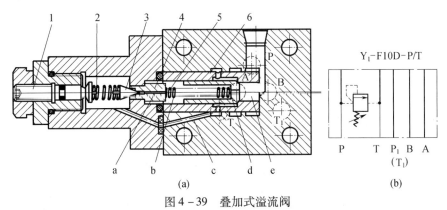

图4-39 叠加式溢流阀
1—推杆;2—弹簧;3—锥阀阀芯;4—阀座;5—弹簧;6—主阀阀芯。

2. 叠加阀的组装

叠加阀自成体系,每一种通径系列的叠加阀,其主油路通道和螺钉孔的大小、位置、数量都与相应通径的板式换向阀相同。因此,将同一通径系列的叠加阀互相叠加,可直接连接而组成集成化液压系统。

图 4-40(a)所示为一组叠加阀的结构,其中叠加阀 1 是溢流阀,它并联在 P 与 T 流道之间;叠加阀 2 为双单向节流阀,两个单向溢流阀分别串联在 A 、B 流道上;叠加阀 3 是双液控单向阀,它们也分别串联在 A 、B 流道上;最上面是板式换向阀,最下面还有公共底板块(图中未画出)。另外,为降低每组叠加阀的高度和用阀数量,叠加阀系列中还增加了一些复合功能的叠加阀,如顺序节流阀、电磁单向调速阀等。

叠加阀组成的液压系统,是将若干叠加阀叠加在普通板式换向阀和底板块之间,用长螺栓结合而成,每一组叠加阀控制一个执行元件,其回路如图 4-40(b)所示,一个液压系统有几个执行元件,就有几组叠加阀,再通过一个公共的底板块把各部分的油路连接起来,从而构成一个完整的系统。图 4-40(b)所示为叠加式液压装置的图形符号。

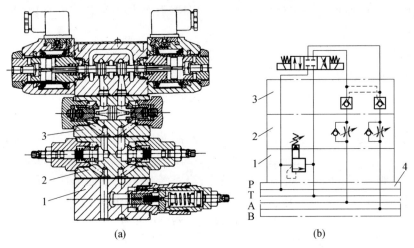

图 4-40 叠加式液压装置示意图
1—溢流阀;2—双单向节流阀;3—双液控单向阀;4—底板块。

4.6 二通插装阀

插装阀是一种以锥阀为基本单元的新型液压元件,在高压大流量的液压系统中应用广泛,由于这种阀具有通、断两种状态,可以进行逻辑运算,故又称为逻辑阀。

插装阀与一般液压阀相比,具有以下优点:

(1)插装式元件已标准化,将几个插装式锥阀单元组合到一起便可构成复合阀。

(2)通油能力大,特别适用于大流量的场合,插装式锥阀的最大通径可达 250mm ,通过的流量可达到 10000L/min 。

(3)动作速度快,因为它靠锥面密封而切断油路,阀芯稍微抬起,油路立即接通。此外,阀芯行程较短,且比滑阀阀芯轻。因此动作灵敏,特别适合于高速开启的场合。

(4)密封性好,泄漏小,油液流经阀口的压力损失小。

(5)结构简单,制造容易,工作可靠,不易堵塞。

(6)一阀多能,易于实现元件和系统的标准化、系列化和通用化,并可简化系统。

(7)可以按照不同的进出流量分别配置不同通径的锥阀,而滑阀必须按照进出油量中较大者选取。

(8) 易于集成,通径相同的插装阀集成与等效的滑阀集成相比,前者的体积和重量大大减小,且流量越大,效果越显著。

由于插装式液压系统所用的电磁铁数目较一般液压系统有所增加,因而主要用于流量较大系统或对密封性能要求较高的系统,对于小流量以及多液压缸无单独调压要求的系统和动作要求简单的液压系统,不宜采用插装式锥阀。

4.6.1 插装阀的工作原理

插装阀也是一种新型的液压控制元件,其主要连接元件均采用插入式安装方式。每个插装阀具有通、断两种状态,又称逻辑阀或二通插装阀。二通插装阀结构原理如图4-41(a)所示。它主要由阀芯4、阀套2和弹簧3等组成,1为控制盖板,有控制口C与锥阀单元的上腔相通。将此锥阀单元插入有两个通道A、B(主油路)的阀体5中,控制盖板对锥阀单元的启闭起控制作用;锥阀单元上配置不同的盖板就可以实现各种不同的工作机能。若干个不同工作机能的锥阀单元组装在一个阀体内,实现集成化,就可组成所需的液压回路和系统。设油口A、B、C的油液压力和有效面积分别为p_a,p_b,p_c和A_a,A_b,A_c,其面积关系为$A_c = A_a + A_b$,若不考虑锥阀的质量、液动力和摩擦力等的影响,当

$$p_a A_a + p_b A_b < p_c A_c + F_s \tag{4-17}$$

时,阀口关闭,油口A、B不通,当

$$p_a A_a + p_b A_b > p_c A_c + F_s \tag{4-18}$$

时,阀口打开,油路A、B接通,以上两式中F_s为弹簧力。从以上两式可以看出,改变控制口C的油液压力p_c,可以控制A、B油口的通断。当控制油口C接油箱时(卸荷),阀芯下部的液压力超过上部弹簧力时,阀芯被顶开。至于液流的方向,视A、B口的压力大小而定,当$p_a > p_b$时,液流由A至B;当$p_a < p_b$时,液流由B至A。当控制口C接通压力油,且$p_c \geq p_a$、$p_c \geq p_b$,则阀芯在上、下端压力差和弹簧的作用下关闭油口A和B,这样锥阀就起到逻辑元件的"非"门的作用,所以插装式锥阀又称为逻辑阀。

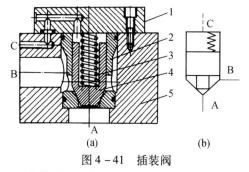

图4-41 插装阀
1—控制盖板;2—阀套;3—弹簧;4—阀芯;5—阀体。

插装阀的图形符号如图4-41(b)所示。

4.6.2 插装阀的类型

插装阀通过与不同的盖板和各种先导阀组合,便可构成方向控制阀、压力控制阀和流量控制阀。

1. 插装式锥阀用做方向控制阀

插装阀组成各种方向控制阀如图4-42所示。

图 4-42(a)所示为单向阀。图 4-42(b)所示为二位二通阀,当电磁铁断电时,阀芯开启,A 与 B 接通;电磁铁通电时,阀芯关闭,A 与 B 不通。图 4-42(c)所示为二位三通阀,当电磁铁断电时,A 与 T 接通;电磁铁通电时,P 与 A 接通。

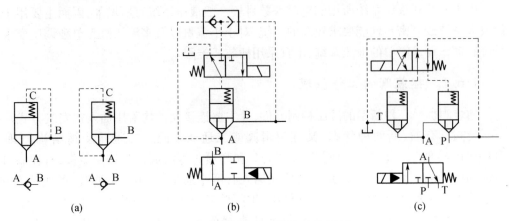

图 4-42 插装式锥阀用做方向控制阀

图 4-43 所示为三位四通阀,当电磁铁 1YA 得电时,P 与 B 接通、A 与 T 接通;当电磁铁 2YA 得电时,P 与 A 接通、B 与 T 接通。

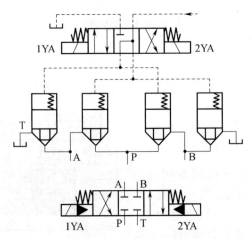

图 4-43 插装式锥阀用做三位四通方向控制阀

2. 插装式锥阀用做压力控制阀

插装阀组成的压力控制阀如图 4-44 所示。

在图 4-44(a)中,若 B 接油箱,则插装阀用做溢流阀,其原理与先导式溢流阀相同。若 B 接负载时,插装阀起顺序阀的作用。图 4-44(b)所示为电磁溢流阀,当二位二通电磁阀断电时用做溢流阀,当二位二通电磁阀通电时起卸荷作用。

3. 插装式锥阀用做流量控制阀

二通插装节流阀的结构及图形符号如图 4-45 所示。在插装阀的控制盖板上有阀芯限位器,用来调节阀芯开度,从而起到流量控制阀的作用。若在二通插装阀前串联一个定差减压阀,则可组成二通插装调速阀。

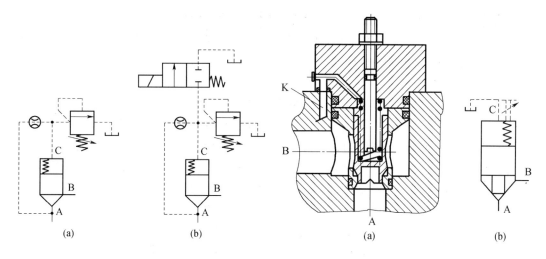

图 4-44 插装式锥阀用做压力控制阀　　图 4-45 插装式锥阀用做流量控制阀

4.7 液压阀的连接

一个能够完成一定功能的液压系统由若干液压阀有机地结合在一起,各液压阀的连接方式有管式连接、板式连接、集成式等。集成式中又可分为集成块式、叠加阀式、插装锥阀式。插装锥阀式在前面已经介绍,本节介绍其他几种连接方式。

1. 管式连接

管式连接是各管式液压阀用管道连接,管道与阀一般采用螺纹管接头连接起来,流量大的用法兰连接,管式连接不需要其他专门的连接元件,油液的运行线路明确,但其结构分散。复杂的液压系统所占空间大,管路交错,接头繁多,不便于维修,目前使用的场合已经不多见。

2. 板式连接

为了解决管式连接中存在的问题,出现了板式液压元件,板式连接是将系统所需要的板式标准液压元件统一安装在连接板上。采用的板式连接有下列几种形式:

(1) 单层连接板。阀装在竖立的连接板前面,阀间油路在板后用油管连接,这种连接板结构简单,检查油路方便,但板上油路较多,装配麻烦,占空间人。

(2) 双层连接板。在两块板间加工出油槽以连接阀间油路,两块板再用胶黏剂或螺钉固定在一起,该方法工艺简单、结构紧凑。但当液压系统中压力过高或产生液压冲击时,容易造成两块板之间由于压力过大形成裂缝,出现漏油串腔问题,以致液压系统无法正常工作,而且在检查中不容易发现故障点。

(3) 整体连接板 在整体板中间钻孔或铸孔用以连接阀间油路,其工作可靠,但钻孔加工工作量大,工艺复杂,此外不能随意更换系统,系统有所改变,需重新设计和制造。

3. 集成块式

由于前述几种连接方式在使用中存在一些问题,随着科技的发展,人们发展了液压装置的集成块式,借助于集成块把标准化的板式液压元件连接在一起,组成液压系统,为集成化的一种。

其优点是结构紧凑,占地面积小,便于装卸和维修,且具有标准化、系列化产品,可以选用组合,因而被广泛应用于各种中高压和中低压的液压系统,但其具有设计工作量大,加工工艺复杂,不能随意修改系统等缺点。

4. 叠加阀式

叠加阀式是液压装置集成化的另一种方式,它由叠加阀互相连接而成。由叠加阀组成的液压装置如图4-46所示。叠加阀组成的液压装置一般在最下面的是底板,底板上有进油孔、回油孔和通向液压执行元件的油孔,底板上面第一个元件一般是压力表开关,然后依次向上叠加各压力控制阀和流量控制阀,最上层为换向阀,用螺栓将它们紧固成一个叠加阀组。一般一个叠加阀组控制一个执行元件。如果液压系统有几个需要集中控制的液压元件,则用多联底板,并排在上面组成相应的几个叠加阀组。

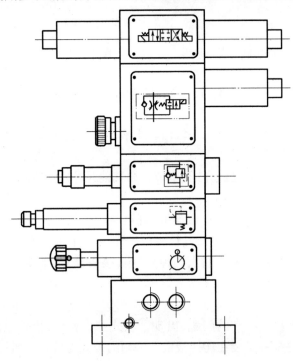

图4-46 叠加阀式液压装置示意图

其特点是不用其他的连接体,结构紧凑、体积小,尤其是液压系统的更改较为方便。叠加阀为标准化元件,设计中仅需按工艺要求绘出叠加阀式液压系统原理图,即可进行组装,因而设计工作量小,目前已被广泛应用于冶金、机械制造、工程机械等领域。

思考题和习题

4-1 试比较溢流阀、减压阀和顺序阀三者之间的相同点和不同点。

4-2 为什么节流阀可以反向流通而调速阀不可以?

4-3 试分析图4-47所示回路的压力表A在系统工作时能显示出哪些读数(压力)?

4-4 一夹紧回路,如图4-48所示,若溢流阀的调定压力为5MPa,减压阀的调定压力为2.5MPa,试分析活塞快速运动时和夹紧工件后,A、B两点的压力各为多少?

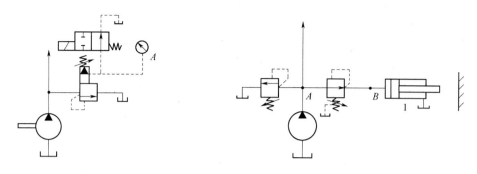

图 4-47 题 4-3 图　　　　　图 4-48 题 4-4 图

4-5 如图 4-49 所示回路中,液压缸活塞面积为 10cm^2,溢流阀的调定压力为 5MPa,顺序阀的调定压力为 3MPa,求下列情况下 A、B 点的压力为多大?

(1) 液压缸活塞运动中,负载力为 4000N 时;
(2) 液压缸活塞运动中,负载力为 1000N 时;
(3) 活塞运动到终点时。

4-6 如图 4-50(a)、(b)所示,节流阀串联在液压泵和执行元件之间,调节节流阀的通流面积,能否改变执行元件的运动速度? 简述理由。

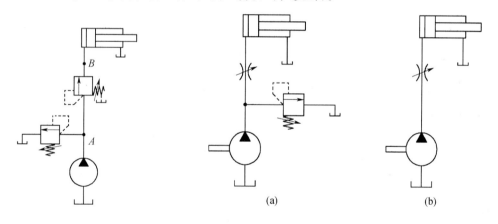

图 4-49 题 4-5 图　　　　　图 4-50 题 4-6 图

4-7 试分析图 4-51 所示插装式锥阀可以组成何种类型的液压阀,并画出相应一般液压阀的图形符号。

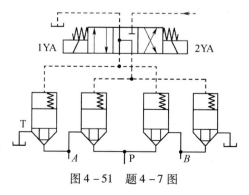

图 4-51 题 4-7 图

第5章 液压辅助元件

液压系统中的辅助元件,是指除液压动力元件、执行元件和控制元件以外的其他各类组成元件,包括管路、管接头、油箱、蓄能器、过滤器及密封件等。这些元件,在液压系统中应用数量多,分布很广,影响很大,必须给予足够的重视。除油箱常需自行设计外,其余的辅助元件已标准化和系列化,皆为标准件,但应注意合理选用。

5.1 管路及管接头

液压管路和管接头是连接液压元件,输送压力油的装置。管径过大,会使液压装置结构庞大,增加不必要的成本费用;管径太小,会使管内流速过高,不但增大压力损失、降低系统效率,而且易引起振动和噪声,影响系统的正常工作。

5.1.1 油管的种类和选用

液压系统中使用的油管有钢管、铜管、橡胶软管、塑料管和尼龙管等几种,一般是根据液压系统的工作压力、工作环境和液压元件的安装位置等因素来选用。

液压系统用钢管通常为无缝钢管,分为精密无缝钢管(冷拔)和普通无缝钢管(热轧),材料为10号或15号钢,在中、高压和大通径时采用15号钢。精密无缝钢管管壁薄,内壁光滑,通油能力好,而且外径尺寸精确,适宜于采用卡套式管接头连接。

铜管有紫铜管和黄铜管。紫铜管的最大优点是装配时易弯曲成各种需要的形状,但承压能力较低,一般不超过6.5~10MPa,抗振能力较差,又易使油液氧化,价格昂贵。黄铜管可承受25MPa的压力,但不如紫铜管易于弯曲成形。

耐油橡胶软管安装连接方便,适用于两个相对运动部件之间的管路,或弯曲形状复杂的地方。橡胶软管分高压和低压两种。高压软管是用钢丝编织或钢丝缠绕为骨架的软管,钢丝层数越多,管径越小,耐压力越大;低压软管是用麻线或棉纱编织体为骨架的胶管。

尼龙管是一种新型的乳白色半透明管,承压能力因材料而异(2.5~5MPa不等)。目前大都只在低压管道中使用。尼龙管加热后可以随意弯曲、变形,冷却后就固定成形,因此便于安装。它兼有铜管和橡胶软管的优点。

耐油塑料管价格便宜,装配方便,但耐压能力低,只适用于工作压力小于0.5MPa的回油、泄油管路。塑料管使用时间较长后会变质老化。

管路的内径 d 和壁厚 δ 可采用下列两式计算,并需要圆整为标准数值,即

$$d = 2\sqrt{\frac{q}{\pi[v]}} \tag{5-1}$$

$$\delta = \frac{pdn}{2[\sigma_b]} \qquad (5-2)$$

式中：$[v]$为允许流速，其推荐值，吸油管为 $0.5\sim1.5\text{m/s}$，回油管为 $1.5\sim2\text{m/s}$，压力油管为 $2.5\sim5\text{m/s}$，控制油管为 $2\sim3\text{m/s}$，橡胶软管应小于 4m/s；n 为安全系数，对于钢管，$p\leqslant7\text{MPa}$ 时，$n=8$，$7\text{MPa}<p\leqslant17.5\text{MPa}$ 时，$n=6$，$p>17.5\text{MPa}$ 时，$n=4$；$[\sigma_b]$ 为管路材料的抗拉强度，可由材料手册查出。

管路安装时应尽量短，最好横平竖直，拐弯少，为避免管道皱折，减少压力损失，管路装配的弯曲半径要足够大，管路在悬伸较长时要适当设置管夹。管路尽量避免交叉，平行管要存在一定间距，以防接触振动，并便于安装管接头。软管直线安装时要有 30% 左右的余量，以适应油温变化、受拉和振动的需要。弯曲半径要大于 9 倍软管外径，弯曲处到管接头的距离至少等于 6 倍外径。

5.1.2 管接头的种类和选用

液压系统中油液的渗漏多发生在管路的接头处，所以管接头的重要性不容忽视，由于管接头是油管与油管、油管与液压元件之间的可拆式连接件，它应满足装拆方便、连接牢靠、密封可靠、外形尺寸小、通油能力大、压力损失小、加工工艺性好等要求。管接头按油管与管接头的连接方式主要有焊接式、卡套式、扩口式、扣压式等形式；每种形式的管接头中，按接头的通路数量和方向分为直通、直角、三通等形式；与机体的连接方式有螺纹连接、法兰连接等方式。此外，还有一些满足特殊用途的管接头。

1. 焊接式管接头

图 5-1 所示为焊接式直通管接头，主要由接头体 4、螺母 2 和接管 1 组成。图 5-1(a)中依靠球面和锥面的环型接触线实现密封，图 5-1(b)在接头体和接管之间用 O 形密封圈 3 密封，当接头体拧入机体时，采用金属垫圈或组合垫圈 5 实现端面密封，或利用锥管螺纹密封，接管与管路系统中的钢管用焊接连接焊接式管接头，密封可靠，连接牢固，缺点是装配时需焊接，因而必须采用厚壁钢管，且焊接工作量大。

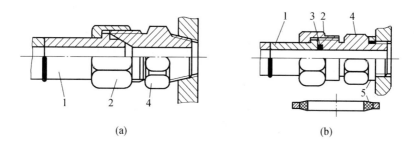

图 5-1 焊接式直通管接头

1—接管；2—螺母；3—O 形密封圈；4—接头体；5—组合垫圈。

2. 卡套式管接头

图 5-2(a)所示为卡套式管接头结构。卡套式管接头主要包括三部分，即具有 24°锥形孔的接头体 1、带有尖锐内刃的卡套 3 和起压紧作用的压紧螺母 2。旋紧螺母时，卡套被推进 24°锥孔，并随之变形，使卡套与接头体内锥面形成球面接触密封；同时，卡套的

内刃口嵌入油管的外壁,如图 5-2(b)所示,在外壁上压出一个环形凹槽,从而起到可靠的密封作用。卡套式管接头具有结构简单、性能良好、质量轻、体积小、使用方便、不用焊接、轴向尺寸要求不严等优点,是液压、气动系统中较为理想的管路连接件。但卡套式管接头要求管道表面有较高的尺寸精度,适用于冷拔无缝钢管而不适用于热轧管。

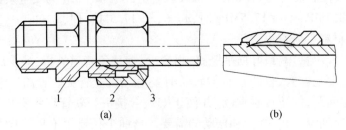

图 5-2 卡套式管接头
1—接头体;2—压紧螺母卡套;3—卡套。

3. 扩口式管接头

图 5-3 所示为扩口式管接头结构。这种接头有 A 型和 B 型两种结构形式,A 型由具有 74°外锥面的接头体 1、起压紧作用的螺母 2 和带有 66°内锥孔的管套 3 组成;B 型由具有 90°内锥孔的螺母 2 组成。将已冲了喇叭口的油管置于接头体的外锥面和管套(或 B 型螺母)的内锥孔之间,旋紧螺母使油管的喇叭口受压,挤贴于接头体外锥面和管套(或 B 型的螺母)内锥孔所产生的缝隙中,从而起到了密封作用。

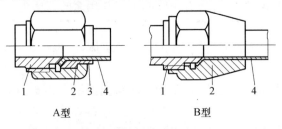

A型　　　　　　　B型

图 5-3 扩口式管接头
1—接头体;2—螺母;3—管套;4—油管。

扩口式管接头结构简单,加工性能良好,使用方便,适用于以油、气为介质的中、低压管路系统,其工作压力取决于管材的许用压力,一般为 3.5~16MPa。

4. 胶管总成

钢丝编织或缠绕胶管总成包括胶管和接头,有 A 型、B 型、C 型、D 型、E 型、J 型等,其中 A 型、B 型、C 型为标准型。A 型用于与焊接式管接头连接,B 型用于与卡套式管接头连接,C 型用于与扩口式管接头连接。图 5-4 所示为 A、B 型扣压式胶管总成。扣压式胶管接头主要由接头外套 1 和接头芯 2 组成。接头外套的内壁有环形切槽,接头芯的外壁呈圆柱形,上有径向切槽。当剥去胶管的外胶层,将其套入接头芯时,拧紧接头外套并在专用设备上扣压,以紧密连接。

5. 快速管接头

快速管接头是一种不需要使用工具,就能够实现管路迅速连通或断开的接头。快速管接头有两种结构形式:两端开闭式和两端开放式。图 5-5 所示为两端开闭式快速管接头的结构图。接头体2,10的内腔各有一个单向阀阀芯4,当两个接头体分离时,单向阀阀芯由弹簧3推动,使阀芯紧压在接头体的锥形孔上,关闭两端通路,使介质不能流出。当两个接头体连接时,单向阀阀芯前端的顶杆相碰,迫使阀芯后退并压缩弹簧,使通路打开。两个接头体的连接,是利用在接头体2上的6个(或8个)钢球落在接身体10的V形槽内而实现的。工作时,钢珠由外滑套6压住而无法退出。外滑套由弹簧7顶住,保持在右端位置。

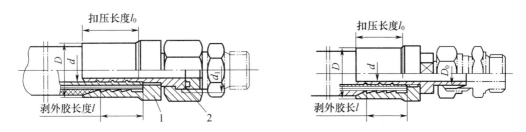

图5-4 扣压式胶管总成
1—接头外套;2—接头芯

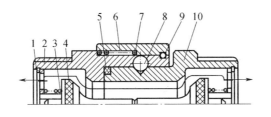

图5-5 快速管接头
1—挡圈;2,10—接头体;3—弹簧;4—单向阀阀芯;
5—O形密封圈;6—外滑套;7—弹簧;8—钢球;9—弹簧圈。

5.2 油 箱

5.2.1 油箱的功用和结构

油箱的用途是储存油液、油液散热、逸出混在油液中的气体、沉淀油液中的杂质等。

在液压系统中,油箱有总体式和分离式两种。总体式油箱是利用机器设备机身内腔作为油箱(如压铸机、注塑机等),其结构紧凑,回收漏油比较方便,但维修不便,散热条件不好。分离式油箱设置有一个单独油箱,与主机分开,减少了油箱发热及液压源振动对工作精度的影响,因此得到了普遍的应用,特别是在组合机床、自动线和精密机械设备上大多采用分离式油箱。

油箱通常用钢板焊接而成,采用不锈钢为最好,但成本较高,大多数情况下采用镀锌钢板或普通钢板内涂防锈的耐油涂料。图5-6所示为一个分离式油箱的结构,图中1为吸油管,3为回油管,中间有两个隔板6和8,隔板6作用是阻挡沉淀杂质进入吸油管,隔板8作用是阻挡泡沫进入吸油管,脏物可以通过油箱底部的放油塞排出,空气滤清器2

设置在回油管一侧的上部,兼有加油和通气的作用,5 为液位计。在清理油箱时,可以将油箱的箱盖打开。

5.2.2 油箱设计时需要注意的问题

为了保证油箱的功能,在设计时应注意以下几个方面问题:

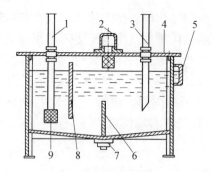

图 5-6 油箱结构
1—吸油管;2—空气滤清器;3—回油管;4—箱盖;
5—液位计;6,8—隔板;7—放油塞;9—滤油器。

(1) 油箱应有足够的刚度和强度。油箱一般用 2.5~4mm 的钢板焊接而成,尺寸高大的油箱要加焊角钢、加强筋等以增加油箱的刚度。油箱上盖板若安装电动机、液压泵和其他液压元件时,上盖板不仅要适当加厚,而且还要采取措施局部加强。液压泵和电动机直立安装时,振动一般比水平安装要好些,但散热较差。

(2) 油箱要有足够的有效容积。油箱的有效容积(油面高度为油箱高度 80% 时的容积)应根据液压系统发热、散热平衡的原则来计算,但这只是在系统负载较大、长期连续工作时才有必要进行,一般只须按液压泵的额定流量 q_p 估计即可。

在初步设计时,油箱的有效容量可按下述经验公式确定

$$V = mq_p \tag{5-3}$$

式中:V 为油箱的有效容量;q_p 为液压泵的流量;m 为经验系数,低压系统时,$m = 2~4$,中压系统时,$m = 5~7$,中高压或高压系统时,$m = 6~12$。

对功率较大且连续工作的液压系统,必要时还要进行热平衡计算,以此确定油箱容量。

(3) 吸油管和回油管应尽量相距远些。吸油管和回油管之间要用隔板隔开,以增加油液循环距离,使油液有足够的时间分离气泡,沉淀杂质;隔板高度最好为箱内油面高度的 3/4;吸油管入口处要装粗过滤器,过滤器和回油管管端在油面最低时应没入油中,防止吸油时吸入空气和回油时回油冲入油箱时搅动油面,混入气泡。吸油管和回油管端宜斜切 45°以增大通流面积,降低流速,回油管斜切口应面向箱壁。管端与箱底、箱壁间距离均应大于管径的 3 倍、过滤器距箱底不应小于 20mm,泄油管管端亦可斜切,回油管的斜口应朝向箱壁,但不可没入油中。

(4) 防止油液污染。为了防止油液污染,油箱上各盖板、管口处都要妥善密封。注油器上要加过滤网,为防止油箱出现负压而设置的通气孔上须装空气滤清器。

(5) 易于散热和维护保养。箱底离地应有一定距离且适当倾斜,以增大散热面积;在油箱底部的最低部位应设置放液阀或放油塞,以利于排放污油;在易见的油箱侧壁上应设置液位计;过滤器的安装位置应便于装拆;油箱内壁应便于清洗。

(6) 油箱要进行油温控制。油箱正常工作的温度应为 15~65℃,在环境温度变化较大的场合要安装热交换器,但必须考虑它的安放位置以及测温、控制等措施。

(7) 油箱内壁要加工。新油箱经喷丸、酸洗和表面清洗后,内壁可涂一层与工作液相容的塑料薄膜或耐油清漆。

5.3 滤油器

5.3.1 滤油器的功用和基本要求

滤油器又称过滤器,其功用是清除油液中的各种杂质。当液压系统油液中混有杂质微粒时,杂质微粒会卡住滑阀,堵塞小孔,加剧零件的磨损,缩短元件的使用寿命。油液污染越严重,系统工作性能越差、可靠性越低,甚至会造成故障。油液污染是液压系统发生故障、液压元件过早磨损、损坏的重要原因。经验表明,液压系统75%以上的故障是由于油液污染造成的。

一般对过滤器的基本要求如下:

(1) 过滤精度应满足系统设计要求。过滤精度通常用能被过滤掉的杂质颗粒的公称尺寸(μm、名义直径)来度量。过滤器按过滤精度可以分为粗过滤器、普通过滤器、精过滤器和特精过滤器4种,它们分别能滤去公称尺寸为$80\mu m$以上、$10\sim80\mu m$、$5\sim10\mu m$和$5\mu m$以下($1\sim5\mu m$)的杂质颗粒。

液压系统所要求的过滤精度应使杂质颗粒尺寸小于液压元件运动表面间的间隙或油膜厚度,以免卡住运动件或加剧零件磨损,同时也应使杂质颗粒尺寸小于系统中节流孔和节流缝隙的最小开度,以免造成堵塞。液压系统不同,液压系统的工作压力不同,对油液的要求也不同,其推荐值如表5-1所列。

表 5-1 各种液压系统的过滤精度推荐值表

系统类别	润滑系统	液压传动系统			液压伺服系统
工作压力/MPa	0~2.5	<14	14~32	>32	≤21
精度 $d/\mu m$	≤100	25~50	≤25	≤10	≤5

(2) 具有足够大的通油能力,压力损失小。
(3) 滤芯具有足够强度,不会因压力油的作用而损坏。
(4) 滤芯抗腐蚀性好,能在规定的温度下长期工作。
(5) 滤芯的更换、清洗及维护方便容易。

5.3.2 过滤器的类型

液压系统中常用的过滤器,按过滤精度可分为粗过滤器、普通过滤器、精过滤器和特精过滤器;按滤芯形式分有网式、线隙式、纸芯式、烧结式、磁式等;按过滤方式可分为表面型、深度型和中间过滤型。

1. 表面型过滤器

表面型过滤器的滤芯表面与液压油直接接触,这种过滤材料利用其材料表面的多孔结构将液压油中的杂质颗粒阻挡在其表面,使其不能进入液压系统中,最常见的金属网式过滤器如图5-7(a)所示。它由上盖1、下盖4和几块不同形状的金属丝编织方孔网或金属编织的滤网3组成。为使过滤器具有一定的机械强度,金属丝编织方孔网或特种网包在四周都开有圆形窗口的金属或塑料圆筒芯架上。标准产品网式过滤器的过滤精度有 40μm、80μm、100μm、130μm、180μm 等,压力损失小于 0.01MPa,最大流量可达 630L/min。网式过滤器属于粗过滤器,一般安装在液压泵吸油路上,以此保护液压泵。它具有结构简单、通油能力大、阻力小、易清洗等特点。

另外一种表面型过滤器是如图 5-7(b)所示的线隙式过滤器。线隙式过滤器的滤芯由铜线或铝线绕在筒形骨架上而形成(骨架上有许多纵向槽和径向孔),依靠线间缝隙过滤。当其安装在液压泵的进油口时,压力损失为 0.02~0.15 MPa,过滤精度为 80~100μm。其特点是结构简单,通油能力大,过滤精度比网式滤油器高,但不易清洗,滤芯强度较低,一般用于中、低压系统。

图 5-7(c)所示为过滤器的图形符号。

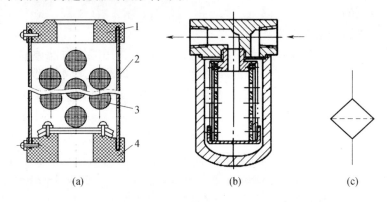

图 5-7 表面型过滤器
1—上盖;2—骨架;3—滤网;4—下盖。

2. 金属烧结式过滤器

金属烧结式过滤器有各种结构形式,图 5-8 所示是其中的一种,它是由顶盖 1、壳体 2 和滤芯 3 构成,烧结式过滤器的滤芯 3 通常由青铜等颗粒状金属烧结而成,工作时利用颗粒间的微孔进行过滤。这种过滤器的过滤精度一般为 10~100μm,压力损失为 0.03~0.2MPa。该滤油器的过滤精度高,耐高温,抗腐蚀性强,滤芯强度大,制造简单,适用于精过滤。缺点是易堵塞,难于清洗,颗粒易脱落。

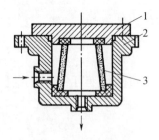

图 5-8 烧结式滤油器
1—顶盖;2—壳体;3—滤芯。

3. 中间型过滤器

中间型过滤器的过滤方式介于上述两者之间,如采用有一定厚度(0.35~0.75mm 微孔滤纸制成的滤芯(图 5-9)的纸质过滤器,滤纸制成折叠式,以增加过滤面积。滤纸用骨架支撑,以增大滤芯强度。它的过滤精度比较高,一般过滤精度为10~20μm,高精度的可以达到1μm。这种过滤器的过滤精度适用于一般的高压液压系统。它是目前中高压液压系统中普遍应用的精过滤器。由于这种过滤器阻力损失较大,一般为0.08~0.35MPa,所以只能安排在排油管路和回油管路上,不能放在液压泵的进油口。其特点是过滤精度高,重量轻,成本低,但不能清洗,需定期更换滤芯。

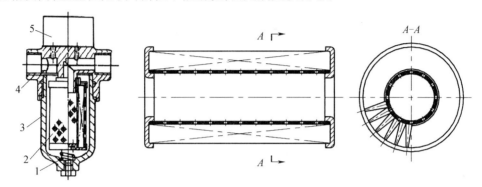

图5-9 中间型过滤器
1—弹簧;2—滤芯;3—壳体;4—端盖;5—发讯装置。

5.3.3 过滤器的安装

根据所设计的液压系统的技术要求,按系统的过滤精度、液压油的流量、工作压力、油液的黏度和工作温度等来选用不同类型的过滤器及型号。过滤器在液压系统的安装位置有下列几种。

1. 安装在泵的吸油口

泵的吸油路上一般都安装表面型过滤器,目的是滤去较大的杂质微粒以保护液压泵,为不影响泵的吸油性能,防止气穴现象,过滤器的过滤能力应为泵流量的两倍以上,压力损失不得超过0.02MPa。必要时,泵的吸入口应置于油箱液面以下,如图5-10(a)所示。

2. 安装在泵的出口油路上

过滤器安装在泵的出口油路上其目的是用来滤除可能进入阀类等元件的污染物。一般采用10~15μm过滤精度的过滤器,它应能承受油路上的工作压力和冲击压力,其压力降应小于0.35MPa,并应有安全阀和堵塞状态发讯装置,以防泵过载和滤芯损坏,如图5-10(b)所示。

3. 安装在系统的回油路上

这种安装方式只能间接地过滤。由于回油路压力低,可采用强度低的过滤器,其压力降对系统也影响不大。一般都与过滤器并联一单向阀起旁通作用,当过滤器堵塞达到一定压力损失时,单向阀打开,如图5-10(c)所示。

4. 安装在系统的分支油路上

当液压泵的流量较大时,若采用上述各种方式过滤,过滤器结构可能很大。为此可在只有泵流量20%~30%的支路上安装一小规格过滤器,对油液起滤清作用,如图5-10(d)所示。

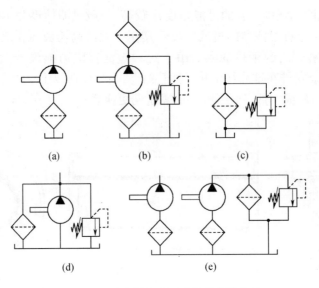

图 5-10 过滤器在液压系统的安装位置

5. 单独过滤系统

大型液压系统可专设液压泵和过滤器组成独立的过滤回路,专门用来清除系统中的杂质,还可与加热器、冷却器、排气器等配合使用。滤油车即为单独过滤系统,如图 5-10(e)所示。

另一方面,安装过滤器还应注意,一般过滤器只能单向使用,即进出油口不可反用,以利于滤芯清洗和安全。因此,过滤器不要安装在液流方向可能变换的油路上。必要时油路中要增设单向阀和过滤器,以保证双向过滤。

5.4 密封装置

密封是解决液压系统泄漏问题最重要、最有效的手段。液压系统如果密封不良,可能出现不允许的外泄漏,外漏的油液将会污染环境;可能使空气进入吸油腔,影响液压泵的工作性能和液压执行元件运动的平稳性(爬行),泄漏严重时,系统容积效率过低,甚至工作压力达不到要求;若密封过度,虽可防止泄漏,但会造成密封部分的剧烈磨损,缩短密封件的使用寿命,增大液压元件内的运动摩擦阻力,降低系统的机械效率。因此,合理地选用和设计密封装置在液压系统的设计中是很重要的。

5.4.1 对密封装置的要求

(1) 在工作压力和一定的温度范围内,具有良好的密封性能,有适宜的弹性,能补偿误差和磨损,随着压力的升高能自动提高密封性能。

(2) 具有良好的相容性。与液体和气体介质以及金属材料相容;抗腐蚀能力强,工作寿命长,耐磨性好。

(3) 摩擦力小,摩擦因数稳定,寿命长。

(4) 结构简单,使用、维修方便,价格低廉。

5.4.2 密封装置的类型和特点

液压系统中的密封装置按其工作原理可分为非接触式密封和接触式密封。非接触式密封主要指间隙密封,是靠相对运动零件配合面间的微小间隙来进行密封的。接触式密封指密封件密封,是利用密封件的变形达到完全消除两个配合面的间隙或者使间隙控制在密封油液能通过的最小间隙以下。一般所讲的密封装置是指接触式密封,常用的有O形密封圈、唇形密封圈和组合式密封圈。

1. 间隙密封

间隙密封是靠相对运动零件配合面之间的微小间隙来进行密封的,常用于柱塞、活塞或阀的圆柱配合副中,一般在阀芯的外表面开有几条等距离的均压槽,它的主要作用是使径向压力分布均匀,减小液压卡紧力,同时使阀芯在孔中对中性好,以减小间隙的方法来减小泄漏。同时槽所形成的阻力,对减小泄漏也有一定的作用。均压槽一般宽 $0.3 \sim 0.5$ mm,深为 $0.5 \sim 1.0$ mm。圆柱面配合间隙与直径大小有关,对于阀芯与阀孔一般取 $0.005 \sim 0.017$ mm。这种密封的优点是摩擦力小,缺点是磨损后不能自动补偿,主要用于直径较小的圆柱面之间,如液压泵内的柱塞与缸体之间,滑阀的阀芯与阀孔之间的配合。

2. O形密封圈

O形密封圈一般用耐油橡胶制成,其横截面成圆形,如图 5-11(a)所示,是液压设备中使用最多的一种密封件,可用于静密封和动密封,它具有良好的密封性能,内外侧和端面都能起密封作用,具有压力的自适应能力和自动补偿能力,结构简单,制造容易,运动件的摩擦阻力小,安装方便,成本低,故应用极为广泛。图 5-11(b)为O形密封圈装入沟槽时情况,图中 δ_1 和 δ_2 为O形密封圈装配后的预变形量,它们是保证间隙密封性能所必须具备的,预变形量的大小应选择适当,过小时会由于安装部位的偏心、公差波动等而漏油,过大时对动密封而言,会增加摩擦阻力。常用压缩率 W 表示预压缩量,即 $W = [(d_0 - h)/d_0] \times 100\%$,对于固定密封、往复运动密封和回转运动密封,应分别达到 $15\% \sim 20\%$、$10\% \sim 20\%$ 和 $5\% \sim 20\%$ 才能取得满意的密封效果。当静密封压力 $p > 32$ MPa 或动密封压力 $p > 10$ MPa 时,O形密封圈有可能被压力油挤入间隙而损坏,如图 5-11(c)所示,为此要在它的侧面安置聚四氟乙烯挡圈,单向受力时在受力一侧的对面安放一个挡圈,如图 5-11(d)所示;双向受力时则在两侧各放一个,如图 5-11(e)所示。

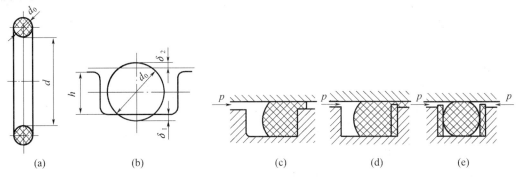

图 5-11 O形密封圈及挡圈的安装

有关O形密封圈的安装沟槽、挡圈、O形密封圈都已标准化,实际应用可查阅有关手册。

3. 唇形密封圈(Y形密封圈)

唇形密封圈是依靠密封圈的唇口受液压力作用下变形,使唇边紧贴密封面而进行密封的,工作原理如图5-12所示。液压力越高,唇边贴得越紧,并且具有磨损后自动补偿的能力。这类密封圈一般用于往复运动密封。常见的有Y形、Yx形、V形等。

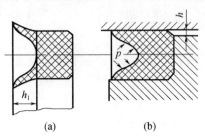

图5-12 唇形密封圈的工作原理

Y形密封圈横截面为Y形,如图5-12(a)所示,一般由耐油橡胶压制而成。安装Y形密封圈时,唇口一定要对着压力高的一侧。Y形密封圈具有摩擦因数小、安装简便等优点,但当工作压力大于14MPa或压力波动较大、滑动速度较高时,易产生翻转现象。

Yx形密封圈是Y形密封圈改进设计而成的,又称小Y形,分为轴用与孔用两种,如图5-13所示。这种密封圈的特点是截面宽度和高度的比值大,增加了底部支承宽度,因而不易翻转和扭曲,稳定性好。

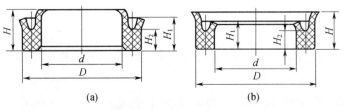

图5-13 Yx形密封圈
(a) 孔用;(b) 轴用。

V形密封圈用多层涂胶织物压制而成,由支承环、密封环和压环组成,三环叠在一起使用,如图5-14所示。当工作压力 $p > 10$MPa时,可以根据压力的大小,适当增加密封环的数量,以提高密封性,工作压力最高可达50MPa。安装时V形密封圈的V形口一定要面向压力高的一侧。

4. 组合式密封装置

随着液压技术的发展,液压系统对密封的要求越来越高,普通的密封圈单独使用已不能满足需要。因此,出现了由两个以上元件组成的组合式密封装置。

组合式密封装置充分发挥了其组成元件密封材料的各自优点。例如,聚四氟乙烯是一种新型塑料材料,它摩擦因数极低,耐磨性好,但弹性差;而丁腈橡胶弹性好。将两者结合起来,构成新式的组合式密封,如图5-15所示。图5-15(a)所示为孔用组合密封,2为聚四氟乙烯密封环,它与密封面摩擦;1为丁腈橡胶的O形密封圈,它为密封环提供预压力。这种密封结构可以耐高压(工作压力可达40MPa),而且摩擦力很小。图5-15

(b)所示为轴用组合密封,密封环 2 与被密封件 3 之间为线密封,其工作原理类似唇边密封,其工作压力可达 80MPa。

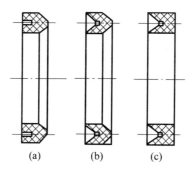

图 5-14 V 形密封圈
(a) 支承环;(b)密封环;(c) 压环。

5. 回转轴密封圈

回转轴密封又称油封,是一种旋转用唇形密封圈,主要用于密封低压工作介质或润滑油的外泄和防止外界尘土、杂质侵入。在各类液压泵、液压马达和摆动缸的转轴上广泛使用。图 5-16 所示为一种耐油橡胶制成的回转轴用密封圈,其内部有一个断面为直角形的金属骨架 1 支撑,密封圈内边围着一条螺旋弹簧 2,把内边收紧在轴上,防止油液沿轴向泄漏到壳体外面去。它的工作压力一般不超过 0.1MPa,最大允许线速度为 8m/s,须在有润滑情况下工作。

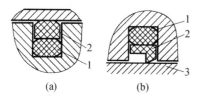

图 5-15 组合式密封装置
1—O 形密封圈;2—密封环;3—被密封件。

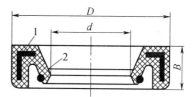

图 5-16 回转轴密封
1—金属骨架;2—螺旋弹簧。

5.5 蓄 能 器

在液压系统中,蓄能器用来储存和释放流体的压力能,它可以在短时间内向系统提供压力流体,也可以吸收系统的压力脉动和减小压力冲击。

5.5.1 蓄能器的功用

蓄能器在液压系统中的功用主要有以下几个方面:
(1) 短期大量供油。当执行元件需要快速运动时,由蓄能器与液压泵同时向液压缸供给压力油。
(2) 维持系统压力。当执行元件停止运动的时间较长,并且需要保压时,为降低能耗、使液压泵卸荷,可以利用蓄能器储存的液压油来补偿油路的泄漏损失,维持系统压力。

另外,蓄能器还可以用做应急油源,在一段时间内维持系统压力,避免电源突然中断或液压泵发生故障时油源中断而引起的事故。

(3) 缓和冲击,吸收脉动压力。当液压泵起动或停止、液压阀突然关闭或换向、液压缸起动或制动时,系统中会产生液压冲击,在冲击源和脉动源附近设置蓄能器,可以起缓和冲击和吸收脉动的作用。

5.5.2 蓄能器的类型与结构

蓄能器有重力式、弹簧式和充气式三类,常用的是充气式,它又可分为活塞式、气囊式和隔膜式三种。在此主要介绍活塞式及气囊式两种蓄能器。

1. 活塞式蓄能器

图 5-17(a)所示为活塞式蓄能器。这种蓄能器利用钢筒 2 中浮动的活塞 1 将气体和油液隔开,属于隔离式蓄能器。其特点是气液隔离,油液不易氧化,结构简单,工作可靠、寿命长、安装和维护方便;但由于活塞惯性和摩擦阻力的影响,具有反应灵敏性差、容量较小、对缸筒加工精度和活塞密封性能要求较高的特点,一般用来储能或供高、中压系统作吸收脉动及液压冲击作用。

2. 气囊式蓄能器

图 5-17(b)所示为气囊式蓄能器。它由充气阀 1、壳体 2、气囊 3、限位阀 4 等组成。壳体是一个无缝耐高压的外壳,皮囊用特殊耐油橡胶作原料与充气阀一起压制而成,固定在壳体 3 的上部。工作压力为 3.5~35MPa,容量范围为 0.6~200L,温度适用范围为 -10~+65℃。工作前,从充气阀向气囊内充入一定压力的气体(一般为氮气),然后将充气阀关闭,使气体封闭在气囊内。要储存的油液,从壳体底部限位阀引入到气囊外腔,使气囊受压缩而储存液压能。

限位阀是一个用弹簧加载的具有菌形头部的阀,压力油由该阀进入蓄能器。在液压油全部排出时,限位阀可防止气囊膨胀挤出油口。

这种蓄能器气囊惯性小,反应灵敏,容易维护,一次充气后能长时间的保存气体,充气也较方便,故在液压系统中得到广泛的应用。其缺点是容量较小,气囊和壳体的制造比较困难。

3. 薄膜式蓄能器

薄膜式蓄能器利用薄膜的弹性来储存、释放压力能,主要用于体积和流量较小的情况,如用做减震器,缓冲器等。

4. 弹簧式蓄能器

弹簧式蓄能器利用弹簧的压缩和伸长来储存、释放压力能,它的结构简单,反应灵敏,但容量小,可用于小容量、低压回路起缓冲作用,不适用于高压或高频的工作场合。

5. 重力式蓄能器

重力式蓄能器主要用于冶金等大型液压系统的恒压供油,其缺点是反应慢,结构庞大,现在已很少使用。

图 5-17(c)所示为蓄能器的图形符号。

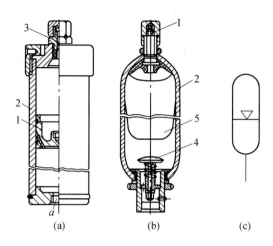

图 5-17 充气式蓄能器
1—活塞；2—壳体；3—充气阀；4—限位阀；5—气囊。

5.5.3 蓄能器的容量计算

容量是选用蓄能器的依据，其大小视用途而异，现以皮囊式蓄能器为例加以说明。

1. 作为辅助动力源时的容量计算

当蓄能器作为动力源时，蓄能器储存和释放的压力油容量和皮囊中气体体积的变化量相等，而气体状态的变化遵守气体定律，即

$$p_0 V_0^n = p_1 V_1^n = p_2 V_2^n \tag{5-4}$$

式中：p_0 为皮囊的充气压力；V_0 为皮囊充气的体积，由于此时皮囊充满壳体内腔，故 V_0 亦即蓄能器容量；p_1 为系统最高工作压力，即液压泵对蓄能器充油结束时的压力；V_1 为皮囊被压缩后相应于 p_1 时的气体体积；p_2 为系统最低工作压力，即蓄能器向系统供油结束时的压力；V_2 为气体膨胀后相应于 p_2 时的气体体积。

体积差 $\Delta V = V_2 - V_1$ 为供给系统油液的有效体积，将它代入式(5-4)，便可求得蓄能器容量 V_0，即

$$V_0 = \left(\frac{p_2}{p_0}\right)^{1/n} V_2 = \left(\frac{p_2}{p_0}\right)^{1/n} (V_1 + \Delta V) = \left(\frac{p_2}{p_0}\right)^{1/n} \left[\left(\frac{p_2}{p_0}\right)^{1/n} V_0 + \Delta V\right]$$

则

$$V_0 = \frac{\Delta V \left(\frac{p_2}{p_0}\right)^{1/n}}{1 - \left(\frac{p_2}{p_1}\right)^{1/n}} \tag{5-5}$$

充气压力 p_0 在理论上可与 p_2 相等，但是为保证在 p_2 时蓄能器仍有能力补偿系统泄漏，则应使 $p_0 < p_2$，一般取 $p_0 = (0.8 \sim 0.85) p_2$，如已知 V_0，也可反过来求出储能时的供油体积，即

$$\Delta V = V_0 p_0^{1/n} \left[\left(\frac{1}{p_2}\right)^{1/n} - \left(\frac{1}{p_1}\right)^{1/n}\right] \tag{5-6}$$

在以上各式中，n 是与气体变化过程有关的指数。当蓄能器用于保压和补充泄漏时，气体压缩过程缓慢，与外界热交换得以充分进行，可认为是等温变化过程，这时取 $n=1$；而当蓄能器作辅助或应急动力源时，释放液体的时间短，气体快速膨胀，热交换不充分，这时可视为绝热过程，取 $n=1.4$。在实际工作中，气体状态的变化在绝热过程和等温过程之间，因此，$n=1\sim1.4$。

2. 用于吸收冲击时的容量计算

当蓄能器用于吸收冲击时，其容量的计算与管路布置、液体流态、阻尼及泄漏大小等因素有关，准确计算比较困难。一般按经验公式计算缓冲最大冲击力时所需要的蓄能器最小容量，即

$$V_0 = \frac{0.004qp_1(0.0164L - t)}{p_1 - p_2} \quad (5-7)$$

式中：p_1 为允许的最大冲击（kg/cm^2）；p_2 为阀口关闭前管内压力（kg/cm^2）；V_0 为用于冲击的蓄能器的最小容量（L）；L 为发生冲击的管长，即压力油源到阀口的管道长度（m）；t 为阀口关闭的时间（$t<0.0164L$），（s），突然关闭时取 $t=0$。

3. 吸收液压泵脉动压力时容量计算

一般采用以下经验公式进行计算，即

$$V_0 = \frac{Vi}{0.6K} \quad (5-8)$$

式中：V 为液压泵的排量（L/rad）；i 为排量的变化率 $\Delta V/V(r)$；ΔV 为超过平均排量的排出量（L）；K 为液压泵的压力脉动率 $\Delta p/p_p$；Δp 为压力脉动的单侧振幅。

5.5.4 蓄能器的安装

蓄能器在液压系统中的安装位置随其功用而定，主要应注意以下几点：
(1) 气囊式蓄能器应垂直安装，油口向下。
(2) 用于吸收液压冲击和压力脉动的蓄能器应尽可能安装在振源附近。
(3) 装在管路上的蓄能器须用支板或支架固定。
(4) 蓄能器在液压泵之间应安装单向阀，防止液压泵停止时，蓄能器储存的压力油倒流而使泵反转。蓄能器与管路之间也应安装截止阀，供充气和检修之用。

5.6 冷热交换器

液压系统的工作温度一般希望保持在 $30\sim50℃$ 的范围之内，最高不超过 $65℃$，最低不低于 $15℃$，如果液压系统靠自然冷却仍不能使油温控制在上述范围内时，就须安装冷却器；反之，如环境温度太低，无法使液压泵启动或正常运转时，就须安装加热器。

5.6.1 冷却器

液压系统中用得较多的冷却器是强制对流式多管头冷却器，如图 5-18 所示，油液从进出油口 3 流入流出，冷却水从进水口流入，通过多根水管后由出水口流出，油液在水管外部流动时，它的行进路线因冷却器内设置了隔板而加长，因而增加了散热效果。近

来出现一种翅片管式冷却器,水管外面增加了许多横向或纵向散热翅片,大大扩大了散热面积和热交换效果,其散热面积可达光滑管的8~10倍。

当液压系统散热量较大时,可使用化工行业中的水冷式板式换热器,它可及时地将油液中的热量散发出去,其参数及使用方法见相关的产品样本。

一般冷却器的最高工作压力在1.6MPa以内,使用时应安装在回油管路或低压管路上,所造成的压力损失一般为0.01~0.1MPa。

5.6.2 加热器

液压系统的加热一般采用电加热器,这种加热器的安装方式如图5-19所示,它用法兰盘水平安装在油箱侧壁上,发热部分全部浸在油液内,加热器应安装在油液流动处,以利于热量的交换。由于油液是热的不良导体,单个加热器的功率容量不能太大,以免其周围油液的温度过高而发生变质现象。

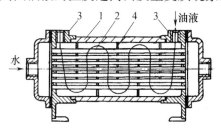

图5-18 强制对流式多管头冷却器
1—外壳;2—水管;3—进出油口;4—隔板。

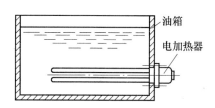

图5-19 加热器的安装

5.7 压力表及压力表开关

5.7.1 压力表

压力表用于观察液压系统中各工作点(如液压泵出口、减压阀之后等)的压力,以便于操作人员把系统的压力调整到要求的工作压力。

压力表的种类很多,最常用的是弹簧管式压力表,如图5-20所示。当压力油进入扁形截面金属弯管1时,弯管变形而使其曲率半径加大,端部的位移通过杠杆4使齿扇5摆动,于是与齿扇5啮合的小齿轮6带动指针2转动,此时就可在刻度盘3上读出压力值。

5.7.2 压力表开关

压力表开关用于接通或断开压力表与测量点油路的通道。压力表开关有一点式、三点式、六点式等类型。多点压力表开关可按需要分别测量系统中多点处的压力。

图5-21所示为压力表开关结构图,图示位置为非测量位置,此时压力表油路经小孔a、沟槽b与油箱接通;若将手柄向右推进去,沟槽b将把压力表与测量点接通,并把压力表通往油箱的油路切断,这时便可测出该测量点的压力。如将手柄转到另一个位置,便可测出另一点的压力。

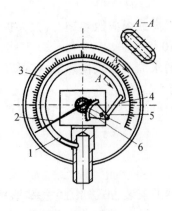

图5-20 压力表
1—弯管;2—指针;3—刻度盘;
4—杠杆;5—齿扇;6—小齿轮。

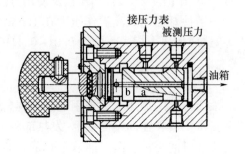

图5-21 压力表开关

思考题和习题

5-1 试举出过滤器的三种可能的安装位置,如何考虑各安装位置上的过滤器的精度?

5-2 气囊式蓄能器容量为3L,气体的充气压力为3.2MPa,当工作压力p_1从7MPa变化到4MPa时,蓄能器能够输出的油液体积为多少?

5-3 某液压系统,使用YB叶片泵,工作压力为6.3 MPa,其管道流量为$q=40$ L/min,试确定油管的尺寸。

5-4 一单杆液压缸,活塞的直径为100mm,活塞杆的直径为56mm,行程为500mm,现有杆腔进油,无杆腔回油,问由于活塞的移动而使有效底面积为200cm²的油箱内液面高度的变化是多少?

5-5 密封元件按断面形状共分几种?各自的特点是什么?

5-6 比较各种密封装置的密封原理及结构特点,它们各用在什么场合比较合适?

5-7 某液压系统,其管道流量为$q=25$L/min,若要求管内流速$v \leqslant 5$m/min,试确定油管的直径。

第6章 液压基本回路

机械设备的液压系统为了完成不同的控制功能具有各种不同的形式,有些液压系统甚至很复杂,但这些不同的液压系统一般都是由一些基本回路所组成。液压基本回路是由相关液压元件组成,用来实现某种特定控制功能的液压回路。因此,熟悉和掌握液压基本回路的组成、原理和应用,是分析、使用和设计各种液压系统的基础。

液压基本回路包括压力控制回路、速度控制回路、方向控制回路以及同步和顺序动作回路等。

6.1 压力控制回路

压力控制回路是利用压力控制阀来控制整个液压系统或局部回路的工作压力,以满足液压执行元件对力或力矩的要求。常用压力控制回路有调压、减压、增压、卸荷、保压和平衡回路等。

6.1.1 调压回路

调压回路是用来控制系统的工作压力,使其不超过某一预先调定的数值,或者使工作机构在运动过程各个阶段具有不同的压力。在液压系统中一般用溢流阀来调定工作压力。在定量泵、溢流阀和流量阀组成的节流调速回路中(图6-1),溢流阀2经常开启起溢流作用;若系统中没有流量阀时,系统正常工作时溢流阀关闭,只有在系统超压时才溢流,溢流阀限定了系统的最高压力,起安全作用。溢流阀调节压力必须大于执行元件的工作压力和管路上的各种压力损失之和,起溢流作用时可大5%~10%,起安全作用时可大10%~20%。

1. 单级调压回路

如图6-1所示,在液压泵1的出口并联一个溢流阀2为最基本的调压回路。如图6-2所示如果在先导溢流阀2的控制口上通过管路接一个直动溢流阀3,则组成远程调压回路,则系统压力可由阀3远程控制调节,先导溢流阀的调定压力必须大于远程调压阀的调定压力。

2. 多级调压回路

如图6-3所示,先导溢流阀2的控制口通过三位四通换向阀3分别接具有不同调定压力的直动溢流阀4和5,则组成三级调压回路。当电磁换向阀3的电磁铁1YA得电时,换向阀左位工作,系统压力由溢流阀4调定;当2YA得电换向阀右位工作时,系统压力由溢流阀5调定;换向阀中位时,由先导溢流阀2来调定系统的工作压力。

3. 无级调压回路

图6-4所示为通过电液比例溢流阀进行无级调压的比例调压回路。调节输入比例

溢流阀 2 的电流值，即可实现系统压力的连续按比例控制。与多级调压回路相比，这种回路结构简单、压力切换平稳且更容易实现远程控制和程序控制。

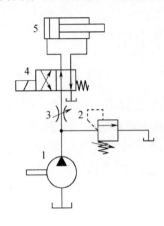

图 6-1　基本调压回路
1—液压泵；2—溢流阀；3—节流阀；
4—换向阀；5—液压缸。

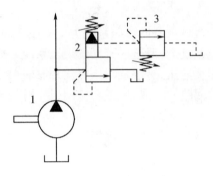

图 6-2　远程调压回路
1—液压泵；2—先导溢流阀；3—直动溢流阀。

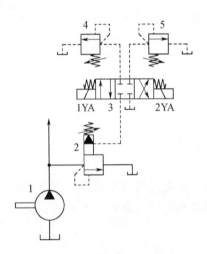

图 6-3　多级调压回路图
1—液压泵；2—先导溢流阀；
3—三位四通电磁换向阀；4,5—直动溢流阀。

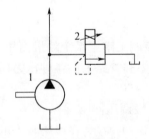

图 6-4　无级调压回路
1—液压泵；2—比例溢流阀。

6.1.2　减压回路

减压回路用来使系统中某一支路具有低于系统压力的可调的稳定工作压力。机床的工件夹紧、导轨润滑及液压系统的控制油路常采用减压回路。

最常见的减压回路是通过定值减压阀与主油路相连接实现的，如图 6-5 所示。主油路压力由溢流阀 2 调定，回路中单向阀 4 用于当主油路压力低于减压阀 3 的调定值时，防止减压回路的压力受其干扰，起短时保压作用。

图 6-6 所示为二级减压回路,在先导减压阀 3 的控制口上,通过二位二通换向阀 4 接入直动溢流阀 5,当二位二通换向阀处于图示位置时,减压阀出口压力由先导减压阀 3 调定;当电磁铁 1YA 得电换向阀左位工作时,由溢流阀 5 调定减压阀出口压力。溢流阀 5 的调定压力必须低于减压阀 3 的调定压力。减压回路也可以采用比例减压阀来实现无级减压。

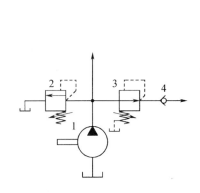

图 6-5 减压回路
1—液压泵;2—溢流阀;3—减压阀;4—单向阀。

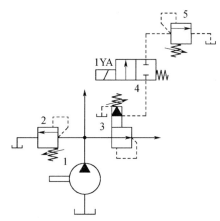

图 6-6 二级减压回路
1—液压泵;2—溢流阀;3—先导减压阀;
4—二位二通电磁换向阀;5—直动溢流阀。

若使减压阀稳定工作,其最低调定压力不应小于 0.5MPa,最高调定压力应至少比系统压力低 0.5MPa。由于减压阀工作时存在阀口的压力损失和泄油口泄漏造成的容积损失,因此,减压回路流量大或系统中有多处低压输出时,建议另外采用单独的泵来供油。

6.1.3 增压回路

增压回路是用来使系统中某一支路获得比系统压力高且流量不大的压力油。利用增压回路,液压系统可以采用压力较低的液压泵,甚至可利用压缩空气作动力源来获得较高压力的油液。

1. 单作用增压缸的增压回路

图 6-7 所示为利用单作用增压缸的增压回路,当换向阀 3 处于右位工作时,液压泵 1 输出的低压油进入增压缸 4 的左腔,推动活塞右移,使增压缸的右腔输出高压油,此高压油进入液压缸 7 工作。如果增压缸左腔压力为 p_1,活塞面积为 A_1,增压后的压力为 p_2,右腔活塞面积为 A_2,其增压比等于大小活塞的面积比即 $p_2/p_1 = A_1/A_2$。当换向阀处于左位工作时,泵的油液进入增压缸中间腔使增压缸活塞左移,液压缸 7 的油液回到增压缸右腔。高位油箱 6 经单向阀 5 向增压缸内补充油液的泄漏。这种增压缸的缺点是不能获得连续的高压油,适用于单向作用力大、行程小、作业时间短的场合,如制动器、离合器等。

2. 双作用增压缸的增压回路

图 6-8 所示为采用双作用增压缸的增压回路,它能连续输出高压油,适用于行程

较长的高压场合。其工作原理为：换向阀 3 右位工作，液压泵 1 输出油液经液控单向阀 4 进入液压缸 5 的右腔，推动液压缸活塞向左运动，当遇到较大负载时，系统压力升高，油液经顺序阀 6 进入双作用增压缸 8，换向阀 7 左位工作时，增压缸活塞向右运动，高压油从增压缸右腔经过单向阀 12 输出；换向阀 7 右位工作时，高压油从增压缸左腔经过单向阀 9 输出。因此，只要不断切换换向阀 7，增压缸 8 就不断地往复运动，连续输出高压油，单向阀 10 和 11 用于隔开增压缸的高低压油路。液压缸 5 回程时增压回路不起作用。

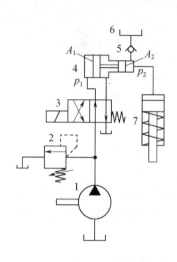

图 6-7 单作用增压回路
1—液压泵；2—溢流阀；3—二位四通电磁换向阀；
4—增压缸；5—单向阀；6—高位油箱；7—液压缸。

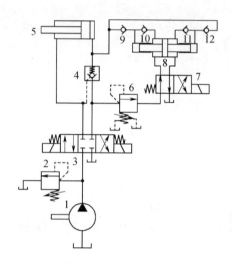

图 6-8 双作用增压回路
1—液压泵；2—溢流阀；3—三位四通电磁换向阀；
4—液控单向阀；5—液压缸；6—顺序阀；
7—二位四通电磁换向阀；8—双作用增压缸；
9,10,11,12—单向阀。

6.1.4 卸荷回路

卸荷回路是在系统工作中，执行元件短时间停止工作时，不频繁起动驱动泵的原动机，而使泵在很小的输出功率下运转的回路。因为液压泵的输出功率等于其压力和流量的乘积，两者任一近似为零，功率损耗即近似为零，因此卸荷的方式有两种：一种是将泵的出口油液直接接回油箱，泵在零压或接近零压下工作；另一种是使泵在零流量或接近零流量下工作。前者称为压力卸荷，后者称为流量卸荷。流量卸荷主要是针对变量泵，由于泵在流量卸荷时仍处于高压下运行，因此磨损比较严重。

1. 利用换向阀中位机能的卸荷回路

借助 M 型、H 型或 K 型中位机能的换向阀，当换向阀处于中位时，可以实现液压泵的压力卸荷。如图 6-9 所示，如果系统采用电液换向阀 4 换向，并利用其中位机能实现液压泵的卸荷时，系统必须设置背压阀，如图中的单向阀 3，以使控制油路能保持 0.3MPa 左右的压力来控制电液换向阀换向。

2. 用先导溢流阀的卸荷回路

图 6-10 所示为采用二位二通电磁换向阀 3 控制先导溢流阀的卸荷回路。当先导溢流阀 2 的控制口通过二位二通电磁阀 2 接通油箱时,泵输出的油液以很低的压力经溢流阀回油箱,实现泵的卸荷。

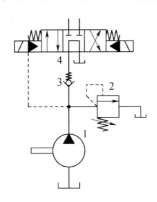

图 6-9 利用换向阀中位机能的卸荷回路
1—液压泵;2—溢流阀;
3—单向阀;4—三位四通电液换向阀。

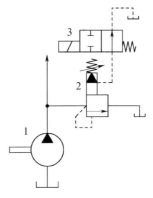

图 6-10 用先导溢流阀的卸荷回路
1—液压泵;2—先导溢流阀;
3—二位二通电磁换向阀。

3. 限压式变量泵的卸荷回路

限压式变量泵的卸荷回路为流量卸荷回路,如图 6-11 所示,根据限压式变量泵 1 的特性,当泵出口 O 形中位机能换向阀 3 处于中位时或液压缸运行到终点时,泵的压力升高,输出流量减小,当压力接近泵的限定压力时,泵的输出流量减小到只补充液压缸或换向阀的泄漏,回路实现保压卸荷。泵出口的溢流阀 2 作安全阀用,以防止泵的压力补偿装置调零误差和动作滞缓而导致压力异常升高。

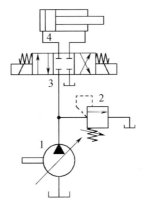

图 6-11 限压式变量泵的卸荷回路
1—限压式变量泵;2—溢流阀;3—三位四通电磁换向阀;4—液压缸。

6.1.5 保压回路

有些机械设备在工作过程中,常常需要液压执行元件在其行程终点时,保持压力一段时间,以提高制品的质量。保压回路是使液压系统在液压缸停止运动或因工件变形而产生微小位移下保持压力稳定。保压性能的两个主要指标为保压时间和压力稳定性。

1. 利用液压泵的保压回路

最简单的保压方法是利用液压泵使回路保压,即在系统保压过程中液压泵始终以较高的压力(保压所需压力)工作,此时,若采用定量泵,则压力油几乎全部经溢流阀流回油箱,系统功率损失大,发热量大,因此只在小功率的液压系统中且保压时间较短的情况下使用。如果采用变量泵,如压力补偿变量泵或恒压变量泵,则在保压过程中,压力较高,但输出流量几乎等于零,因而液压系统的功率损失小,这种保压回路能随泄漏量的变化自动调整输出流量,系统效率较高,应用广泛。

2. 利用液控单向阀的保压回路

利用单向阀锥阀密封性能较好来进行保压也是比较简单的保压回路,可以避免直接开泵保压消耗功率。但系统的泄漏使得这种回路的保压时间不能维持太长。它适用于保压时间短、对保压稳定性要求不高的场合。一般在20MPa工作压力下保压10min,压力降不超过2MPa。如果在系统中加入电接点压力表,可以自动补油实现长时间保压。如图6-12所示,其工作原理为:当电磁铁2YA得电时,换向阀4右位工作,液压缸7活塞下行并加压,当压力上升到电接点压力表6上限触点调定压力时,压力表发出电信号,使2YA失电,换向阀4处于中位,液压泵1卸荷,液压缸由液控单向阀5保压;当压力下降至电接点压力表下限触点调定压力时,压力表发出电信号,使2YA得电换向阀右位工作,液压泵重新向液压缸供油,使压力回升。这种回路保压时间长,压力稳定性高。

3. 利用辅助泵的保压回路

如图6-13所示,在回路中增设一台小流量高压泵7作为辅助泵。当液压缸加压完毕保压时,压力继电器1K发出电信号,使2YA失电,换向阀4处于中位,主液压泵1卸荷;同时3YA得电,二位二通换向阀9处于左位,由辅助泵7向保压系统供油,维持系统压力稳定。由于辅助泵只需补偿系统的泄漏量,可选用小流量泵,功率损失小。

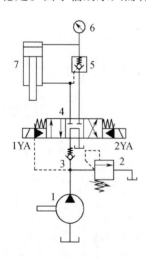

图6-12 用液控单向阀的保压回路
1—液压泵;2—溢流阀;3—单向阀;
4—三位四通电液换向阀;5—液控单向阀;
6—电接点压力表;7—液压缸。

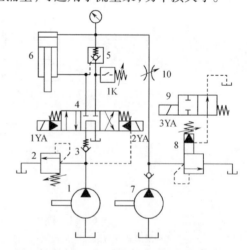

图6-13 用辅助泵的保压回路
1—液压泵;2—溢流阀;3—单向阀;4—三位四通电液换向阀;
5—液控单向阀;6—液压缸;7—辅助泵;8—先导溢流阀;
9—二位二通电磁换向阀;10—节流阀。

4. 利用蓄能器的保压回路

如图 6-14 所示,当电磁铁 1YA 得电,换向阀 6 左位工作时,液压缸 7 向右运行,当运行到终点后,液压泵向蓄能器 5 供油,直到压力升高至压力继电器 1K 调定值时,压力继电器发出电信号使 3YA 得电,换向阀 3 工作在上位,液压泵 1 卸荷,单向阀 4 自动关闭,液压缸通过蓄能器保压。当液压缸压力下降到某规定值时,压力继电器动作使 3YA 失电,液压泵重新向系统供应压力油。

6.1.6 泄压回路

保压结束后必须缓慢泄压,泄压回路用于使执行元件高压腔中的压力缓慢释放,以免泄压过快而引起系统剧烈的冲击和振动。

1. 利用电液换向阀的泄压回路

采用带阻尼器的中位滑阀机能为 H 或 Y 型的电液换向阀控制液压缸换向。当液压缸保压完毕要求反向回程时,由于阻尼器的作用,换向阀延缓换向时间,使换向阀在中位停留时液压缸高压腔通油箱泄压后再换向回程。这种回路适用于压力不太高、油液压缩量较小的系统。

2. 延缓换向阀切换时间的泄压回路

在图 6-13 所示的采用辅助泵的保压回路中,先使液压缸泄压后换向阀 4 再切换,液压缸反向回程。其泄压原理为:保压时,换向阀 4 工作在中位,主泵 1 卸荷,保压结束后,二位二通换向阀 9 电磁铁 3YA 失电,辅助泵 7 通过溢流阀 8 卸荷,液压缸上腔压力通过节流阀 10 和溢流阀 8 泄压。节流阀 10 在泄压时起缓冲作用。卸压时间由时间继电器控制,经过一段时间延迟,换向阀 4 才换到右位工作,实现活塞回程。

3. 利用顺序阀控制的泄压回路

回路采用带卸荷阀芯的液控单向阀实现保压和泄压,泄压压力和回程压力均由顺序阀控制。如图 6-15 所示,液压缸保压完毕后,1YA 得电,电液换向阀 4 换向,此时液压缸上腔压力油没有泄压,压力油经换向阀 8 将顺序阀 6 打开,液压泵进入液压缸下腔的油液经顺序阀 6 和节流阀 7 回油箱,由于节流阀的作用,回油压力(可调至 2MPa 左右)虽不足以使活塞回程,但能顶开液控单向阀 5 的卸荷阀芯,使液压缸上腔泄压。当上腔压力降低至低于顺序阀 6 的调定压力(一般调至 2~4MPa),顺序阀 6 关闭,切断了泵的低压循环,泵 1 压力上升,顶开液控单向阀 5 的主阀芯,使活塞回程。换向阀 8 用于保压时切断顺序阀 6 的控制油路,保证回路的保压性能。这种泄压方式在换向阀切换时,液压缸不马上回程,只有在上腔压力降低到允许的最低压力时,才能自动回程。如果液压缸没有保压,它能及时回程,节约了工作时间,提高了生产率。

6.1.7 平衡回路

平衡回路用于防止立式液压缸中的活塞、活塞杆和与之相连的运动部件不会因自重而自行下落。

1. 用平衡阀的平衡回路

图 6-16 所示为两种采用平衡阀的平衡回路。在立式液压缸活塞下行的回油路上设置平衡阀,调整平衡阀的开启压力,使其大于垂直运动部件的重力在液压缸下腔产生

的压力,则当换向阀处于中位时,运动部件就不会因自重而下落。图6-16(a)所示为采用内控式平衡阀的平衡回路,当活塞下行时,由于回油路上存在一定的背压支承重力负载,活塞将平稳下落;换向阀处于中位,活塞停止运动,不再继续下行。由于这种平衡回路活塞下落的势能被平衡阀抵消不能利用,系统的功率损失较大,又由于滑阀结构的平衡阀和换向阀存在泄漏,活塞不可能长时间停在任意位置,因此适用于工作部件质量不大且活塞闭锁时定位精度要求不高的场合。如果改用图6-16(b)所示的采用外控平衡阀的平衡回路,当活塞下行时,外控平衡阀被进油路上的控制油压力打开,回油腔背压消失,运动部件的势能得以利用,因而回路效率较高。但这种外控平衡阀回路活塞由于自重而加速下降,液压缸上腔供油不足,进油路上压力消失,外控平衡阀因控制油路失压而关闭,平衡阀关闭后控制油路又建立起压力,平衡阀再次打开,平衡阀的时闭时开致使活塞向下运行过程中产生振动和冲击,运动不平稳。解决的办法是在液压缸有杆腔出油口串接单向节流阀,可以控制活塞因自重而快速下降。

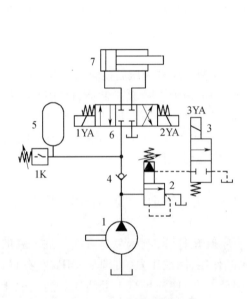

图6-14 用蓄能器的保压回路
1—液压泵;2—先导溢流阀;
3—二位二通电磁换向阀;4—单向阀;
5—蓄能器;6—三位四通电磁换向阀;7—液压缸。

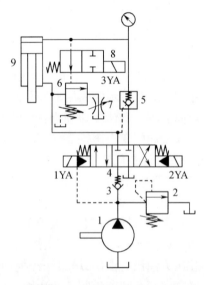

图6-15 用顺序阀控制的卸压回路
1—液压泵;2—溢流阀;3—单向阀;
4—三位四通电液换向阀;5—液控单向阀;
6—顺序阀;7—节流阀;
8—二位二通电磁换向阀;9—液压缸。

2. 采用液控单向阀的平衡回路

如图6-17所示,当电磁换向阀3电磁铁1YA得电时,换向阀左位工作,液压油进入液压缸6上腔,液压泵输出压力上升使液控单向阀4打开,液压缸下腔油液经单向节流阀5、液控单向阀4和换向阀3流回油箱,活塞下行。当换向阀处于中位时,液控单向阀关闭,活塞运动停止。由于液控单向阀是锥面密封,几乎无泄漏,故这种平衡回路闭锁性好,活塞能够较长时间停止。回油路上串联单向节流阀5,用于保证活塞下行运动的平稳。

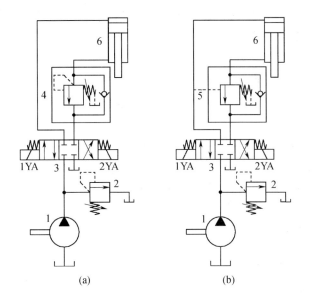 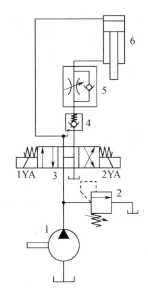

图6-16 用平衡阀的平衡回路
(a)内控式平衡阀平衡回路；(b)外控式平衡阀平衡回路。
1—液压泵；2—溢流阀；3—三位四通电磁换向阀；
4—内控式平衡阀；5—外控式平衡阀；6—液压缸。

图6-17 用液控单向阀的平衡回路
1—液压泵；2—溢流阀；
3—三位四通电磁换向阀；4—液控单向阀；
5—单向节流阀；6—液压缸。

6.2 速度控制回路

液压系统中的速度控制回路是研究液压执行元件的速度调节和变换的问题。它包括调节液压执行元件速度的调速回路、使之获得快速运动的快速回路、两种速度转换的速度换接回路。

6.2.1 调速回路

在液压系统中执行元件主要是液压缸和液压马达，其工作速度或转速与输入流量及其几何参数有关。在不考虑液压油的压缩性和泄漏的情况下

液压缸的速度为

$$v = \frac{q}{A} \tag{6-1}$$

液压马达的转速为

$$n = \frac{q}{V} \tag{6-2}$$

式中：q 为输入液压执行元件的流量；A 为液压缸的有效工作面积；V 为液压马达的排量。

由以上两式可知，改变输入液压执行元件的流量 q 或改变液压执行元件的几何参数（液压缸的有效工作面积 A 或液压马达的排量 V）均可以改变液压缸或液压马达的工作

速度。对于确定的液压缸来说,一般不可以改变其有效工作面积 A,因此,只能用改变输入液压缸的流量的办法来调速。对变量液压马达来说,既可以改变输入流量来调速,也可以改变马达排量来调速。用定量泵和流量阀调速时,称为节流调速;用改变变量泵或变量马达的排量调速时,称为容积调速;用变量泵和流量阀来达到调速目的时,则称为容积节流调速。

1. 节流调速回路

在液压系统采用定量泵供油时,因泵输出的流量 q_p 一定,因此要改变输入执行元件的流量 q_1,必须将泵输出的多余流量 $\Delta q = q_p - q_1$ 流回油箱,这是节流调速回路能够正常工作的必要条件。因此,节流调速回路由定量泵、溢流阀、流量控制阀和执行元件等组成。该回路通过改变流量控制阀通流面积的大小来控制进入或流出执行元件的流量来达到调速的目的。根据流量阀在回路中的位置不同,定量泵节流调速回路可分为进油节流调速、回油节流调速和旁路节流调速三种回路。

下面以泵—缸回路为例分析节流调速回路的速度负载特性、功率特性等性能。分析时忽略油液的压缩性、泄漏、管路压力损失和执行元件的机械摩擦等。假定节流口形状都为薄壁小孔,即节流口的流量公式 $q = KA\Delta p^m$ 中的指数 $m = 0.5$。

1) 进油节流调速回路

如图 6-18(a)所示,节流阀串联在液压缸的进油路上,用它来控制进入液压缸的流量实现液压缸的速度调节,定量泵多余的油液通过溢流阀流回油箱,泵的出口压力 p_p 为溢流阀的调定压力并基本保持恒定。

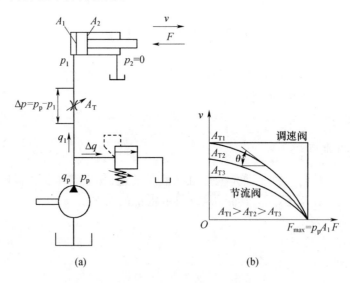

图 6-18 进油节流调速回路

(1) 速度负载特性。当液压缸活塞稳定运行时,活塞受力平衡方程为

$$p_1 A_1 = p_2 A_2 + F \tag{6-3}$$

式中:p_1 为液压缸进油腔压力;p_2 为液压缸回油腔压力,由于回油腔通油箱,$p_2 = 0$;F 为负载力;A_1,A_2 分别为液压缸无杆腔和有杆腔的有效工作面积。

进入液压缸的流量 q_1 等于通过节流阀的流量,而通过节流阀的流量符合孔口流量公式,即

$$q_1 = KA_T\Delta p^{\frac{1}{2}} = KA_T(p_p - p_1)^{\frac{1}{2}} \qquad (6-4)$$

式中:A_T 为节流阀通流面积;p_p 为液压泵出口压力;Δp 为节流阀两端的压力差;K 为取决于节流阀阀口形状和油液特性的液阻系数。

液压缸活塞的运动速度取决于进入液压缸的流量 q_1 和液压缸进油腔的有效面积 A_1,即

$$v = \frac{q_1}{A_1} \qquad (6-5)$$

因此液压缸活塞的运动速度为

$$v = \frac{q_1}{A_1} = \frac{KA_T}{A_1}\left(p_p - \frac{F}{A_1}\right)^{\frac{1}{2}} \qquad (6-6)$$

式(6-6)即为进油节流阀节流调速回路的速度负载特性方程,从方程中可知,液压缸活塞的运动速度 v 和节流阀通流面积 A_T 成正比,调节 A_T 即可实现无级调速,这种回路的调速范围较大,$R_{cmax} = \frac{v_{max}}{v_{min}} \approx 100$。当 A_T 调定后,速度 v 随负载 F 的增大而减小。若以活塞运动速度 v 为纵坐标,负载 F 为横坐标,将式(6-6)按不同节流阀通流面积 A_T 作图,可得一组曲线,称为进油节流调速回路的速度负载特性曲线,如图 6-18(b) 所示。速度负载特性曲线表明了液压缸活塞运动速度随负载变化的规律,曲线越陡,说明负载变化对速度的影响越大。

速度随负载变化而变化的程度,常用速度刚性 T 来表示,其定义为

$$T = -\frac{\partial F}{\partial v} = -\frac{1}{\tan\theta} \qquad (6-7)$$

它表示负载变化时回路抵抗速度变化的能力。由式(6-6)和式(6-7)可得进油节流阀节流调速回路的速度刚性为

$$T = -\frac{\partial F}{\partial v} = \frac{2A_1^2}{KA_T}\left(p_p - \frac{F}{A_1}\right)^{\frac{1}{2}} = \frac{2(p_pA_1 - F)}{v} \qquad (6-8)$$

由式(6-8)可以看到,当节流阀通流面积 A_T 一定时,负载 F 越小,速度刚性 T 越大,说明负载变化对速度变化的影响越小;当负载 F 一定时,活塞运动速度越低,速度刚性 T 越大,说明速度低时回路速度刚性好。因此,这种调速回路适用于低速轻载的场合。

从式(6-6)和图 6-18(b) 还可以看出,不论节流阀通流面积怎样变化,当 $F = p_pA_1$ 时,节流阀两端压力差为零,活塞运动停止,此时液压泵输出的流量全部经溢流阀流回油箱,即该回路的最大承载能力为 $F_{max} = p_pA_1$。

(2) 功率特性。进油节流调速回路中液压泵的输出功率为

$$P_p = p_pq_p = 常量$$

液压缸的输出功率为

$$P_1 = Fv = F\frac{q_1}{A_1} = p_1q_1$$

因此,该回路的功率损失为

$$\Delta P = P_p - P_1 = p_p q_p - p_1 q_1 \\
= p_p(q_1 + \Delta q) - (p_p - \Delta p)q_1 \\
= p_p \Delta q + \Delta p q_1 \quad (6-9)$$

式中:Δq 为溢流阀的溢流量,$\Delta q = q_p - q_1$。

由式(6-9)可知,这种调速回路的功率损失由两部分组成,即溢流功率损失 $\Delta P_1 = p_p \Delta q$ 和节流功率损失 $\Delta P_2 = \Delta p q_1$。

回路的输出功率与回路的输入功率之比为回路效率,因此,进油节流调速回路的效率为

$$\eta = \frac{P_1}{P_p} = \frac{Fv}{p_p q_p} = \frac{p_1 q_1}{p_p q_p} \quad (6-10)$$

2)回油节流调速回路

如图6-19所示,节流阀串接在液压缸的回油路上,用它来控制流出液压缸的流量实现液压缸的速度调节,液压缸的回油流量 q_2 受到控制后,则缸的进油流量 q_1 也受到限制,定量泵多余的油液 Δq 通过溢流阀流回油箱,泵的出口压力 p_p 为溢流阀的调定压力并基本保持恒定。

(1)速度负载特性。对图6-19所示的回油节流阀节流调速回路,用同样的分析方法可得到与进油节流阀节流调速回路相似的速度负载特性和速度刚性

$$v = \frac{q_2}{A_2} = \frac{KA_T}{A_2}\left(p_p \frac{A_1}{A_2} - \frac{F}{A_2}\right)^{\frac{1}{2}} \quad (6-11)$$

$$T = \frac{2A_2^2}{KA_T}\left(p_p \frac{A_1}{A_2} - \frac{F}{A_2}\right)^{\frac{1}{2}} = \frac{2(p_p A_1 - F)}{v} \quad (6-12)$$

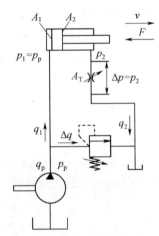

图6-19 回油节流调速回路

比较式(6-11)和式(6-6)可以看出,两者的形式和所含参数完全一样,说明两种回路的速度负载特性规律是一样的,因此图6-18(b)所示的负载特性以及分析也适用于回油节流调速回路。两种回路的最大承载能力也相同,即 $F_{max} = p_p A_1$。

(2)功率特性。液压泵的输出功率与进油节流调速回路相同,即 $P_p = p_p q_p =$ 常量液压缸的输出功率为

$$P_1 = Fv = (p_p A_1 - p_2 A_2)v = p_p q_1 - p_2 q_2$$

式中:q_2 为流出液压缸的流量。

因此,该回路的功率损失为

$$\Delta P = P_p - P_1 = p_p q_p - p_p q_1 + p_2 q_2 \\
= p_p(q_p - q_1) + p_2 q_2 = p_p \Delta q + \Delta p q_2 \quad (6-13)$$

由式(6-13)可知,这种调速回路的功率损失也是由溢流功率损失 $\Delta P_1 = p_p \Delta q$ 和节

流功率损失 $\Delta P_2 = \Delta p q_1$ 组成。

回油节流调速回路的效率为

$$\eta = \frac{P_1}{P_p} = \frac{Fv}{p_p q_p} = \frac{p_p q_1 - p_2 q_2}{p_p q_p} \qquad (6-14)$$

3) 进油节流调速回路和回油节流调速回路的不同点

尽管以上两种回路性能相似,但是它们存在以下几方面的明显不同,因此在应用中应予以注意。

(1) 承受负值负载的能力。负值负载就是作用力的方向和执行元件运动方向相同的负载。回油节流调速回路的节流阀使液压缸的回油腔形成一定背压,在负值负载时,背压能阻止工作部件前冲。如果要使进油节流调速回路承受负值负载,就得在回油路上加背压阀,但这样做要提高泵的供油压力,增加功率消耗。

(2) 运动平稳性。在回油节流调速回路中,由于回油路上始终存在背压,可以起到阻尼作用,使活塞运动平稳。同时,可防止空气从回油路渗入,因而低速运动时不易爬行,高速运动时不易振颤,运动平稳性好。进油节流调速回路若想运动平稳则应在回油路上加背压阀。

(3) 油液发热对泄漏的影响。在进油节流调速回路中,油液经过节流阀发热后直接进入液压缸,会使缸的泄漏增加。而在回油节流调速回路中,油液经节流阀温升后直接回油箱,冷却后再进入系统,因此对系统的泄漏影响较小。

(4) 取压力信号实现程序控制的方法。在进油节流调速回路中,进油腔压力随负载而变化,当工作部件碰到止挡块而停止后,其压力将升至溢流阀调定压力,利用这一压力变化作为控制动作的指令信号非常方便。而在回油节流调速回路中,回油腔压力随负载而变化,工作部件碰上止挡块后压力将下降至零,取此零压发信号,可靠性较差,一般均不采用。

(5) 启动性能。在回油节流调速回路中,若停车时间较长,液压缸回油腔的油液会流回油箱,当液压泵重新向液压缸供油启动时,回油背压不能立即建立,进油路上也没有节流阀控制流量,因此会产生工作机构的瞬间前冲现象。对于进油节流调速,只要在开车时关小节流阀即可避免启动冲击。

另外,在回油节流调速回路中回油腔压力较高,特别是在轻载或载荷突然消失时,这对液压缸回油腔和回油管路的强度和密封提出了更高要求。

综上所述,进油、回油节流调速回路结构简单,但效率较低,只适合用在负载变化不大、低速、小功率的场合。

4) 旁路节流调速回路

如图6-20(a)所示,旁路节流阀节流调速回路是将节流阀安装在液压缸并联的支路上,节流阀调节了液压泵溢回油箱的流量,从而控制了进入液压缸的流量。溢流阀起安全阀作用,其调定压力为最大负载压力的1.1~1.2倍。因此,液压泵工作时压力取决于负载而不是定值。

(1) 速度负载特性。按照式(6-6)的推导过程,可得到旁路节流阀节流调速回路的速度负载特性方程。由于泵的工作压力随负载而变化,泵的泄漏量与压力成正比也是变量,因此泵的输出流量 q_p 应计入泵的泄漏量随压力的变化 Δq_p,所以,有

$$v = \frac{q_1}{A_1} = \frac{q_{pt} - \Delta q_p - \Delta q}{A_1} = \frac{q_{pt} - \lambda_p \left(\frac{F}{A_1}\right) - KA_T \left(\frac{F}{A_1}\right)^{\frac{1}{2}}}{A_1} \quad (6-15)$$

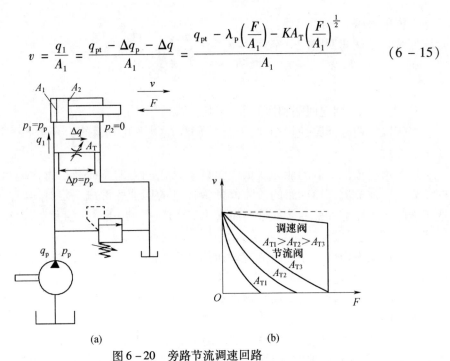

图 6-20 旁路节流调速回路

式中：q_{pt} 为泵的理论流量；λ_p 为泵的泄漏系数；其他符号意义同前。

速度刚性

$$T = -\frac{\partial F}{\partial v} = \frac{A_1^2}{\lambda_p + \frac{1}{2}KA_T \left(\frac{F}{A_1}\right)^{-\frac{1}{2}}} = \frac{2A_1 F}{\lambda_p \left(\frac{F}{A_1}\right) + q_{pt} - A_1 v} \quad (6-16)$$

根据式(6-15)，选取不同的节流阀通流面积 A_T 可作出一组速度负载特性曲线，如图 6-20(b)所示。由式(6-15)和图 6-20(b)可以看出，当节流阀通流面积一定而负载增加时速度显著下降，而回路刚性增加，这与前两种调速回路正好相反。由于负载变化引起泵的泄漏对速度产生附加影响，导致这种回路的负载特性较前两种回路要差。

从图 6-20(b)还可以看出，回路的最大承载能力随着节流阀通流面积 A_T 的增加而减小。当 $F_{max} = (q_p/KA_T)^2 A_1$ 时，泵的全部流量经节流阀流回油箱，液压缸的速度为零，继续增大节流阀通流面积已不起调节作用，即这种调速回路低速承载能力差，调速范围也小。

(2) 功率特性。

液压泵的输出功率　　　　　　$P_p = p_1 q_p$

液压缸的输出功率　　　　　　$P_1 = Fv = p_1 A_1 v = p_1 q_1$

功率损失　　　　　　$\Delta P = P_p - P_1 = p_1 q_p - p_1 q_1 = p_1 \Delta q \quad (6-17)$

回路效率　　　　　　$\eta = \dfrac{P_1}{P_p} = \dfrac{p_1 q_1}{p_1 q_p} = \dfrac{q_1}{q_p} \quad (6-18)$

由式(6-17)和式(6-18)可以看出，旁路节流调速回路只有节流损失，而无溢流损失，因而功率损失比前两种调速回路小，效率高。这种调速回路一般用于功率较大且对速度稳定性要求不高的场合。

5）采用调速阀的节流调速回路

采用节流阀的节流调速回路速度刚性差，主要是由于负载变化引起节流阀前后压力差变化，使通过节流阀的流量发生了变化。在负载变化较大而又要求速度稳定时，这种调速回路远不能满足要求。如果用调速阀代替节流阀，回路的负载特性将大为提高。根据调速阀在回路中的位置不同，有进油节流、回油节流和旁路节流等多种方式，它们的回路构成、工作原理同它们各自对应的节流阀调速回路基本一样。由于调速阀本身能在负载变化的条件下保证节流阀两端压差基本不变，因而回路的速度刚性大为提高。旁路节流调速回路的最大承载能力亦不因活塞速度的降低而减小。需要指出，为了保证调速阀中定差减压阀起到压力补偿作用，调速阀两端压差必须大于一定数值，中低压调速阀为 0.5MPa，高压调速阀为 1MPa，否则回路的负载特性将与节流阀调速回路没有区别。由于调速阀最小压差比节流阀的压差大，所以调速阀调速回路功率损失比节流阀调速回路要大。

2. 容积调速回路

容积调速回路是通过改变液压泵或液压马达的排量来调节执行元件的运动速度或转速的回路。容积调速的主要优点是没有节流损失和溢流损失，回路效率高，油液温升少，适用于高速、大功率的液压系统中。

根据回路的循环方式，容积调速回路可以分为开式回路或闭式回路。在开式回路中液压泵从油箱吸油，液压执行元件的回油直接回油箱，这种回路结构简单，油液在油箱中能得到充分冷却，但油箱体积较大，空气和脏物易进入回路。在闭式回路中，执行元件的回油直接与泵的吸油腔相连，结构紧凑，只需很小的补油箱，空气和脏物不易进入回路，但油液的冷却条件差，需附设辅助泵补油、冷却和换油。补油泵的流量一般为主泵流量的 10%～15%，压力通常为 0.3～1.0MPa。

容积调速回路通常有 3 种基本形式，即变量泵和定量液压执行元件组成的容积调速回路、定量泵和变量马达组成的容积调速回路、变量泵和变量马达组成的容积调速回路。

1）变量泵—定量执行元件调速回路

图 6-21 所示为变量泵和液压缸组成的容积调速回路。改变变量泵 1 的排量即可改变液压缸 5 活塞的运动速度，溢流阀 2 为安全阀，限制系统中的最大压力。这种调速回路随着负载的增加，液压泵的内泄漏增加，使液压缸的运动速度降低，因而这种回路适用于负载变化不大的液压系统中。

图 6-22(a) 所示为变量泵—定量马达调速回路。该回路为闭式回路，回路中高压管路上设有安全阀 2，用以防止系统过载；低压管路上连接一小流量的辅助泵 4。补充泵 1 和马达 3 的泄漏，其输出压力由溢流阀 6 调定。辅助泵与溢流阀使低压管路始终保持一定压力，不仅改善了主泵的吸油条件，而且可置换部分发热油液，降低系统温升。

在这种回路中，若不计损失，马达的转速 $n_m = q_p/V_m = V_p n_p/V_m$。因液压马达的排量 V_m 为定值，因此改变变量泵的排量 V_p，就可以改变马达转速 n_m。当回路工作压力恒定时，马达的输出转矩 $T = \Delta p_m V_m/2\pi$ 恒定，不会因为调速而发生变化，所以这种回路常被称为恒转矩调速回路。马达的输出功率 $P = \Delta p_m V_m n_m$ 与转速 n_m 成正比。因此,回路的特性曲线如图 6-22(b)所示。需要注意的是这种回路的速度刚性受负载变化影响的原因与节流调速回路有根本的不同,即随着负载转矩的增加,因泵和马达的泄漏增加,致使马达输出转速下降。这种回路的调速范围一般为 $R_c \approx 40$。

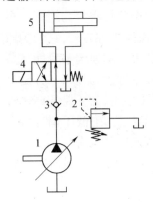

图 6-21 变量泵—液压
缸调速回路
1—变量泵;2—溢流阀;
3—单向阀;4—电磁换向阀;
5—液压缸。

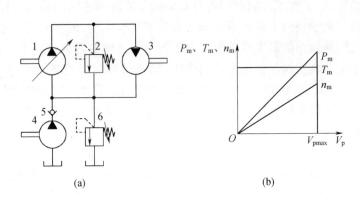

图 6-22 变量泵—定量马达调速回路
1—变量泵;2,6—溢流阀;3—定量马达;
4—补油泵;5—单向阀。

2) 定量泵—变量马达调速回路

图 6-23(a)所示为由定量泵和变量马达组成的容积调速回路。定量泵 1 输出流量不变,改变变量马达的排量 V_m 可以改变液压马达的转速 n_m。在这种调速回路中,当回路工作压力一定时,增大马达排量 V_m,马达输出转速 $n_m = q_p/V_m$ 减小,马达输出转矩 $T = \Delta p_m V_m/2\pi$ 增加,而马达的输出功率为 $P = \Delta p_m V_m n_m$ 恒定不变,即液压马达在不同转速下输出功率不变,因此这种回路常被称为恒功率调速回路,其特性曲线如图 6-23(b)所示。上述工作特性,适用于车辆和起重运输机械具有恒功率负载特性的液压传动装置,它可使原动机保持在恒功率的高效率点下工作,从而能最大限度地利用原动机的功率。

3) 变量泵—变量马达调速回路

图 6-24(a)所示为双向变量泵—双向变量马达容积调速回路。改变液压泵的供油方向,可以实现液压马达正向或反向旋转。调节变量泵或变量马达的排量均可改变马达的转速。单向阀 3 和 4 用于辅助泵 9 双向补油,溢流阀 5,6 在两个方向起过载保护作用。液动换向阀 7 用于当高低压回路的压力差大于一定数值时,使低压管路与溢流阀 8 接通,则部分热油经该溢流阀排回油箱,此时补油泵供出的冷油替换了这部分热油。补油泵的压力一般调至 0.8~1.5MPa,补油泵的流量根据系统的容积效率和对冷却的要求来选择,一般取主泵流量的 20%~30%,冷却要求高者取 40%。溢流阀 10 的调整压力应高于溢流阀 8 的调整压力约 0.2MPa。一般机械要求低速时有较大的输出转矩,高速时能提供较大的输出功率,采用这种回路恰好可以满足这个要求。在低速段,先将马达排量调至最大,用变量泵调速,当泵的排量由小变大,直至最大时,马达转速随之升高,输出功率

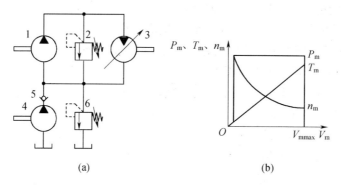

图 6-23 定量泵—变量马达调速回路
1—定量泵;2,6—溢流阀;3—变量马达;4—补油泵;5—单向阀。

亦随之线性增加。此低速段马达排量最大,马达能获得最大输出转矩,且处于恒转矩状态。高速段泵为最大排量用变量马达调速,将马达排量由大调小,马达转速继续升高,输出转矩随之降低。此时因泵处于最大输出功率状态不变,故马达处于恒功率状态。回路特性曲线如图 6-24(b)所示。由于泵和马达的排量都可以改变,扩大了回路的调速范围,一般 $R_c \leqslant 100$。

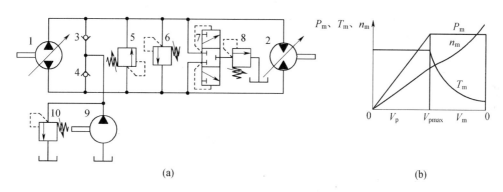

图 6-24 变量泵—变量马达调速回路
1—双向变量泵;2—双向变量马达;3,4—单向阀;5,6—安全阀;
7—液动换向阀;8—溢流阀;9—补油泵;10—低压溢流阀。

上述回路的恒功率调速区段相当于定量泵—变量马达调速回路,定量泵—变量马达调速回路因为调速范围较小,又不能利用马达的变量机构来实现马达平稳反向,调节不方便,故很少单独使用。

3. 容积节流调速回路

容积节流调速回路是变量泵和节流阀或调速阀组合而成的一种调速回路。这种回路一般采用限压式变量泵供油,用流量控制阀控制进入或流出液压执行元件的流量,满足执行元件的速度或转速要求,并使变量泵输出的流量自动与执行元件所需要的流量相适应,这种调速回路没有溢流损失,效率较高,速度稳定性比单纯容积调速回路好,常用在速度范围大的中、小功率场合。

1) 限压式变量泵和调速阀的调速回路

图 6-25(a)所示为限压式变量泵和调速阀所组成的容积节流调速回路。回路由限压式变量泵 1 供油,泵输出的压力油经调速阀 3 进入液压缸工作腔,回油经背压阀 4 返回油箱。改变调速阀中节流阀的通流面积 A_T 的大小,就可以调节液压缸的运动速度,泵的输出流量 q_p 和通过调速阀进入液压缸的流量 q_1 自相适应。例如将 A_T 减小到某一值,在关小节流口瞬间,泵的输出流量还未来得及改变,出现了 $q_p > q_1$,导致泵的出口压力 p_p 增大,其反馈作用使变量泵的流量 q_p 自动减小到与 A_T 对应的 q_1;反之,将 A_T 增大到某一值,将出现 $q_p < q_1$,会使泵的出口压力降低,其输出流量自动增大到 $q_p \approx q_1$。由此可见,调速阀不仅起到调节作用,而且作为检测元件将其流量转换为压力信号控制泵的变量机构。对应于调速阀一定的开口,调速阀的进口具有一定的压力,泵输出相应的流量。

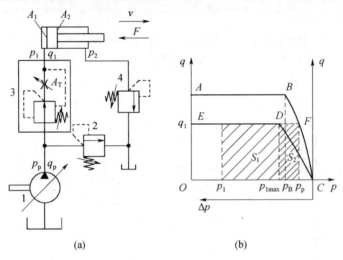

图 6-25 限压式变量泵和调速阀的调速回路
1—变量泵;2—溢流阀;3—调速阀;4—背压阀。

回路的特性曲线如图 6-25(b)所示,曲线 ABC 是限压式变量泵的压力—流量特性,曲线 CDE 是调速阀在某一开度时的压差—流量特性曲线,点 F 是液压泵的工作点。当液压泵的出口压力 p_p 大于泵的限定压力 p_B 时,回路才具有调速和稳速的作用。由图 6-25(b)可见,这种回路没有溢流损失,但有节流损失,其大小与液压缸的工作压力 p_1 有关。当进入液压缸的工作流量为 q_1、泵的出口压力为 p_p 时,为了保证调速阀正常工作所需的压力差为 Δp,液压缸的工作压力最大值应该是 $p_{1max} = p_p - \Delta p$;再由于背压 p_2 的存在,p_1 的最小值又必须满足于 $p_2 \dfrac{A_2}{A_1} \leq p_1 \leq (p_p - \Delta p)$。当 $p_1 = p_{1max}$ 时,回路的节流损失最小,如图 6-25(b)所示中阴影面积 S_1。p_1 越小,则节流损失越大(图中阴影面积 S_2)。若不考虑泵的出口至缸的入口的流量损失,回路的效率为

$$\eta = \frac{\left(p_1 - p_2 \dfrac{A_2}{A_1}\right)q_1}{p_p q_p} = \frac{p_1 - p_2 \dfrac{A_2}{A_1}}{p_p} \tag{6-19}$$

由式(6-19)可以看出,当负载变化较大且大部分时间处于低负载下工作时,回路效

率不高。泵的出口压力应略大于 $p_{1\max} + \Delta p_L + \Delta p$，其中 $p_{1\max}$ 为液压缸最大工作压力，Δp_L 为管路压力损失，Δp 为调速阀正常工作所需压差。这种调速回路中的调速阀也可以装在回油路上。

2）差压式变量泵和节流阀的调速回路

图 6-26 所示为差压式变量泵和节流阀组成的容积节流调速回路。这种回路不但使变量泵输出的流量与液压缸所需要流量相适应，而且液压泵的工作压力能自动跟随负载压力的变化而变化。回路的工作原理是：在液压缸的进油路上设有一个节流阀，节流阀两端的压差反馈作用在变量泵的控制活塞和柱塞上。其中柱塞 1 的面积和活塞 2 的活塞杆面积相等。因此变量泵定子的偏心距大小受到节流阀两端压差的控制。溢流阀 4 为安全阀，固定阻尼 5 用于防止定子移动过快引起的振荡。改变节流阀开口，就可以控制进入液压缸的流量 q_1，并使泵的输出流量 q_p 自动与 q_1 相适应。若 $q_p > q_1$，泵的供油压力 p_p 上升，泵的定子在控制活塞的作用下右移，减小偏心距，使 q_p 减小至 $q_p = q_1$；反之，当 $q_p < q_1$ 时，泵的供油压力 p_p 下降，定子左移，加大偏心距，使泵的流量增大至 $q_p \approx q_1$。在这种回路中，定子的平衡方程为

$$p_p A_1 + p_p(A - A_1) = p_1 A + F_t$$

即

$$p_p - p_1 = \frac{F_t}{A} \tag{6-20}$$

式中：A、A_1 分别为控制缸的活塞面积和柱塞面积；F_t 为控制活塞上的弹簧力。

节流阀前后压力差 $\Delta p = p_p - p_1$ 基本上由作用在变量泵控制活塞上的弹簧力 F_t 来确定，因此输入液压缸的流量不受负载变化的影响。此外，回路能补偿负载变化引起泵的泄漏变化，故回路具有良好的稳速特性。节流阀也可串联在回油路上。

由于液压泵输出的流量始终与负载流量相适应，泵的工作压力 p_p 始终比负载压力 p_1 大一恒定值 F_t/A。回路不但没有溢流损失，而且节流损失较限压式变量泵和调速阀的调速回路小，因此回路效率高，发热小。回路效率为

$$\eta = \frac{p_1 q_1}{p_p q_p} = \frac{p_1}{p_1 + \Delta p} \tag{6-21}$$

综上所述，回路中的节流阀在起流量调节作用的同时，又将流量检测为压力差信号，反馈作用控制泵的流量，泵的出口压力等于负载压力加节流阀前后的压力差。若用电液比例节流阀代替普通节流阀，并根据工况需要随时调节阀口大小以控制执行元件的运动速度，则泵的压力和流量均适应负载的需求，因此回路又称为功率适应调速回路或负载敏感调速回路，特别适用于负载变化较大的场合。

6.2.2 快速运动回路

快速运动回路又称增速回路，其功用是在不增加液压泵流量的情况下，提高执行元件的速度，以提高系统的工作效率或充分利用功率。一般采用差动连接、双泵供油、充液增速和蓄能器来实现。

1. 液压缸差动连接快速回路

图 6-27 所示为液压缸差动连接回路,当电磁铁 1YA 得电时,换向阀 3 左位工作,同时 3YA 不得电,换向阀 5 处于左位,则液压缸有杆腔的回油和液压泵供油合在一起进入液压缸无杆腔,活塞快速向右运动。当 3YA 得电时,液压缸回油经过单向节流阀 4 回油箱,实现工进,节流阀调节工作行程速度。当 2YA、3YA 得电后,液压缸回程。这种回路可在不增加液压泵流量的前提下提高执行元件的运行速度,结构简单,应用普遍。在差动回路中,泵的流量和液压缸有杆腔排出的流量合在一起流过的阀和管路应按合成流量来选择其规格,否则会导致回路压力损失过大。

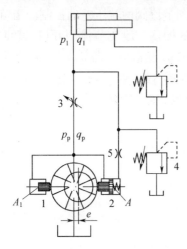　　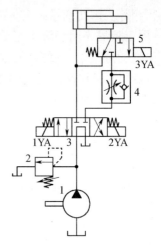

图 6-26　差压式变量泵和节流阀的调速回路　　　图 6-27　液压缸差动连接回路
1—柱塞;2—活塞;3—节流阀;　　　　　　　1—液压泵;2—溢流阀;3—三位四通电磁换向阀;
4—溢流阀;5—固定阻尼。　　　　　　　　　4—单向节流阀;5—二位三通电磁换向阀。

2. 双泵供油快速回路

如图 6-28 所示,1 为低压大流量泵,用于实现液压执行元件的快速运动,2 为高压小流量泵,用于实现工作进给。外控顺序阀 3(卸荷阀)和溢流阀 5 分别设定双泵供油和小流量泵 2 供油时系统的最高工作压力。执行元件快速运动时,两个泵同时向系统供油;工作行程时,系统压力升高,当压力达到卸荷阀 3 的调定压力时,大流量泵 1 通过阀 3 卸荷,单向阀 4 自动关闭,只有小流量泵向系统供油,液压执行元件慢速工进。卸荷阀 3 的调定压力至少应比溢流阀 5 的调定压力低 10%。快速运动时大流量泵 1 卸荷减少了系统的功率损失,回路效率较高,因此这种回路应用比较普遍。双泵供油回路常用在执行元件快进和工进速度相差较大的场合。

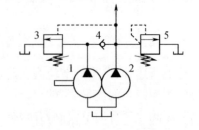

图 6-28　双泵供油回路
1—低压大流量液压泵;2—高压小流量液压泵;
3—卸荷阀;4—单向阀;5—溢流阀。

3. 自重充液快速回路

如图 6-29 所示,自重充液回路用于垂直运动部件质量较大的液压机液压系统。手动换向阀3右位工作,由于运动部件的自重,活塞快速下降,由单向节流阀4控制下降速度,若活塞下降速度超过供油速度,液压缸5上腔产生负压,充液油箱7通过液控单向阀(充液阀)向液压缸补油。当运动部件接触工件时,负载增加,液压缸上腔压力升高,液控单向阀6关闭,此时仅靠液压泵供油,活塞运动速度降低。回程时,换向阀左位工作,压力油进入液压缸下腔,同时打开液控单向阀6,液压缸上腔一部分回油进入充液油箱7,实现快速回程。自重充液快速回路不需要辅助动力源,回路结构简单,但活塞快速下降时液压缸上腔吸油不足,导致加压时升压缓慢,为此充液油箱常被加压油箱或蓄能器代替,实现强制充液。

4. 增速缸快速回路

对于卧式液压缸可以采用增速缸或辅助缸的方法实现快速运动。如图6-30所示,当换向阀左位工作时,压力油经柱塞孔进入增速缸B腔,推动活塞2快速向右移动,A腔所需要油液由液控单向阀3从油箱中吸入,C腔油液经换向阀回油箱。当液压缸接触工件负载增加时,系统压力升高,使顺序阀4开启,高压油关闭充液阀3,并进入增速缸A腔,活塞转换成慢速运动,且输出力增大。当换向阀右位工作时,压力油进入C腔,同时打开充液阀3,A腔的回油流回油箱,活塞快速向左回程。这种回路功率利用比较合理,但增速比受增速缸尺寸的限制,结构比较复杂。

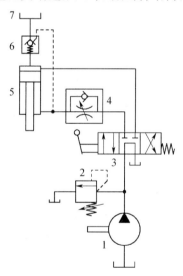

图6-29 自重充液快速回路
1—液压泵;2—溢流阀;3—手动换向阀;4—单向节流阀;
5—液压缸;6—液控单向阀;7—充液油箱。

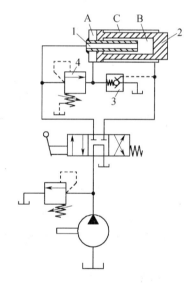

图6-30 增速缸快速回路
1—增速缸柱塞;2—增速缸活塞;
3—液控单向阀;4—顺序阀。

5. 辅助缸快速回路

如图6-31所示,当换向阀左位时,液压泵只向两个辅助液压缸7供油,带动主柱塞缸8的柱塞快速向右运动,主缸8通过充液阀5从充液油箱6补油,接触工件后,油压上升,压力油经顺序阀4进入主缸,转为慢速工进,此时主缸和辅助缸同时对工件加压,辅助缸右腔油液经换向阀回油箱。回程时压力油进入辅助缸7右腔,同时打开充液阀5,主缸油液通过充液阀5流回充液油箱6,辅助缸回油经换向阀回油箱。这种回路简单,常用于冶金机械和锻压机械中。

6. 采用蓄能器的快速回路

如图6-32所示,这种回路的定量泵可以选择较小的流量,在液压缸停止工作时,换向阀处于中位,泵的全部流量进入蓄能器,蓄能器压力升高后,使卸荷阀2开启,液压泵卸荷。当液压缸活塞需要快速运动时,1YA或2YA得电,由泵和蓄能器同时向液压缸供油。设计时,若根据系统工作循环要求,合理地选取液压泵的流量、蓄能器的工作压力范围和容量,则可获得较高的回路效率。

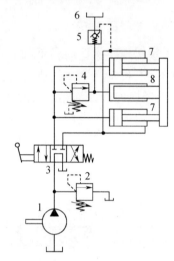

图6-31 辅助缸快速回路
1—液压泵;2—溢流阀;3—手动换向阀;
4—顺序阀;5—充液阀;6—充液油箱;7—辅助缸;8—主缸。

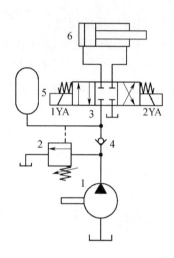

图6-32 采用蓄能器的快速回路
1—液压泵;2—顺序阀;3—电磁换向阀;
4—单向阀;5—蓄能器;6—液压缸。

6.2.3 速度换接回路

速度换接回路用于执行元件在一个工作循环中实现不同速度之间的转换,它包括液压执行元件快速到慢速的换接和两种慢速之间的换接。实现速度换接的回路应该具有较高的换接平稳性和换接精度。

1. 快、慢速换接回路

实现快、慢速换接的方法很多,图6-28~图6-32所示的5种快速运动回路是通过压力变化来实现快、慢速度转换的,下面介绍一种在机床液压系统中较为常见的采用换向阀实现快、慢速换接的回路。

图6-33(a)所示为用行程阀来实现快、慢速换接的回路。当换向阀3电磁铁1YA得电时,换向阀3左位工作,液压缸活塞快速右行,到预定位置时,活塞杆上的撞块压下行程阀6滚轮,行程阀上位工作,断开油路,液压缸右腔油液通过节流阀5流回油箱,活塞转换为慢速工进。电磁铁1YA失电时,换向阀右位工作,压力油经单向阀4进入液压缸右腔,活塞快速返回。这种回路速度切换过程比较平稳,换接点位置准确。但行程阀的安装位置不能任意布置,管路连接较为复杂。如果将行程阀6改为电磁阀8,如

图 6-33(b)所示,并通过撞块压下电气行程开关 1S 使 2YA 得电来控制,也可实现快、慢速度换接,这样虽然阀的安装灵活、连接方便,但速度换接的平稳性、可靠性和换接精度都相对较差。

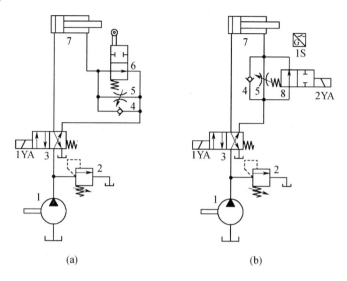

图 6-33 行程控制速度换接回路
(a)用行程阀控制的速度换接回路;(b)用行程开关控制的速度换接回路。
1—液压泵;2—溢流阀;3—二位四通电磁换向阀;
4—单向阀;5—节流阀;6—行程阀;7—液压缸;
8—二位二通电磁换向阀。

2. 两种慢速的换接回路

某些机床要求工作行程有两种进给速度,一般第一进给速度大于第二进给速度,为实现两次工进速度,常用两个调速阀并联或串连在油路中,用换向阀进行切换。图 6-34(a)所示为两个调速阀并联来实现两次进给速度的换接回路,这两个调速阀进给速度可以分别调整,互不影响。但一个调整阀工作时另一个调速阀无油通过,其定差减压阀处于最大开口位置,因而在速度转换瞬间,通过调速阀的流量过大会造成进给部件突然前冲。因此这种回路不宜用在同一行程两次进给速度的转换上,只可用在速度预选的场合。图 6-34(b)所示为两个调速阀串联来实现两次进给速度的换接回路,这种回路只能用于第二进给速度小于第一进给速度的场合,故调速阀 5 的开口小于调速阀 4。这种回路速度换接平稳性较好。执行元件还可以通过电液比例阀来实现速度的无级变换,切换过程平稳。

6.3 多执行元件控制回路

在液压系统中,如果由一个油源给多个液压执行元件供油,各执行元件会因压力、流量的彼此影响而在动作上相互牵制,因此必须采用一些特殊的回路才能实现预定的动作要求。常见的这类回路主要有顺序动作回路、同步回路和互不干扰回路等。

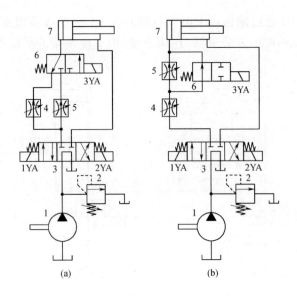

图 6-34 调速阀速度换接回路

(a) 调速阀并联的速度换接回路;(b) 调速阀串联的速度换接回路。
1—液压泵;2—溢流阀;3,6—电磁换向阀;4,5—调速阀;7—液压缸。

6.3.1 顺序动作回路

顺序动作回路的功用是使液压系统中的各个执行元件按规定的顺序动作。按控制方式不同,顺序动作回路可分为压力控制和行程控制两类。

1. 压力控制顺序动作回路

图 6-35 所示为利用液压系统工作过程中的压力变化来使执行元件先后动作的顺序动作回路。图 6-35(a)所示为用顺序阀控制的顺序动作回路。当换向阀 3 左位工作时,液压缸 6 活塞向右运动,当液压缸行至终点后,压力上升,当压力达到顺序阀 5 的调定压力时,顺序阀 5 开启,液压缸 7 活塞才向右运动。同样,换向阀 3 右位工作,缸 7 活塞先回到左端点,回路压力升高,打开顺序阀 4,再使缸 6 活塞退回原位,完成图示①—②—③—④的顺序动作。

图 6-35(b)所示为用压力继电器控制电磁换向阀来实现顺序动作的回路。按启动按钮,电磁铁 1YA 得电,液压缸 6 活塞前进到右端点后,回路压力升高,压力继电器 1K 动作,使电磁铁 3YA 得电,液压缸 7 活塞前进。按返回按钮,1YA、3YA 失电,4YA 得电,缸 7 活塞先退回原位后,回路压力升高,压力继电器 2K 动作,使 2YA 得电,缸 6 活塞返回。

压力控制的顺序动作回路中,顺序阀或压力继电器的调定压力必须大于前一动作执行元件的最高工作压力的 10%~15%,否则在管路中的压力冲击或波动下会造成误动作,引起事故。这种回路只适用于系统中执行元件数目不多、负载变化不大的场合。

2. 行程控制顺序动作回路

图 6-36(a)所示为用行程阀控制的顺序动作回路。电磁换向阀 3 左位工作,缸 5 活塞先向右运动,当活塞杆上挡块压下行程阀 4 后,液压缸 6 活塞才向右运动;电磁换向阀 3 右位工作,缸 5 活塞先退回,其挡块离开行程阀 4 后,缸 6 活塞才退回。这种回路动作可靠,但不能改变动作顺序。

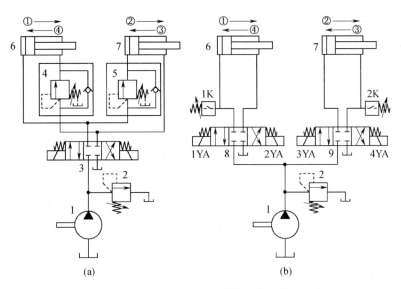

图 6-35 压力控制顺序动作回路
(a)顺序阀控制的顺序动作回路;(b)压力继电器控制的顺序动作回路。
1—液压泵;2—溢流阀;3,8,9—电磁换向阀;4,5—顺序阀;6,7—液压缸。

图 6-36(b)所示为采用行程开关控制电磁换向阀的顺序动作回路。按启动按钮,电磁铁 1YA 得电,缸 5 活塞先向右运动,当活塞杆上的挡块压下行程开关 2S 后,使电磁铁 3YA 得电,缸 6 活塞才向右运动,直到压下行程开关 3S,使 1YA 失电,2YA 得电,缸 5 活塞向左退回,而后压下行程开关 1S,使 3YA 失电,4YA 得电,缸 6 活塞再退回。在这种回路中,调整挡块位置可调整液压缸的行程,通过电控系统可任意地改变动作顺序,方便灵活,应用广泛。

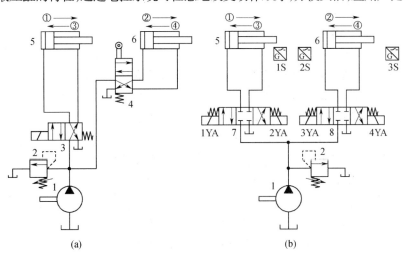

图 6-36 行程控制顺序动作回路
(a)行程阀控制顺序动作回路;(b)行程开关控制顺序动作回路。
1—液压泵;2—溢流阀;3,7,8—电磁换向阀;4—行程阀;5,6—液压缸。

6.3.2 同步回路

同步回路是实现多个执行元件以相同位移或相等速度运动的回路。当需要多个执行元件同时驱动一个工作部件时,同步回路则显得特别重要。同步回路分为速度同步和位置同步,速度同步是指各执行元件的运动速度相等,而位置同步是指各执行元件在运动中或停止时都保持相同的位移量。衡量同步的指标是同步精度,以位置的绝对误差 Δ 和相对误差 δ 来表示。以两个同步液压缸为例,若两缸运动到端点时行程分别为 S_A 和 S_B,则其绝对误差

$$\Delta = |S_A - S_B|$$

相对误差

$$\delta = \frac{2|S_A - S_B|}{S_A + S_B}$$

如果使各个执行元件几何参数相同,理论上可以保证同步,但由于各执行元件负载不均匀、摩擦阻力不等、泄漏量不同、制造质量和结构弹性变形上的差异等都会影响同步精度。下面是几种同步回路。

1. 用流量控制阀的同步回路

在图 6-37(a)中,在两个工作面积相同的并联液压缸 6 和 7 的回油路上各串接一个单向节流阀 4 和 5,分别调节两个节流阀,控制两液压缸流出的流量,使两液压缸活塞伸出时速度近似相同。这种回路结构简单,但同步精度不高,受负载和温度影响较大,不宜用于偏载或负载变化频繁的场合。为改善其同步精度可采用调速阀或温度补偿调速阀来代替节流阀。图 6-37(b) 所示为采用分流集流阀来控制两液压缸的流入和流出的流量,使两液压缸保持同步。分流集流阀 8 在活塞上升时起分流作用,在活塞下降时起集流作用,可使两液压缸在承受不同负载时仍能实现速度同步。回路中液控单向阀 9 和 10 是防止活塞停止时因两液压缸负载不同而通过分流集流阀内节流孔窜油。由于同步作用靠分流阀自动调整,使用较为方便,但效率低,压力损失大,不宜用于低压系统。

2. 带补偿措施的串联液压缸同步回路

如图 6-38 所示,两个液压缸串联起来可实现两缸同步,在这个回路中,液压缸 8 有杆腔 A 的有效工作面积与液压缸 7 的无杆腔 B 的有效面积相等,因而从 A 腔排出的油液进入 B 腔,实现两液压缸同步升降。这种回路允许较大偏载,因偏载造成的压差不影响流量的改变,只导致微量的压缩和泄漏,因此同步精度较高,回路效率也较高。这种情况下泵的供油压力至少是两缸工作压力之和。由于制造误差、内泄漏及混入空气等因素的影响,经多次行程后,将积累为两缸的位置误差。为此,回路中应采取位置补偿措施。其工作原理为:2YA 得电,换向阀 3 右位工作,两液压缸活塞同时下行,若缸 7 活塞先到达行程终点,触动行程开关 1S,使电磁换向阀 6 的 4YA 得电,换向阀 6 上位工作,压力油经换向阀 6 将液控单向阀 5 反向开启,液压缸 8 下腔油液通过液控单向阀流回油箱,其活塞可继续运动到终点。如果缸 8 活塞先到达终点,则触动行程开关 2S,使电磁铁 3YA 得电,换向阀 4 右位工作,压力油直接通过液控单向阀 5 进入缸 7 的无杆腔,继续推动活塞下行到达行程端点,从而消除积累误差。这种回路只适用于负载较小的液压系统。

3. 用同步缸或同步马达的同步回路

图 6-39(a)所示为用同步缸的同步回路。同步缸 4 的 A、B 两腔的有效面积相等,且两液压缸 7、8 的有效面积也相同,则两液压缸可实现同步运动。这种同步回路的精度取决于液压缸和同步缸的加工精度和密封性,一般精度可达到 1%~2%。由于同步缸一

一般不宜做得过大,所以这种回路仅适用于小流量的场合。

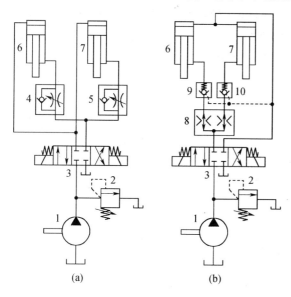
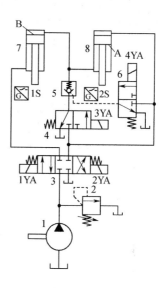

图 6-37 用流量控制阀的同步回路
(a)节流阀同步回路;(b)分流集流阀同步回路。
1—液压泵;2—溢流阀;3—电磁换向阀;4,5—单向节流阀;
6,7—液压缸;8—分流集流阀;9,10—液控单向阀。

图 6-38 带补偿措施的串联
液压缸同步回路
1—液压泵;2—溢流阀;3—电磁换向阀;
4,6—二位三通换向;5—液控单向阀;7,8—液压缸。

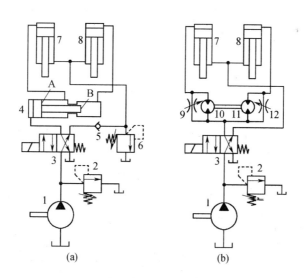

图 6-39 用同步缸、同步马达的同步回路
(a)同步缸同步回路;(b)同步马达同步回路。
1—液压泵;2—溢流阀;3—电磁换向阀;4—同步缸;5—单向阀;
6—溢流阀;7,8—液压缸;9,12—节流阀;10,11—同步马达。

图 6-39(b)所示为采用相同结构、相同排量的液压马达 10,11 作为等流量分流装置的同步回路。两个液压马达轴刚性连接,把等流量的油液分别输入两个有效面积相同的液压缸 7,8 中,使两液压缸实现同步。图中与马达并联的节流阀 9,12 用于行程端点消除

两缸位置误差。影响这种回路同步精度的主要因素有:马达由于制造上的误差而引起排量的差别,作用于液压缸活塞上的负载不同而引起的泄漏以及摩擦阻力不同等,但这种同步回路的同步精度比节流控制的要高,由于所用马达为一般的容积效率较高的柱塞式马达,所以费用较高,常用于重载、大功率的液压系统中。

6.3.3 互不干扰回路

多执行元件互不干扰回路的功用是防止液压系统中的几个执行元件因速度快慢不同而在动作上相互干扰。图6-40所示为采用顺序节流阀的叠加阀形式互不干扰回路。液压缸5和10各自要完成"快进—工进—快退"的自动工作循环。该回路采用双泵供油,其中泵1为高压小流量泵,工作压力由溢流阀6调定;泵2为低压大流量泵,工作压力由溢流阀1调定。当电磁铁1YA、3YA得电时,两缸同时由大流量泵2供油,实现快速向左运动,此时外控式顺序节流阀3和8由于控制压力较低而关闭,因而泵1的压力油经溢流阀6回油箱。当其中一个液压缸,如缸5先完成快进动作,则缸5的无杆腔压力升高,顺序节流阀3的阀口被打开,高压小流量泵1的压力油经阀3中的节流口进入液压缸5的无杆腔,高压油同时使阀2中的单向阀关闭,缸7的工进速度由阀3中的节流口的开度所决定。此时缸10仍由泵2供油实现快进,两缸动作互不干扰。当缸5完成工进后,2YA得电,大流量泵使缸7退回。这种回路被广泛应用于组合机床的液压系统中。

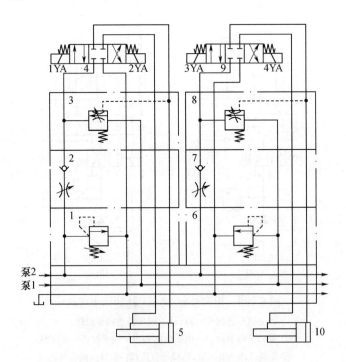

图6-40 用叠加阀的互不干扰回路

1,6—溢流阀;2,7—单向阀;3,8—外控式顺序节流阀;
4,9—电磁换向阀;5,10—液压缸。

6.4 其他控制回路

6.4.1 锁紧回路

锁紧回路可使执行元件在任意位置停止,并可防止停止后窜动。液压缸锁紧的最简单的方法是利用三位换向阀的 M 型或 O 型中位机能来使活塞在行程范围内任意位置停止。但由于滑阀的泄漏,保持其停止位置不动的性能即锁紧精度不高。为了提高对执行元件的锁紧精度,常采用液控单向阀作为锁紧元件。如图 6-41 所示,在液压缸的两侧油路上都串接一液控单向阀(双向液压锁)。当换向阀左位工作时,压力油经单向阀 4 进入液压缸左腔,同时压力油将液控单向阀反向打开,液压缸右腔油液经液控单向阀 2 和换向阀回油箱,活塞右行,反之,活塞左行。活塞需要锁停时,换向阀处于中位,因为换向阀为 H 型或 Y 型中位机能,使液控单向阀控制口失压,因此液控单向阀能够可靠关闭,活塞可以在行程的任意位置上长期锁紧,不会因外界因素而窜动,其锁紧精度只受液压缸的泄漏和油液压缩性的影响,这种回路被广泛用于工程机械、起重运输机械等有锁紧要求的场合。

6.4.2 缓冲回路

当运动部件在快速运动中突然停止或换向时,就会引起液压冲击和振动,这不仅会影响其定位或换向精度,而且会影响机器的正常运行。为了减小液压冲击,除了在液压缸本身设计缓冲装置外,还可在系统中设计缓冲回路,缓冲回路的作用是使执行元件平稳地停止或换向。

图 6-42(a)所示为采用溢流阀的液压缸缓冲回路。在液压缸 8 两侧油路上设置反应灵敏的小型直动型溢流阀 4 和 5,换向阀 3 切换时,活塞在溢流阀 4 或 5 的调定压力值

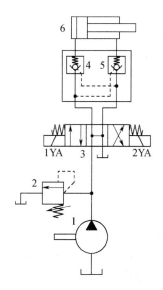

图 6-41 用液控单向阀的锁紧回路
1—液压泵;2—溢流阀;3—电磁换向;
4,5—液控单向阀;6—液压缸。

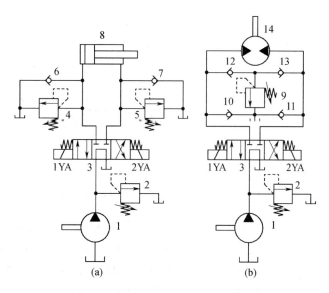

图 6-42 用溢流阀的缓冲回路
1—液压泵;2—溢流阀;3—电磁换向阀;4,5,9—缓冲溢流阀;
6,7,10,11,12,13—单向阀;8—液压缸;14—液压马达。

下实现缓冲。如活塞向右运动换向阀突然切换时,活塞右侧油液压力由于运动部件的惯性而突然升高,当压力超过阀5的调定压力时,阀5打开溢流,缓和管路中的液压冲击,同时液压缸左腔通过单向阀6补油。活塞向左运动,由溢流阀4和单向阀7起缓冲和补油作用。

图6-42(b)所示为采用溢流阀的液压马达缓冲回路。换向阀3换向时,马达由泵供油而旋转。当电磁铁失电时,切断马达回路,马达制动,由于惯性负载作用,马达将继续旋转为泵工况,马达出口压力超过阀9的调定压力时阀9打开溢流,缓和管路中的液压冲击,同时马达的吸油侧通过单向阀补油。

缓冲溢流阀4,5和9的调定压力一般比主油路溢流阀2的调定压力高5%~10%。

思考题和习题

6-1 试用一个先导溢流阀、两个远程调压阀和一个电磁换向阀组成一个具有三级调压且能卸荷的回路,试画出回路图并简述工作原理。

6-2 如图6-43所示的回路中,1缸为夹紧缸,运动时负载为零,2缸为工作缸,其活塞面积为$10 \times 10^{-4} m^2$,运动时负载为3kN,如溢流阀调整压力为4MPa,减压阀调整压力为2MPa,试分析:
(1) 两缸的动作顺序?
(2) 夹紧缸在未夹紧工件前作空载运动时,a、b、c三点压力各为多少?
(3) 夹紧缸夹紧工件后,a、b、c三点压力各为多少?
(4) 两缸都到达终点时,a、c两点压力各为多少?

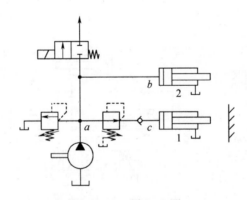

图6-43 题6-2图

6-3 如图6-44所示液压系统,两个液压缸的有效工作面积$A_1 = A_2 = 100 \times 10^{-4} m^2$,缸Ⅰ工作负载$F_1 = 3.5 \times 10^4 N$,缸Ⅱ工作负载$F_2 = 2.5 \times 10^4 N$,溢流阀、顺序阀和减压阀的调整压力分别为5MPa、4MPa和3MPa,不计摩擦阻力、惯性力、管路及换向阀的压力损失,分析下列三种工况下各点的压力:
(1) 液压泵启动后,两换向阀处于中位,A、B、C三处的压力;
(2) 3YA得电,缸Ⅱ活塞运动时及运动到终点碰到死挡铁时A、C两处的压力;

(3) 3YA 失电、1YA 得电,缸 I 运动时及到达终点后突然失去负载时 A、B、C 三处的压力。

6-4 图 6-45 所示液压系统中,立式液压缸活塞与运动部件的重力为 G,两腔面积分别为 A_1 和 A_2,泵 1 和泵 2 最大工作压力为 p_1、p_2,若忽略管路上的压力损失,问:
(1) 压力控制阀 4、5、6、9 各是什么阀?它们在系统中各自的作用是什么?
(2) 压力控制阀 4、5、6、9 的压力应如何调整?
(3) 系统由哪些基本回路组成?

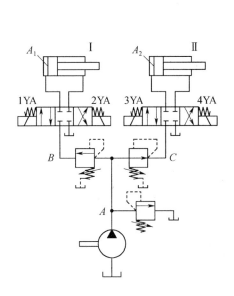

图 6-44 题 6-3 图

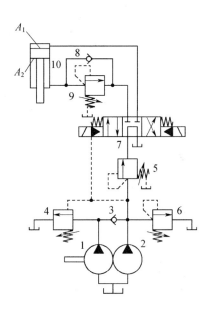

图 6-45 题 6-4 图

6-5 如图 6-18 所示的采用节流阀的进油节流调速回路,已知液压泵的输出流量 $q_p = 20$L/min,负载 $F = 60$kN,溢流阀调定压力为 9MPa,液压缸无杆腔面积 $A_1 = 80 \times 10^{-4}$m²,有杆腔面积 $A_2 = 40 \times 10^{-4}$m²,液压缸工进速度 $v = 0.2$m/min,不计其他损失,试计算:
(1) 回路的效率;
(2) 溢流阀的溢流量、回路的最大承载能力。

6-6 如图 6-19 所示的采用节流阀的回油节流调速回路,已知液压泵的输出流量 $q_p = 6$L/min,负载 $F = 6$kN,溢流阀调定压力 $p_p = 3$MPa,液压缸无杆腔面积 $A_1 = 20 \times 10^{-4}$m²,有杆腔面积 $A_2 = 10 \times 10^{-4}$m²,节流阀为薄壁口,开口面积 $A_T = 0.01 \times 10^{-4}$m²,$C_d = 0.62$,$\rho = 900$kg/m³,不计其他损失,试计算:
(1) 液压缸活塞的运动速度;
(2) 溢流阀的溢流量、回路效率;
(3) 当节流阀开口面积增大到 $A_T = 0.02 \times 10^{-4}$m² 时,分别计算液压缸的运动速度和溢流量。

6-7 图 6-46 所示液压系统,已知液压泵的输出流量 $q_p = 30$L/min,溢流阀调整压力 $p_p = 3$MPa,液压缸两腔作用面积分别为 $A_1 = 50 \times 10^{-4}$m²,$A_2 = 25 \times 10^{-4}$m²,活塞快速接近工件时负载 $F = 0$,工作进给时负载 $F = 10$kN,工进时通过调速阀的流量为 2 L/min,

不计其他损失,试求:

(1) 活塞快速接近工件时,活塞的快进速度 v_1 及回路的效率 η_1;

(2) 工作进给时,活塞的工进速度 v_2 及回路的效率 η_2。

6-8 图 6-47 所示限压式变量泵与调速阀组成的容积节流调速回路,已知变量泵的流量 $q_{pmax}=10\text{L/min}$,若液压泵 $q-p$ 特性曲线拐点坐标为 $(2\text{MPa},10\text{L/min})$,在 $p_p=2.8\text{MPa}$ 时 $q_p=0$。液压缸有效作用面积分别为 $A_1=50\times10^{-4}\text{m}^2$,$A_2=25\times10^{-4}\text{m}^2$,溢流阀调整压力 $p_y=3\text{MPa}$,试求:

(1) 当工作负载 $F=10\text{kN}$,调速阀流量 $q_2=2.5\text{L/min}$ 时,液压泵的工作压力;

(2) 当调速阀开口不变、负载从 9kN 减少到 1kN 时,液压泵的工作压力;

(3) 当工作负载 $F=10\text{kN}$ 不变,调速阀开口变小时,液压泵的工作压力;

(4) 分别计算 $F=10\text{kN}$ 和 $F=1\text{kN}$ 时回路效率。

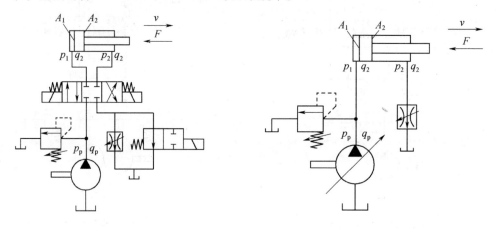

图 6-46 题 6-7 图　　　　图 6-47 题 6-8 图

第7章 典型液压系统

7.1 组合机床动力滑台液压系统

7.1.1 概述

组合机床是以系列化和标准化的通用部件为主,加以少量专用部件对一种或多种工件按预先确定的工序进行切削加工的机床。一般采用多轴、多刀、多工序、多面或多工位同时加工的方式,生产效率比通用机床高几倍至几十倍。由于通用部件已经标准化和系列化,可根据需要灵活配置,能缩短设计和制造周期。因此,组合机床兼有低成本和高效率的优点,在大批、大量生产中得到广泛应用,并可用以组成自动生产线。组合机床一般用于加工箱体类或特殊形状的零件。加工时,工件一般不旋转,由刀具的旋转运动和刀具与工件的相对进给运动,来实现钻、扩、锪、铰、镗、铣削平面、切削内外螺纹以及加工外圆和端面等。有的组合机床采用车削头夹持工件使之旋转,由刀具作进给运动,也可实现某些回转体类零件(如飞轮、汽车后桥半轴等)的外圆和端面加工。

现以 YT4543 型液压动力滑台为例分析其液压系统的工作原理及技术特点。该动力滑台要求进给速度范围 6.6~600mm/min,最大进给力 45kN。图 7-1 所示为 YT4543 型动力滑台液压系统原理图,该系统采用限压式变量泵供油、电液换向阀换向、快进由液压缸差动连接来实现。用行程阀实现快进和工进的转换、两位两通电磁换向阀用来进行两个工进速度的转换,为了保证进给的尺寸精度,采用了止挡块停留来限位。通常实现的工作循环为:快进→第一次工进→第二次工进→止挡块停留→快退→原位停止。

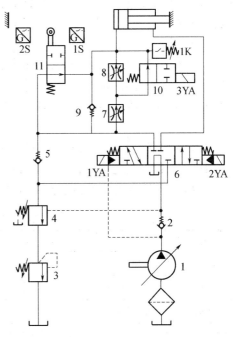

图 7-1 YT4543 型动力滑台液压系统图
1—液压泵;2,5,9—单向阀;
3—背压阀;4—顺序阀;6—电液换向阀;
7,8—调速阀;10—电磁换向阀;11—行程阀。

7.1.2 工作原理

1. 快进

按下起动按钮,电磁铁 1YA 得电,三位五通电液换向阀 6 左位工作。主油路经泵 1 通过单向阀 2、电液换向阀 6 左位、行程阀 11 下位进入液压缸无杆腔。由于快进时滑台负载较小,系统压力不高,液控顺序阀 4 关闭,有杆腔回油经电液换向阀 6、单向阀 5 与液压缸进油合流,液压缸成差动连接,此时由于压力低,变量泵 1 输出流量最大,滑台向左快进(活塞杆固定,滑台随缸体向左运动)。

2. 第一次工进

当滑台快进到预定的位置时,滑台上的挡块压下行程阀 11,使原来通过阀 11 进入液压缸无杆腔的油路切断,压力油经调速阀 7 和换向阀 10 左位进入液压缸的左腔。油液流经调速阀使系统压力升高,将外控顺序阀 4 打开,单向阀 5 关闭,同时,限压式变量泵的流量自动减小与调速阀 7 的流量相适应。这时进入液压缸无杆腔的流量由调速阀 7 的开口大小决定。液压缸有杆腔的油液则通过电液换向阀 6 后经外控顺序阀 4 和背压阀 3 回油箱。液压缸以第一种工进速度向左运动。

3. 第二次工进

当第一次工作进给结束时,挡块压下行程开关 2S,使电磁铁 3YA 得电,此时油液需经调速阀 7 与 8 才能进入液压缸无杆腔。由于调速阀 8 的开口比调速阀 7 小,滑台的速度进一步减小,速度大小由调速阀 8 的开口决定。

4. 止挡块停留

当滑台工作进给结束后,碰上止挡块,滑台停止运动。液压缸无杆腔压力升高,当升高到压力继电器 1K 的调定值时,继电器发出电信号给时间继电器延时,使滑台停留一段时间后再返回。滑台在止挡块处停留,主要是为了满足加工端面或台肩孔的需要,使其轴向尺寸精度和表面粗糙度达到一定要求。当滑台停留时,泵的供油压力升高,流量减少,直到限压式变量泵流量减少到仅能满足补偿泵和系统的泄漏量为止,系统这时处于需要保压的流量卸荷状态。

5. 快退

电磁铁 1YA、3YA 失电,2YA 得电。进油路由泵 1 经单向阀 2、电液换向阀 6 右位进入液压缸有杆腔;回油路由液压缸无杆腔经单向阀 9、电液换向阀 6 右位回到油箱。由于此时为空载,系统压力很低,泵 1 输出的流量最大,滑台向右快退。

6. 原位停止

当滑台快退到原位时,挡块压下原位行程开关 1S,使电磁铁 2YA 失电,电液换向阀 6 处于中位,滑台停止运动,泵 1 通过电液换向阀 6 中位卸荷。

YT4543 型组合机床动力滑台液压系统动作顺序表如表 7-1 所列。

表 7-1 YT4543 型组合机床动力滑台液压系统动作顺序表

动作名称	信 号 来 源	1YA	2YA	3YA
快进	起动按钮	+		
一工进	挡块压下行程阀 11	+		
二工进	挡块压下行程开关 2S	+		+
停留	滑台碰上止挡块、压力继电器 1K 发出信号	+		
快退	时间继电器发出信号		+	+
原位停止	挡块压下终点行程开关 1S			

7.1.3 技术特点

(1) 系统采用了限压式变量液压泵—调速阀—背压阀式调速回路,能保证液压缸稳定的低速运动(最低速度可达 6.6mm/min)、较好的速度刚性和较大的调速范围($R=100$)。回油路上加背压阀可防止空气渗入系统,并能使滑台承受负向负载。

(2) 系统采用了限压式变量泵和差动连接来实现快进,能量利用比较合理。滑台停止运动时,采用单向阀和 M 型中位机能的换向阀串联的回路来使液压泵在低压下卸荷,既减少了能量损耗,又使控制油保持一定的压力,使电液换向阀可靠换向。

(3) 系统采用了行程阀和顺序阀实现快进与工进的换接,不仅简化了油路和电路,而且使动作可靠,换向精度也比电气控制高。两次工进速度的换接,由于速度比较低,采用了由电磁阀切换的调速阀串联的回路,既保证了必要的转换精度,又使油路的布局比较简单、灵活。采用止挡块作限位装置,定位准确,重复精度高。

(4) 系统采用了换向时间可调的电液换向阀来切换主油路,使滑台的换向更加平稳,冲击和噪声小。同时,电液换向阀的五通结构使滑台进和退时分别从两条油路回油,这样滑台快退时系统没有背压,也减少了压力损失。

7.2 液压机液压系统

7.2.1 概述

液压机是锻压、冲压、折边、冷挤、校直、弯曲、成形、打包、粉末冶金等工艺中广泛使用的压力加工设备。液压机液压系统是以压力变换和控制为主的系统,具有压力高、流量大、压力和速度可在大范围内无级调整、可在任意位置输出全部功率和保持所需压力等许多优点,因而用途十分广泛。

液压机典型工作循环为主液压缸快进、减速接近工件、加压、保压延时、泄压、快速回程和保持活塞停留在行程的任意位置等基本动作。当有辅助液压缸时,如要求顶料,则有辅助缸活塞上升、停止和退回等动作。下面以 3150kN 通用液压机液压系统为例分析其工作原理和技术特点。系统采用了恒功率变量泵供油、二通插装阀控制及充液阀充液实现快速空程前进等,系统工作压力 32MPa、流量 100L/min,主泵为 63YCY14-1B 型恒功率斜盘式轴向柱塞变量泵,如图 7-2 所示。

7.2.2 工作原理

液压机的液压系统实现空载启动:按下启动按钮后,液压泵启动,M 型中位机能的三位四通电磁换向阀 4 处在中位。压力控制插装阀 F_2 的控制油经阀 4 与油箱相通,阀 F_2 在很低的压力下开启,液压泵输出的全部油液经阀 F_2 直接流回油箱,实现泵的卸荷。

1. 主缸快速下行

液压泵启动后,按下工作按钮,电磁铁 1YA、3YA、6YA 得电,使换向阀 4 和 5 下位工作,换向阀 9 上位工作。因而插装阀 F_2 控制油与调压阀 3 相连,插装阀 F_3 和 F_6 的控制油与油箱相通,因此,阀 F_2 关闭,阀 F_3 和 F_6 开启,油液经插装式单向阀 F_1、阀 F_3 到主液

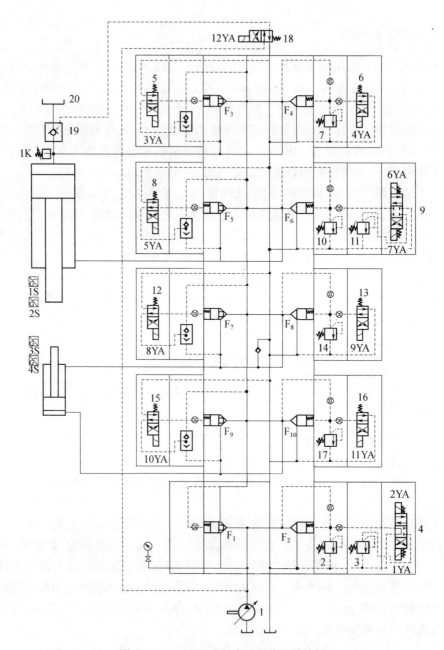

图 7-2 3150kN 通用液压机液压系统图

1—液压泵；2,3,7,10,11,14,17—调压阀；5,6,8,12,13,15,16,18—二位四通电磁换向阀；
4,9—三位四通电磁换向阀；19—液控单向阀；20—充液油箱。

压缸上腔。主液压缸下腔回油经阀 F_2 回油箱。液压机滑块在自重作用下迅速下降，液压泵的流量较小，主液压缸上腔产生负压，液压机顶部的充液油箱 20 通过液控单向阀（充液阀）19 向主液压缸上腔补油。

2. 慢速下行

当滑块快速下行结束时，滑块上的挡块压下行程开关 2S，电磁铁 6YA 失电，7YA 得电，使阀 9 下位工作，插装阀 F_6 的控制油与调压阀 11 相连，主液压缸下腔的油液经过阀

180

F_6 在阀 11 的调定压力下溢流,因而下腔产生一定背压,上腔压力随之增高,使充液阀 19 关闭。进入主液压缸上腔的油液仅为液压泵的流量,滑块慢速下行,其速度由泵的流量所决定。

3. 加压

当滑块接触工件后,开始加压工作行程,主液压缸上腔压力升高,恒功率变量液压泵输出的流量自动减小,同时,当压力升至调压阀 3 调定压力时,液压泵输出的流量全部经阀 F_2 溢流回油箱,没有油液进入主液压缸上腔,滑块停止运动。

4. 保压

当主液压缸上腔压力达到所要求的保压压力时,压力继电器 1K 发出信号,使电磁铁 1YA、3YA、7YA 全部失电,因而阀 4 和阀 9 处于中位,阀 5 上位工作;阀 F_3 控制油接通压力油,插装阀 F_6 控制油被封闭,阀 F_2 控制油接油箱。因此,阀 F_3、F_6 关闭,阀 F_2 开启,主液压缸上腔闭锁,系统保压,液压泵输出的油液经阀 F_2 直接回油箱,液压泵卸荷。

5. 泄压

保压结束后,时间继电器发出信号,使电磁铁 4YA 得电,阀 6 下位工作,插装阀 F_4 的控制油通过阻尼孔及阀 6 与油箱接通。由于阻尼孔的作用,阀 F_4 缓慢打开,从而使主液压缸上腔的压力慢慢释放,系统实现无冲击泄压。

6. 快速回程

主液压缸上腔压力降低到一定值后,压力继电器 1K 发出信号,使电磁铁 2YA、5YA、12YA 都得电,阀 4 上位工作,阀 8 下位工作,阀 18 左位工作。阀 F_2 关闭,阀 F_5 开启、充液阀 19 反向开启,阀 F_4 继续开启。液压泵输出的油液全部进入主液压缸下腔,由于下腔有效面积较小,主液压缸快速回程。此时主液压缸上腔油液一部分经阀 F_4 回油箱,其余经阀 19 回充液油箱。

7. 原位停止

当主液压缸快速回程到达终点时,滑块上的挡块压下行程开关 1S,1S 发出信号,使所有电磁铁都断失电,于是全部电磁阀都处于原位;阀 F_2 开启,液压泵输出的油液全部经阀 F_2 回油箱,液压泵处于卸荷状态;阀 F_6 关闭,主液压缸停止运动。

8. 辅助缸顶出

需要顶料时,工件压制完毕后,1S 使电磁铁 2YA、9YA 和 10YA 得电、其余电磁铁失电。阀 F_2 关闭,阀 F_8、F_9 打开,液压泵输出的油液进入辅助液压缸下腔,实现向上顶出。

9. 辅助缸回程

顶料结束后,挡块压下行程开关 3S,使 9YA、10YA 失电、8YA、11YA 得电,于是阀 F_7、F_{10} 开启,阀 F_8、F_9 关闭。液压泵输出的油液进入辅助液压缸上腔,下腔油液回油箱,实现向下退回。顶料缸顶出后,需要在最上位置停留一段时间,可通过时间继电器来实现。

10. 原位停止

辅助液压缸回程到达终点后,挡块压下行程开关 4S,使所有电磁铁都失电,各电磁阀均处于原位,液压泵经阀 F_2 卸荷。

3150kN 插装阀式液压机液压系统电磁铁动作顺序表如表 7-2 所列。

表7-2 3150kN插装阀式液压机液压系统电磁铁动作顺序表

	动作程序	1YA	2YA	3YA	4YA	5YA	6YA	7YA	8YA	9YA	10YA	11YA	12YA
主液压缸	快速下行	+		+			+						
	慢速下行,加压	+		+				+					
	保压												
	泄压				+								
	快速返回		+		+	+							+
	原位停止												
辅助液压缸	向上顶出		+							+	+		
	向下退回		+						+			+	
	原位停止												

7.2.3 技术特点

(1)采用高压、大流量恒功率变量泵供油,利用调压阀和电磁阀构成插装式电磁溢流阀使液压泵在系统不工作时卸荷,这样既符合液压机的工艺要求,又节省能量。

(2)采用密封性能好、通流能力大、压力损失小的插装阀组成液压系统,具有回路简单、结构紧凑、动作灵敏等优点。

(3)利用滑块自重实现主液压缸快速下行,并利用充液阀充液,在不增加液压泵流量的情况下,实现活塞的快速运行,回路结构简单,使用元件少,功率利用合理。

(4)采用阻尼孔缓冲,使插装阀开启无冲击,液压机运行平稳。

(5)在液压泵的出口设置了单向阀F_2和安全阀F_2(溢流阀2控制安全压力),在主液压缸和辅助液压缸的上、下腔的油路上均设有安全阀(溢流阀7、10、14、17控制安全压力);另外,在方向控制插装阀F_3、F_5、F_7、F_9的控制油路上都装有梭阀。这些多重保护措施保证了液压机的工作安全可靠。

7.3 塑料注射成型机液压系统

7.3.1 概述

塑料注射成型机主要用于热塑性塑料制品的成型加工。塑料颗粒在注塑机的料筒内加热熔化至流动状态,高压快速注入温度较低的闭合模具内,保压一段时间,经冷却凝固后成型为塑料制品。由于注塑机可以实现复杂塑料制品的一次成型,而且尺寸精确,因此,在塑料机械中,它的应用非常广泛。注塑机一般由合模部件、注射部件、液压系统和电气控制系统等组成。注塑机的一般工艺过程为合模、注射座前进、注射、保压、冷却与预塑、注射座后退、开模、顶出制品、顶出杆退回、合模。

注塑机各工艺过程对液压系统的要求如下:

(1)合模与锁紧要求压力和速度可调。模具首先以低压、快速进行闭合,当动模与定模接近时,自动切换成低压(试合模压力)、低速,在确认模内无异物存在时,再切换成高压、低速将模具锁紧。合模液压缸必须有足够的合模锁紧力,避免在高压注射时模具会离缝而使塑料制品产生溢边。

(2) 注射座整体前移并保持一定贴合力。确认模具达到所要求的锁紧程度后,注射座移动液压缸推动注射装置整体前移,保证注射时喷嘴与模具浇口以一定压力贴合。

(3) 注射压力和速度可调。为了适应不同的塑料品种、制品形状及模具浇注系统要求,注射压力和速度要求可调。

(4) 保压并要求压力可调。塑料注射完成后,需要保压一段时间进行补塑,以保证获得尺寸精确、质地致密的制件,保压的压力也要求根据不同情况可以调整。

(5) 顶出制品速度要平稳。顶出速度平稳,以保证制品质量。

图 7-3 所示为 SZ-400 型注塑机液压系统原理图。该系统采用了电液比例控制技术对多级压力(开模、合模、注射座前进、注射、顶出、螺杆后退时的压力)和多种速度(开模、合模、注射时的速度)进行控制,系统简单、效率高,压力及速度变化时冲击小,噪声低,能实现远程控制和自动控制。

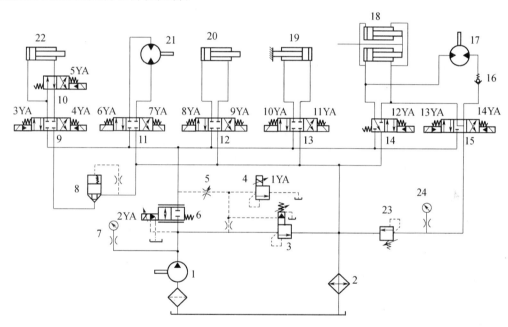

图 7-3 SZ-400 型注射成型机液压系统图

1—液压泵;2—冷却器;3—溢流阀;4—比例溢流阀;5—节流阀;6—比例换向阀;7,24—压力表;
8—单向阀;9,10,14,15—电液换向阀;11,12,13—电磁换向阀;16—单向阀;17—螺杆旋转马达;
18—注射缸;19—注射座移动缸;20—顶出缸;21—调模马达;22—合模缸;23—背压阀。

7.3.2 工作原理

液压泵空载启动:按启动按钮,此时所有电磁铁均失电,比例溢流阀 4 处于常通卸荷状态,先导溢流阀 3 控制口压力很低,溢流阀 3 打开,液压泵 1 输出的全部油液经溢流阀 3 以很低的压力经冷却器 2 回油箱,液压泵空载启动。

1. 合模

合模过程是动模板向定模板移动,动模板由合模缸 22 驱动。合模过程包括以下几个步骤：

(1) 慢速合模。比例电磁铁 1YA、2YA 和电磁铁 3YA 得电，溢流阀 3 关闭，比例换向阀 6 左位工作，电液换向阀 9 左位工作，液压泵 1 输出的压力油经阀 6、阀 9 进入合模液压缸 22 的左腔，右腔油液经阀 10、阀 9、阀 8、冷却器 2 回油箱，实现慢速合模。

(2) 快速合模。延时后，使 5YA 得电，阀 10 工作在右位，合模缸形成差动连接实现快速合模。

(3) 慢速、低压合模。当模板移至接近锁模位置时，电磁铁 5YA 失电，切断差动连接，使合模缸速度降低，并使阀 4 的调定压力降低，实现低压合模。这时合模缸推力较小，若在两模板间有异物，合模缸不能合拢，超过预定时间后，机器自动换向并发出报警信号，起低压护模作用。

(4) 慢速、高压合模。若模板顺利合模，使阀 4 的压力升高，合模机构转入高压锁模。单向阀 8 的作用是使合模缸运动时存在一定背压，防止开、合模动作产生液压冲击损坏制品和模具。

2. 注射座前进

合模动作完成后，电磁铁 3YA 失电，阀 9 处于中位，合模机构依靠合模缸左腔液体弹性和肘杆机构的弹性锁模。电磁铁 10YA 得电，换向阀 13 工作在左位，液压泵输出的油液经阀 6、阀 13 进入注射座移动缸 19 左腔，推动缸体前进，缸右腔的油液经阀 13 和冷却器 2 回油箱。注射座左移，使喷嘴与模具贴紧。

3. 注射

换向阀 13 保持左位，保持喷嘴和模具间的压力。电磁铁 13YA 得电，电液换向阀 15 左位工作。压力油进入注射缸 18 右腔，缸左腔油经阀 14 和冷却器 2 回油箱。注射缸活塞推动注射螺杆将料筒前端的熔料经喷嘴快速注入模腔。注射速度由阀 6 调节，注射压力由阀 4 调节。

4. 保压

注射结束后，各阀的状态保持不变。注射缸对模腔内的熔料实施保压补塑时，其活塞位移量较小，只需少量油液即可，保压压力由阀 4 调节，并将多余油液通过阀 3 溢流回油箱。

5. 预塑

保压完毕，电磁铁 10YA、13YA 失电，14YA 得电，换向阀 15 工作在右位，压力油经阀 6、阀 15、单向阀 16 进入液压马达 17，回油经阀 14 和冷却器 2 回油箱，马达带动螺杆旋转开始塑化。螺杆旋转带动塑料至料筒前端，同时逐渐加热熔化，并在螺杆头部逐渐建立起一定压力。当此压力足以克服注射缸活塞退回的背压阻力时，螺杆开始后退。其背压力由阀 23 调节，由压力表 24 显示压力。同时注射液压缸左腔形成真空，依靠阀 14 补油。后退到预定位置，即螺杆头部熔料达到所需注射量时，螺杆停止后退和转动，准备下一次注射。与此同时，模腔内的制品冷却成型。

6. 注射座后退

电磁铁 11YA 得电，14YA 失电，阀 13 右位工作。压力油经阀 6、阀 13 进入注射座移动缸 19 右腔，缸左腔油液经阀 13 回油箱，使注射座慢速后退。

7. 开模

电磁铁 11YA 失电,4YA 得电,阀 9 右位工作。压力油进入合模缸 22 右腔,推动合模活塞后退,模具打开,开模过程分慢速开模、快速开模、慢速开模 3 个阶段,各阶段开模速度由比例换向阀 6 调节,各阶段位置转换由行程开关确定。

8. 顶出

电磁铁 8YA 得电,电磁阀 12 左位工作。压力油进入顶出缸 20 左腔,缸右腔油经回油箱,顶出杆前进,将成品顶出。速度由阀 6 调节。电磁铁 8YA 失电、9YA 得电,阀 12 右位工作。压力油进入顶出缸 20 右腔,使顶出杆退回。

9. 调模

当需要更换新模具或调整模板间距时,就需要调整拉杆螺母的位置。向前调模时,电磁铁 6YA 得电,压力油进入调模液压马达 21,液压马达带动调模装置驱动四根拉杆上的螺母同步旋转,将后定模板前移。反之 7YA 得电,定模板后移。

10. 螺杆后退

若需螺杆后退,以便拆卸或清洗螺杆,此时只要电磁铁 12YA 得电,压力油进入注射缸左腔,推动活塞带动螺杆后退。注塑机各执行元件的动作循环主要依靠行程开关切换电磁换向阀来实现。表 7-3 所列为电磁铁动作顺序表。

表 7-3 SZ-400 型注射成型机液压系统电磁铁动作顺序表

动作名称		电磁铁动作												
		1YA	2YA	3YA	4YA	5YA	6YA	7YA	8YA	9YA	10YA	11YA	12YA	13YA	14YA
合模	慢速合模	+	+	+											
	快速合模	+	+	+		+									
	慢速低压合模	+	+	+											
	慢速高压合模	+	+												
注射座前进		+	+								+				
注射		+	+								+			+	
保压		+	+								+			+	
预塑		+	+												+
注射座后退		+	+								+				
开模	高压慢速开模	+	+		+										
	快速开模	+	+		+										
	慢速开模	+	+		+										
顶针顶出		+	+						+						
顶针退回		+	+							+					
向前调模		+	+				+								
向后调模		+	+					+							
螺杆后退		+	+										+		

7.3.3 技术特点

(1)系统执行元件数量多,压力和速度的变化较多,利用电液比例阀进行控制,系统简单。由于注塑机对压力和速度的控制精度要求不高,所以采用电液比例开环控制可以满足要求。

(2) 自动工作循环主要靠行程开关来实现。如用 PLC 和微型计算机控制就可成为微型计算机控制注塑机。

(3) 在系统保压阶段,多余的油液要经过溢流阀流回油箱,所以有部分能量损耗。若采用节能型油源,使系统的输出与负载功率和压力完全匹配,则系统效率就很高。

7.4 盾构机刀盘驱动液压系统

7.4.1 概述

盾构机是专用于地下隧道工程挖掘的装备。盾构法以其施工安全可靠、机械化程度高、工作环境好、进度快等优点广泛用于隧道施工中,尤其是在地质条件复杂、地下水位高而隧道埋深较大时,只能依赖盾构机施工。

盾构机刀盘驱动系统是盾构设备的关键部件之一,是进行掘进作业的主要工作装置。盾构的刀盘工作转速不高,但由于刀盘直径较大而且施工地质构造复杂,要求刀盘驱动系统具有功率大、输出转矩大、输出转速变化范围宽、抗冲击、刀盘双向旋转和遇到复杂地质情况的脱困功能,同时,在满足使用要求的条件下,具有减小装机功率、节能降耗等工作特点。刀盘驱动系统还必须具有高可靠性和良好的操作性。

下面以中、小型盾构机为例分析其刀盘驱动液压系统的工作原理。刀盘驱动液压系统采用了变量泵—变量马达闭式容积调速回路,系统主泵采用两台斜盘式双向比例变量柱塞泵,主泵同时集成了补油泵、闭式回路控制回路和主泵变量控制回路。刀盘驱动液压系统的马达选用轴向柱塞变量马达。变量液压马达通过变速箱及小齿轮驱动主轴承大齿轮带动刀盘产生旋转切削运动。驱动装置可以实现双向旋转,转速可以在 0~9.8 r/min 范围内无级可调,还可实现刀盘脱困功能。

7.4.2 工作原理

1. 刀盘转速控制和旋转方向控制

主泵 1 的变量形式为电液比例变量,如图 7-4 所示,泵的输出流量可以根据输入比例电磁阀的电信号的大小实现无级可调,从而满足刀盘旋转速度的变化要求。电液比例控制的结构比较复杂,但可控性能好,可组成不同形式的反馈。刀盘驱动系统的主泵的变量机构采用调节器设定泵的流量从而调节马达的转速,通过马达转速传感器反馈刀盘马达实际转速,如果与给定信号产生偏差,利用偏差信号改变泵的排量使刀盘马达转速与设定值相同。刀盘正向旋转时,比例电磁铁 1YA 得电,比例换向阀左位工作,液压泵正向输出油液。当比例电磁铁 1YA 电流增加时,主泵输出流量增加。比例电磁铁 1YA、2YA 都不得电时,泵不输出流量,马达停止转动。为了克服盾构机在掘进过程中的滚转现象,保持盾构机的正确姿态,必须通过刀盘反向旋转来调整,马达反转时,使比例电磁铁 2YA 得电,液压泵反方向输出流量,并随着输入电流的增加而流量增大。因此,通过控制比例电磁铁通电状态可以实现刀盘的双向旋转,控制比例电磁铁输入电流的大小,实现刀盘转速的调节。

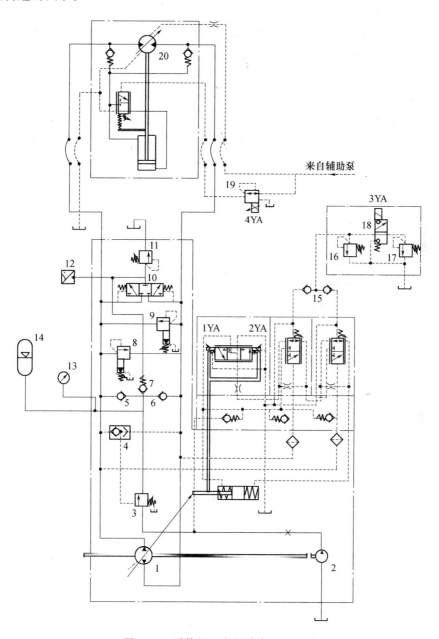

图 7-4 盾构机刀盘驱动液压原理图

1—主泵;2—补油泵;3—顺序阀;4,15—梭阀;5,6—单向阀;7—单向阀;8,9—安全阀;10—液动换向阀;11—溢流阀;12—压力继电器;13—压力表;14—蓄能器;16,17—溢流阀;18—两位三通球阀;19—比例三通减压阀;20—液压马达。

2. 刀盘的脱困和系统的安全控制

主泵变量机构还加入了二级压力切断装置,当主泵的任何一个出口压力超过调定值时,变量机构使泵的排量接近于零,输出的流量只补充泵的泄漏,实现泵的流量卸荷,这种方式不存在溢流能量损失,系统效率高。所选择的主泵还集成有补油泵2和闭式回路控制回路,通过集成使系统结构简单,减少了管路和降低了泄漏,便于维护和使用。补油泵有3个作用,即为闭式回路补油、强制冷却和控制主泵变量机构。

补油泵首先用来补充液压泵、液压马达及管路等处的泄漏损失,并通过更换部分主油路油液来控制系统中油液的温度。补油泵通过两个单向阀5、6分别向系统中回油管路补油。

刀盘驱动液压系统变量控制机构的控制油分别通过单向阀引自泵的两个油口和补油泵,使控制油始终接有压力和流量,当泵处于正、反向转换时,泵处于零排量工况,没有压力油输出,此时,控制油来自补油泵,补油泵控制油压力由顺序阀3调定。此时,外控顺序阀3由于主油路没有压力而关闭,此时利用补油泵的压力驱动变量机构,保证主泵换向。

系统中采用两个先导溢流阀8、9实现缓冲,当马达制动时,由于惯性,会产生前冲,此时泵已停止供油,因此在马达排油管路会产生瞬时高压,使液压系统产生很大的冲击和振动,严重时造成损坏,因此在回路设置溢流阀可以使系统超压时,溢流阀打开,回油至马达进油管路,减缓管路中的液压冲击,实现马达制动。

3. 刀盘的两级速度范围控制

盾构机掘进时要求满足软、硬岩不同的地质工况下的掘进,在软土层中掘进时,由于地层自稳性能极差,要求刀盘转速低,应控制在 1.5r/min 左右,此时要求刀盘输出转矩大;硬岩挖掘时,刀盘转速高,而转矩小。为了满足上述要求,盾构机在软土掘进时需增大马达排量降低马达转速,硬岩掘进时降低排量。刀盘驱动液压系统的执行元件为用于闭式回路的斜轴式双向压力控制比例变量柱塞马达20,马达变量为外控式。马达的排量可以通过变量机构实现无级可调,通过系统中比例减压阀19输入液控压力信号控制马达排量无级变化,马达的排量随着控制压力的增加而减小。系统中设有单独的辅助泵控制马达变量机构,同时此泵还用于冷却马达壳体。

4. 刀盘驱动液压系统的节能控制

刀盘驱动液压系统采用变量泵—变量马达容积调速回路,通过改变液压泵和液压马达的排量来调节执行元件的运动速度,系统的调速范围宽。该回路液压泵输出的流量与负载流量相适应,没有溢流损失和节流损失,回路效率高。刀盘驱动控制系统需要马达实现低速大转距和高速小转距,因此调节马达的排量极其有利。如果用变量泵和定量马达组成液压调速系统,在高速小转距时,泵将运行在低压大流量场合;在低速大转距时,泵将运行在高压小排量场合,因而泵及整个液压系统都需要按高压、大流量参数选择,系统效率不高。若采用变量马达,可以让马达在小排量工况运行来满足高速小转距要求;马达在大排量工况运行来达到低速大转距要求。这样,泵基本上处于高压下运行,充分发挥了泵的能力。这种系统中泵和系统本身的流量都比较小,降低系统成本,回路效率高。

7.4.3 技术特点

(1) 刀盘驱动液压系统的主泵采用了比例变量控制,可以实现输出流量根据输入电信号大小而改变,从而满足液压马达输出转速连续调节的要求。

(2) 调节比例变量马达的排量可以实现软土挖掘工况的低速大扭矩和硬岩工况的高速小转矩运行。

(3)回路中液压泵输出的流量与负载流量相适应,没有溢流损失和节流损失,回路的效率高,发热少,既满足盾构机施工要求又使系统的功率利用率达到最大。

思考题和习题

7-1 如图7-1所示的组合机床动力滑台液压系统,在限压式变量泵的p-q曲线(图7-5)上定性标明动力滑台在差动快进、第一次工进、第二次工进、止挡铁停留、快退及原位停止时的工作点。

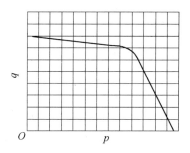

图7-5 题7-1图

7-2 把图7-3用二通插装阀表示的液压机液压系统改成对应的传统滑阀形式,使其工作机能相同。

7-3 题图所示的塑料注射成型机液压系统,试分析其工作原理,并给出动作顺序表。

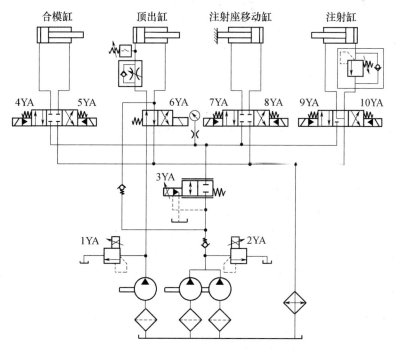

图7-6 题7-3图

第8章 电液控制阀与电液伺服系统

电液伺服阀、电液比例阀和电液数字阀统称为电液控制阀,是液压技术与电子技术交叉发展的一类液压阀,是电液伺服系统最重要的核心部分。电液控制阀是系统中电气控制部分与液压执行部分间的接口,同时是用小信号控制大功率的放大元件,将电信号传递处理的灵活性和大功率液压控制相结合,实现对大功率、快速响应的液压系统的远距离控制、计算机控制和自动控制。

伺服系统又称为随动系统或跟踪系统,是一种自动控制系统。在这种系统中,执行元件能以一定的精度自动地按照输入信号的变化规律动作。电液伺服阀就是以电液控制阀为控制元件,以液压缸或液压马达为执行元件,对位移、速度、力等物理量进行控制的伺服系统,具有响应快、系统刚度大、伺服精度高等特点,在航天、航空、冶金、试验设备、雷达、舰船、兵器、农业机械和工程机械等领域中得到日益广泛的应用。

8.1 电液伺服阀

电液伺服阀是电液联合控制的多级伺服元件,它能将输入的小功率电信号转换为大功率的液压能(压力与流量)输出,它既是电液转换元件,又是功率放大元件,其性能对系统特性有很大影响。电液伺服阀能够对输出的液压流量和压力进行连续的双向控制,具有极快的响应速度和非常高的控制精度,其性能优于电液比例阀和电液数字阀,是快速高精度电液伺服控制系统中不可缺少的重要控制元件。

8.1.1 电液伺服阀的分类

(1) 按输出和反馈的液压参数不同,电液伺服阀分为流量伺服阀和压力伺服阀两大类,其中流量伺服阀的应用远比压力伺服阀广泛,而且技术更加成熟,因此本书只讨论流量伺服阀。

(2) 按电—机械转换器的结构,可分为动圈式和动铁式两种。其中动圈式力矩马达常与作为前置级要求行程较长的小型滑阀式液压放大器配合使用,动铁式力矩马达常与作为前置级的工作行程较短的喷嘴挡板式及射流管式液压放大器配合使用。

(3) 按液压前置放大器的结构形式,可分为滑阀式、喷嘴挡板式和射流管式3种。

(4) 按液压放大器的串联级数,可分为单级、二级和三级电液伺服阀。

(5) 按反馈方式,可分为无反馈、机械反馈、电气反馈、力反馈、负载压力反馈、负载流量反馈等类型。

(6) 按力(或力矩)马达是否浸在油中,可分为干式和湿式两种。

8.1.2 电液伺服阀的结构原理

电液伺服阀用伺服放大器进行控制,以电压控制信号为例,伺服放大器的输入电压信号来自电位器、信号发生器、同步机组和计算机的 D/A 数模转换装置输出的电压信号等。其输出参数即电—机械转换器的电流与输入电压信号成正比。伺服放大器是具有深度电流负反馈的电子放大器,一般主要包括加法器或误差监测器等比较元件、电压放大和功率放大等三部分。使用电液伺服阀的伺服系统中,系统的输出参数大多进行反馈,形成闭环控制,因而比较元件至少有控制和反馈两个输入端。有些电液伺服阀还有内部状态参数(如阀芯位置)的反馈。

图 8-1 所示为一种典型的电液伺服阀结构原理图。它由电—机械转换器、液压伺服阀和反馈机构三部分组成。电—机械转换器的直接作用是将伺服放大器的电流转换为力矩(称为力矩马达)或力(称为力动马达),进而转化为在弹簧支撑下阀的运动部件的角位移或直线位移以控制阀口的流通面积大小。图 8-1 中电—机械转换器是一个力矩马达。液压伺服阀是一个两级液压放大器。液压放大器的第一级是双喷嘴挡板阀,称前置放大级;第二级是四边滑阀,称功率放大级。反馈机构使得电液伺服阀输出的流量和压力获得与输入电信号成比例的特性。一般有力反馈、直接反馈、电气反馈、负载压力反馈、负载流量反馈等。

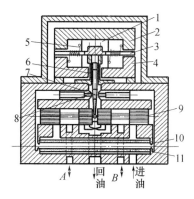

图 8-1 电液伺服阀的结构原理
1—永久磁铁;2,4—导磁体;3—衔铁;
5—线圈;6—弹簧管;7—挡板;8—喷嘴;
9—滑阀;10—节流孔;11—滤油器。

电液伺服阀的结构原理如下:

1. 力矩马达

力矩马达主要由一对永久磁铁 1、导磁体 2 和 4、衔铁 3、线圈 5 和内部悬置挡板 7 及弹簧管 6 等组成。永久磁铁把上下两块导磁体磁化成 N 极和 S 极,形成一个固定磁场。衔铁和挡板连在一起,由固定在阀座上的弹簧管支撑,使之位于上下导磁体中间。挡板下端为一球头,嵌放在滑阀的中间凹槽内。

当线圈无电流通过时,力矩马达无力矩输出,挡板处于两喷嘴中间位置。当输入信号电流通过线圈时,衔铁 3 被磁化,如果通入的电流使衔铁左端为 N 极,右端为 S 极,则根据同性相斥、异性相吸的原理,衔铁向逆时针方向偏转。于是弹簧管弯曲变形,产生相应的反力矩,致使衔铁转过 θ 角便停下来。电流越大,θ 角就越大,两者成正比关系。这样,力矩马达就把输入的电信号转换为力矩输出。

2. 液压放大器

力矩马达产生的力矩很小,无法操纵滑阀的启闭来产生控制大的液压功率。所以要在液压放大器中进行两级放大,即前置放大和功率放大。

前置放大级是一个双喷嘴挡板阀,它主要由挡板 7、喷嘴 8、固定节流孔 10 和滤油器 11 组成。液压油经滤油器和两个固定节流孔流到滑阀左、右两端油腔及两个喷嘴腔,由喷嘴喷出,经滑阀 9 的中部油腔流回油箱。力矩马达无信号输出时,挡板不动,左右两腔压力相等,滑阀 9 也不动。若力矩马达有信号输出,即挡板偏转,使两喷嘴与挡板之间的间隙不等,造成滑阀两端的压力不等,便推动阀芯移动。

功率放大级主要由滑阀 9 和挡板下部的反馈弹簧片组成。前置放大级有压差信号输出时,滑阀阀芯移动,传递动力的液压主油路即被接通(图 8-1 下方油口的通油情况)。因为滑阀位移后的开度是正比于力矩马达输入电流的,所以阀的输出流量也和输入电流成正比。输入电流反向时,输出流量也反向。

3. 反馈机构

滑阀移动的同时,挡板下端的小球亦随同移动,使挡板弹簧片产生弹性反力,阻止滑阀继续移动;另一方面,挡板变形又使它在两喷嘴间的偏移量减小,从而实现了反馈。当滑阀上的液压作用力和挡板弹性反力平衡时,滑阀便保持在这一开度上不再移动。因这一最终位置是由挡板弹性反力的反馈作用而达到平衡的,故这种反馈是力反馈。

8.1.3 伺服控制元件常用的结构形式

伺服控制元件是液压伺服系统中最重要、最基本的组成部分,它起着信号转换、功率放大及反馈等控制作用。常用的液压伺服控制元件有滑阀、射流管阀和喷嘴挡板阀等,下面简要介绍它们的结构原理及特点。

1. 滑阀

根据滑阀的通油口数一般可分为二通、三通和四通。根据控制滑阀边数(起控制作用的阀口数)的不同,有单边控制式、双边控制式和四边控制式三种类型滑阀。

图 8-2 所示为单边控制滑阀的工作原理。滑阀控制边的开口量 x_s 控制着液压缸右腔的压力和流量,从而控制液压缸运动的速度和方向。来自泵的压力油进入单杆液压缸的有杆腔,通过活塞上小孔 a 进入无杆腔,压力由 p_s 降为 p_1,再通过滑阀唯一的节流边流回油箱。在液压缸不受外载作用的条件下,$p_1 A_1 = p_s A_2$。当阀芯根据输入信号往左移动时,开口量 x_s 增大,无杆腔压力减小,于是 $p_1 A_1 < p_s A_2$,缸体向左移动。因为缸体和阀体连

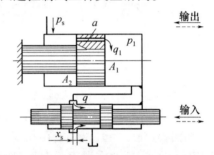

图 8-2 单边控制滑阀的工作原理

接成一个整体,故阀体左移又使开口量 x_s 减小(负反馈),直至平衡。

图 8-3 所示为双边控制滑阀的工作原理。压力油一路直接进入液压缸有杆腔,另一路经滑阀左控制边的开口 x_{s1} 和液压缸无杆腔相通,并经滑阀右控制边的开口 x_{s2} 流回油箱。当滑阀向左移动时,开口 x_{s1} 减小,x_{s2} 增大,液压缸无杆腔压力 p_1 减小,两腔受力不平衡,缸体向左移动。反之缸体向右移动;双边控制滑阀比单边控制滑阀的调节灵敏度高、工作精度高。

图 8-4 所示为四边控制滑阀的工作原理。滑阀有 4 个控制边,开口 x_{s1}、x_{s2} 分别控制进入液压缸两腔的压力油,开口 x_{s3}、x_{s4} 分别控制液压缸两腔的回油。当滑阀向左移动时,液压缸左腔的进油口 x_{s1} 减小,回油口 x_{s3} 增大,使 p_1 迅速减小;与此同时,液压缸右腔的进油口 x_{s2} 增大,回油口 x_{s4} 减小,使 p_2 迅速增大。这样就使活塞迅速左移。反之,液压缸活塞右移。与双边控制滑阀相比,四边控制滑阀同时控制液压缸两腔的压力和流量,故调节灵敏度高,工作精度也高。

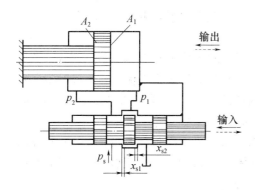
图 8-3 双边控制滑阀的工作原理

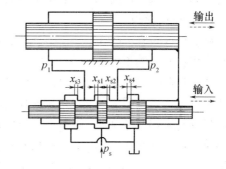
图 8-4 四边控制滑阀的工作原理

由上可知,单边、双边和四边控制滑阀的控制作用是相同的,单边式、双边式只用于控制单杆的液压缸,四边式用来控制双杆的液压缸,均起到换向和调节的作用。控制边数越多,控制质量越好,但其结构工艺性差。通常情况下,四边控制滑阀多用于精度和稳定性要求较高的系统;单边、双边控制滑阀用于一般精度系统。

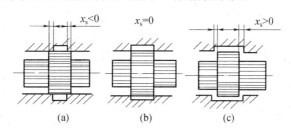

图 8-5 滑阀的三种开口形式

滑阀在初始平衡的状态下,其开口有3种形式,即负开口($x_s<0$)、零开口($x_s=0$)和正开口($x_s>0$),如图 8-5 所示。具有零开口的滑阀,其工作精度最高;负开口有较大的不灵敏区,较少采用;具有正开口的滑阀,工作精度较负开口高,但功率损耗大,稳定性也差。

滑阀式伺服阀装配精度要求非常高,价格贵,对油液的污染比较敏感。

2. 射流管阀

图 8-6 所示为射流管阀的工作原理。射流管阀由射流管 1 和接收板 2 组成。射流管可绕 O 轴左右摆动一个不大的角度,接收板上有两个并列的接收孔 a、b,分别与液压缸两腔相通。压力油从管道进入射流管后从锥形喷嘴射出,经接收孔进入液压缸两腔。当喷嘴处于两接收孔的中间位置时,两接收孔内油液的压力相等,液压缸不动。当输入信号使射流管绕 O 轴向左摆动一小角度时,进入孔 b 的油液压力比进入孔 a 的油液压力大,液压缸向左移动。由于接收板和缸体连接在一起,接收板也向左移动,形成负反馈,当喷嘴又处于接收板中间位置时,液压缸停止运动。

射流管阀的优点是结构简单、元件加工精度要求低;射流管出口作用面积大,动作灵敏,抗污染能力强;射流管上没有不平衡的径向力,不会产生滑阀中常见的"阀芯卡死"现象,因而工作更加可靠。它的缺点是射流管运动部件惯性较大、工作性能较差;射流能量损耗大、零位无功损耗大,效率较低;供油压力过高时易引起振动,且沿射流管轴向有较大的轴向力。因此,射流管阀主要用于低压小功率和多级伺服阀的第一级场合。

3. 喷嘴挡板阀

喷嘴挡板阀有单喷嘴式和双喷嘴式两种,两者的工作原理基本相同。图8-7所示为双喷嘴挡板阀的工作原理,它主要由挡板1、喷嘴2和3、固定节流小孔4和5等元件组成。挡板和两个喷嘴之间形成两个可变的节流缝隙δ_1和δ_2。当挡板处于中间位置时,两缝隙所形成的节流阻力相等,两喷嘴腔内的油液压力相等,即$p_1 = p_2$,液压缸不动。压力油经阻尼孔4和5、缝隙δ_1、δ_2流回油箱。当输入信号使挡板向左偏摆时,可变缝隙δ_1关小,δ_2开大,压力p_1上升,p_2下降,液压缸缸体向左移动。因负反馈作用,当喷嘴跟随缸体移动到挡板两边对称位置时,液压缸停止运动。

喷嘴挡板阀的优点是结构简单、加工方便、运动部件惯性小、位移小、反应快、精度和灵敏度高;缺点是能量损耗大、抗污染能力差。喷嘴挡板阀常用做多级放大伺服控制元件中的前置级。

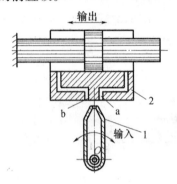

图8-6 射流管阀的工作原理
1—射流管;2—接收板。

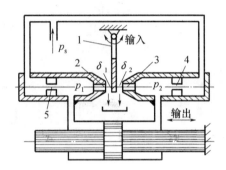

图8-7 喷嘴挡板阀的工作原理
1—挡板;2,3—喷嘴;4,5—节流小孔。

8.1.4 电液伺服阀的特性

1. 静态特性

1) 负载流量特性(压力—流量特性)

电液伺服阀的负载流量曲线表示出稳定状态下,输入电流I、负载流量q_L和负载压降p_L三者之间的函数关系,如图8-8所示。图中的每条曲线都是在电流I等于某一恒定值的条件下作出的。

电液伺服阀的额定压力p_{sn}是电液伺服系统最大的供油压力。伺服阀可在额定压力以下工作,但供油压力过低,则会破坏其正常工作性能。电液伺服阀的额定流量q_{Ln}是指阀的力矩马达在输入额定电流,供油压力p_s为额定压力时,在给定的阀的压降下,阀的输出流量。

可利用压力—流量特性曲线来确定阀的负载压力、负载流量和消耗功率间的关系,从而选定伺服阀的最佳工作点,此时$p_L = (2/3)p_{sn}$,这时伺服阀输出功率最大,效率最高,据此确定伺服阀的型号和估计伺服阀的规格,使之与所要求的负载流量和负载压力相匹配。

2) 空载流量特性

空载流量曲线,简称流量曲线,是空载输出流量q_0与输入电流I呈回环状的函数关

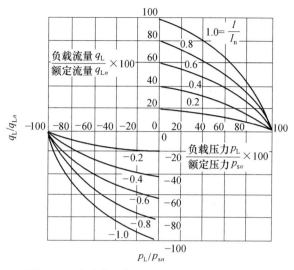

图 8-8 电液伺服阀的压力—流量特性曲线

系,如图 8-9 所示。它是在给定的伺服阀压降和负载压降为零的条件下,使输入电流在正、负额定电流值之间作一完整的循环所描绘出来的连续曲线。由空载流量特性曲线可以得出空载压力、额定流量、流量增益、滞环、非线性度、不对称度、分辨率等。

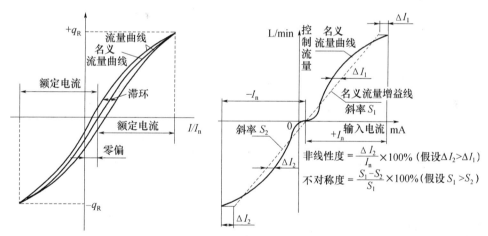

图 8-9 电液伺服阀空载流量特性曲线

(1) 额定流量。阀的额定流量是在额定电流和规定的阀压降下所测得的流量。

(2) 流量增益(流量放大系数)K_q。流量曲线回环的中点轨迹为名义流量曲线,它是无滞环流量曲线。由于伺服阀的滞环通常很小,因此可把伺服阀的任一侧当做名义流量曲线使用。

流量曲线上某点或某段的斜率就是伺服阀在该点或该段的流量增益。从名义曲线的零流量点向两极方向各作一条与名义流量曲线偏差最小的直线,就是名义流量增益线,该直线的斜率就是名义流量增益。伺服阀的额定流量与额定电流之比称为额定流量增益。流量增益以 $m^3/(s \cdot A)$ 表示。

(3) 滞环。图 8-9 表明伺服阀的流量曲线呈回环状,这是由于力矩马达磁路的磁滞现象和电磁阀中的游隙所造成。此游隙是由于力矩马达中机械固定处的滑动以及阀芯与阀套的摩擦力产生的。如果油液受到污染,则游隙会大大增加,有可能使伺服系统不稳定。伺服阀滞环定义为输入电流缓慢地在正、负额定电流之间作一个循环时,产生相同的输出流量的两个输入电流的最大差值与额定电流的百分比。伺服阀的滞环通常小于5%,高性能伺服阀小于3%。

(4)非线性度。非线性度表示流量曲线的非直线性,它是名义流量曲线与名义流量增益线的最大电流偏差,以电流的百分比表示,非线性度通常小于7.5%。

(5)不对称度。是阀的两个极性的名义流量增益的不一致程度,用两者之差与其中较大者的百分比表示,不对称度通常小于10%。

(6)分辨率。是使伺服阀输出流量发生变化所需要的输入电流的最小变化值与额定电流的百分比,它反映伺服阀对输入信号反映的灵敏度。

(7)零偏。是当线圈中电流为零时,伺服阀的输出流量不为零。空载情况下,使输出流量输出为零时的阀芯位置称为零位。为使阀芯处于零位所需输入的控制电流称为零偏电流。零偏的大小以流量曲线上往返两次时零偏电流绝对值的平均值与额定电流的百分比来表示。通常规定伺服阀的零偏小于3%。

(8)零飘。电液伺服阀的调试工作是在标准试验条件下进行的,当供油压力、回油压力等工作条件或温度、加速度等环境发生变换时所引起零位的变化,称为伺服阀的零飘,其大小以零飘电流与额定电流的百分比来表示,通常规定伺服阀零飘小于2%。

3)压力特性

压力特性曲线是输出流量为零(将两个负载口堵死)时,负载压降与输入电流呈回环状的函数曲线,如图8-10所示。在压力特性曲线上某点或某段的斜率定义为压力增益(压力放大系数)K_p。测定压力增益时,通常把负载压力限定在最大负载压力的±40%之间,取负载压力对输入电流曲线的平均斜率为伺服阀的压力增益。伺服阀的压力增益越高,伺服系统的刚度越大,克服负载能力越强,系统误差越小。压力增益低,表明零位泄漏量大,阀芯和阀套配合不好,从而导致伺服系统的响应变得缓慢而迟缓。

4)内泄漏特性

泄漏流量(又称静耗流量)是输出流量为零(负载通道关闭)时,由回油口流出的内部泄漏量。泄漏量随输入电流变化而变化,当阀处于零位时为最大值q_c,如图8-11所示。

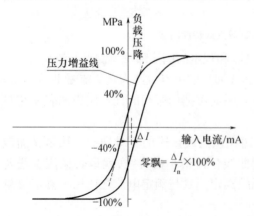

图8-10 伺服阀的压力特性曲线
ΔI—零偏电流;I_n—额定电流。

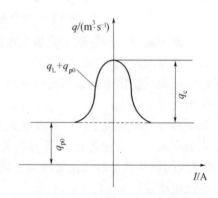

图8-11 伺服阀的内泄漏特性曲线

对于两极伺服阀泄漏量由前置级的泄漏量 q_{p0} 和输出级泄漏量 q_L 组成,减小前者将影响阀的响应速度;后者与滑阀的重叠情况有关,较大重叠量可以减少泄漏,但同时使阀产生死区,并可能导致阀淤塞,增大阀的滞环与分辨率。功率滑阀 q_c 与供油压力 p_s 的比值 K_c 可用来作为滑阀的流量—压力系数,零位泄漏量对新阀可作为制造质量指标,对旧阀可反映其磨损情况。

2. 动态特性

电液伺服阀的动态特性可用频率响应表示。

电液伺服阀的频率响应是输入电流在某一频率范围内作等幅变频正弦变化时,空载流量与输入电流的复数比。频率响应用幅值比和相位滞后与频率的关系表示,如图 8-12 所示。伺服阀的频宽通常以幅值比为 -3dB 时的频率区间作为幅值宽,以相位滞后 90°时的频率区间作为相频宽。频宽是伺服阀动态响应速度的度量,选择伺服阀的频宽应根据系统的实际需要确定,频宽过低会限制系统响应,过高则使电噪声和高频干扰信号传给系统,对系统工作不利。

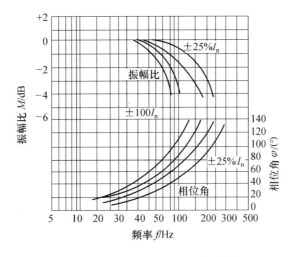

图 8-12 电液伺服阀的频率响应

8.2 电液比例控制阀

电液比例控制阀(简称比例阀)实质上是一种廉价的、抗污染性能较好的电液控制阀。比例阀的发展经历两条途径,一是用比例电磁铁取代传统液压阀的手动调节输入机构,在传统液压阀的基础上发展起来的各种比例方向、压力和流量阀;二是一些原电液伺服阀生产厂家在电液伺服阀的基础上,降低设计制造精度后发展起来的。本书介绍的是前者,因为前者是比例阀的发展主流,而且此形式的比例阀与普通液压控制阀可以互换。近年来又出现了功能复合化的趋势,即比例阀之间或比例阀与其他元件之间的复合。例如,比例阀与变量泵组成的比例复合泵,能按比例地输出流量;比例方向阀与液压缸组成的比例复合缸,能实现位移或速度的比例控制。

8.2.1 比例阀的特点

(1) 能实现自动控制、远程控制和程序控制。
(2) 能把电的快速、灵活等优点与液压传动功率大的特点结合起来。
(3) 能连续地、按比例地控制执行元件的力、速度和方向,并能防止压力或速度变换及换向时的冲击现象。
(4) 简化系统结构,减少元件使用量。
(5) 制造简便,价格比伺服阀便宜,但比普通液压阀高,由于在输入信号与比例阀之间需要设置直流比例放大器,相应增加了投资费用。
(6) 使用条件、保养和维护与普通液压阀相同,抗污染能力强。
(7) 具有优良的静态性能和适当的动态性能,动态性能能满足一般工业控制要求。
(8) 效率高于电液伺服阀。

8.2.2 比例阀的组成

与电液伺服阀类似,电液比例阀通常也是由电—机械转换器、液压放大器(先导级阀和功率级主阀)和反馈机构三部分组成。若是单级阀,则无先导级阀。控制比例阀的比例放大器类似于伺服阀的放大器,其输出电流与输入电压成正比。比例放大器构成与伺服放大器也相似,但结构更复杂,通常带有颤振信号发生器,还有零区电流跳跃(比例方向阀)等功能。

比例阀的电—机械转换器有伺服电动机、力矩电动机,步进电动机和比例电磁铁,通常采用的是比例电磁铁。比例电磁铁是在传统湿式直流阀用开关电磁铁基础上发展起来的。目前所应用的大多数比例电磁铁具有图 8-13 所示的盆式结构。

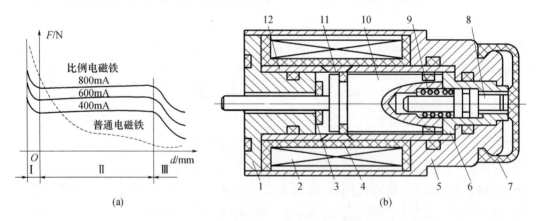

图 8-13 比例电磁铁特性和结构原理图
(a) 比例电磁铁特性图;(b) 比例电磁铁的结构原理。
1—极靴;2—线圈;3—限位环;4—隔磁环;5—壳体;6—内盖;7—盖;
8—调节螺丝;9—弹簧;10—衔铁;11—支撑环;12—导向管。

比例电磁铁是一种直流电磁铁,但它和普通电磁阀所用的电磁铁有所不同。图 8-13(a) 所示为比例电磁铁与普通电磁铁的磁力特性对比图,普通电磁铁是变气隙的,而比例电磁铁是恒定气隙的,在工作区Ⅱ内,比例电磁铁的电磁力能够保持恒定,其吸力或位移与给定的电流成比例。图8-13(b)所示为一种吸力与电流大小成比例的单向电磁铁的结构原理图,其主要元件由极靴1、线圈2、壳体5和衔铁10组成。线圈2通电后产生磁场,由于隔磁环4将磁路由行程变换较小的区段切断,使磁力线主要部分通过衔铁10、气隙和极靴对衔铁产生吸力,在衔铁工作区段内,吸力的大小与输入电流成正比。通过推杆输出吸力。若要求以比例电磁铁做行程控制时,可在衔铁左侧加一弹簧,与电流成正比的输出力可转换成正比于电磁铁在不同电流下的平衡位置,从而使电磁铁输入电流与输出行程成比例关系。

此外,还有左右对称式的双向比例电磁铁,工作原理相似,这里就不再介绍了。

8.2.3 比例电磁铁的工作原理

早期出现的电液比例阀主要是将普通压力控制阀的手调机构和电磁铁改换为比例电磁铁控制,阀体部分不变,它也分为压力、流量和方向控制三大阀型,其控制形式为开环。现在此基础上又逐渐发展为带有内反馈的结构,这种阀在控制性能方面有了很大的提高。下面简单地介绍这三种阀的工作原理。

1. 比例溢流阀

用比例电磁铁取代直动式溢流阀的手调装置,便构成直动式比例溢流阀,如图8-14所示。它由直动式压力阀和力动马达两部分组成。当力动马达5的线圈中通入电流时,推杆4通过钢球3、弹簧2把电磁推力传给锥阀1,推力的大小与电流的大小成比例。当阀进油口处的压力油作用在锥阀1上的力超过电磁推力时,锥阀打开(此时弹簧2、钢球3和推杆4一起后退),油液通过阀口由出油口排出。这个阀的阀口开度是不影响电磁推力的,但当通过阀口的流量变化时,由于阀座上小孔处压差的改变以及稳态液动力的变化等,被控制的油液压力仍然会有某些变化。该阀可连续地或按比例地远程控制其输出油液的压力。把直动式比例溢流阀作先导阀与普通压力阀(如溢流阀、顺序阀和减压阀等)相配,便可组成先导式比例溢流阀、比例顺序阀和比例减压阀等元件。

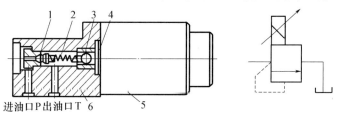

图8-14 电磁比例溢流阀

1—锥阀;2—弹簧;3—钢球;4—推杆;5—力动马达;6—溢流阀。

2. 比例换向阀

用比例电磁铁取代电液换向阀中的普通电磁铁,便构成如图8-15所示的电液比例换向阀。它由电磁力动马达2和4,比例减压阀和液动换向阀组成。比例减压阀在这里作为先导级使用,用出口压力来控制液动换向阀的正反向和开口量的大小,从而控制液流的方向和流量的大小。当左端电磁力动马达2通入电流信号时,减压阀阀芯3右移,压力油经右边阀口减压后,经孔道a和b反馈到阀芯的右端,和左端电磁力动马达2的电磁力相平衡。因而减压后的压力和输入电流信号的大小成比例。减压后的压力油经孔道a和c作用在液动换向阀的右端,使换向阀阀芯左移,打开P油口到B油口的通道,同时压缩左端弹簧。换向阀阀芯的移动量和控制油压力大小成比例,亦即使通过阀的流量和输入的电流成比例。同理,当右端电磁力动马达 4 通电时,压力油由 P 油口经 A 油口输出。液动换向阀的端盖上装有节流阀 1 和 6,它们可以根据需要分别调节换向阀的换向时间。此外,这种换向阀和普通换向阀一样,可以具有不同的中位机能。

3. 比例流量阀

用比例电磁铁取代节流阀或调速阀的手调装置,便组成了比例节流阀或比例调速阀。用输入电信号控制节流口开度,便可连续地或按比例地远程控制其输出流量。图 8-16 所示为比例调速阀的原理性结构简图。图中的节流阀 1 的阀芯由比例电磁铁 3 的推杆 2 操纵,故节流口开度便由输入电信号的强度决定。由于定差减压阀已保证了节流口前后压差为定值,所以一定的输入电流就对应一定的输出流量。

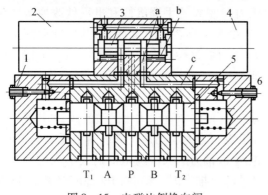

图 8-15 电磁比例换向阀

1,6—节流阀;2,4—力动马达;3—减压阀阀芯;5—阀芯。

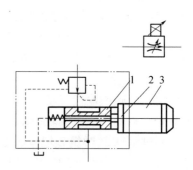

图 8-16 比例调速阀的工作原理

1—节流阀;2—杆;3—比例电磁铁。

在比例电磁铁的前端都可附有位移传感器(或称差动变压器),这种电磁铁称为行程控制比例电磁铁。位移传感器能准确地测定比例电磁铁的行程,并向电放大器发出电反馈信号。电放大器将输入信号和反馈信号加以比较后,再向电磁铁发出纠正信号,以补偿误差。这样便能消除液动力等干扰因素,保持准确的阀芯位置或节流口面积。这是 20 世纪 70 年代末比例阀进入成熟阶段的标志。80 年代以来,由于采用各种更加完善的反馈装置和优化设计,比例阀的动态性能虽仍低于伺服阀,但静态性能已大致相同,而价格却低廉得多。

8.2.4 比例电磁铁的选用

如系统的某液压参数(如压力)的设定值不超过 3 个,使用比例阀对其进行控制是最恰当的。另外,利用斜坡信号作用在比例方向阀上,可以对机构的加速和减速实现有效的控制;利用比例方向阀和压力补偿器实现负载补偿,使可精确地控制机构的运动速度而不受负载的影响。

8.3 电液数字阀

用计算机对电液系统进行控制是今后技术发展的必然趋向,但电液比例阀或伺服阀能接收的是连续变化的电压或电流模拟信号,而计算机的指令是"1"和"0"的数字信息,要用计算机控制,必须进行"数/模"转换,结果使设备复杂、成本提高、可靠性降低。在这种技术要求下,20 世纪 80 年代初期出现了数字阀,解决了上述问题。与电液伺服阀和电液比例阀相比,数字阀具有显著的特点,即可直接与计算机接口,无需 D/A 转换器;数字阀的输出量准确,可靠地由脉冲频率或宽度调节控制,抗干扰能力强,可以得到较高的开环控制精度;而且数字阀和比例阀的结构大体相同,制造成本比电液伺服阀的结构大体相同,制造成本比电液比例伺服系统低。抗油液污染能力优于比例阀,操作维护简单。

在计算机实时控制的电液系统中,数字阀已部分取代了伺服阀或比例阀。

接收计算机数字控制的方法有多种,当今技术较成熟的是增量式数字阀,即用步进电动机驱动液压阀。已有数字流量阀、数字压力阀和数字方向流量阀等系列产品。步进电动机能接受计算机发出的经驱动电源放大的脉冲信号,每接收一个脉冲便转动一定角度。步进电动机的转动又通过凸轮或丝杠等机构转换成直线位移量,从而推动阀芯,实现液压阀对系统方向、流量或压力的控制。图 8-17 所示为增量式数字流量阀。计算机发出信号后,步进电动机 1 转动,通过滚珠丝杠 2 转化为轴向位移,带动节流阀阀芯 3 移动。该阀有两个节流口,阀芯移动时,首先打开右边的非全周节流口,流量较小;继续移动,则打开左边的第二个全周节流口,流量较大,可达 3600 L/min。该阀的流量由阀芯 3、阀套 4 及连杆 5 的相对热膨胀取得温度补偿,维持流量恒定。

这种阀无反馈功能,但装有零位移传感器 6,在每个控制周期终了时,阀芯都可在它控制下回到零位。这样就保证每个工作周期都在相同的位置开始,使阀有较高的重复精度。

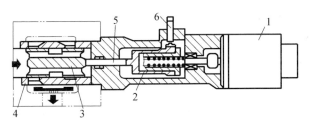

图 8-17 数字式流量阀
1—步进电动机;2—滚珠丝杠;3—阀芯;4—阀套;5—连杆;6—传感器。

8.4 电液伺服系统实例

本节作为例子,将介绍机械手伸缩运动伺服系统、带钢张力控制系统、试验机电液比例加载测控系统,它们分别代表使用电液伺服阀和电液比例阀的电液伺服系统。在本节的最后,对高效节能的新型直接驱动电液伺服系统进行简要的介绍。

8.4.1 机械手伸缩运动伺服系统

一般机械手应包括 4 个伺服系统,分别控制机械手的伸缩、回转、升降和手腕的动作。由于每一个液压伺服系统的原理均相同,现仅以某一机械手伸缩伺服系统为例,介绍它的工作原理。图 8-18 所示为机械手手臂伸缩电液伺服系统原理图。它主要由电液伺服阀 1、液压缸 2、活塞杆带动的机械手手臂 3、齿轮齿条机构 4、电位器 5、步进电动机 6 和放大器 7 等元件组成。它是电液位置伺服系统。当电位器的触头处在中位时,触头上没有电压输出。当它偏离这个位置时,就会输出相应的电压。电位器触头产生的微

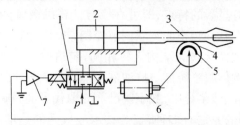

图 8-18 机械手伸缩运动电液伺服系统原理
1—电液伺服阀;2—液压缸;3—机械手手臂;4—齿轮齿条机构;5—电位器;6—步进电动机;7—放大器。

弱电压,须经放大器放大后才能对电液伺服阀进行控制。电位器触头由步进电动机带动旋转,步进电动机的角位移和角速度由数字控制装置发出的脉冲数和脉冲频率控制。齿条固定在机械手手臂上,电位器固定在齿轮上,所以当手臂带动齿轮转动时,电位器同齿轮一起转动,形成负反馈。机械手伸缩系统的工作原理如下:

由数字控制装置发出的一定数量的脉冲,使步进电动机带动电位器 5 的动触头转过一定的角度 θ_i(假定为顺时针转动),动触头偏离电位器中位,产生微弱电压 u_1,经放大器 7 放大成 u_2 后,输入电液伺服阀 1 的控制线圈,使伺服阀产生一定的开口量。这时压力油经阀的开口进入液压缸的左腔,推动活塞连同机械手手臂一起向右移动,行程为 x_v;液压缸右腔的回油经伺服阀流回油箱。由于电位器的齿轮和机械手手臂上齿条相啮合,手臂向右移动时,电位器跟着作顺时针方向转动。当电位器的中位和触头重合时,动触头输出电压为零,电液伺服阀失去信号,阀口关闭,手臂停止移动。手臂移动的行程决定于脉冲数量,速度决定于脉冲频率。当数字控制装置发出反向脉冲时,步进电动机逆时针方向转动,手臂缩回。

图 8-19 所示为机械手手臂伸缩运动伺服系统方块图。

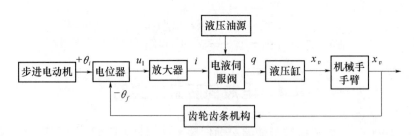

图 8-19 机械手伸缩运动伺服系统方块图

8.4.2 钢带张力控制系统

在带钢生产过程中,经常要求控制钢带的张力(例如在热处理炉内进行热处理时),因此对薄带材的连续生产提出了高精度恒张力控制要求,这种系统是一种定值控制系统。

图 8-20 所示为钢带张力控制液压伺服系统的原理。热处理炉内的钢带张力由带钢牵引辊组 2 和带钢加载辊组 8 来确定。用直流电机 D_1 作牵引,直流电机 D_2 作为负

载,以造成所需张力。由于在系统中各部件惯量大,因此时间滞后大,精度低,不能满足要求,故在两辊组之间设置一液压伺服张力控制系统来控制精度。其工作原理是:在转向辊4左右两侧下方各设置一力传感器5,把它作为检测装置,传感器5将所得到的信号的平均值与给定信号值相比较,当出现偏差信号时,信号经电放大器放大后输入给电液伺服阀7。如果实际张力与给定值相等,则偏差信号为零,电液伺服阀7没有输出,液压缸1保持不动,张力调节浮动辊6不动。当张力增大时,偏差信号使电液伺服阀7有一定的开口量,供给一定的流量,使液压缸1向上移动,浮动辊6上移,使张力减少到一定值。反之,当张力减少时,产生的偏差信号使电液伺服阀7控制液压缸1向下移动,浮动辊6下移,使张力增大到一定值。因此该系统是一个恒值力控制系统。它保证了带钢的张力符合要求,提高了钢材的质量。张力控制系统的职能方框图如图8-21所示。

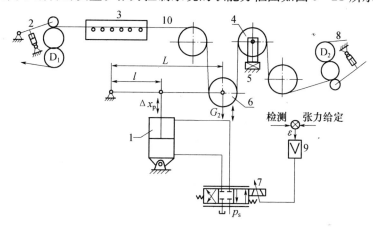

图8-20 带钢张力控制系统原理
1—液压缸;2—1号张力辊组;3—热处理炉;4—转向辊;5—力传感器;
6—浮动辊;7—电液伺服阀;8—2号张力辊组;9—放大器;10—钢带。

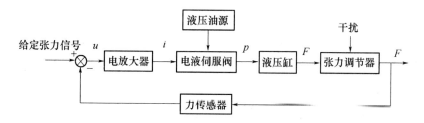

图8-21 张力控制系统职能方块图

8.4.3 试验机电液比例加载测控系统

图8-22所示为一个试验机电液比例加载测控系统液压原理图,能够进行抗压强度和抗折强度检测试验,工作原理如下:

首先由先导式溢流阀6设定系统最高压力,远程控制电液比例溢流阀5的压力就可以控制液压系统的压力。开始时,所有的电磁铁都不带电,液压泵电机组开始工作,压力油经换向阀7中位回到油箱中,系统处于卸荷状态。试件放好后,电磁铁1YA通电,液压泵电机组3的压力油经换向阀7后进入加载液压缸10的小腔a,同时导通液控单向阀8,

由于液压缸小腔a的作用面积非常小,因而压头快速下行接近试件,液压缸的c腔中液压油经液控单向阀8和换向阀9进入b腔,同时会经换向阀7和单向阀4回到油箱中。压头快速接近试件后,电磁铁3YA通电,此时压力油开始同时向液压缸的a腔和b腔供油,受压面积大大增加,所以压头进入慢速下降状态,这就是对试件加压过程。当试件破坏时,计算机控制系统通过压力传感器11采集到的压力值就是测试结果。电磁铁2YA通电,压力油经换向阀7进入液压缸的c腔,同时,电磁铁3YA断电使得b腔和c腔连通,形成差动回路,压头快速上升,完成试验机工作的一个循环。

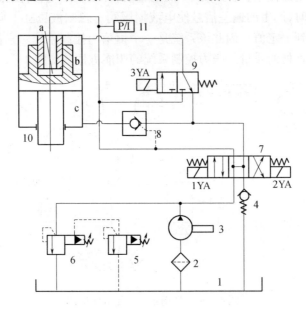

图8-22 试验机液压系统原理图
1—油箱;2—吸油过滤器;3—液压泵电机组;4—单向阀;5—电液比例溢流阀;
6—先导式溢流阀;7—三位四通电磁换向阀;8—液控单向阀;
9—二位三通电磁换向阀;10—加载液压缸;11—压力传感器

8.4.4 直驱式容积控制电液伺服系统

直驱式容积控制(DDVC)电液伺服系统是交流伺服电动机技术和液压传动技术相结合的产物,是液压领域的一项重大技术创新,它具有液压大出力和交流电动机控制灵活的双重特点。

相对于传统的电液伺服系统,直驱式容积控制电液伺服系统去掉了容易发生阀芯卡滞故障的电磁换向阀、伺服阀和比例阀,采用变频电动机或者交流伺服电动机直接控制电液伺服系统的流量大小和流量输出方向,其原理如图8-23所示。直驱式容积控制电液伺服系统通过改变与双旋向定量泵相连的变频电动机的旋转方向、转速和运转时间来实现对执行元件(液压缸或液压马达)的运转方向、转速和角位移的控制。这种新型的直驱式容积控制电液伺服系统具有节能高效、体积小、可靠性高、配置灵活的特点,可以在动态性能要求不高的场合(小于或等于3Hz)替代传统电液伺服系统。

直驱式容积控制电液伺服系统被认为是液压控制的重要发展方向之一,该系统在国际上已经获得了广泛的应用。直驱式容积控制电液伺服系统可以应用在精密锻压机、船用舵机、连铸设备、印刷机、六自由度平台、2500t液压成型机、材料试验机等装置上。

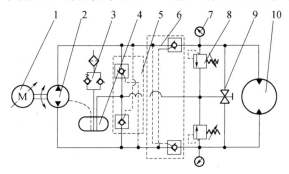

图 8-23　直驱式容积控制电液伺服系统原理图
1—交流伺服电动机(变频电动机)；2—双旋向定量泵；3—预压式空气滤清器；4—密闭压力油罐；
5—补油阀；6—液压锁；7—压力表；8—安全阀；9—截止阀；10—负载(液压马达或液压缸)。

直驱式容积控制电液伺服驱动装置的优点在于：

（1）节能效果显著，有效降低生产成本。直驱式容积控制电液伺服驱动装置避免了节流损耗和溢流、卸荷损耗。而且直驱式容积控制电液伺服驱动装置还提高了伺服电动机的效率和改善功率因数，这是其他液压调速方式无法解决的。

（2）提高了系统的寿命和可靠性。直驱式容积控制电液伺服驱动装置的液压泵可以选用价格低廉、可靠性高的定量泵，去掉了对环境要求较高的电液伺服元件，从而对传动介质及过滤要求可适当降低。电动机和泵长期在低于额定转速下运行，减少了泵的磨损和系统的噪声，提高了使用寿命和系统可靠性。

（3）直驱式容积控制电液伺服驱动装置中的电动机与执行元件的油缸可以做到较为理想的功率匹配。油箱的体积也可以很小。

（4）直驱式容积控制电液伺服驱动装置的同步性非常好，能够很好地解决多缸驱动同步控制的难题。

（5）系统元件数目少，可实现集成一体化，体积小、质量轻、效率高。

（6）管道布置减少，极大消除管道对伺服系统的影响，不存在系统高压引起管路振动的问题。

思考题和习题

8-1　如果双喷嘴挡板式电液伺服阀有一喷嘴被堵塞，会出现什么现象？

8-2　试拟出电液伺服阀的工作原理方块图。

8-3　列出电液伺服阀与电液比例阀的优缺点。

第9章 液压系统的设计与计算

液压系统是液压机械的重要组成部分,液压系统设计要同主机的总体设计同时进行,以保证整机性能的优良。设计时必须有机地结合各种传动形式,充分发挥液压传动的优点,保证主机工作循环所需的全部技术要求,设计出结构简单、工作可靠、成本低、效率高、操作简单和维修方便的液压系统。

液压系统的设计步骤一般为:
(1) 明确设计要求,进行工况分析。
(2) 确定系统主要参数。
(3) 拟定液压系统原理图。
(4) 计算和选择液压元件。
(5) 液压系统的性能验算。
(6) 绘制工作图,编制技术文件。

液压系统的设计步骤并无严格顺序,上述步骤中各项工作内容有时要相互穿插进行,对于简单的液压系统,有些步骤可以适当简化,对于比较复杂的系统,需经过多次反复才能完成。

9.1 明确设计要求进行工况分析

9.1.1 明确设计要求

设计要求是液压系统设计的依据,具体包括:
(1) 主机概况。主机的用途、性能、结构、工艺流程和总体布局等。
(2) 动作要求。液压系统要完成哪些动作,执行元件的类型、动作顺序及彼此联锁关系等。
(3) 性能要求。液压执行元件所需输出力和速度的大小、调速范围、运动平稳性、转换精度等。
(4) 控制要求。自动化程度,操作控制方式的要求。
(5) 环境要求。对防尘、防爆、防寒、噪声的要求。
(6) 其他要求。对效率、成本和安全可靠性的要求。

9.1.2 进行工况分析

液压系统的工况分析就是研究液压执行元件在工作过程中负载和速度变化规律,在此基础上绘制出负载循环图和速度循环图,为确立系统的主要参数提供依据。

1. 负载分析

作用在执行元件上的负载有工作负载、摩擦阻力负载和惯性负载。

1) 液压缸负载分析

液压缸驱动工作机构作直线运动时,液压缸所受的外负载为

$$F = F_e + F_f + F_a \tag{9-1}$$

(1) 工作负载 F_e。工作负载与设备的工作性质有关,有恒值负载和变值负载之分,也有阻力负载(正值负载)和超越负载(负值负载)之分。常见的工作负载有作用于活塞杆轴线上的重力、切削力、挤压力等。这些作用力的方向与活塞运动方向相同时为负,相反时为正。

(2) 摩擦阻力负载 F_f。摩擦负载为液压缸驱动工作机构工作时所要克服的机械摩擦阻力。对于机床来说,即为导轨的摩擦阻力,其计算式为

$$F_f = \mu F_N \tag{9-2}$$

式中:F_N 为运动部件及外载荷作用于导轨上的正压力(N);μ 为摩擦因数,起动时为静摩擦因数($\mu_s \leq 0.2 \sim 0.3$),运动时为动摩擦因数($\mu_d \leq 0.05 \sim 0.1$)。

(3) 惯性负载 F_a

$$F_a = \frac{G}{g} \cdot \frac{\Delta v}{\Delta t} \tag{9-3}$$

式中:G 为运动部件的重力(N);g 为重力加速度,$g = 9.81 \text{m/s}^2$;Δv 为速度变化量(m/s);Δt 为起动或制动时间(s)。

一般机械,对轻载低速运动部件取小值,对重载高速部件取大值,行走机械可取 $\frac{\Delta v}{\Delta t} = 0.5 \sim 1.5 \text{m/s}^2$。

除此之外,液压缸本身还要克服密封处的摩擦阻力,由于液压缸制造质量、油液工作压力和密封形式不同,密封阻力难以精确计算,因此一般将它计入液压缸的机械效率中考虑。

根据计算出的负载和循环周期,即可绘制负载循环图($F-t$ 图)。图中最大负载是初选液压缸工作压力和确立液压缸结构尺寸的依据。

2) 液压马达负载分析

工作机构做旋转运动时,液压马达必须克服的负载转矩

$$T = T_e + T_f + T_a \tag{9-4}$$

(1) 工作负载转矩 T_e。常见的工作负载转矩有被驱动轮的阻力矩,液压卷筒的阻力距等。

(2) 摩擦负载转矩 T_f。旋转部件轴颈处的摩擦转矩

$$T_f = G\mu R \tag{9-5}$$

式中:G 为旋转部件施加于轴颈处的径向力(N);μ 为摩擦因数,分为静摩擦因数 μ_s 和动摩擦因数 μ_d;R 为旋转轴半径(m)。

(3) 惯性负载转矩 T_a。惯性负载转矩为

$$T = J\varepsilon = J\frac{\Delta\omega}{\Delta t} \tag{9-6}$$

式中:ε 为角加速度(rad/s²);J 为回转部件的转动惯量(kg·m²);$\Delta\omega$ 为角速度变化量(rad/s);Δt 为起动或制动时间(s)。

根据以上计算即可绘制液压马达的负载循环图。

2. 运动分析

液压系统的运动分析是研究按照设备的工艺要求,执行元件完成一个工作循环时的运动规律,并绘制速度循环图(v—t 图)。

因为速度循环图反映了液压缸所需流量的变化规律,也是选择系统参数的依据,同时速度循环图反映了速度变化,因此是计算惯性负载的依据,因而绘制速度循环图通常与负载循环图同时进行。

9.2 确定液压系统的主要参数

压力和流量是液压系统最主要的两个参数,这两个参数是计算和选择液压元件、辅件和原动机规格型号的依据。首先根据负载循环图选择系统工作压力,系统压力选定后,即可确定液压缸主要尺寸或液压马达排量,然后可根据执行元件的速度循环图确定其流量。

9.2.1 初选系统的工作压力

工作压力的选择要根据负载大小和设备类型而定。当负载确定后,若工作压力低,则执行元件的结构尺寸就大,设备尺寸也随之增加,材料消耗增大,完成给定速度所需的流量也大;若工作压力太高,对泵、缸、阀等元件材质、密封、制造精度要求也高,必然提高设备成本。因此,系统压力应结合各方面因素综合考虑。一般可以根据不同机械设备类型来选取,常用的系统工作压力选取如表 9-1 所列。

表 9-1 各种机械常用的系统工作压力

机械类型	机 床				农业机械 小型工程机械 建筑机械 液压凿岩机	液压机 大中型挖掘机 重型机械 起重运输机械
	磨床	组合机床	龙门刨床	拉床		
工作压力/MPa	0.8~2	3~5	2~8	8~10	10~18	20~32

9.2.2 计算液压缸主要结构尺寸和液压马达排量

如图 9-1 所示,以单活塞杆液压缸无杆腔作为工作腔为例进行说明,有

$$p_1 A_1 - p_2 A_2 = \frac{F}{\eta_{cm}} \qquad (9-7)$$

式中:F 为液压缸的最大外负载力(N);η_{cm} 为液压缸的机械效率,一般在 0.9~0.95 之间选取;p_1 为液压缸工作腔工作压力(Pa);p_2 为液压缸回油腔压力(Pa),即背压力,其值根据系统具体情况而定,初选时可参照表 9-2 选取,差动连接时另行考虑;A_1 为无杆腔活

塞有效作用面积(m^2),$A_1 = \frac{\pi}{4}D^2$;A_2 为有杆腔活塞有效作用面积(m^2),$A_2 = \frac{\pi}{4}(D^2-d^2)$;$D$ 为活塞直径(m);d 为活塞杆直径(m)。

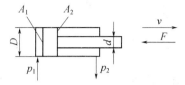

图 9-1 液压缸主要设计参数

表 9-2 执行元件背压力经验数据

回路特点	背压力/MPa	回路特点	背压力/MPa
回油路带节流阀	0.2~0.5	用补油泵的闭式回路	0.8~1.5
回油路带调速阀	0.4~0.6	回油路较复杂的工程机械	1.2~3
回油路设有背压阀	0.5~1.5	回油路较短,且直接回油箱	可忽略不计

运用式(9-7)计算液压缸结构尺寸时,还必须事先确定杆径比 d/D。当活塞杆受拉时,一般取 $d/D = 0.3 \sim 0.5$;当活塞杆受压时,为保证压杆稳定性,一般取 $d/D = 0.5 \sim 0.7$,可按表9-3选取。当液压缸往返速度都有要求时,则按往返速比 v_2/v_1(其中 v_1,v_2 分别为液压缸正反行程速度)的要求选取,即根据 $v_1 A_1 = v_2 A_2$,则 $d/D = \sqrt{1 - \frac{v_1}{v_2}}$。采用差动连接时,如要求往返速度相同时,应取 $d = 0.71D$。

表 9-3 按工作压力选取 d/D

工作压力/MPa	≤5	5~7	≥7
d/D	0.5~0.55	0.62~0.7	0.7

对行程与活塞杆直径比 $l/d > 10$ 的受压柱塞或活塞杆还要做压杆稳定性验算。

当工作速度很低时,还得按最低稳定速度来验算,即

$$A \geq \frac{q_{min}}{v_{min}} \qquad (9-8)$$

式中:q_{min} 为系统最小稳定流量,在节流调速回路中,为流量阀最小稳定流量;在容积调速回路中,为变量泵或变量马达的最小稳定流量;v_{min} 为液压缸所要求的最低工作速度。

液压缸直径 D 和活塞杆直径 d 的计算值,要按国际标准规定的液压缸有关标准进行圆整。常用液压缸内径和活塞杆直径如表9-4和表9-5所列。

表 9-4 常用液压缸内径 D　　　　　　　　　(mm)

40	50	63	80	90	100	110
125	140	160	180	200	220	250

表9-5　活塞杆直径 d　　　　　　　　　　（mm）

速比	缸径												
	40	50	63	80	90	100	110	125	140	160	180	200	220	250
1.46	22	28	35	45	50	55	63	70	80	90	100	110	125	140
3			45	50	60	70	80	90	100	110	125	140		

对于液压马达来说，则其排量计算式为

$$V = \frac{2\pi T}{p\eta_{mm}} \quad (9-9)$$

式中：T 为液压马达总负载转矩（N·m）；p 为液压马达工作压力（Pa）；η_{mm} 为液压马达的机械效率，齿轮式和柱塞式液压马达取 0.9～0.95；叶片式液压马达取 0.8～0.9。

当系统要求工作转速很低时，也要按最低转速要求验算，即

$$V \geqslant \frac{q_{\min}}{n_{\min}} \quad (9-10)$$

式中：$q_{\min}$ 为系统最小稳定流量；$n_{\min}$ 为马达所要求的最低转速。

排量确定后，可以从产品样本中选择液压马达型号。

9.2.3　计算执行元件所需流量

1. 液压缸所需的最大流量

$$q_{\max} = Av_{\max} \quad (9-11)$$

式中：A 为液压缸有效工作面积（m²）；$v_{\max}$ 为活塞的最大速度（m/s）。

2. 液压马达所需的最大流量

$$q_{\max} = Vn_{\max} \quad (9-12)$$

式中：V 为液压马达排量（m³/r）；$n_{\max}$ 为液压马达最高转速。

9.2.4　绘制执行元件工况图

执行元件工况图包括压力循环图、流量循环图和功率循环图，它们是拟定液压系统原理和选择液压元件的基础。

液压缸有效工作面积或液压马达排量确定后，即可根据负载循环图算出一个循环中压力和时间的对应关系，绘制 $p-t$ 图。同样利用速度循环图可绘制出执行元件的 $q-t$ 图。对于具有多个同时工作的执行元件的系统，应将各执行元件的 $q-t$ 图叠加绘出总的 $q-t$ 图。再根据功率 $P=pq$，即可绘出 $P-t$ 图。

通过工况图找出最高压力点、最大流量点和最大功率点及其相应参数，以此作为选择液压元件、辅件和原动机规格的依据。利用工况图，可检验各工作阶段所确定参数的合理性或进行相应的调整。例如，当多个执行元件按工作阶段的流量或功率叠加，其最大流量或功率重合而使流量或功率分布不均衡时，可在整机设计要求允许的条件下，适当调整有关执行元件的动作时间和速度，避开最大流量或功率最大值，提高整个系统的效率。通过工况图可以合理选择系统的主要回路。当最大流量和最小流量相差很大时，

而其相应时间相差也较大时,宜选用双泵供油回路。而当流量变化较大,而其相应时间相差不大时,宜采用蓄能器辅助供油回路,这时不是按最大流量而是按平均流量选择泵的流量。

9.3 拟定液压系统原理图

液压系统原理是否合理对系统的性能以及设计方案的经济性具有决定性影响。拟定液压系统图的方法是:首先,根据具体动作性能要求,通过分析对比选择出合适的液压基本回路,然后,将这些基本回路有机地组合成一个完整的液压系统。

1. 选择系统的类型

液压系统的类型有开式系统和闭式系统两种。主要根据系统调速方式和安装空间大小来选择系统类型。采用节流调速和容积节流调速方式,有较大的空间放置油箱且要求结构简单的系统宜采用开始系统;采用容积调速方式,要求减小体积和重量且换向平稳、换向速度高和效率较高的系统宜采用闭式系统。

2. 确定和选择基本回路

不同类型的液压机械所选择的液压基本回路不同,如对速度的调节、变换和稳定性要求较高的主机(如各类金属切削机床),则调速和速度换接回路往往是组成这类机械液压系统的基本回路;对输出力、力矩或功率调节有要求而对速度调节无严格要求的设备(如大型挖掘机),其功率调节和分配是系统设计的核心,其系统特点是采用复合油路、功率调节回路等。

3. 执行元件的选择

用于实现连续回路运动的执行元件应选用液压马达。若要求往复摆动,应选用摆动液压缸或齿轮齿条式液压缸。若要求实现直线运动,应选用活塞式液压缸或柱塞式液压缸。如要求双向工作进给,且双向输出的力、速度都相等,应选用双杆活塞缸,若要求一个方向工作,反向退回,应选用单杆活塞缸,若负载力不与活塞杆轴线重合或缸径较大,行程较长,则应选用柱塞缸。

4. 液压泵类型选择

(1) 根据初选系统压力选择泵的类型。一般当工作压力小于 21MPa 时,选用齿轮泵和叶片泵;当工作压力大于 21MPa 时宜选用柱塞泵。

(2) 若原动机为柴油机、汽油机,主机为行走机械,宜选用齿轮泵、叶片泵。

(3) 若系统采用节流调速回路,或通过改变原动机的转速调节流量,或系统对速度无调节要求,可选用定量泵或手动变量泵。

(4) 若系统要求高效节能,应选用变量泵。恒压变量泵适用于要求恒压源的系统;限压式变量泵和恒功率变量泵适用于要求低压大流量、高压小流量的系统;电液比例变量泵适用于多级调速系统;负载敏感变量泵(压差式变量泵)适用于要求随机调速且功率适应的系统;双向变量泵多用于闭式系统。

(5) 若液压系统有多个执行元件,各工作循环所需要的流量相差很大,应选用多泵供油,实现分级调节。

5. 调速方式的选择

液压调速分为节流调速、容积调速和容积节流调速三大类。压力较低、功率较小、负载变化不大、工作平稳性要求不高的场合,宜选用节流调速回路;功率较小、负载变化较大、速度稳定性较高的场合,宜采用调速阀调速回路;既要温升小,又要工作平稳性较好时,宜采用容积节流调速;功率较大,要求温升小而稳定性要求不高的情况,宜采用容积调速回路。

6. 调压方式选择

(1)一般在节流调速回路中,通常由定量泵供油,泵出口溢流阀调节系统所需压力,并保持恒定。在容积调速回路中,用变量泵供油,溢流阀起安全保护作用,限制系统的最高压力。

(2)中低压小型液压系统为获得二次压力可选用减压阀的减压回路。

(3)立式缸回路应采用平衡阀的平衡回路。

(4)为使执行件不工作时液压泵在很小输出功率下运行,定量泵系统一般应选择卸荷回路。变量泵则应实现压力卸荷或流量卸荷。

7. 换向回路选择

(1)对装载机、起重机、挖掘机等工作环境恶劣的液压系统,主要考虑安全可靠,一般采用手动(脚动)换向阀。

(2)对液压设备要求自动化程度较高的液压系统,应选用电动换向,当流量小时选电磁换向阀,当流量大时选电液换向阀或二通插装阀。采用电动时,各执行元件之间的顺序、互锁、联动等要求可由电气控制系统完成。

(3)采用双向变量泵的换向回路多用于闭式回路。

8. 其他回路选择

拟定系统原理时还需考虑如下一些问题:注意防止回路之间可能存在的相互干扰,例如采用电液换向阀中位卸荷回路,需保证卸荷压力不低于电液阀要求的最小控制压力。注意防止液压冲击和提高系统效率。为缩短周期便于使用维护,尽量选用标准件、通用件等。

9.4 液压元件的计算和选择

9.4.1 液压泵的选择

1. 确定液压泵的最大工作压力 p_p

液压泵的最大工作压力按下式计算

$$p_p \geq p_1 + \sum \Delta p \tag{9-13}$$

式中:p_1 为执行元件的最大工作压力(Pa);$\sum \Delta p$ 为液压泵出口到执行元件入口之间的压力损失(Pa)。$\sum \Delta p$ 的准确计算要待元件选定并绘出管路图时才能进行,初选时可按经验数据选取,管路简单、流速不大时取 $\sum \Delta p = 0.2 \sim 0.5$ MPa;管路复杂、流速较大时

取 $\sum \Delta p = 0.5 \sim 1.5 \text{MPa}$。

2. 确定液压泵的流量 q_p

多执行元件同时工作时,液压泵的流量按下式计算

$$q_p \geq K(\sum q)_{max} \qquad (9-14)$$

式中:K 为系统泄漏系数,一般取 $K=1.1 \sim 1.3$,大流量取小值,小流量取大值;$(\sum q)_{max}$ 为同时动作的执行元件的最大总流量,可从 $q-t$ 图上查得,对于在工作过程中用节流调速的系统,还须加上溢流阀的最小流量,一般取 $2 \sim 3\text{L/min}$。

系统使用蓄能器作辅助动力源时,液压泵的流量按系统在一个循环周期的平均流量选取,即

$$q_p \geq \frac{K}{T} \sum_{i=1}^{n} q_i t_i \qquad (9-15)$$

式中:q_i 为执行元件在工作周期中的第 i 个阶段所需的流量(m^3/s);T 为设备的工作周期(s);t_i 为第 i 个阶段持续时间(s);n 为一个工作循环的阶段数。

3. 选择液压泵的规格

根据所选择的液压泵的类型、最大工作压力和流量,从产品样本中选取。为了使液压泵工作安全可靠,液压泵应有一定的压力储备,所选泵的额定压力比系统最高工作压力高 25%~60%(高压系统取小值,中低压系统取大值),额定流量按所需最大流量选取。

9.4.2 确定液压泵的驱动功率

(1) 按工况图 $p-t$ 图中最大功率点选取原动机功率,即

$$P \geq \frac{(p_p q_p)_{max}}{\eta_p} \qquad (9-16)$$

式中:$(p_p q_p)_{max}$ 为液压泵的压力和流量乘积的最大值(W);η_p 为液压泵效率,齿轮泵取 0.6~0.8,叶片泵取 0.7~0.85,柱塞泵取 0.8~0.9,液压泵规格大取较大值;规格小取较小值。

(2) 限压式叶片泵的驱动功率,可按流量特性曲线拐点的流量、压力值计算。一般拐点流量所对应的压力为液压泵最大压力的 80%,故其驱动功率计算公式为

$$P_p = \frac{0.8 p_{max} q_n}{\eta_p} \qquad (9-17)$$

式中:q_n 为液压泵额定流量;p_{max} 为液压泵的最大工作压力。

(3) 若在整个工作循环中液压泵的功率变化较大,且在最高功率点持续时间很短,则按平均功率选取,即

$$P \geq \sqrt{\frac{\sum_{i=1}^{n} p_i^2 t_i}{\sum_{i=1}^{n} t_i}} \qquad (9-18)$$

式中：P_i 为一个工作循环中，第 i 阶段的功率；t_i 为一个工作循环中，第 i 阶段持续的时间。

求出平均功率后，还要验算在工作循环中的第 i 阶段原动机的超载是否都在允许范围内，否则按最大功率选取。

9.4.3 控制阀的选择

控制阀规格是根据系统的最大工作压力和通过阀的最大流量来选择。所选择的控制阀的额定压力和额定流量要大于系统的最高工作压力和实际通过阀的最大流量。特殊情况可适当增加通过的流量，但不得超过阀额定流量20%，否则会引起压力损失过大。具体选择压力阀时应考虑调压范围，选择流量阀时应注意其最小稳定流量是否满足执行元件的最低速度要求，选择换向阀时除考虑压力、流量外，还应考虑其中位机能及操纵方式。

9.4.4 液压辅件的选择

1. 蓄能器的选择

根据蓄能器在液压系统中的功用确定其类型和主要参数

(1) 液压执行元件短时间快速运动，蓄能器补充液压泵供油不足时其有效工作容积为

$$\Delta V = \sum A_i l_i K - q_p t \tag{9-19}$$

式中：A 为液压缸有效工作面积(m^2)；l 为液压缸行程(m)；K 为油液损失系数，一般取 $K=1.2$；q_p 为液压泵供油量(m^3/s)；t 为动作时间(s)。

(2) 做应急能源时，蓄能器的有效面积为

$$\Delta V = \sum A_i l_i K \tag{9-20}$$

式中：$\sum A_i l_i$ 为要求应急动作液压缸的总工作容积(m^3)。

(3) 用于吸收压力脉动，缓和液压冲击时蓄能器的有效容积应与其关联部分一起综合考虑。

根据以上计算出蓄能器有效容积并考虑结构尺寸、重量、响应快慢、成本等因素，即可确定蓄能器的类型及规格。

2. 管道尺寸的选择

液压系统常用管道有钢管、铜管、橡胶软管、尼龙管等，可根据工作压力、工作环境进行选择。

1) 管道内径的确定

管道内径一般根据所通过的最大流量和允许流速确定，即

$$d = \sqrt{\frac{4q}{\pi v}} = 1.13\sqrt{\frac{q}{v}} \tag{9-21}$$

式中：q 为通过管道的最大流量(m^3/s)；v 为管道内液体的允许流速(m/s)。

表9-6所列为管道中允许流速的推荐值。

2) 管道壁厚的确定

根据强度理论,管道壁厚为

$$\delta = \frac{pd}{2[\sigma]} \quad (9-22)$$

表9-6 允许流速推荐值

管道	允许流速/(m/s)
吸油管道	0.5~1.5 装有过滤器
	1.5~3 无过滤器
压油管道	3~4 中低压管道
	5~7 高压管道
回油管道	1.5~3

式中:p 为管道承受的最高压力(Pa);d 为管道内径(m);$[\sigma]$ 为管道材料的许用拉应力,$[\sigma] = \frac{\sigma_b}{n}$;$\sigma_b$ 为材料的抗拉强度(Pa);n 为安全系数,对于钢管,$p < 7$MPa 时,取 $n = 8$,$p < 17.5$MPa 时,取 $n = 6$;$p > 17.5$MPa 时,取 $n = 4$。

3. 确定油箱容量

(1) 按经验公式确定:

$$V = \alpha q \quad (9-23)$$

式中:V 为油箱容积(m³);q 为液压泵总额定流量(L/min);α 为经验系数,低压系统 $\alpha = 2 \sim 4$,高压系统 $\alpha = 5 \sim 7$。

行走机械或不连续工作的设备取小值,安装空间允许的固定设备取大值。

(2) 按发热计算(见下节)。

9.5 液压系统性能验算

9.5.1 液压系统压力损失验算

系统压力损失验算可以正确确定液压泵的工作压力。压力损失包括管道的沿程压力损失 $\Sigma \Delta p_f$、局部压力损失 $\Sigma \Delta p_r$ 及液压阀类元件的局部损失 $\Sigma \Delta p$,可以根据前面流体力学介绍的内容进行计算,如果计算得到的泵到执行元件间的压力损失比估算时大很多时,应该重新调整泵及元、辅件的规格和管道尺寸使选定值与计算值相差不要太大。

9.5.2 系统发热及温升计算

液压系统工作时,存在着机械损失、压力损失和容积损失,这些损失全部转化为热量,使油温升高。因此,必须对系统进行发热计算,以便控制油液温升。液压系统的功率损失主要有以下几种形式:液压泵和执行元件的功率损失、溢流损失、节流损失。因此系统的总发热量可按下式进行估算

$$Q = P_i(1-\eta) \quad (9-24)$$

式中:P_i 为液压泵的输入功率(kW);η 为液压系统的总效率。

液压系统中产生的热量,主要由油箱进行散热,其散热量 Q_0 可由下式计算

$$Q_0 = KA\Delta t \quad (9-25)$$

式中:A 为油箱散热面积(m²);Δt 为系统温升,即系统达到热平衡时的油温与环境温度之差(℃);K 为传热系数(W/(m²·℃)),通风很差时,$K = 8 \sim 10$W/(m²·℃);通风良好时,

$K=14\sim20\mathrm{W}/(\mathrm{m}^2\cdot\mathrm{°C})$；风扇冷却时，$K=10\sim25\mathrm{W}/(\mathrm{m}^2\cdot\mathrm{°C})$；循环冷却时，$K=110\sim175\mathrm{W}/(\mathrm{m}^2\cdot\mathrm{°C})$。

计算时，如果油箱三边的结构尺寸比例为 $1:1:1\sim1:2:3$，而且油位为油箱高的 0.8 时，其散热面积的近似计算式为

$$A = 0.065 \sqrt[3]{V^2} \qquad (9-26)$$

式中：V 为油箱有效容积（L）。

计算所得的温升 Δt，加上环境温度，应不超过油液的最高允许温度。如果超过允许值，必须适当增加油箱散热面积或采用冷却器来降低油温。

9.6 设计液压装置、编制技术文件

液压系统原理图设计完成之后，便可根据所选择或设计的液压元件、辅件，进行液压系统的结构设计。

9.6.1 液压装置的结构设计

1. 液压装置的结构形式

液压系统结构按元、辅件的布置方式分为集中布置和分散布置两种结构形式。

集中布置结构是将整个液压系统的动力源、控制及调节装置与辅助元件等集中设置于主机之外或安装在地下，组成液压站。这种形式的优点是安装、维护方便，利于消除液压系统的振动、发热等对主机精度的影响。缺点是占地面积大。此种结构形式主要用于固定式液压设备，如机床及其自动线、塑料机械、纺织机械、建筑机械等成批生产的主机的液压系统和单件小批的大型系统，如冶金设备、锻压设备等。对于有强烈热源和烟尘污染的液压设备，有时还需为液压站设置专门的隔离房间或地下室。

分散布置结构是把液压系统的液压泵、控制阀和辅助元件分别安装在主机的适当位置上。如金属加工机床可将机床的床身、立柱或底座等支撑件的空腔部分兼作液压油箱，安放动力源，而把液压阀等元件设置在机身上操作者便于接近和操纵调节的位置。这种形式的优点是节省安装空间和占地面积；缺点是安装维护比较复杂，动力源的振动、发热还会对机床类主机的精度产生不利影响。此种结构形式主要用于移动式液压设备，如车辆、工程机械等。

2. 液压站类型的选择

液压站按液压泵组是否置于油箱之上有上置式和非上置式之分。根据电动机安装方式不同，上置式液压泵站又可分为立式和卧式两种。上置式液压泵站结构紧凑，占地小，被广泛应用于中、小功率液压系统中。非上置式液压泵站中的液压泵组置于油箱液面以下，能有效地改善液压泵的吸入性能，且装置高度低，便于维修，适用于功率较大的液压系统。

按液压泵站的规模大小，可分为单机型、机组型和中央型三种。单机型液压泵站规模较小，通常将控制阀组置于油箱面板上，组成较完整的液压系统总成，该液压泵站应用较广；机组型液压泵站是将一个或多个控制阀组集中安装在一个或几个专用阀台上，再

与液压泵组和液压执行元件相连接,这种液压泵站适用于中等规模的液压系统;中央型液压泵站常被安置在地下室内,以利于安装配管、降低噪声,保持稳定的环境温度和清洁度,该类液压泵站规模大,适用于大型液压系统。

3. 液压元件的集成

液压元件的安装形式有板式安装和集成式安装两种。板式安装是把标准元件用螺钉固定在底板上,件与件之间的油路联系或用油管连接或借助底板上的油道来实现。集成式配置是借助某种专用或通用的辅助件,把元件组合在一起。按辅助件形式的不同,可分为如下两种形式:

(1)集成式。目前液压系统大多数都采用集成形式。它将液压阀安装在集成块上,集成块一方面起安装底板作用,另一方面起内部油路作用。这种方式结构紧凑、安装方便。集成块材料一般为铸铁或锻钢,低压固定设备可用铸铁,高压强振场合要用锻钢。块的底面作为安装面,后面除安装通向执行元件的管接头外,其余各面用来安装液压阀。一个系统往往由几个集成块所组成。

(2)叠加式。这种形式不需要另外的连接块,阀本身既起控制阀作用,又起到连接通路的作用。通过螺钉将控制阀等元件直接叠加而成所需系统。

9.6.2 绘制工作图、编制技术文件

液压系统完全确定后,要正式地绘出液压系统工作图和编制技术文件。

1. 绘制工作图

(1)液压系统原理图。图上除了画出用元件图形符号表示的液压原理外,还应注明各元件的规格、型号以及压力调整值,并给出各执行元件的工作循环图,列出相应电磁铁和压力继电器的动作顺序表。

(2)元件集成块装配图和零件图。液压件厂能提供各种功能的集成块,设计者只需选用并绘制集成块组合装配图。如无合适的集成块可供选用,则需专门设计。

(3)泵站装配图和零件图。小型泵站有标准化产品选用,但大、中型泵站通常需单独设计,并给出其装配图和零件图。

(4)非标准件的装配图和零件图。

(5)管路装配图。在管路的安装图上应表示各液压部件和元件在设备和工作场所的位置和固定方式,应注明管道的尺寸和布置位置,各种管接头的形式和规格、管路装配技术要求等。

2. 编写技术文件

技术文件一般包括液压系统设计计算说明书,液压系统使用及维护技术说明书,零部件目录表,标准件、通用件和外购件汇总表等,此外,还应提出电气系统设计任务书,供电气设计者使用。

9.7 液压系统设计计算举例

本节介绍一台卧式单面多轴钻孔组合机床动力滑台液压系统设计实例。

动力滑台要求的工作循环是:快速前进接近工件,以工作进给速度钻孔,加工完快速

退回到原始位置停止。

设计参数如下：

轴向切削力　　　　　　$F_e = 30 \text{kN}$

快进速度　　　　　　　$v_1 = 0.1 \text{m/s}$

工进速度　　　　　　　$v_2 = 9 \times 10^{-4} \text{m/s}$

快退速度　　　　　　　$v_3 = 0.1 \text{m/s}$

快进行程　　　　　　　$S_1 = 0.1 \text{m}$

工进行程　　　　　　　$S_2 = 0.05 \text{m}$

9.7.1 负载与运动分析

1. 负载分析

(1) 工作负载。工作负载即为轴向切削力，$F_e = 30 \text{kN}$。

(2) 摩擦负载。动力滑台所受重力为 9kN，则摩擦负载为 $F_f = \mu G$。动力滑台采用平导轨取 $\mu_s = 0.2$，$\mu_d = 0.1$，则有

$$\text{静摩擦负载 } F_{fs} = \mu_s G = 0.2 \times 9000 \text{N} = 1800 \text{N}$$
$$\text{动摩擦负载 } F_{fd} = \mu_d G = 0.1 \times 9000 \text{N} = 900 \text{N}$$

(3) 惯性负载。取动力滑台加速、减速时间为 0.2s，则惯性负载为

$$F_a = \frac{G}{g} \cdot \frac{\Delta v}{\Delta t} = \frac{9000}{9.81} \times \frac{0.1}{0.2} \text{N} = 460 \text{N}$$

(4) 液压缸在各工作阶段的负载如表 9-7 所列。

表 9-7　液压缸在各工作阶段的负载值 ($\eta_{cm} = 0.9$)

工况	计算公式	外负载 F/N	液压缸推力 $F_0 = \dfrac{F}{\eta_{cm}}$/N
起动	$F = F_{fs}$	1800	2000
加速	$F = F_{fd} + F_a$	1360	1511
快进	$F = F_{fd}$	900	1000
工进	$F = F_e + F_{fd}$	30900	34333
反向起动	$F = F_{fs}$	1800	2000
加速	$F = F_{fd} + F_a$	1360	1511
快退	$F = F_{fd}$	900	1000

2. 快进、工进和快退时间

由下式近似求出

快进　　$t_1 = \dfrac{S_1}{v_1} = \dfrac{0.1}{0.1} \text{s} = 1 \text{s}$

工进　　$t_2 = \dfrac{S_2}{v_2} = \dfrac{0.05}{9 \times 10^{-4}} \text{s} = 55.6 \text{s}$

快退 $\quad t_3 = \dfrac{S_1 + S_2}{v_3} = 1.5\text{s}$

3. 绘出液压缸 $F-t$ 图与 $v-t$ 图(图 9-2)

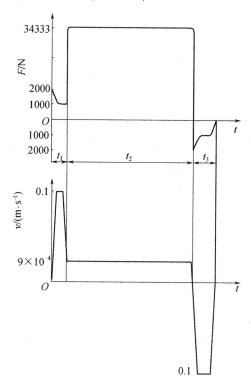

图 9-2 $F-t$ 图和 $v-t$ 图

9.7.2 确定液压缸主要参数

1. 初选液压缸工作压力

参考表 9-1,初选液压缸的工作压力 $p_1 = 4\text{MPa}$。

为减小液压泵的最大流量,空程前进时选用差动快速回路,为了满足工作台快进与快退速度相等,选用液压缸无杆腔面积 A_1 与有杆腔面积 A_2 之比为 2∶1,即 $d = 0.71D$(D 为液压缸内径,d 为活塞杆直径)。差动连接时,由于管路存在压力损失,液压缸有杆腔压力必须大于无杆腔压力,估算时取 $\Delta p = 0.5\text{MPa}$。为防止钻孔钻通后滑台突然前冲,工进时液压缸回油路上必须存在背压 p_2,取 $p_2 = 0.6\text{MPa}$。取快退时回油腔中背压为 0.7MPa。

2. 计算液压缸主要尺寸

由工进时的推力计算液压缸无杆腔的有效面积

$$p_1 A_1 - p_2 A_2 = \dfrac{F}{\eta_{\text{cm}}}$$

$$A_1 = \dfrac{F}{\eta_{\text{cm}}(p_1 - \dfrac{p_2}{2})} = \dfrac{34333}{\left(4 - \dfrac{0.6}{2}\right) \times 10^6}\text{m}^2 = 9.3 \times 10^{-3}\text{m}^2$$

则液压缸直径

$$D = \sqrt{\frac{4A_1}{\pi}} = \sqrt{\frac{4 \times 9.3 \times 10^{-3}}{3.14}}\mathrm{m} = 0.109\mathrm{m}$$

按 GB/T 2348—1993 取标准值 $D=110\mathrm{mm}$,$d=80\mathrm{mm}$,由此得出液压缸的实际有效面积为

无杆腔 $\qquad A_1 = \dfrac{\pi D^2}{4} = 9.5 \times 10^{-3}\mathrm{m}^2$

有杆腔 $\qquad A_2 = \dfrac{\pi}{4}(D^2 - d^2) = 4.5 \times 10^{-3}\mathrm{m}^2$

3. 绘制液压缸工况图

根据上述 A_1 和 A_2 值,可计算得到液压缸工作循环中各阶段的压力、流量和功率值,如表 9-8 所列,并据此绘出液压缸工况图,如图 9-3 所示。

表 9-8 各工况所需压力、流量和功率

工况		计算公式	F_0/N	回油腔压力 p_2/MPa	进油腔压力 p_1/MPa	输入流量 q/(L/min)	输入功率 P/W
快进	启动	$p_1 = \dfrac{F_0 + \Delta p A_2}{A_1 - A_2}$ $q = (A_1 - A_2)v_1$ $P = p_1 q$	2000		0.85		
	加速		1511	12.5	0.75		
	恒速		1000	1.15	0.65	30	325
工进		$p_1 = \dfrac{F_0 + p_2 A_2}{A_1}$ $q = A_1 v_2$ $P = p_1 q$	34333	0.6	3.90	0.516	33.54
快退	启动	$p_1 = \dfrac{F_0 + p_2 A_1}{A_2}$ $q = A_2 v_3$ $P = p_1 q$	2000		1.92		
	加速		1511	0.7	1.81		
	恒速		1000	0.7	1.70	27	765

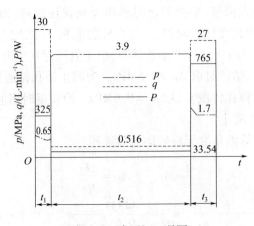

图 9-3 液压缸工况图

9.7.3 拟定液压系统原理图

1. 选择液压回路

（1）选择调速回路。由工况图得知，液压系统功率小，负载为阻力负载且工作中变化小，因此采用进油调速阀节流调速回路，回油路设置背压阀。

（2）选择油源形式。分析工况图可知，系统在快进、快退时为低压、大流量且持续时间短，在工进时为高压、小流量且持续时间长。两种工况要求的最大流量与最小流量之比约为60，因此从提高系统效率、节省能量的角度来看，宜选用高低压双泵供油回路或选用限压式变量泵供油。现选用高低压双泵供油方案。

（3）选择换向与速度换接回路。系统已选用差动回路做快速回路。考虑到由快进转换到工进时，速度变化大，因此采用行程阀作为速度转换环节。由于本机床工作部件终点的定位精度不高，因此采用挡块压下行程开关控制换向阀电磁铁失电，使液压缸停止。由于快退时回油流量较大，为保证换向平稳，因此采用三位五通电液换向阀作为主换向阀。

2. 拟定液压原理图

所设计的液压原理图如图9-4所示。

9.7.4 选择液压元件

1. 液压泵及其驱动电动机

1）确定液压泵的最高工作压力

由表9-8可知，液压缸在整个工作循环中的最大工作压力为3.9MPa。在调速阀进油节流调速回路中，选取进油路上的压力损失为0.8MPa，则泵的最高工作压力为

$$p_{p1} = 3.9 + 0.8 = 4.7 \text{MPa}$$

大流量泵只在快进、快退时向液压缸供油，由表9-8可知快退时液压缸的工作压力比快进时大，取进油路压力损失为0.4MPa，则大流量泵最高工作压力为

$$p_{p2} = 1.92 + 0.4 = 2.32 \text{MPa}$$

2）确定液压泵的流量

由工况图9-3可知，液压缸需要的最大流量为30L/min，若取系统泄漏系数为1.1，则两台泵的的总流量应为

$$q_p = 1.1 \times 30 = 33 \text{L/min}$$

由于溢流阀的最小稳定溢流量为

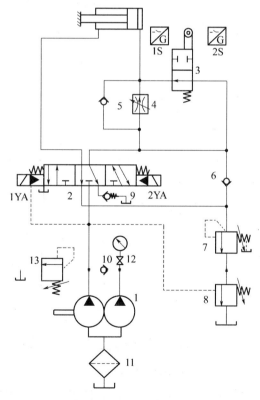

图9-4 钻孔组合机床动力滑台液压原理图
1—双联液压泵；2—电液换向阀；3—行程阀；4—调速阀；
5,6,9,10—单向阀；7—背压阀；8—顺序阀；
11—滤油器；12—压力表；13—溢流阀。

2L/min,工进时输入液压缸的流量为 0.516L/min,所以小流量液压泵的流量为 2.516L/min。

3)选择液压泵的规格

查阅液压泵产品手册,现选用 $YB_1-2.5/32$ 型双联叶片泵。

4)选择电动机

由工况图 9-3 可知,最大功率出现在快退阶段,取泵的总效率为 $\eta_p=0.75$,则所需电动机功率为

$$P = \frac{p_p q_p}{\eta_p} = \frac{2.32 \times 10^6 \times (2.5+32) \times 10^{-3}}{60 \times 10^3 \times 0.75} \text{kW} = 1.78 \text{kW}$$

选用电动机型号:查电动机产品样本,选用 Y112M-6 型电动机,其额定功率 2.2kW。

2. 阀类元件及辅助元件

根据液压系统的工作压力和通过各个阀类元件及辅助元件的流量,可选出这些元件的型号及规格,表 9-9 所列为选择元件的一种方案。

表 9-9 液压元件表

序号	元件名称	通过阀的最大流量/(L·min^{-1})	额定流量/(L·min^{-1})	额定压力/MPa	型号
1	双联叶片泵		2.5/32	6.3	$YB_1-2.5/32$
2	三位五通电液换向阀	73	100	6.3	35DY-100BY
3	行程阀	66	100	6.3	22C-100BH
4	调速阀	<1	6	6.3	Q-6B
5	单向阀	73	100	6.3	I-100B
6	单向阀	34.5	50	6.3	I-63B
7	背压阀	<1	10	6.3	B-10B
8	顺序阀	32	63	6.3	XY-63B
9	单向阀	73	100	6.3	I-100B
10	单向阀	32	63	6.3	I-63B
11	过滤器	34.5	50	6.3	XU-50X200
12	压力表开关				K-6B
13	溢流阀	2.5	10	6.3	Y-10B

9.7.5 液压系统的主要性能验算

1. 系统压力损失验算

管道直径按选定的液压元件接口尺寸确定为 $d=18$mm,进、回油管长度均取 $l=2$m,油液的运动黏度取 $\nu=1\times10^{-4}$m^2/s,油液密度取 $\rho=900$kg/m^3。

工作循环中进、回油管中通过的最大流量 $q=73$L/min,由此计算雷诺数,得

$$Re = \frac{vd}{\nu} = \frac{4q}{\pi d \nu} = \frac{4 \times 73 \times 10^{-3}}{60 \times \pi \times 18 \times 10^{-3} \times 1 \times 10^{-4}} = 861 < 2300$$

由此可推出各工况下的进、回油路中的液流均为层流。

管中流速为

$$v = \frac{q}{\frac{\pi}{4}d^2} = \frac{4 \times 73 \times 10^{-3}}{60 \times \pi \times (18 \times 10^{-3})^2} \text{m/s} = 4.78 \text{m/s}$$

因此沿程压力损失为

$$\Delta p_f = \frac{75}{R_e} \frac{l}{d} \rho \frac{v^2}{2} = \frac{75}{861} \times \frac{2}{18 \times 10^{-3}} \times 900 \times \frac{4.78^2}{2} \text{Pa} = 0.1 \times 10^6 \text{Pa}$$

在管路具体结构没有确定时,管路局部损失 Δp_r 常按以下经验公式计算

$$\Delta p_r = 0.1 \Delta p_f$$

各工况下的阀类元件的局部压力损失为

$$\sum \Delta p = \Delta p_s \left(\frac{q}{q_s}\right)^2$$

式中:q 为阀的实际流量;q_s 为阀的额定流量(从产品手册中查得);Δp_s 为阀在额定流量下的压力损失(从产品手册中查得)。

根据以上公式计算出各工况下的进、回油管路的压力损失,计算结果均小于估取值(计算从略),不会使系统工作压力高于系统的最高压力。

2. 系统发热与温升计算

液压系统工进在整个工作循环中所占的时间比例达 96%,所以系统发热和温升可用工进时的数值来计算。

工进时的回路效率

$$\eta_L = \frac{p_1 q_1}{p_{P1} q_{P1} + p_{P2} q_{P2}} = \frac{3.9 \times 0.516}{4.7 \times 2.5 + 0.077 \times 32} = 0.14$$

其中,大流量泵的工作压力 p_{P2} 就是此泵通过顺序阀卸荷时所产生的压力损失,因此它的数值为

$$p_{P2} = 0.3 \times 10^6 \times (32/63)^2 \text{Pa} = 0.077 \times 10^6 \text{Pa}$$

前面已经取双联液压泵的总效率 $\eta_P = 0.75$,现取液压缸的总效率 $\eta_m = 0.95$,则可算得本液压系统的效率

$$\eta = \eta_P \eta_m \eta_L = 0.75 \times 0.14 \times 0.95 = 0.1$$

可见工进时液压系统效率很低,这主要是由于溢流损失和节流损失造成的。

工进工况液压泵的输入功率为

$$P_i = \frac{p_{P1} q_{P1} + p_{P2} q_{P2}}{\eta_P} = \frac{4.7 \times 10^6 \times \frac{2.5 \times 10^{-3}}{60} + 0.077 \times 10^6 \times \frac{32 \times 10^{-3}}{60}}{0.80} \text{W} = 296 \text{W}$$

根据系统的发热量计算式(9-24)可算得工进阶段的发热功率

$$Q = P_i(1 - \eta) = 296 \times (1 - 0.1) \text{W} = 266.4 \text{W}$$

按式(9-25),取散热系数 $K = 15 \text{W}/(\text{m} \cdot \text{℃})$,油箱有效容积为 $V = 216 \text{L}$,算得系统温升为

$$\Delta t = \frac{Q}{KA} = \frac{Q}{0.065K\sqrt[3]{V^2}} = \frac{266.4}{0.065 \times 15 \times \sqrt[3]{216^2}}℃ = 7.6℃$$

设机床工作环境温度 $t = 25℃$，加上此温升后有 $t = 25 + 7.6 = 32.6℃$，在正常工作温度内，符合要求。

思考题和习题

9-1 设计一台专用铣床的液压系统，铣头驱动电动机功率为 7.5kW，铣刀直径为 120mm，转速为 350r/min。若工作台、工件和夹具的总重力为 6000N，工作台行程为 350mm，快进、快退速度为 4.5m/min，工进速度为 60~1000mm/min，加速、减速时间均为 0.05s，工作台采用平导轨，静摩擦因数为 0.2，动摩擦因数为 0.1。

9-2 设计一台卧式钻孔组合机床的液压系统，要求完成如下工作循环：快进→工进→快退→停止。机床的切削力为 2×10^4N，工作部件的重量为 7.8×10^3N，快进与快退速度均为 6m/min，工进速度为 0.05m/min，快进行程为 100mm，工进行程为 50mm，加速、减速时间要求不大于 0.2s，采用平导轨，静摩擦因数为 0.2，动摩擦因数为 0.1。

9-3 设计一台卧式单面多轴钻孔组合机床动力滑台的液压系统，其工作循环是：快进→工进→快退→停止。主要参数：轴向切削力为 30000N，移动部件总重力为 10000N，快进行程为 150mm，快进与快退速度均为 4.2m/min，工进行程为 30mm，工进速度为 0.05m/min，加速、减速时间均为 0.2s，利用平导轨，静摩擦因数为 0.2，动摩擦因数为 0.1。要求活塞杆固定，油缸与工作台连接。

9-4 设计一台小型液压压力机的液压系统，要求实现快速空程下行→慢速加压→保压→快速回程→停止的工作循环，快速往返速度为 3m/min，加压速度为 40~250mm/min；压制力为 300000N，运动部件总重力为 25000N，工作行程 400mm，油缸垂直安装。

第二篇　气压传动

第10章　气压传动理论基础

10.1　空气的基本性质

10.1.1　空气的组成

自然界的空气是由多种气体混合而成的,不含有水蒸气的空气称为干空气。标准状态下(即温度为 $t=0℃$、压力为 $p_{at}=0.1013$MPa、重力加速度 $g=9.8066$m/s^2、相对分子质量 $M=28.962$),其主要成分是氮、氧、氩、二氧化碳,其他气体占的比例极小。干空气的组成如表 10-1 所列。此外,空气中常含有一定量的水蒸气,含有水蒸气的空气称为湿空气。

表 10-1　干空气的组成

比值＼成分	氮(N_2)	氧(O_2)	氩(Ar)	二氧化碳(CO_2)	其他气体
体积比/%	78.03	20.93	0.932	0.03	0.078
质量比/%	75.50	23.10	1.28	0.05	0.075

10.1.2　空气的密度

单位体积 V 内的空气的质量 m,即为空气的密度。用 ρ 表示,即

$$\rho = \frac{m}{V} = \frac{12.68}{g} \cdot \frac{273}{273+t} \cdot \frac{p}{1.013} \tag{10-1}$$

式中:ρ 为空气的密度(kg/m^3);g 为重力加速度(m/s^2);t 为温度(℃);p 为绝对压力(bar)①。

10.1.3　空气的黏性和黏度

空气的黏性是空气质点相对运动时产生摩擦阻力的性质。黏度是表示黏性大小的物理量。空气黏度的变化主要受温度变化的影响,且随温度的升高而增大(与液体相反),主要是由于温度升高后,空气内分子运动加剧,使原本间距较大的分子之间碰撞增多的

---

① 1bar = 10^{5}Pa。

缘故。而压力的变化对黏度的影响很小,通常忽略不计。空气的黏度随温度的变化如表10-2所列。

表10-2 空气的运动黏度与温度的关系(压力为0.1MPa)

$t/(℃)$	0	5	10	20	30	40	60	80	100
$\nu/(10^{-4}m^2 \cdot s^{-1})$	0.133	0.142	0.147	0.157	0.166	0.176	0.196	0.21	0.238

10.1.4 气体体积的可压缩性

气体与液体和固体比较,体积是易变的。原因是气体分子之间距离相当大,分子运动起来较自由,在空气中分子间的距离是分子直径的9倍左右,其距离约为3.35×10^{-7}cm,运动着的气体分子由运动起点到碰撞其他分子的移动距离叫该分子的自由通路,其长度对每个分子是不同的,而对于任意气体当压力和温度决定之后,其分子自由通路的平均值就决定了,把该值称为平均自由通路。空气在标准状态下(20℃、1个大气压①),其长度是6.4×10^{-6}cm,约等于空气分子平均直径的170倍。由于气体分子间的距离大,分子间的内聚力小,体积就容易变化,体积随压力和温度的变化而变化,因此气体与液体相比有明显的可压缩性,但是,当其平均速度$v \leqslant 50$m/s时,其压缩性并不明显,然而当$v > 50$m/s时,气体的可压缩性影响将逐渐明显。

10.2 气体状态方程

10.2.1 理想气体的状态方程

理想气体是指没有黏性的气体,当气体处于某一平衡状态时,气体的压力、温度和比体积之间的关系为

$$pv = RT \tag{10-2}$$

或者

$$pV = mRT \tag{10-3}$$

式中:p 为气体的绝对压力(N/m^2);v 为空气的比体积(m^3/kg);R 为气体常数,干空气 $R = 287.1$N·m/(kg·K)、水蒸气 $R = 462.05$N·m/(kg·K);T 为空气的热力学温度(K);m 为空气的质量(kg);V 为气体的体积(m^3)。

由于实际气体具有黏性,因而严格地讲它并不完全符合理想气体方程,随着压力和温度的变化,其 pv/RT 并不是恒等于1。由于压力在0~10MPa,温度在0~200℃之间变化时 pv/RT 的比值仍接近于1,其误差小于4%。在气动技术中,气体的工作压力一般在2MPa以下,因而此时将实际气体看成理想气体,二者存在的误差是相当小的。

---

① 1个大气压 = 0.1013MPa。

10.2.2 理想气体的状态变化过程

1. 等压过程(盖—吕萨克定律)

一定质量的(理想)气体,当压力保持不变时,比容与温度变化过程称为等压过程,有

$$\frac{v_1}{T_1} = \frac{v_2}{T_2} = 常数 \tag{10-4}$$

式(10-4)表明:当压力恒定时,温度上升,气体比体积增大(气体膨胀);当温度下降时,气体比体积减小。

等压过程做功(气体常数 R 相当于1kg气体,温度上升1℃所做的功):

$$W = \int_{v_1}^{v_2} p\mathrm{d}v = p(v_2 - v_1) = R(T_2 - T_1) \tag{10-5}$$

2. 等容过程(查理定律)

一定质量的气体,在体积保持不变时,其压力、温度变化过程称为等容过程,则有

$$\frac{p_1}{T_1} = \frac{p_2}{T_2} = 常数 \tag{10-6}$$

式(10-6)表明:当体积不变时,压力的变化与温度的变化成正比。气体的温度上升,压力随之增大。

等容过程中气体不做功,其热量为

$$q_v = C_V(T_2 - T_1) \tag{10-7}$$

式中:C_V 为质量定容热容,相当于1kg气体,温度上升1℃所需热量。

3. 等温过程(玻意耳定律)

一定质量的气体,当温度不变时,其压力与比容变化过程称为等温过程,有

$$p_1 v_1 = p_2 v_2 = 常数 \tag{10-8}$$

式(10-8)表明:气体在温度不变的条件下,压力上升时,气体体积被压缩,比体积减小;压力下降时,气体体积膨胀,比体积增大。

等温过程,气体做功

$$W = \int_{v_1}^{v_2} p\mathrm{d}v = RT \int_{v_1}^{v_2} \frac{\mathrm{d}v}{v} = RT \ln \frac{v_2}{v_1} \tag{10-9}$$

4. 绝热过程

一定质量的气体,在状态变化过程中,与外界完全无热量交换时,此过程称为绝热过程,有

$$p_1 v_2^k = p_2 v_2^k = 常数 \tag{10-10}$$

式中:k 为绝热指数(又称等熵指数),对于干空气 $k=1.4$,对饱和蒸气 $k=1.3$。

根据式(10-3)和式(10-10),得

$$\frac{T_1}{T_2} = \left(\frac{v_2}{v_1}\right)^{k-1} = \left(\frac{p_1}{p_2}\right)^{\frac{k-1}{k}} \tag{10-11}$$

式(10-10)和式(10-11)表明,在绝热过程中,气体状态变化与外界无热量交换,系

统靠消耗本身的热能(旧称内能)对外做功。

在气压传动中,把气体快速变化或快速动作看做是绝热过程。例如,空气压缩机的活塞在气缸中的运动是极快的,以致缸中气体的热量来不及与外界进行热交换,这个过程就被认为是绝热过程。应该指出,在绝热过程中,气体温度的变化是很大的。例如,压缩机压缩空气时,温度可高达250℃;而储气罐快速排气时,温度降低至-100℃以下。

5. 多变过程

实际上,气体的变化过程不能简单地归属为上述几个中的任何一个过程,不加任何条件限制的变化过程称之为多变过程,此时可用下式表示:

$$p_1 v_1^n = p_2 v_2^n = 常数 \tag{10-12}$$

式中:n 为多变指数,在有的多变过程,多变指数 n 保持不变;而对于不同的多变过程,n 有不同的值。

当 $n = 0$ 时,$pv^0 = p =$ 常数,为等压过程;

当 $n = 1$ 时,$pv =$ 常数,为等温过程;

当 $n = \pm\infty$ 时,$p^{1/n}v = p^0 v =$ 常数,为等容过程;

当 $n = k$ 时,$pv^k =$ 常数,为绝热过程,$k = 1.4$。

由此可见,前述4种典型的状态变化过程均为多变过程的特例。

例10-1 温度为50℃、压力为0.5MPa 的气体,绝热膨胀到1大气压,温度为多少?

解 按绝热过程(式(10-11)),有

$$T_2 = T_1 \left(\frac{p_2}{p_1}\right)^{\frac{k-1}{k}} = (273 + 50)\left(\frac{0.1013}{0.5 + 0.1013}\right)^{\frac{1.4-1}{1.4}} = 194.3791(\text{K}) = -78.62℃$$

所以,膨胀到1大气压后温度为-78.62℃。

例10-2 如果把绝对压力 $p = 0.1$MPa,温度为20℃的某容积 V 的干空气压缩为 $V/10$,试分别按等温、绝热过程计算压缩后的气体压力和温度。

解 (1)按等温过程,由式(10-8),因气体质量 m 一定时,比体积 $v = 1/\rho = V/m$,所以

$$p_2 = p_1 \frac{V_1}{V_2} = 0.1 \times \frac{V_1}{V/10}\text{MPa} = 1\text{MPa}$$

等温过程:$t_2 = t_1 = 20℃$,压力为1MPa。

(2)按绝热过程计算,由式(10-10)和式(10-11),得

因 $\dfrac{p_1}{p_2} = \left(\dfrac{v_2}{v_1}\right)^k$,故压力 $p_2 = p_1\left(\dfrac{v_1}{v_2}\right)^k = 0.1 \times \left(\dfrac{V}{V/10}\right)^{1.4}\text{MPa} = 2.51\text{MPa}$

因 $\dfrac{T_1}{T_2} = \left(\dfrac{v_2}{v_1}\right)^{k-1}$,故 $T_2 = T_1\left(\dfrac{v_1}{v_2}\right)^{k-1} = (273.1 + 20) \times \left(\dfrac{V}{V/10}\right)^{1.4-1} K = 736.2K$

温度:$t_2 = (T_2 - 273.1)℃ = (736.2 - 273.1)℃ = 463.1℃$

10.3 湿空气

自然界中空气基本都含有水蒸气。含有水蒸气的空气称为湿空气。空气中含有水

分的多少对系统的稳定性有直接影响,因此不仅各种气动元器件对含水量有明确的规定,并且常采取一些措施减少水分带入系统。

在某压力和温度条件下,含有最大限度水蒸气量的空气叫做饱和湿空气。混合在一起的各种气体相互不产生化学反应时,各气体将互不干涉地单独运动。因此,混合气体全压等于各气体分压之和,即达尔顿(Dalton)法则。据此有空气全压 p、干空气压力 p_g、湿空气压力 p_s:

$$p = p_g + p_s \tag{10-13}$$

空气所含水分的程度用湿度和含湿量来表示。

10.3.1 湿度

湿度的表示方法有绝对湿度和相对湿度。

1) 绝对湿度

绝对湿度指每立方米湿空气中所含水蒸气的质量,即

$$\chi = \frac{m_s}{V} \tag{10-14}$$

式中: m_s 为湿空气中水蒸气的质量(kg); V 为湿空气的体积(m^3)。

饱和绝对湿度:也可以表示成湿空气中水蒸气的分压力达到该湿度下蒸气的饱和压力时的绝对湿度,即

$$\chi_b = \frac{p_b}{R_s T} \tag{10-15}$$

式中: p_b 为饱和空气中水蒸气的分压力(N/m^2); R_s 为水蒸气的气体常数($N \cdot m/(kg \cdot K)$); T 为热力学温度(K), $T = 273.1 + t(℃)$。

2) 相对湿度

可以表示为绝对湿度与饱和绝对湿度之比和压力比两种,即

$$\phi = \frac{\chi}{\chi_b} \times 100\% \approx \frac{p_s}{p_b} 100\% \tag{10-16}$$

式中: χ、χ_b 分别为绝对湿度与饱和绝对湿度; p_s、p_b 分别为蒸气的分压力和饱和水蒸气的分压力。

当空气绝对干燥时, $p_b = 0, \phi = 0$;当空气达到饱和时 $p_s = p_b, \phi = 100\%$;一般湿空气的 ϕ 值在 $0 \sim 100\%$ 之间变化。通常情况下,空气的相对湿度在 $60\% \sim 70\%$ 范围内人体感受舒适;而气动技术中规定各种阀的相对湿度应小于 95%。

10.3.2 空气的含湿量

空气的含湿量指每千克质量的干空气中所混合的水蒸气的质量,即
空气的含湿量

$$d = \frac{m_s}{m_g} = \frac{\rho_s}{\rho_g} (g/kg) \tag{10-17}$$

或

$$d = \frac{R_g}{R_s}\frac{p_s}{p_g} = 622\frac{p_s}{p_g} = 622\frac{\phi p_b}{p - \phi p_b}(\text{g}/\text{kg}) \qquad (10-18)$$

式中：m_s，m_g 分别为水蒸气的质量和干空气的质量；ρ_s，ρ_g 分别为水蒸气的密度和干空气的密度；R_s 为湿空气气体常数 462.05J/(kg·K)；R_g 为干空气气体常数 287.1J/(kg·K)。

10.3.3 露点

某空气，在一定的压力下，逐渐降低其温度，当空气中所含水蒸气达到饱和状态，开始凝结形成水滴时的温度叫做该空气在该压力下的露点温度。露点温度是衡量空气中所含水分多少的一个重要的物理量，在工业生产实际中得到广泛的应用，空气干燥器的能力也常用露点温度来表述。

露点分为大气压露点和压力下露点。大气压露点是指在大气压下的水分凝结温度，压力下露点是指在压力下的水分凝结温度。压力不同，空气的露点也不同。例如：0.6865MPa（7kgf/cm²）压力下的露点是 10℃；当将其压缩空气的压力降低到大气压力时，其大气压力的露点为 -17℃。加压露点和大气压露点之间存在换算关系，此处略。

思考题和习题

10-1 在温度 $t = 20℃$ 时，将空气从 0.1MPa（绝对压力）压缩到 0.7MPa（绝对压力），求温升 Δt 为多少？

10-2 在常温 $t = 20℃$ 时，将空气从 0.1MPa（绝对压力）压缩到 0.6MPa（绝对压力），温升 30℃，求其压缩前后的体积变化？

10-3 空气压缩机向容积为 40L 的气罐充气直至 $p_1 = 0.8$MPa 时停止，此时气罐内温度 $t_1 = 40℃$，又经过若干小时罐内温度降至室温 $t = 10℃$，问：(1) 此时罐内表压力为多少？(2) 此时罐内压缩了多少室温为 10℃ 的自由空气（设大气压力近似为 0.1MPa）？

10-4 将温度 20℃ 的气体绝热压缩到 300℃，求此时压力？

10-5 求压力为大气压，温度为 -90.8℃ 的气体，绝热压缩到温度 30℃ 时的气体密度。

第11章 气源装置及气动辅助元件

气源就是气压传动系统的能源或动力源。由空气压缩机产生的压缩空气,储存在储气罐中,必须经过降温、净化、减压、稳压等一系列处理,才能供给控制元件(各种阀、逻辑元件等)及执行元件(缸、马达等)使用。而用过的压缩空气排向大气时会产生噪声,应使用消声器消声,甚至为了环保需要净化处理等。

11.1 气源装置

11.1.1 压缩空气站概述

压缩空气站是气压系统的动力源装置,通常规定:排气量大于或等于 $6\sim12m^3/min$ 时,就应独立设置压缩空气站;若排气量小于 $6m^3/min$,则可将压缩机或气泵安装在系统旁直接为系统供气。

气压系统所使用的压缩空气,必须经过降温、净化和干燥等处理,因为压缩空气中的水分、油污和灰尘等杂质会混合生成胶状物,若不经处理而直接进入管路,将会造成以下的不良后果:

(1) 多种杂质混合生成的胶状物沉积在管道、元件内,会使气阻增大或堵塞,造成气流断续,甚至产生误动作。

(2) 油液被长期高温汽化等作用后,形成对金属器件起严重腐蚀作用的有机酸;或在低温情况时,水蒸气凝结后引起管道及元件腐蚀、冻结、损坏或误动作等。

(3) 挥发的高浓度油液蒸气聚集在储气罐中,具备条件时可能引起燃爆事故。

(4) 存在气动各元件相对运动件之间的较大、硬度高的杂质颗粒,会加剧表面磨损,从而降低元件的使用寿命;甚至堵塞精密元件的通道,直接影响性能;严重者使控制安全可靠性降低,造成较大事故。

可见,必须对压缩空气进行严格的干燥和净化处理。而且要做好系统定期维护等工作。

1. 压缩空气站组成

对于一般的压缩空气站,除空气压缩机外,还必须设置过滤器、后冷却器、油水分离器和储气罐等净化装置,一般压缩空气站的组成及工作示意图如图 11-1 所示。

2. 压缩空气站要求及工作过程

首先,空气要经过前置过滤器过滤去部分灰尘、杂质后进入压缩机 1;压缩机输出的高压、高温空气再进入后冷却器 2 进行冷却,控制温度下降至 $40\sim50℃$,使油气与水蒸气凝结成液滴;然后进入油水分离器 3,使大部分液态油、水和杂质从气体中分离出去,得到初步净化;随后进入储气罐 4 中(通常也称一次净化系统)储存以备使用。

对于要求低的气动系统可直接从储气罐供气;而对仪表用气和质量要求高的系统用

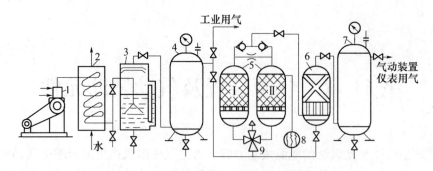

图11-1 压缩空气站设备组成及工作示意图
1—压缩机；2—后冷却器；3—油水分离器；4,7—储气罐；5—干燥器；
6—过滤器；8—加热器；9—四通转换阀。

气,则必须进行二次甚至多次净化处理。上面部分有时看做总气源。

接下来将经过一次净化后的压缩空气,经四通阀9转换,再送进干燥器5进一步去除水分和油液;干燥器Ⅰ和Ⅱ可以交替使用,工作中闲置的一个利用加热器8吹入的热空气进行再生,四通阀9用于转换两个干燥器的工作状态。随后到过滤器6,用以进一步过滤压缩空气中的灰尘、杂质颗粒。5、6、8、9有时也称二次净化系统。最后经过处理的气体进入储气罐7,可供给仪表和气动系统使用。

最后,特殊系统或元件再进行三次或以上净化。

11.1.2 空气压缩机

空气压缩机是气动系统的动力源,是把电动机输出的机械能转换成气压能的装置。

1. 分类

空气压缩机的种类很多,可按润滑形式分加油和无油润滑式;按结构或工作原理主要可分为容积式和速度式两类,如表11-1所列。

表11-1 空气压缩机的分类

分类	包 括		
容积式压缩机	往复式	活塞式	单缸式、双缸式、多缸式
		膜片式	
	回转式	滑片式、螺杆式、转子式	
速度式压缩机	轴流式、离心式、混流式		

在容积式压缩机中,气体压力的提高是由于压缩机内部的工作容积被缩小,使单位体积内气体的分子密度增加而形成的;而在速度式压缩机中,气体压力的提高是由于气体分子在高速流动时突然受阻而停滞下来,使动能转化为压力能而达到的。

2. 活塞式压缩机的工作原理

目前,气动系统常用的空气压缩机是往复活塞式,在此介绍其工作原理。

1) 工作原理

活塞式压缩机主要组成如图11-2所示。此为单级单作用压缩机工作原理图。

曲柄4由原动机(电动机)带动旋转,从而驱动活塞2在缸体内往复运动。当活塞向

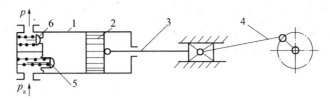

图 11-2 单级单作用活塞式压缩机工作原理图
1—缸体；2—活塞；3—活塞杆；4—曲柄连杆机构；5—进气阀；6—排气阀。

右运动时，气缸内容积增大而形成一定真空度，外界空气在大气压力下推开进气阀 5 而进入气缸中；当活塞反向运动时，进气阀关闭，随着活塞的左移，气缸左腔空气受到压缩而使压力升高，当压力增至足够高时，排气阀 6 打开，气体被排出。曲柄转一周，活塞完成一次往复行程，即一个工作循环。电动机连续转动，则实现连续供气。

2）压力容积（p-V）工作特性

压缩机的实际工作循环是由吸气、压缩、排气和膨胀 4 个过程所组成。压力容积 p-V 关系如图 11-3 所示。

图 11-3 中线段 ab 表示吸气过程，其高度 p_1，即为空气被吸入气缸时的起始压力，到 b 点进气阀随活塞停止关闭；曲线 bc 表示活塞向左运动时，气缸内发生的压缩过程；cd 表示气缸内压缩气体压力达到出口处压力 p_2 排气阀被打开时的排气过程；当活塞回到 d 时运动终止，排气过程结束，排气阀关闭。此时，活塞与气缸之间余留的空隙中，还留有一些压缩空气将膨胀而达到吸气压力 p_1，曲线 da' 即表示余隙内空气的膨胀过程。所以，气缸重新吸气的过程并不是从 a 点开始，而是从 a' 点开始，显然这将减少压缩机的输气量。

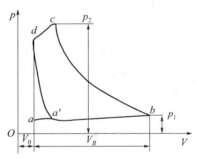

图 11-3 压缩机循环 p-V 图

图 11-2 中只表示单缸单活塞的空气压缩机工作原理，大多数空气压缩机是多缸和多活塞的组合，按一定规律依次动作来压缩空气的。

3. 空气压缩机选择

主要根据工作压力和流量两个参数选择空气压缩机。

一般气动系统工作压力为 0.5~0.6MPa，选择额定压力 0.7~0.8MPa 的空气压缩机。高压系统根据要求，综合考虑加以选择。

供气量可按系统中设备平均耗气量计算：

某压力 p 下自由空气量 q_z：（q_y 为压力 p 下压缩空气流量）

$$q_z = q_y \frac{p + 0.1013}{0.1013} \tag{11-1}$$

对于有 n 台设备，每台设备有 m 个气动执行元件的系统，其平均最大耗气量 Q_z 为

$$Q_z = \psi k_1 k_2 \sum_{i=1}^{n} \left\{ \frac{\sum_{j=1}^{m}(Nq_{zj}t)}{T} \right\} \tag{11-2}$$

式中：N 为气缸在一个周期 T 内的单程动作次数；t 为某一执行元件一个单行程所需时间(s)；q_{zj} 为某一执行元件一个单行程所需自由空气量(m^3/s)；T 为设备一个循环周期(s)；$\Psi = 0.3 \sim 1$ 为同类设备存在闲置时利用系数；$k_1 = 1.15 \sim 1.5$ 为泄漏系数；$k_2 = 1.3 \sim 1.6$ 为备用系数。

11.2 气源净化及处理装置

11.2.1 空气过滤器

1. 一次过滤器

空气中所含的杂质和灰尘,若进入压缩机和系统中,将加剧相对滑动件的磨损,加速润滑油的老化,降低密封性能,使排气温度升高,功率损耗增加,从而使压缩空气的质量大为降低。所以,在空气进入压缩机之前,必须滤除空气中所含的灰尘和杂质。过滤的原理是根据固体物质和空气分子的大小和质量不同,利用惯性、阻隔和吸附的方法将灰尘和杂质与空气分离。

此种空气过滤器一般由壳体和滤芯所组成,按滤芯所采用的材料不同又可分为纸质、织物(麻布、绒布、毛毡)、陶瓷、泡沫塑料和金属(金属网、金属屑)等过滤器。空气压缩机空气入口最初过滤,普遍采用纸质过滤器和金属过滤器。这种过滤器通常又称为一次过滤器,其滤灰效率为 50%~70%。

2. 二次过滤器

在空气压缩机之后,使用的过滤器习惯称为二次过滤器(滤灰效率为 70%~90%)和高效过滤器(滤灰效率大于 99%)。图 11-4 所示为普通空气过滤器(分水过滤器)的结构图。

工作原理是压缩空气从进口输入后,被引入旋风叶片 1,旋风叶片上有许多成一定角度和间距的缺口,迫使气流沿切线方向产生急速的涡流和旋转。这样,使夹杂在气流中的较大的水滴、油滴和灰尘粒等,靠自身的惯性与储水杯 3 的内壁碰撞,并从气流中分离出来流到杯底,而灰尘微粒和雾状水汽则由滤芯 2 滤除。为防止气流旋转将储水杯中积存的污水卷起,在滤芯下部设有挡水罩 4。而后,储水杯中的污水可通过手动排水阀 5 及时排掉。

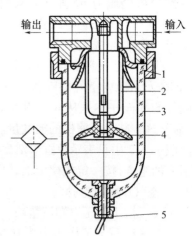

图 11-4 空气过滤器
1—旋风叶片；2—滤芯；3—储水杯；
4—挡水罩；5—手动排水阀。

这种空气过滤器有自动排水式的,可用于某些不便人工排水的场合。

11.2.2 后冷却器

后冷却器用于将空气压缩机排出的加压、高温气体冷却并除去析出的水分。后冷却器一般多采用水冷却,结构多采用蛇管式、套管式、列管式、散热片式,高效系统可以采用空调制冷。

1. 蛇管式冷却器

蛇管式冷却器(图11-1中的2)的结构,主要由一个蛇状空心盘管和一只盛装此盘管的圆筒组成。蛇状盘管可用铜管或钢管弯制而成,管道的外表面积也就是其散热面积。由压缩机排出的热空气从圆筒上部进入,通过管外壁与管外的冷却水进行热交换,冷却后,由蛇管下部输出。这种冷却器结构简单,使用和维修方便,因而被广泛用于流量较小的场合。

2. 套管式冷却器

套管式冷却器的结构如图11-5所示,压缩空气在外管与内管之间流动,内、外管之间由支承架支承。这种冷却器流通截面小,易达到高速流动,有利于散热冷却。管间清理也较方便。但其结构笨重,消耗金属量大,主要用在流量不太大,散热面积较小的场合。必要时加散热片。

3. 列管式冷却器

列管式冷却器的结构如图11-6所示,它主要由端盖1、固定板2、外壳3、活动板4、冷却水管5、内隔板6所组成。冷却水管与隔板、端盖焊在一起。冷却水在管内流动,空气在管间流动,活动板为月牙形。这种冷却器可用于较大流量的场合,具体参数可查阅有关资料,这里不再细述。

注意,冷却水通常在冷却器下端输入,上端流出;热空气从上端输入,从下端流出,可以冷却充分。

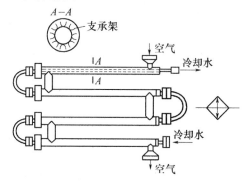

图11-5 套管式冷却器

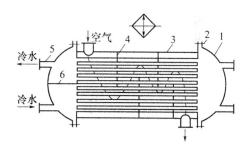

图11-6 列管式冷却器
1—端盖;2—固定板;3—外壳;
4—活动板;5—冷却水管;6—内隔板。

11.2.3 油水分离器

油水分离器用于分离压缩空气中凝结的油分和水分等杂质。原理是当压缩空气进入油水分离器后产生流速和流向的剧烈变化,再依靠比压缩空气密度大的油滴和水滴自身惯性和离心等作用,附着在器壁上,将其分离出来。

图11-7所示为其结构示意图。压缩空气进入油水分离器后,气流转折下降,然后上升,依靠转折时的离心力的作用析出油滴和水滴。空气转折上升的速度在压力小于1MPa时不超过1m/s。若油水分离器进、出口管内径为d,进出口空气流速为v,气流上升速度为1m/s,则油水分离器的直径$D=\sqrt{vd}$,其高度H一般为其直径D的3.5~4倍。安

装时不允许倒立,应及时排水。

11.2.4 空气干燥器

空气干燥器是进一步吸收和排除压缩气体中的水分和部分油分与杂质,使湿空气变成干空气的装置。由图11-1可知,从空气压缩机输出的压缩空气经过冷却器、油水分离器和储气罐的初步净化处理后已能满足一般气动系统的使用要求。但还不能达到一些精密机械、仪表等装置的净化要求。为了防止初步净化后的压缩空气中的含湿量及杂质对精密机械、仪表产生锈蚀及影响,要进行进一步干燥和高精度过滤。

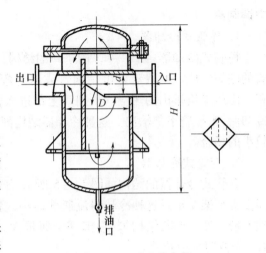

图11-7 油水分离器

通常干燥压缩空气的方法,主要有机械法、离心法、潮解法、加热法、冷冻法和吸附法等多种。机械和离心除水法的原理基本上与油水分离器的工作原理相同;潮解法和加热法应用较少,目前在工业上应用广泛的干燥方法主要是冷冻法和吸附法。

(1) 冷冻式干燥器。它是使压缩空气冷却到某压力下的露点温度,析出空气中的多余水分,温度上升后,使压缩空气达到一定的干燥度。此方法适用于处理低压大流量,并对干燥度要求不高的压缩空气。压缩空气的冷却除用冷冻设备外,也可采用制冷剂直接蒸发,或用冷却液间接冷却的方法实现。

(2) 吸附式干燥器。它主要是利用硅胶,活性氧化铝、焦炭、分子筛等物质表面对水具有吸附的特性来去除空气中多余液态水分,属于物理去除。

由于这些干燥剂和水分之间不是发生化学反应,所以不需要频繁更换干燥剂,但必须定期干燥再生。故应具备两套设备。

图11-8所示为一种不加热再生式干燥器。它由两个填满干燥剂的相同容器及相应管道组成,空气从一个容器的下部流到上部,在这里水分被干燥剂吸收而得到干燥;同时,一部分干燥后的空气又从另一个容器的上部流到下部,从饱和的干燥剂中把水分带走并经管道流出或放入大气。即实现了不需外设加热等装置而使另一容器中的干燥剂的活化再生。两容器定期的交替工作,连续输出的干燥压缩空气,应用时查阅相关资料。

11.2.5 储气罐

储气罐的作用是储存一定体积的压缩空气;减小输出气体压力波动,保证输出气流的连续性;调节用气量或以备发生故障和临时需要应急能源使用;还可进一步分离压缩空气中的水分和油分。

储气罐一般采用圆筒状焊接结构,如图11-9所示,有立式和卧式两种,一般以立式居多。立式储气罐的高度 H_1 为其直径 D 的 $2\sim3$ 倍,同时应使进气管在下,出气管在上,并尽可能加大两管之间的距离,以利于进一步分离空气中的油和水。同时,每个储气罐应有以下附件:①安全阀,限定极限压力,通常比正常工作压力高10%左右,大型系统也有的采取高压储存方式;②清理、检查用的孔口或窗口;③压力表,指示储气罐罐内空气压力,目前有的采用接触式压力表,当压力低于系统规定最低压力时启动气泵充气,更为合理;④储气罐的底部应有排放油水的接管或阀门。

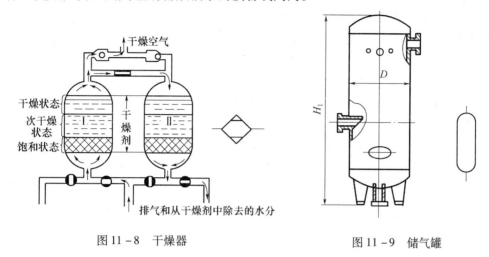

图11-8 干燥器　　　　　　图11-9 储气罐

储气罐的容积 V_c 的确定。一般都是以空气压缩机每分钟的排气量 q 为依据选择的,即

当 $q < 6 m^3/min$ 时,取 $V_c = 0.2q m^3$;

当 $q = 6 \sim 30 m^3/min$ 时,取 $V_c = 1.2 \sim 4.5q m^3$;

当 $q > 30 m^3/min$ 时,取 $V_c = 4.5q m^3$。

如果已知压缩机供气压力 p_c、排气压力 p 和排气流量 q 时,则容积 V_c 的确定:

$$V_c = q \frac{p_c}{p_c + p} (m^3) \tag{11-3}$$

大型系统为了储存一定量空气,储气罐的设计压力达到 1~3MPa 或以上。设计使用时要加以注意。通常系统压力为 1.5MPa 左右,简单小型低压、小流量系统可以用小型空气压缩气源直接供气。

注意:后冷却器、油水分离器和储气罐都属于压力容器,制造完毕后,应进行水压(>1.5MPa)试验。目前,在气压传动中,冷却器、油水分离器和储气罐三者一体的结构形式已被采用,这使压缩空气站的辅助设备大为简化。

11.2.6 油雾器

在气动元件中,气缸、气动马达或气动控制阀等内部常有滑动部分、为使其动作灵活、经久耐用,一般需加入油液润滑。油雾器是以压缩空气自身为动力,将润滑油喷射成雾状并混合于压缩空气中,使该压缩空气在系统中流动同时对气动元件实现润滑。

1. 油雾器的工作原理

如图11-10所示,当输入压力 p_1 同时通下方密封容器1,通过文丘里管后压力降为 p_2,二者之间压差 Δp,当 $\Delta p > \rho g h$ 时,在压力 p_1 作用下油液被提升到上部容油空间2,在排出口3形成油滴落下,在通道中高速压缩空气作用下形成油雾并随之输送出去。排出口 3 处能节流控制油液流量,即控制滴油流量,也可说是控制加入系统所需润滑油流量。

如果考虑油液的黏性阻力,存在阻止油液向上运动的影响,故不但需要实际的压力差要大于 $\rho g h$,还可发现,润滑油黏度较高时所需的压力差 Δp 就较大;相反,黏度较低的油所需的压力差 Δp 就小一些。但是黏度较低的油即使加大滴油量,很难到达所期望的润滑效果和位置。因此,在气动装置中要正确选择润滑油的牌号。

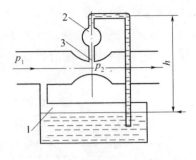

图 11-10　油雾器的工作原理图

2. 普通型油雾器结构及工作过程

普通型油雾器的结构简图如图 11-11 所示。其工作过程为压缩空气从输入口进入后,部分气体通过立杆 1 上的细长阻尼小孔 a 下行,进入截止阀座 4;阀座 4 结构及状态如图 11-12 所示,无空气进入时位置如图 11-12(a)所示;当空气进入气压作用在阀芯 2 上方,平衡掉部分弹簧 3 的作用力如图 11-12(b)所示,而使阀芯处于中间位置,因而压缩空气从小球侧面缝隙经横孔进入储油杯 5 的上腔 c,油面受压,压力油经吸油管 6 向上将单向阀 7 的阀芯(钢球)托起,钢球上部管道有一个边长小于钢球直径的四方孔,使阀芯不能将上部管道封死,压力油能不断地流入视油器 9 内,经下方小孔流入立杆 1 小孔 b 中,再经 b 下端小横孔被通道中的高速气流引射出来,被高速气流雾化后,经输出口输出。

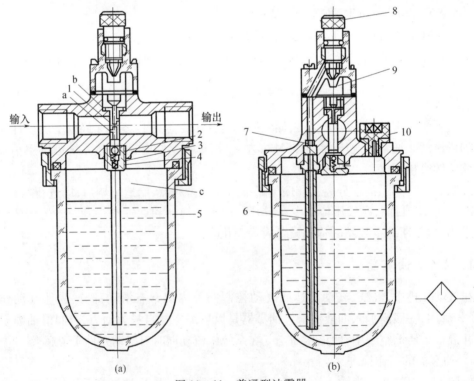

图 11-11　普通型油雾器
1—立杆;2—阀芯;3—弹簧;4—阀座;5—储油杯;
6—吸油管;7—单向阀(钢球);8—节流阀;9—视油器;10—注油塞。

视油器9的上部的节流阀8用以调节滴油量,可在0~200滴/min范围内调节。

此油雾器能在不停气状态下加油。这时只要拧松注油塞10,油塞上开有半截小孔,当油塞向外拧出时,并不等油塞全打开,小孔就已经与外界相通,实现压缩空气逐渐排空;此时储油杯c腔便直接通大气,同时输入进来的高压气流将钢球2压在截止阀座4上(图11-12(c)),切断压缩空气进入c腔的通道;又由于吸油管6中单向阀7的向下关闭作用,压缩空气也不会从上方向下经吸油管倒灌到储油杯中;所以可以实现在系统不停气状态下给油杯加油。加油完毕,拧紧注油塞。由于钢球2下方存在泄漏,储油杯上腔c的压力又逐渐上升,直到再度将单向阀7打开,油雾器又重新开始工作。

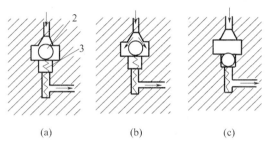

图11-12 阀座结构及工作状态
(a)不工作时;(b)进气时;(c)加油时。

储油杯通常由半透明的聚碳酸酯等耐油材料制成,从外面能直接观察到杯中的储油高度和油液是否清洁等,以便及时补充润滑油、清洗或更换。视油器则通常用透明程度高的有机玻璃等材料制成,以便清楚地看到油雾器的滴油情况。

3. 油雾器的主要性能指标

(1)起雾空气流量。当油位处于最高位置,节流阀全开,气流压力为0.5MPa时,起雾的最小空气流量规定为额定空气流量的40%。高要求时查阅相关资料。

(2)压力降—流量特性(也称流量特性)。指流过油雾器的压缩空气为其额定流量时,输入压力与输出压力之差,当然越小越好,一般不超过0.15MPa。

(3)油雾粒径。在规定的试验压力0.5MPa下,输出量为30滴/min,其粒径不大于20μm。通常一次油雾器的油雾粒径20~35μm;二次油雾粒径可达5μm。

(4)加油后恢复滴油时间。加油完毕后,油雾器不能马上滴油,要经过一定的时间,在额定工作状态下,一般为20~30s。

4. 油雾器安装及应用

(1)油雾器一般安装在过滤器和调压阀(减压阀)之后,不能颠倒,尽量靠近换向阀及元件,距离不应大于5m。

(2)在使用中一定要垂直安装,不可倒置或倾斜。

(3)保持工作液面在规定范围内,及时加油。

11.2.7 气源处理"三联件"

在气动技术中,将空气过滤器、减压阀和油雾器统称为气动"三大件",它们虽然都是独立的气源处理元件,可以单独使用,但在实际应用时却又常常组合在一起作为一个组件使用。气源处理"三联件"如图 11-13 所示。

其工作原理是压缩空气首先进入空气过滤器,经除水滤灰净化后进入减压阀,经减压后控制气体的压力以满足气动系统的要求,输出的稳压气体最后进入油雾器,将润滑油雾化后混入压缩空气一起输往气动装置。

随着技术发展,"三联件"体积在减小,性能在提高。其应用简化了安装、调试等,带来诸多好处。当今,许多技术先进企业,在中小型设备设计开发中应用较广。

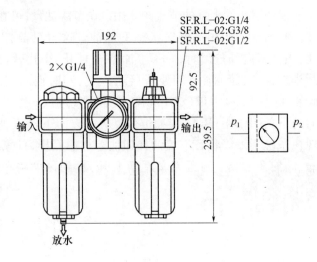

图 11-13 气源处理"三联件"

11.3 传统气动系统辅助元件

在此,只介绍消声器、管道的相关内容,其他略。

11.3.1 消声器

气压传动装置工作时大多存在较大的噪声,尤其当高压压缩气体直接由各元件排向大气时,发出噪声更加强烈。气流通过或排出时,为了消除或减小这种噪声应安装消声器。气压传动中所用的消声器主要有阻性消声器、抗性消声器及阻抗复合消声器三大类。

1. 吸收型(也叫阻性)消声器

图 11-14 所示为其结构示意图及符号。这种消声器主要利用吸声材料(玻璃纤维、毛毡、泡沫塑料、烧结陶瓷、金属等)来消声,将这些材料按一定方式装于消声器内,使气体从左孔流过或排出时受到阻力,声波被吸收一部分转化为热能,可以降低约 20dB,故也叫阻性消声器。主要用于消减中、高频噪声,特别对刺耳的高频声波消声效果更为显著。

2. 抗性消声器(也称膨胀干涉型消声器)

抗性消声器又称声学滤波器,是根据声学滤波原理制造的,它具有良好的低频消声性能,但消声频带窄,对高频消声效果差。抗性消声器最简单的结构是一段管件,如将一段粗而长的塑料管接在元件的排气口,气流在管道里膨胀、扩散、反射、相互干涉而消声。主要用于消减中、低频噪声,尤其对低频噪声消声明显。

3. 阻抗复合消声器(也称混合型消声器)

图 11-15 所示为其结构示意图。阻抗复合消声器是上述两种消声器的组合,也叫混合型消声器。气流由进气口进入,在 A 室内扩散、膨胀、减速、碰壁撞击后反射到 B 室

内,气流束互相冲撞、干涉,进一步减速,再通过内壁的吸声材料排出。这种消声器消声效果好,能在很宽的频率范围内起消声作用,应用广。

消声器的选择,主要根据排气口直径及噪声频率范围选择。

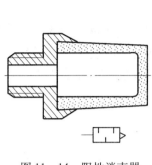

图 11-14 阻性消声器

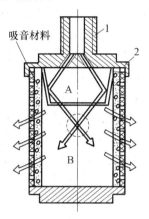

图 11-15 阻抗复合消声器

11.3.2 管道与接头

1. 气动元件之间连接常用的管道

硬管。以钢管、紫铜管为主,用于高温高压及固定不动的部件之间连接。

软管。包括各种塑料管、尼龙管和橡胶管等,一般气动设备气源压力不超过 0.8MPa,因此应用尼龙管和塑料管较广泛。软管的特点是经济、拆装方便,密封性好;缺点是易老化,寿命不如硬管长。型号、规格等参阅相关资料。

2. 管接头

是连接、固定管道所必须的辅件。常用的硬管接头有螺纹连接及薄管扩口式卡套连接(与液压用管接头基本相同),常用软管接头型式见相关手册。

3. 供气系统的管道设计

1) 供气系统管道

供气系统管道包括:压缩空气站内气源管道;厂区压缩空气管道,包括从压缩空气站至各用气车间的压缩空气输送管道;用气车间压缩空气管道,包括从车间入口到气动装置和气动设备的压缩空气输送管道。

2) 供气系统管道设计的原则

(1) 主要考虑供气的压力和流量要求情况下。

首先,因为各种气动设备或装置对压缩空气源压力有多种要求,则气源系统管道必须以满足最高压力要求来设计,合理选择种类,壁厚等。

其次,从供气的最大流量和允许压缩空气在管道内流动的最大压力损失决定气源供气系统管道的管径大小。

为避免在管道内流动时有较大的压力损失,压缩空气在管道中的流速一般应小于 25 m/s。当管道内气体的体积流量为 q_v,管道中允许流速为 $[v]$ 时,管道的内径为

$$d = \sqrt{\frac{4q_v}{3600\pi[v]}} \qquad (11-4)$$

式中:q_v 为流量(m^3/h);$[v]$为流速(m/s)。

由式(11-4)计算求得的管道内径 d,结合流量(或流速),再验算空气通过某段管道的压力损失是否在允许范围内。一般对较大型的空气压缩站,在厂区范围内,从管道的起点到终点,压缩空气的压力降不能超过气源初始压力的8%(或0.1MPa);在车间范围内,不能超过供气压力的5%(或0.05MPa);流水线一般不超过1%(或0.01MPa)。若超过了,可采用增大管道直径等方法来解决。

(2) 主要考虑供气的质量要求情况下。

若气动装置对气源供气质量(含水、含油、干燥程度等)有不同的要求时,若用一个气源管道供气,则必须考虑其中对气源供气质量要求较高的气动装置,采取就地设置小型过滤或干燥装置来解决。也可通过技术、经济全面比较,设置两套管道供气系统。

(3) 主要考虑供气的可靠性、经济性情况下。

采用合理供气管网设计实现。

3) 供气理管网设计

(1) 单树枝状管网供气系统。如图11-16所示,间断供气的工厂或车间采用。但该系统中的阀门等附件系统容易损坏,尤其开关频繁的阀门更易损坏。解决的方法是对开关频繁处,用两个阀门串联,其中一个用于经常动作,一个一般情况下打开不动,当经常动作的阀门需要更换检修时,这一阀门才关闭,使之与系统切断,不致影响整个系统工作。

(2) 环状管网供气系统。如图11-17所示,这种系统供气可靠性比单树枝状管网要高,而且压力较稳定,末端压力损失较小,当支管上有一个阀门损坏需要检修时,可将环形管道上两侧的阀门关闭,以保证更换、维修支管上的阀门时,整个系统能正常工作。但此系统成本较高。

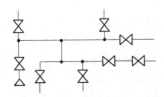

图 11-16 单树枝状管网供气

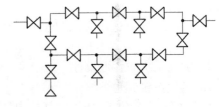

图 11-17 环状管网供气系统

(3) 双树枝状管网供气系统。如图11-18所示,这种供气系统能保证对所有的用户不间断供气,正常状态,两套管网同时工作。当其中任何一个管道附件损坏时,可关闭其所在的那套系统进行检修,而另一套系统照常工作。这种双树枝状管网供气系统实际上是有一套备用系统,相当于两套单树枝状管网供气系统,适用于有不允许停止供气等特殊要求的用户。

11.3.3 管道布置

(1) 所有气压传动系统管道应统一根据现场实际情况因地制宜地安排,尽量与其他管网(如水管、煤气管、暖气管网等)、电线等统一协调布置。

(2) 管道进入用气车间首先应设置"压缩空气入口装置",如图11-19所示。

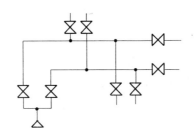

图 11-18 双树枝状管网供气系统

（3）车间内部干线管道应沿墙或沿柱子顺气流流动方向向下倾斜 3°~5° 铺设,在主干管和支管终点(最低点)设置集水管(罐),定期排放积水、污物,如图 11-20 所示。

（4）沿墙或沿柱接进的支管必须在干管的上部采用大角度拐弯后再向下引出。在离地面 1.2~1.5m 处,接入一个配气器。在配气器两侧接分支管引入用气设备,配气器下部设置放水排污装置。参见图 11-20。

（5）为防止腐蚀便于识别,压缩空气管道应刷防锈漆并涂以规定标记颜色的调合漆。

（6）为保证可靠供气可采用多种供气网络。单树枝状、双树枝状、环状管网等。

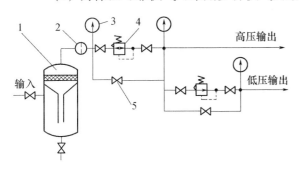

图 11-19 压缩空气入口装置图
1—油水分离器；2—流量计；
3—压力表；4—减压阀；5—阀门。

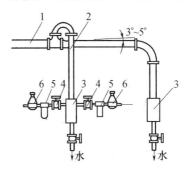

图 11-20 车间内管道布置示意图
1—主管；2—支管；3—集水罐；
4—阀；5—过滤器；6—减压阀。

11.4 现代气动自动控制系统辅助元件

现代气动自动控制系统,能实现系统自动测量、计数,尤其结合比例、伺服控制等技术,使自动化、智能化程度,在加工、包装、特殊装配等多方面得到提高。

11.4.1 传感器

气动传感器的工作原理是根据流场的变化,即利用流场中流体流速和压力的改变,使传感器输出相应的变化信号。为了能适应更多的测量场合,配合计算装置,实现后续系统的各种要求,一般要求传感器有足够的灵敏度、精确度和有较强的抗干扰能力。

具体结构形式较多,常用的气动传感器有背压式传感、反射式和遮断式传感器等。背压式传感器是利用喷嘴—挡板结构原理,描述流量和压力的变化规律。遮断式传感器是根据层流和紊流的不同流场情况,输出相应的不同压力信号。在此只简介一种反射式传感器。

反射式传感器工作原理如图 11-21 所示,挡板(或被测对象)将气源压力 p_s 气流反射到中间输管,根据反射回来的气压变化以判断被测对象的距离或存在。无挡板存在时,喷嘴出口处有低压旋涡区。挡板靠近时,气流被挡板反射回来,进入中间输出管输出 p_o。

反射式传感器有多种形式,其测量距离较背压式传感器大,特性曲线的线性度也较好,抗干扰能力强。适当地选择其结构尺寸,可得到较好的开关特性,常用于数字输出。

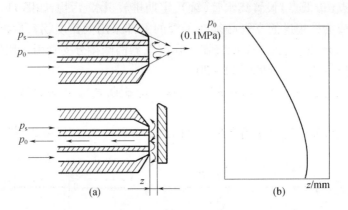

图 11-21 反射式传感器工作原理及特性曲线

11.4.2 转换器

在气动控制系统中,也与其他自动控制装置一样,有发信、控制和执行部分,其控制部分工作介质为气体,而信号传感部分和执行部分不一定全用气体,可能用电或液体传输,这就要通过转换器来转换。

其作用是把系统中的压力信号转化为需要的电信号或把电信号转换成压力信号,并根据需要输出系统能够分辨信号的装置,常用的有气—电、电—气、气—液转换器等。

1. 气—电转换器

气—电转换器,是将压缩空气的气信号转变成电信号的装置,即用气信号(气体压力)接通或断开电路的装置,也称为压力继电器。符号同液压。

压力继电器按信号压力的大小可分为低压型($0 \sim 0.1$MPa)、中压型($0.1 \sim 0.6$MPa)和高压型(大于1MPa)三种。

图 11-22 所示为低压型压力继电器的原理图,压力为 p 的气体从下孔进入 A 室后,膜片 3 受压产生推力,该力克服膜片和双层金属片(也是电源接触片)2 变形力向上移动,与另一电极接触片 1(1、2 实际为微动开关触电)触点闭合,发出电信号。

中、高压继电器原理与之基本相同,也多采取膜片结构和调压弹簧,可以调节控制压力范围。调压范围分别是 $0.025 \sim 0.5$MPa、$0.065 \sim 1.2$MPa 和 $0.6 \sim 3.0$MPa 三种。这种压力继电器结构简单,调压方便。

2. 电—气转换器及气—液转换器

电—气转换器的作用,正好与气—电转换器的作用相反,它是将电信号转换成气信号的装置。实际上各种电磁换向阀都可作为电—气转换器。而气—液转换器,符号如图11-23所示,是把气信号转换成液压信号的装置。其种类主要有两种:一种是直接作用式,例如,后面介绍的气—液阻尼缸;另一种是换向阀式,它是一个气控液压换向阀。采用气控液压换向阀,需要另外备有液压源。

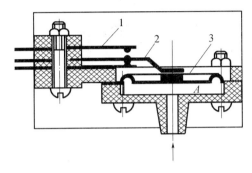

图11-22 低压型压力继电器
1—电极金属片;2—双层金属片;3—膜片。

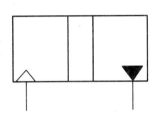

图11-23 气—液转换器符号

11.4.3 程序器

程序器是一种控制装置,其作用是储存各种预定的工作程序,按预先制定的特定顺序发出信号,使其他控制装置或执行机构以需要的次序自动动作。程序器一般有时间程序器和行程程序器两种。

1. 时间程序器

时间程序器是依据动作时间的先后安排工作程序,按预定的时间间隔顺序发出信号的程序器。其结构形式有码盘式、凸轮式、棘轮式、穿孔带式、穿孔卡式等。

2. 行程程序器

行程程序器是依据执行元件的动作先后顺序安排工作程序,并利用每个动作完成以后发回的反馈信号控制程序器向下一步程序的转换,发出下一步程序相应的控制信号。行程程序器也有多种结构形式,此处不作详细介绍。

11.4.4 气动放大器

气动放大器,实际上是一种微压控制阀,即用很小的压力气体作为输入控制信号,以获得压力较高,流量较大的气流输出。用于系统传动和控制等。通常有膜片式、滑柱式、膜片滑柱复合式、膜片比例式和对冲放大式等。

图11-24所示为膜片气动放大器工作原理图。其工作原理是:当高压气源气体 p 进入放大器后,一部分气体进入 F 室,另一部分气体经恒定节流孔进入 C 室;当 A 室无低压控制信号 p_c 输入时,进入 C 室的气体经喷嘴流入 B 室再通过排气孔 a 排向大气;在 F 室内的气体压力作用下,截止阀关闭,输出口 E 无气体输出。当控制信号 p_c 输入 A 室后,A、B 室间的膜片在 p_c 的作用下变形,堵住喷嘴上方,C 室内气体不能排出,压力随之升高,达到一定压力值时推动 C 室下方的膜片,打开下方截止阀,接通 p 与 E 之间通道,

高压气流从输出口 E 输出。当控制低压信号压力 p_c 消失后,在高压作用下 C 腔膜片抬起,输出口 E 与排气口 b 接通排气,下方截止阀迅速关闭,输出腔 E 则无高压气体输出。

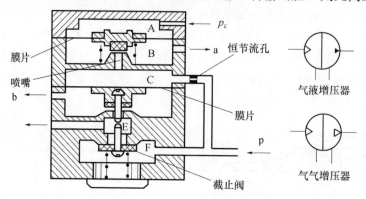

图 11-24 膜片气动放大器工作原理图及符号

图 11-24 所示的膜片式气动放大器,是一个两级放大器:第一级是用膜片—喷嘴式进行压力放大,第二级是功率放大。控制信号为 0.006～0.016bar,输出压力可达 6～8bar。

膜片式气动放大器由于没有摩擦部件和相对机械滑动部分,因此它有较高的灵敏度和较长的使用寿命。但其恒定节流孔小,工作中易被堵塞而失灵。

11.4.5 气动延时器

延时器的工作原理如图 11-25 所示,当输入高压气体从 A 分两路进入延时器时,由于节流口 1 的作用,首先,膜片 2 下腔的气压很快升高,使膜片从下方封住喷嘴 3,切断气室 4(膜片 5 的下腔)的向左排气通路;同时,输入气体经节流口 1 向膜片 5 的下腔气室 4 缓慢充气,导致气室 4 的压力逐渐上升;当压力达到一定值时,使膜片 5 向上变形,封住上方喷嘴 6,切断低压气源 B 的排空通路,于是输出口 S 便有信号输出。

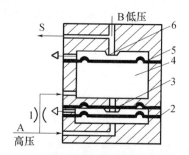

图 11-25 延时器工作原理图
1—节流口;2,5—膜片;
3,6—喷嘴;4—气室。

此输出信号 S 的发出时间,在信号 A 输入之后,推迟了(膜片 5 的下腔气室 4 缓慢充气,压力逐渐上升,使膜片向上变形,封住上方喷嘴所需)一段时间。延迟时间的大小,取决于供气压力、节流口、气室大小及膜片刚度等因素。延时时间分可调式和固定式两种。

当输入信号 A 消失后,膜片 5 受力和自身弹力复位,膜片 5 上下腔压缩空气,经上下腔喷嘴排空;气源 B 经上喷嘴排空,输出端足够压力无输出,看做无输出。

11.4.6 气动变送器

气动变送器的作用是:将测得的各种物理参数精确地变换成气动仪表的标准气压信号后,送到显示仪表或调节装置中。它在调节系统中能连续测量各种参数,如压差、流量、温度等物理参数,其测量精度可达 1.0 级(1%),在气动测量系统中被广泛应用。应用时参考相关书籍。

思考题和习题

11-1 简述活塞式空气压缩机的工作原理。
11-2 简述油雾器的分类、主要工作原理。
11-3 气—电转换器和电—气转换器在气动系统中各有何作用?
11-4 气源装置中为什么要设置储气罐,其容积和尺寸应如何确定?
11-5 气动自动控制系统信号处理附件有哪些?各自作用如何?
11-6 设计一从压缩机到气动回路完整的元件连接回路,并对各部分简单说明。

第12章 气动执行元件

气动执行元件是将压缩空气的压力能转化为机械能的元件。它能实现直线往复、摆动或回转等运动,并输出力或转矩。气动执行元件分为气缸和气动马达。

12.1 气　缸

12.1.1 气缸的分类

气缸是气动系统中应用最多的一种执行元件,根据使用条件不同,其结构、形状也有多种形式,与液压缸存在诸多区别。气缸种类很多,分类方法也不同,因液压中介绍了一些缸类知识,在此对部分特殊或重要气缸加以介绍。常用分类方法简介如下:

1. 按压缩空气对活塞端面作用方式分

（1）单作用气缸。只有单方向的运动是靠气压完成的气缸。此类气缸活塞必须靠弹簧力等其他外力才能复位。

（2）双作用气缸。气缸的往返运动全靠压缩空气来完成。

2. 按气缸的结构特征分

主要有活塞式、柱塞式、薄膜式、机械无杆式和复合式气缸等。

3. 按气缸的安装形式分

（1）固定式气缸。气缸安装在机体上固定不动,有耳座式、凸缘式和法兰式。

（2）轴销式气缸。缸体围绕一固定轴可作一定角度的摆动。

（3）回转式气缸。缸体固定在机床主轴上,可随机床主轴做高速旋转运动。这种气缸常用于机床上气动卡盘中,以实现工件的自动装卡。

（4）嵌入式气缸。气缸安装在某装置组成部件体内。

4. 按气缸的功能分

（1）普通气缸。常用于无特殊要求的场合,包括单作用式和双作用式气缸。

（2）组合气缸。包括:①缓冲气缸,一端或两端带有缓冲装置的气缸;②气—液阻尼缸,气缸与液压缸串联组合而成,可控制气缸活塞的运动速度并提高速度稳定性;③摆动气缸,用于要求在一定角度内绕轴线往复回转的场合,如夹具转位、阀门的启闭等;④冲击气缸,是一种以活塞杆高速运动形成冲击力的高能缸,可用于冲压、切断等;⑤步进气缸,也叫数字缸,是一种根据控制信号的不同,使活塞杆伸出相应行程的气缸。

（3）新型气缸。根据需要,近几年研制出来具有特殊结构和功能的气缸。包括:气动夹、无杆气缸、锁定气缸、测长气缸等。

12.1.2 气缸的工作特性

气缸的工作特性是指气缸的输出力、气缸内压力的变化以及气缸的运动速度等静态和动态特性,由于它们的影响因素很多,有很多问题尚在研究之中,因而在此仅作一些必要的补充性简介。

1. 气缸的输出力

如图12-1(a)所示为单作用气缸,它的输出推力为

$$F = A_1 p_1 - (F_f + ma + L_1 K_s) \tag{12-1}$$

式中:A_1 为活塞的有效工作面积;p_1 为气体工作压力;F_f 为摩擦阻力(包括活塞与气缸以及活塞杆和气缸密封圈等);m 为运动部件总质量;a 为运动构件加速度;L_1 为活塞位移 L 和弹簧预压缩量 L_0 的总和;K_s 为弹簧刚度。

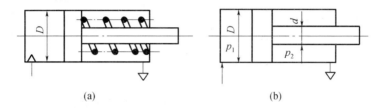

图12-1 气缸工作原理简图

单杆双作用式气缸,如图12-1(b)所示,其输出推力为

$$F = A_1 p_1 - A_2 p_2 - (F_f + ma) \tag{12-2}$$

式中:p_1,p_2 为输入侧和排气侧的气压;A_1,A_2 为输入侧和排气侧的工作面积;其余符号意义同式(12-1)。

单、双作用缸活塞上输出的推力,考虑效率时,一般用下式计算,即

$$\eta = \frac{F}{F_t} \tag{12-3}$$

$$F = (A_1 p_1 - A_2 p_2)\eta \tag{12-4}$$

式中:η 为气缸的效率,双作用缸一般取 $\eta = 0.8 \sim 0.9$;单作用缸则很低。

2. 负载率 β

从对气缸运行特性的研究可知,要精确确定气缸的实际输出力是困难的,于是在研究气缸性能和确定气缸的输出力时,有时为了简化分析过程,常用到负载率来初步确定。气缸的负载率 β 定义为

$$\beta = \frac{F}{F_t} \times 100\% \tag{12-5}$$

式中:F 为气缸的实际负载;F_t 为气缸的理论输出力。

气缸的实际负载是由实际工况所决定的,若确定了气缸负载率 β,则由定义就能确定气缸的理论输出力,从而可以计算气缸的缸径。

对于阻性负载,如气缸用做气动夹具,负载不产生惯性力,一般选取负载率 $\beta = 0.8$。

对于惯性负载,如气缸用来推送工件,负载将产生惯性力,负载率 β 的取值如下:

$\beta < 0.65$(气缸低速运动,$v < 100 \text{mm/s}$)

$\beta < 0.5$(气缸中速运动,$v = 100 \sim 500 \text{mm/s}$)

$\beta < 0.35$(气缸高速运动,$v > 100 \text{mm/s}$)

3. 气缸的压力特性

气缸的压力特性是指气缸内压力变化的情况。

进、排气腔中的气体压力是随时间变化的,其变化曲线通常称为气缸的压力特性曲线,如图12-2所示。

气缸通常被活塞分为进气腔和排气腔。当向进气腔输入压缩空气时,排气腔处于排气状态;当两腔的压力差所形成的力刚好带动各种阻力负载时,活塞就开始运动;当无负载时,开始运动所需要的压力仅需 0.02~0.05MPa 左右。在气缸运动过程中,进气腔压力逐步升高至气源压力,排气腔压力则逐渐降低,趋于大气压力。由于气缸的压力特性曲线变化过程比较复杂,现只能作定性说明。

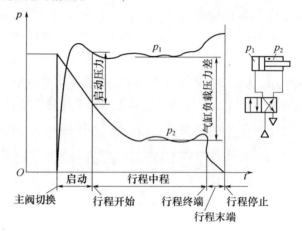

图12-2 气缸的压力特性曲线

在换向阀切换以前,进气腔中的气体压力为大气压。当换向阀切换后,进气腔与气源接通,刚开始运动时进气腔容积小,气体将很快充满并升至气源压力;排气腔则不同,换向阀刚切换时,其腔中压力为气源压力,变为排气时,因为此腔的容积大,所以压力的下降速度要比进气腔中压力上升的速度缓慢得多。当两腔的压力差超过启动压差后,活塞才开始启动。这表明,从换向阀换向到气缸启动,需要一定时间。

切换以后,活塞所受的摩擦阻力从较大静摩擦力(静摩擦因数 0.2)转为动摩擦力(动摩擦因数 0.1)而变小,使活塞加速运动,即发生前冲。由于活塞的运动,进气腔容积相对增大,只要补充气源充分,活塞就继续运动。另一方面,排气腔容积在不断减少,而且其容积的相对减少量越来越大,因此在不断的排气过程中腔中压力继续下降,并总是小于进气腔压力。活塞在两腔压力差作用下继续前进。

当气缸行程较长,且活塞杆上有负载时,会产生进、排气速度与活塞速度相平衡的情况,这时压力特性曲线将趋于水平,活塞在两腔不变压力差的推动下匀速前进。

当气缸活塞行到末端时,排气腔压力急剧下降,直至大气压;进气腔压力再次急剧上升,直至气源压力,形成较大压力差。这种较大的压力差,很容易形成气缸的冲击,因而在气缸的设计中要考虑设置缓冲装置,或在系统中采用缓冲回路。

4. 气缸的速度

由于活塞两侧压力 p_1、p_2 的变化比较复杂,因而推动活塞的力的变化也比较复杂,再加上气体的易压缩性,要使气缸保持准确的运动速度是比较困难的。通常,气缸的平均运动速度可按进气量的大小求出,即

$$v = \frac{q}{A} \tag{12-6}$$

式中:v 为气缸活塞运行速度(m/s);q 为压缩空气的体积流量(m³/s);A 为活塞的有效面

积(m^2)。

气缸在一般工作条件下,其平均速度约为0.5m/s。

5. 气缸的耗气量

以图12-1(b)所示的单杆双作用气缸为例。

1) 理论耗气量

气缸的理论耗气量与气缸的活塞直径D、活塞杆直径d、活塞的行程L以及单位时间t内往复次数N有关。活塞杆伸出和退回行程的耗气量体积分别为V_1和V_2,即

$$V_1 = \frac{\pi}{4}D^2L \tag{12-7}$$

$$V_2 = \frac{\pi}{4}(D^2 - d^2)L \tag{12-8}$$

所以,活塞往复一次,所耗压缩空气量体积为

$$V = V_1 + V_2 = \frac{\pi}{4}L(2D^2 - d^2) \tag{12-9}$$

若活塞每分钟往返N次,则每分钟活塞运动的耗气量,即理论耗气量体积,为

$$V_t = VN \tag{12-10}$$

2) 实际耗气量

(1) 实际加压空气耗气量。实际加压耗气量要比理论耗气量值大,这是由泄漏等因素引起的。因此,实际加压耗气量体积V_s应为

$$V_s = (1.15 \sim 1.5)V_t \tag{12-11}$$

实际加压耗气流量,前面定义的t为单位时间,流量表示q_s应为

$$q_s = \frac{V_s}{t} \tag{12-12}$$

式(12-11)和式(12-12)计算的是实际压缩空气的消耗量,这是选择气源和系统供气量计算的重要依据之一。

(2) 实际自由空气的消耗量。实际自由空气的消耗量体积表示V_{sz},参考式(11-1)和式(11-2),应为

$$V_{sz} = V_s \frac{p + 0.1013}{0.1013} \tag{12-13}$$

式中:p为气体的工作压力(MPa)。

实际自由空气的消耗量流量表示q_{sz},同理为

$$q_{sz} = q_s \frac{p + 0.1013}{0.1013} \tag{12-14}$$

(3) 对多缸、多台设备的系统,其平均最大耗气量Q_z,参考式(11-1)、式(11-2)分析计算,此处略。

12.1.3 气缸的主要尺寸及结构设计

1. 气缸的主要尺寸设计

设计气缸时,只有保证气缸的下述几个主要尺寸,才能实现气缸的功能。

1) 气缸直径 D 和杆径 d

气缸的直径也就是气缸的内径,可根据外负载的大小来确定,当气源供气压力为 p 时,气缸的内径 D 为

$$D \geqslant \sqrt{\frac{4F_t}{\pi p}} \tag{12-15}$$

所求得的 D 值,一般要提高 20% 再圆整到系列标准值。气缸的内径系列如表 12-1 所列。

表 12-1 标准气缸的缸径和活塞杆直径系列(括弧内为第二系列)

缸径 D/mm	32	40	50	63	80	(90)	100	(110)	125	(140)	160	(180)	200	(220)	250	320	400	500	630
杆径 d/mm	12	14	16	18	20	22	25	28	32	36	40	45	50	56	63	70	80	90	100

2) 活塞行程 L

活塞的行程 L 一般根据实际需要来确定,通常取 $L=(0.5\sim5)D$。

3) 气缸进、排气口直径 d_0

气缸进、排气口直径 d_0 的大小直接决定了气缸进气速度,亦即决定了活塞的运行速度。设计中,应予以充分的重视。直径 d_0 的确定可根据空气流经排气口的速度 $[v]$ 来计算,一般取 $[v]=10\sim25\text{m/s}$,因而 d_0 为

$$d_0 = \sqrt{\frac{4q}{\pi[v]}} \tag{12-16}$$

式中:q 为工作压力下输入气缸的空气流量(m^3/s)。

一般情况下进排气口直径 d_0 的大小可根据气缸内径 D 的大小来选取,如表 12-2 所列。

表 12-2 气缸进排气口直径

气缸内径 D/mm	进气口直径 d/mm	气缸内径 D/mm	进气口直径 d/mm
40	8	80、100、125	15
50、63	10	140、160、180	20

2. 气缸的主要结构设计

在设计气缸各部分机械结构时,主要是确定各部分的结构型式及主要尺寸。

1) 气缸筒的结构尺寸设计

气缸筒的主要作用是提供压缩空气的储存与膨胀空间及对活塞实现导向,从而通过活塞将压力能转化为机械能。气缸筒均为圆筒形状,要确定的主要尺寸为

(1) 气缸筒直径(即为气缸内径)D。由式(12-15)求出。

(2) 气缸筒的长度 l。长度 l 应为活塞的行程 L 和活塞宽度 H 之和,即

$$l \geqslant L + H \tag{12-17}$$

(3) 气缸筒的壁厚 δ。壁厚 δ 可利用薄壁圆筒的强度计算公式来确定

$$\delta = \frac{pD}{2[\sigma]+C} \tag{12-18}$$

式中:p 为气缸工作压力(MPa);D 为气缸内径(mm);$[\sigma]$ 为气缸材料的许用拉应力

(MPa);$[\sigma] = \dfrac{\sigma_b}{n}$;$\sigma_b$为缸体材料的抗拉强度(MPa);$n$为安全系数,一般取6~8;$C$为考虑到刚度、加工制造、腐蚀等要求所加的裕量。

气缸材料的许用拉应力通常取下列数据:铸铁 HT150 和 HT200,$[\sigma]=30\text{MPa}$;Q235 钢管,$[\sigma]=60\text{MPa}$;45 钢管,$[\sigma]=120\text{MPa}$;铸造铝合金 ZL203,$[\sigma]=30\text{MPa}$。

常用气缸直径、材料和壁厚的关系如表 12-3 所列。

表 12-3 气缸筒的壁厚

材料	气缸直径 D/mm								
	50	80	100	125	160	200	250	320
	壁厚 δ/mm								
铸铁 HT150	7	8	10	10	12	14	16	16
45 钢、Q235	5	7	8	8	9	9	11	12
铝合金 ZL203	8~12			12~14			14~17		

2) 活塞的结构设计

由于活塞要频繁往复运动,因而就必须保证其耐磨和可靠密封。目前多采用铸铁活塞及 O 形、V 型或 Y 形密封圈等实现密封。

活塞与缸筒的配合精度取决于采用何种形式的密封圈,一般多采用 H8/f9 间隙配合,活塞表面粗糙度为 $R_a=0.8\mu\text{m}$。活塞的宽度取决于密封圈的排数,一般采用两排密封圈。活塞上沟槽的深度和宽度根据所选用的密封圈来确定。

3) 活塞杆及其强度校核

活塞杆的作用是推动负载运动,对活塞杆首先要进行结构设计(与活塞和外接装置的连接方式、缓冲等),由于活塞杆在工作中,既要受到轴向拉伸,也往往要受到轴向压缩,因此还要进行强度校核和稳定性校核。

当活塞杆的长度 $L \leq 10d$ 时,要进行强度校核,即活塞杆的直径

$$d \geq \sqrt{\dfrac{4F}{\pi[\sigma]}} \qquad (12-19)$$

式中:F 为活塞杆所受的外力;$[\sigma]$ 为活塞杆材料的许用应力。

当活塞杆的计算长度 $L > 10d$ 时,要进行压杆稳定性校核,以保证活塞杆有足够的强度和稳定性。其校核方法可参阅有关手册和资料。

经计算出的活塞杆直径可按表 12-1 的系列选取标准值。

4) 气缸的缓冲机构

为防止气缸在行程末端时,活塞以很大的速度(一般为 1m/s 左右)撞击端盖,引起气缸振动和损坏,常采用带有缓冲装置的缓冲气缸。缓冲气缸的缓冲装置结构如图 12-3 所示。当活塞运动到缓冲柱塞刚进入缓冲柱塞孔时,主排气道即被堵死,活塞进入到缓冲行程,这时活

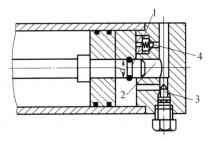

图 12-3 缓冲气缸的缓冲装置
1—柱塞;2—柱塞孔;
3—节流阀;4—单向阀。

塞至端盖的距离称为缓冲长度 x。在缓冲行程中，环形空间空气被活塞绝热压缩使压力升高形成气垫，以吸收活塞运动部件的能量，使活塞等运动部件达到减速的目的，即把运动部件的动能变成气体的压力能。为此，缓冲装置的设计，就是要保证运动部件的动能被缓冲腔内的压缩空气所吸收，所以缓冲柱塞要有足够的行程长度 x 和直径 d。

活塞以及运动部件的动能 E_1 为

$$E_1 = \frac{1}{2}mv^2 \qquad (12-20)$$

式中：m 为运动部件的总质量；v 为活塞运动速度。

压缩缓冲腔内空气所需要的压缩功 E 与缓冲腔的容积 V、压力的变化等因素有关，而缓冲容积为

$$V = \frac{\pi}{4}(D^2 - d^2)x \qquad (12-21)$$

因活塞运动速度很快，将体积 V 内的空气从压力 p_1 绝热压缩至 p_2，所需要的能量为

$$E = \frac{\kappa}{\kappa-1}Vp_1\left[\left(\frac{p_2}{p_1}\right)^{\frac{\kappa}{\kappa-1}} - 1\right] = \frac{\kappa}{\kappa-1}\frac{\pi}{4}(D^2-d^2)xp_1\left[\left(\frac{p_2}{p_1}\right)^{\frac{\kappa-1}{\kappa}} - 1\right] \qquad (12-22)$$

显然，只要 $E > E_1$，就可以吸收运动部件的动能，起到缓冲作用。所以缓冲腔的缓冲条件为

$$\frac{\kappa}{\kappa-1}\frac{\pi}{4}(D^2-d^2)xp_1\left[\left(\frac{p_2}{p_1}\right)^{\frac{\kappa-1}{\kappa}} - 1\right] > \frac{1}{2}mv^2 \qquad (12-23)$$

式中：p_1 为压缩过程开始时，排气腔中绝对压力；p_2 为压缩终了时，缓冲腔中的绝对压力；D 为气缸直径；κ 为等熵指数，$\kappa = 1.4$。

为使缓冲时活塞冲击不致过分强烈，一般限定 $p_1 \leq 5p_2$，则式（12-23）可以简化为

$$3.19p_1(D^2 - d^2)x \geq mv^2 \qquad (12-24)$$

式（12-24）即为常用的确定缓冲柱塞直径 d 和长度 x 的计算公式。

利用图 12-3 所示的缸内设置缓冲腔实现缓冲的方法是一种较常用的方法。

5）气缸的其他结构设计

参照液压缸设计。

12.1.4 常用气缸

1. 气—液阻尼缸

气—液阻尼缸是由气缸和液压缸组合而成，它以压缩空气为能源，利用油液的不可压缩性和油液流动的阻尼性来获得活塞的平稳运动和调节活塞的运动速度。与气缸相比，它传动平稳，停位精确、噪声小，与液压缸相比，它不需要液压源，经济性好，同时具有气动和液压的共同优点，因此得到了越来越广泛的应用。

图 12-4 所示为串联式气—液阻尼缸的工作原理图。压缩空气从 A 口进入活塞左侧，推动活塞向右运动，因液压缸活塞与气缸活塞是一体的，因此液压缸也将向右运动，此时液压缸右腔排油，油液由 A′口经节流阀而对活塞的运行产生阻尼作用，调节节流阀，即可改变阻尼缸的运动速度；反之，压缩空气自 B 口进入活塞右侧，活塞向左移动，液压

缸左侧排油,此时单向阀开启,无阻尼作用,活塞快速向左运动。

2. 薄膜气缸

图12-5所示为薄膜气缸。它主要由膜片和中间台阶式推杆组合来代替普通气缸中的活塞;依靠膜片在气压作用下的变形来使活塞杆前进。这种气缸的特点是结构紧凑,重量轻,维修方便,密封性能好,制造成本低,广泛应用于化工生产过程的调节器上。活塞的位移较小,一般小于40mm;平膜片的行程则有其有效直径的1/10,有效直径的定义为

$$D_m = \frac{1}{3}(D^2 + Dd + d^2) \qquad (12-25)$$

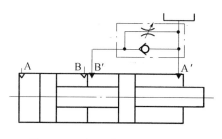

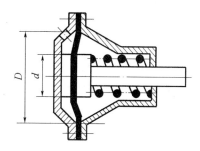

图12-4 气—液阻尼缸原理图

图12-5 薄膜气缸简图

3. 冲击气缸

普通型冲击气缸的结构示意图如图12-6所示。它与普通气缸相比,增加了储能腔以及带有喷嘴和具有排气小孔的中盖。其工作过程如图12-7所示,分为三个阶段:

第一阶段如图12-7(a)所示。系统正常启动后,由气缸控制阀控制,压缩空气由A孔进入冲击缸有杆腔即活塞下腔,储能腔与活塞上腔通大气,活塞上移,处于上限起始位置,封住中盖上的喷嘴口。

第二阶段如图12-7(b)所示,由系统控制阀换向,高压空气由管B进入储能腔,压力p_1逐渐上升,作用在与中盖喷嘴口紧密接触的活塞($D/3$孔)小面积上;与此同时,下腔经A管排气,压力p_2逐渐降低,使作用在冲击活塞下腔面积上的力逐渐减小。

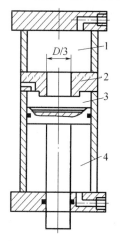

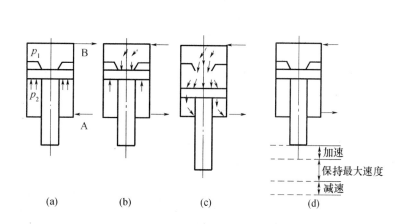

图12-6 普通冲击缸简图

1—储能腔;2—中盖;
3—活塞上腔;4—活塞下腔。

图12-7 普通型冲击气缸的工作过程图

第三阶段如图 12-7(c)所示,当活塞上下两面的力不能保持平衡时,活塞即离开喷嘴口向下运动,在喷嘴打开的瞬间,储能腔的气压突然加到上腔的整个活塞面上,于是活塞在很大的压差作用下加速向下运动,使活塞、活塞杆等运动部件在瞬间达到很高的速度(约为同样条件下普通气缸速度的 10~15 倍以上),以很高的动能冲击工件。

不过,活塞高速下行作用时间较短,通常约为 0.25~1.25s 左右。

图 12-7(d)所示为冲击气缸活塞向下自由冲击运动的三个阶段工况简图。经过上述 3 个阶段后,控制阀复位,冲击气缸开始另一个循环。

12.2 气动马达

气动马达是将压缩空气的压力能转换成旋转的机械能的装置,在气压传动中使用最广泛的是叶片式和活塞式气动马达,本节以叶片式气动马达为例简单介绍气动马达的工作原理和它的主要技术性能。

1. 工作原理

如图 12-8 所示为双向旋转叶片式气动马达的工作原理图。

2. 气动马达的特性曲线

图 12-9 所示为在一定工作压力下作出的叶片式气动马达的特性曲线。由图可知,气动马达具有软特性的特点。当外加转矩 T 等于零时,即为空转,此时速度达到最大值 n_{max},气动马达输出的功率等于零;当外加转矩等于气动马达的最大转矩 T_{max} 时,马达停止转动,此时功率也等于零;当外加转矩等于最大转矩的 1/2 时,马达的转速也为最大转速的 1/2,此时马达的输出功率 P 最大,以 P_{max} 表示。

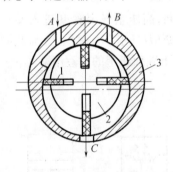

图 12-8 叶片式气动马达原理图
1—叶片;2—转子;3—定子。

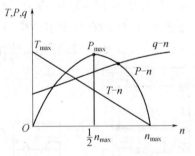

图 12-9 气动马达特性曲线

叶片式气动马达主要用于风动工具、高速旋转机械及矿山机械等。

由于气动马达具有一些比较突出的特点,在某些工业场合,它比电动机和液压马达更适用,这些特点是:

(1) 具有防爆性能。由于气动马达的工作介质空气本身的特性和结构设计上的考虑,能够在工作中不产生火花,故适合于有爆炸、高温、多尘的场合,并能用于空气极潮湿的环境,而无漏电的危险。

(2) 马达本身的软特性使之能长期满载工作,温升较小,且有过载保护的性能。

(3) 有较高的起动转矩,能带载启动。
(4) 换向容易,操作简单,可以实现无级调速。
(5) 与电动机相比,单位功率尺寸小,质量轻,适用于安装在位置狭小的场合及手工工具上。

但气动马达也具有输出功率小,耗气量大,效率低、噪声大和易产生振动等缺点。

思考题和习题

12-1 单作用气缸,结构如图12-10所示,活塞直径 $D=64$ mm,弹簧复位最大反力 $F=160$ N,工作压力 $p=0.5$ MPa,气缸效率为0.4,求该气缸的最小推力为多少?(忽略惯性力)

图 12-10 题 12-1 图

12-2 单杆双作用气缸,内径 $D=125$ mm,活塞杆直径 $d=36$ mm,工作压力 $p=0.5$ MPa,气缸负载效率为0.5,求该气缸的拉力和推力各为多少?(被压不变,忽略惯性力)

12-3 单杆双作用气缸,结构如图12-11所示,内径 $D=100$ mm,活塞杆直径 $d=40$ mm,行程 $L=450$ mm,进退压力均为 $p=0.5$ MPa,在运动周期 $T=5$ s下连续动作,气缸效率 $\eta=0.9$,求:
(1) 一个往返行程所消耗的自由空气量为多少?
(2) 气缸供气加压流量?

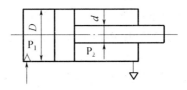

图 12-11 题 12-3 图

12-4 单叶片摆动式气动马达的内半径 $r=50$ mm,外半径 $R=300$ mm,进排气口的压力分别为0.6MPa和0.15MPa,叶片轴向宽度 $B=320$ mm,效率 $\eta=0.5$,输入流量为0.4 m^3/min, $\mu_v=0.6$,求其输出转矩 T 和角速度 ω 为多少?

12-5 假设某气动系统,单杆单、双作用气缸各10个,结构相同。内径 $D=100$ mm,活塞杆直径 $d=40$ mm,行程 $L=450$ mm,进退压力均为 $p=0.5$ MPa,在运动周期 $T=5$ s下连续动作,气缸效率 $\mu=0.9$。系统利用系数0.6,系统泄漏系数1.2,系统备用系数1.3,求此系统供气加压流量应为多少?

第13章 气动控制元件

气动控制元件是控制和调节压缩空气的压力、流量、流动方向和发送信号的重要元件。各种回路是由这些元件和辅件组成，用来完成某些、甚至非常复杂的动作和实现控制。一些气动元件功能与液压元件相近，但有许多元件存在本质上的区别。

气动控制元件按功能和用途可分为压力控制阀、方向控制阀和流量控制阀三大类。有时把能实现较复杂动作和逻辑关系的气动逻辑元件和射流元件等单独分类。虽然逻辑元件等也属于方向控制阀，但具有独特功能，且阀的结构、尺寸、组成等也存在特殊性，在后面也单独加以介绍。

气动控制元件还可根据控制原理分为比例阀和伺服阀等。

13.1 压力控制阀

压力控制阀主要用来控制气动系统中气体的压力，满足各种压力要求或用以减少损失等。气压传动系统与液压传动系统不同的一个特点是：由于液压油不适于远距离输送，故液压油是由安装在每台设备上的液压源直接提供；而气体流动损失小，适于远距离输送，所以气压传动常常将比使用压力高的压缩空气储于储气罐中，输送距离较远，然后减压到系统适用的压力。

因此每台气动装置的供气压力大多都需要用调压阀（减压阀）来实现压力调节和控制，并保持供气压力值的稳定。而液压中习惯用于调压的溢流阀，在气动中称安全阀，常用于安全保护。

对于低压气动系统（如气动测量系统），除用普通调压阀降低压力外，还需要用精密调压阀（或定值器）以获得更稳定的供气压力。这类压力控制阀当输入压力在一定范围内改变时，能保持输出压力不变；当管路中压力超过允许压力时，为了保证系统的工作安全，往往用安全阀实现自动排气，以使系统的压力不超压。

对于一些气动回路，需要靠气压大小来控制两个以上的气动执行机构的顺序动作，能实现这种功能的压力控制阀称为顺序阀。

因此，在气压传动系统中常用的压力控制阀可分为三类：一是起降压稳压作用的调压阀；二是起限压安全保护作用的安全阀、限压切断阀等；三是根据气路压力不同进行某种顺序控制的顺序阀、平衡阀等。

所有的压力控制阀，都是利用空气压力和弹簧力相平衡的原理来工作的。由于安全阀、顺序阀的工作原理与液压阀基本相同。而气动系统压力调节和控制主要用的是调压阀，因而本节只讨论调压阀的工作原理和主要性能。

1. 气动调压阀的工作原理

图13-1所示为直动式调压阀的工作原理图及常用符号。

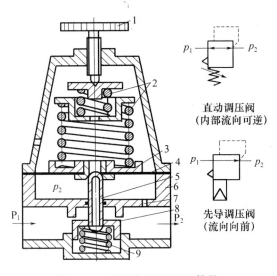

图 13-1 调压阀原理图及符号

1—调整手柄；2—调压弹簧；3—弹簧座；4—膜片；5—阀芯；6—阀体；7—阻尼孔；8—减压口；9—复位弹簧。

1) 工作原理

P_1 为输入口，P_2 为输出口。当向下调节手柄 1 时，调压弹簧 2（实际上有两组弹簧）推动下面弹簧座 3、膜片 4 和阀芯 5 一起都向下移动，使减压口 8 开启，压力为 p_1 的气流从 P_1 口通过减压口到 P_2 侧，压力降低，从右侧输出降低后的压力 p_2，减压原理与液压相同。

同时，有一部分压力为 p_2 的输出口气流由图右侧阻尼孔 7 进入膜片室，在膜片下产生一个向上的推力与弹簧力达到动态平衡，调压阀便有稳定的低压输出。如果输入压力 p_1 突然增大，则输出压力 p_2 也马上随之增高，使膜片下的压力也增高，将膜片及以上整体向上推，阀芯 5 在复位弹簧 9 的作用下也会上移，从而使减压口 8 的开度减小，节流作用增强，使输出压力降低到调定值为止；反之，若输入压力有下降趋势，则输出侧压力也马上随之下降，膜片就会下移，减压口开度增大，节流作用降低，使输出压力回升到调定压力，以维持动态稳定。

如果忽略由于弹簧微小行程产生的对输出压力的影响所产生的压差，那么，就可以看做输出压力的大小由手柄 1 调节，并能保证出口压力 p_2 恒定。

2) 调压阀的作用

调压阀用于降低和调节气源所供的较高气体压力，为气动系统某一支路提供所需合理的低压气体。也可实现系统多个不同低压支路的供气需要，使之具有两个或以上的低压分支。

因此可以看出，调压阀属于出口压力控制，在阀的压力调好之后，减压口也是常开的。但结构通常与液压的减压阀存在区别。目前常用调压阀种类和规格较多，其输出压力最大为 1MPa 左右，其输出流量能力也不同。

2. 气动调压阀的基本性能

1) 调压范围

调压范围指调压阀的输出压力 p_2 许用压力的可调范围。在许用调压范围内要求 p_2

达到规定的精度。调压范围主要与调压膜片弹力、弹簧的刚度及调整范围等有关。为使输出压力在高低调定值下都能得到较好的流量特性,常采用两个并联或串联的调压弹簧。一般调压阀最大输出压力是 0.6MPa,调压许用范围是 0.1~0.6MPa。

2) 压力特性

调压阀的压力特性曲线如图 13-2 所示。

调压阀的压力特性是指流量 q 一定时,输入压力 p_1 波动而引起输出压力 p_2 波动的特性。

当然,输出压力波动越小,减压阀的特性越好。

输出压力 p_2 必须低于输入压力 p_1 一定值后,才基本上不再随输入压力变化而变化。

3) 流量特性

流量特性指调压阀的输入压力 p_1 一定时,输出压力 p_2 随输出流量 q 而变化的特性。显然,当流量 q 发生变化时,输出压力 p_2 的变化越小越好。

图 13-3 所示为调压阀的流量特性,由图可见,输出压力越低,输出流量的变化波动就越小。应用时对不同型号的调压阀性能应加以注意。

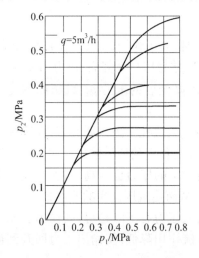

图 13-2　调压阀的压力特性曲线

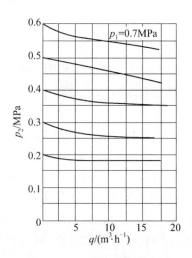

图 13-3　调压阀的流量特性曲线

13.2　方向控制阀

13.2.1　方向控制阀的分类

气动方向控制阀按其作用特点,通常分为单向型控制阀和换向型控制阀。

单向型控制阀的作用主要是控制气体的单向流动,快速单向排气等。常见的有单向阀、梭阀、双压阀、快速排气阀等。

换向型控制阀主要指各种换向阀,与液压换向阀相似,分类方法也大致相同。气动换向阀按阀芯结构不同,可分为滑阀式(有的也称滑柱式、柱塞式等)、膜片式、截止式(也称提动式)、平面式(也称滑块式)和旋塞式。其中以截止式、滑阀式和膜片式换向阀应用较多。

换向阀根据控制方式不同,又可分为电磁、气动、机动和手动换向阀等。气动的一些电磁换向阀的组成、工作原理、应用等与液压阀存在明显区别,本章着重加以介绍。

13.2.2 单向型控制阀

1. 单向阀

单向阀的作用是控制气体单向流动。其工作原理、结构、应用和图形符号与液压阀中的单向阀基本相同。只不过在结构组成上,气动单向阀中的阀芯和阀座之间,有一层密封胶垫,如图13-4所示。

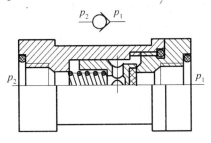

图 13-4 单向阀及符号

2. 梭阀(也叫"或门"型梭阀)

1) 工作原理

如图13-5(a)所示,假设压力气体从左侧P_1口进入,会使阀芯右移,关闭出口P_2,于是气流只能从P_1进入通路A;反之,气流只能从P_2进入A,如图13-5(b)所示;当P_1、P_2同时进气时,哪端压力高,另一端就被迫关闭,A就与哪端相通。图13-5(c)所示为梭阀的图形符号。

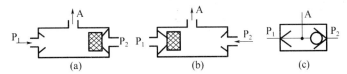

图 13-5 梭阀工作原理图及符号

在气动逻辑回路中,梭阀起到"或门"的作用,是构成逻辑回路的重要元件之一。其作用就是不论P_1、P_2哪一个有压力,还是二者都有压力,A都会有压力输出。

2) 应用举例

梭阀在逻辑回路和程序控制回路中被广泛采用。如图13-6所示为梭阀在自动—手动控制回路的应用举例,该回路无论由电磁换向阀1加以控制还是由手动阀2加以控制,都能实现缸的往复运动。

3. 双压阀(也叫"与门"型梭阀)

图13-7所示为双压阀的工作原理图及符号。该阀只有当两个输入口P_1、P_2同时进气时,A口才有输出;当P_1或P_2单独某一个有输入时,阀芯被推向右端或左端,如图13-7(a)、(b)所示,此时A口无输出。

注意:(1) 对于供气压力相等时,只有当P_1和P_2同时有输入时,A口才有输出,如

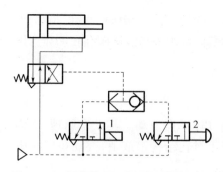

图 13-6 梭阀自动—手动换向阀回路
1—电磁换向阀；2—手动换向阀。

图 13-7(c)所示；

(2) 当输入气体 P_1 和 P_2 压力不等时,则通过 A 口输出比较低的气压。图 13-7(d)所示为双压阀的图形符号。

双压阀的应用很广泛,图 13-8 所示为双压阀在钻床控制回路中的应用实例。行程阀 1、2 分别为工件定位信号和工件夹紧信号。当工件的定位、夹紧两个动作完成,两个信号同时存在时,双压阀 3 才有输出,使换向阀 4 切换,进给缸 5 进给,钻孔动作才能开始。

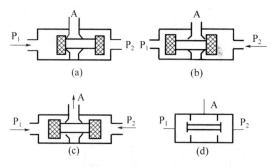

图 13-7 双压阀工作原理图及符号

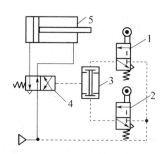

图 13-8 双压阀应用回路
1,2—行程阀；3—双压阀；
4—气控换向阀；5—气缸。

4. 快速排气阀(简称快排阀)

快排阀是为加快气缸运动速度作快速排气使用的。通常气缸排气时,气体是从气缸经过管路经换向阀的排气口排出的。如果在气缸到换向阀的距离较大,或换向阀的型号较小,排气口较小等情况时,排气时间就过长,气缸动作速度也会较慢。此时,若采用快速排气阀,则气缸内的气体就能直接由快排阀排往大气中,加速气缸的运动速度。

实验证明,安装快排阀后,气缸的运动速度可提高 4～5 倍。

1) 快排阀的工作原理

如图 13-9(a)所示,当压缩空气从进气口 P 进入阀腔时,将密封活塞迅速上推,阀口 2 被打开,同时关闭了排气口 1,使压力气体从工作口 A 输出；当压力气体从 A 进入,P 没有压力时,在 A 和 P 压差作用下,密封活塞迅速下降,关闭阀口 2,使 A 通过排气口 1 和阀体 O 口快速排出气体。如图 13-9(b)所示,图 13-9(c)为该阀的图形符号。

简单说就是,压力从 P 进入则通 A；从 A 来的气体能快速排入大气。

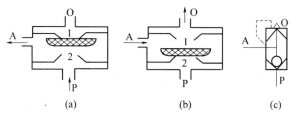

图 13-9 快速排气阀
1—排气口；2—阀口。

2）快速排气阀的应用

如图 13-10 所示，气缸双向运动都能实现气体快排。

在实际使用中要注意，快排阀应配置在需要快速排气的缸附近，否则快排效果会不明显，影响缸的快速移动。

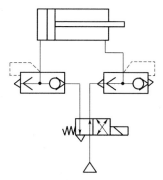

图 13-10 快速排气阀应用回路

13.2.3 换向阀

换向阀的功用是改变气体流动方向，从而实现对执行元件的运动方向的控制。换向阀包括气压控制阀、电磁控制阀、机械控制阀、手动控制阀和时间控制阀等。

1. 气压控制阀

气压控制阀是利用气体压力来使主阀芯动作，而使气体流向改变的控制阀。按控制方式不同可分为加压控制、卸压控制和差压控制三种。

加压控制是指所加的控制信号压力，是逐渐上升的，当气压增加到阀芯的动作压力时，主阀才能换向；卸压控制指所加的气控信号压力，是逐渐减小的，当减小到某一压力值时，主阀才能换向；差压控制是使主阀芯在两端压力差的作用下换向。

气压控制阀换向阀按结构不同，又可分为截止式和滑阀式两种主要形式。滑阀式换向阀结构和工作原理与液动换向阀基本相同，所以在此仅介绍截止式换向阀的工作原理。

1）截止式气压控制换向阀的工作原理

截止式气压控制阀分为双气控阀和单气控阀等。

（1）双气控制。如图 13-11 所示，图（a）为下方有控制信号 K_2 时的状态，此时 $K_1=0$，阀芯在 K_2 压力作用下向上，使 A 处于排气状态，P 也为断开状态，此时，如果使 $K_2=K_1=0$，如果阀水平，将保持上述状态，具有记忆功能。

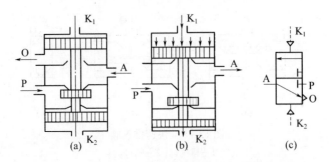

图 13-11 双气控制(截止式)换向阀工作原理图及符号

当上方输入控制信号 K_1 时,此时 $K_2=0$,如图 13-11(b)所示,主阀芯下移,打开阀口使 P 与 A 相通。同理,此时使 $K_1 = K_2 = 0$,如果阀水平,将保持原状态。

如果,两个压力不同的控制压力同时接通,压力高的起作用。

这里强调指出,此类阀的工作原理和各种特点以及注意事项,在后面复杂系统分析、设计和应用中,将多处用到。

(2) 单气控制阀。如图 13-12 所示,注意,该阀属常闭型二位三通阀,当 P 与 O 换接时,即成为常通型二位三通阀。

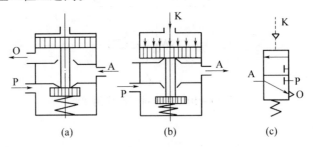

图 13-12 单气控制(截止式)换向阀的工作原理图及符号

2) 截止式换向阀的特点

截止式换向阀和滑阀式换向阀一样,可以组成不同位数和通数的多种形式,与滑阀相比,它的特点是:

(1) 阀芯的换向行程短。只要阀芯移动很小的距离,就能使阀完全开启或关闭,如图 13-13 所示。故阀启闭迅速,通流能力强,流量特性好,结构紧凑,适用于大流量的场合。

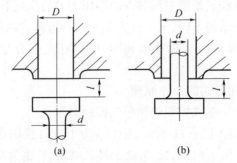

图 13-13 截止式换向阀阀芯的结构形式

图 13-13 为两种截止式换向阀阀芯的结构形式,图中 l 表示阀芯的位移,D 表示阀座的孔径,d 为阀芯杆的直径。当阀芯与阀座间的通流面积与阀座内的流通面积相等时阀就完全打开。

对于图 13-13(a)所示的情况,有 $\frac{\pi D^2}{4} = \pi D l$,即

$$l = \frac{D}{4} \quad (13-1)$$

对于图 13-13(b)所示的情况,有 $\pi(D_2 - d_2)/4 = \pi D l$,即

$$l = \frac{D^2 - d^2}{4D} < \frac{D}{4} \quad (13-2)$$

由式(13-1)和式(13-2)可知,位移只要达到阀座孔径的 1/4 阀就可使完全打开。

(2) 结构简单体积小,通流能力大。部分元件采用软质材料(如橡胶)密封或制造,成本也较低。

(3) 截止式阀密封性好,但换向力较大,换向时冲击力也较大,所以不宜用在灵敏度要求较高的场合。

(4) 抗粉尘及污染能力强,对过滤精度要求不高。

2. 电磁换向阀

气动中的电磁控向阀和液压中的电磁换向阀一样,也由电磁铁和主阀两部分组成。按控制方式不同分为直动式和先导式两种,它们的工作原理与液压阀基本类似。

1) 直动式电磁阀

(1) 双电磁铁直动式电磁阀。图 13-14(a)所示为 1 通电、2 断电时的状态,此时实现的是 P、A 相通,B、O_2 相通;当 1 失电,保持上述状态。图 13-14(b)所示为 2 通电、1 断电时的状态。图 13-14(c)所示为其图形符号。

由此可见,这种阀两端的电磁铁只能交替得电,不能同时带电,这也是电磁换向阀的基本要求。这里强调一点,当该阀一端得电后,即使失电,也保持原状态,只有另一端带电后才换向,因而这种阀具有记忆的功能。

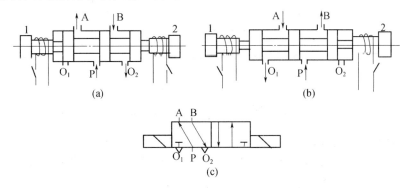

图 13-14 双电磁铁直动式换问阀工作原理图及符号

(2) 普通单电磁换向阀。图 13-15(a)所示为不带电状态;图 13-15(b)所示为通电时的状态,图 13-15(c)所示为该阀的图形符号。该阀的特点就是容易实现通电自动

控制,而这种阀靠弹簧复位,因而换向冲击较大,故一般只制成小型的阀。

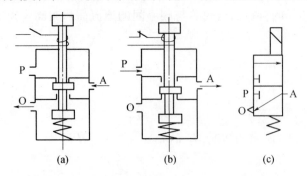

图 13-15 普通单电磁换向阀工作原理图及符号

(3) 其他直动式电磁换向阀。包括带中位的三位阀,类似于液压阀三位阀,也有中位机能等。

2) 先导式电磁换向阀

图 13-16 所示为先导式双电磁铁控制的换向阀的工作原理图及符号。图中主阀为二位阀,两侧分别由导阀控制其主阀芯的换向。

基本原理与液压先导阀基本相同,主阀靠气流压力实现换向动作;导阀控制气体通入主阀那一端,如果控制压力不存在,即使电磁铁带电,也不能实现主阀的动作。

应用场合也基本相同,先导阀多用于气体流量较大或高压回路的换向,也分单电磁铁控制和双电磁铁控制两种。

控制气体也存在阀内部提供和外设等情况。同样,这种阀也有三位阀等。

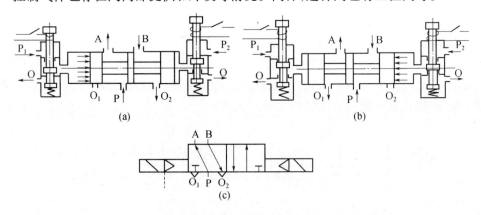

图 13-16 先导式双电磁铁控制换向阀工作原理图及符号

此外还有多联式电磁阀,它是在一个底座上设置很多电磁阀的结构,这将使电磁阀控制非常方便。但在安装时应注意,由一个供气口向多个同时电磁阀供气,并同时操纵许多电磁阀时,可能会出现气体供应不足,所以需要分析计算在一个底座上能够同时安装多少个阀。各电磁阀的排气管也合成一个时,还要考虑管径、消声器排气阻力不能过大等。

3. 时间控制换向阀

时间控制换向阀是使气流通过气阻(如小孔、缝隙等)节流结构后到达气容(储气空间)中,经一定时间为气容充气,达到一定压力后,靠此压力使阀芯换向的阀。在不允许使用电控时间继电器等特殊场合(如易燃、易爆、粉尘大等),常用气动时间控制加以时间控制,实现相同动作。

1) 延时阀

图 13-17 所示为二位三通延时换向阀原理图及组成符号。它由延时部分和换向部分组成的。当无气控信号 K 时,P 与 A 断开,A 腔排气;当开始输入气控信号 K 时,K 气体可调节流阀节流,给气容 a 不断充气,直到气容内的气压上升到能使主阀芯由左向右移动换向时,使 P 与 A 接通,A 有输出。

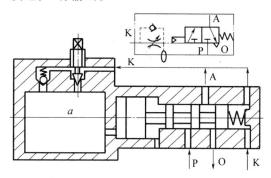

图 13-17 延时换向阀原理图及组成符号

当气控信号消失后,气容内气压经单向阀到排空。

这种阀的延时时间可在 0~20s 之间根据需要通过节流阀调节。

2) 脉冲阀

图 13-18 所示为脉冲阀的工作原理图。它与延时阀一样也是靠气流流经气阻,气容的充气延时作用,使输入压力的长信号变为短暂的脉冲信号的阀。当有压力气体从 P 口输入时,阀芯(黑色处)在气压作用下向右移动,A 端有输出。同时,气流从阻尼小孔(图上部)向气容充气,当达到一定压力时,阀芯被膜片力推回,输出消失。

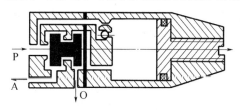

图 13-18 脉冲阀原理图

这种脉冲阀的工作气压范围为 0.15~0.8MPa,脉冲可以小于 2s。

通常有机械控制和手动控制换向阀等。原理及符号与液压中相类似的阀基本相同。

13.3 流量控制阀

流量控制阀,是靠控制和调节进入执行元件气流的流量,实现对气动执行元件的运动速度(或转速)控制和调节的基本元件。主要是通过改变阀的通流截面积来实现流量控制调节的。它包括普通节流阀、单向节流阀、排气节流阀和柔性节流阀等。

本节仅对具有气动自身特点的排气节流阀和柔性节流阀等作简要介绍。

13.3.1 排气节流阀(带消声器)

排气节流阀的节流原理和其他节流阀一样,也是靠调节通流截面面积来调节阀的流量的。

二者的主要区别是:普通节流阀通常是安装在系统回路中,而排气节流阀只能安装在排气口处,调节排入大气的气体流量。以此来调节执行机构的运动速度。

图 13-19 所示为带消声器的排气节流阀的工作原理图及符号组成。从 A 口进入的气流经可调节流口 1 节流后,经消声器 2 排出,起单向节流阀的作用,即能调节气体流量,还能起到降低噪声的作用。

排气节流阀通常安装在换向阀的排气口处与换向阀联用,这由气动自身特点决定的,气体直接排入大气。消声器不需要时,也可以卸掉。它实际上只不过是节流阀的一种特殊形式。由于其结构简单,安装方便,能简化回路,故应用广泛。

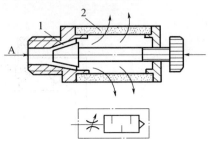

图 13-19 排气节流阀原理图及符号
1—节流口;2—消声器。

13.3.2 其他节流阀

气动节流阀还有普通节流阀、单向节流阀和柔性节流阀等。工作原理基本相同。而提到的柔性节流阀,其主要节流结构通常为受压能够变形,从而改变通流面积的橡胶管等组成。可见速度准确性、稳定性都不高,但结构简单,动作可靠性高,对污染不敏感,通常工作压力范围为 0.3~0.63MPa。

应该指出,用流量控制阀控制气动执行元件的运动速度,其精度远不如液压控制高。特别是在超低速控制中,只用气动是很难实现的。在外部负载变化较大时,仅用气动流量阀控制速度精度会更低。对速度平稳性、精度要求高的运动,建议采用气—液联动的方式来实现。

13.4 气动逻辑元件

气动逻辑元件是靠气体,通过改变气流方向和通断实现各种逻辑功能的气动控制元件。实际上前面讲过的各种气动方向控制阀,就具有各种逻辑元件的功能。只不过气动逻辑元件的尺寸较小,对气体过滤要求更严格,所以反应也更准确。因此,在气动控制系统中广泛采用各种形式的气动逻辑元件(逻辑阀)实现复杂的动作控制。

13.4.1 气动逻辑元件的分类

气动逻辑元件的种类很多,通常按下列方式来分类

(1) 按工作压力分为高压元件(工作压力为 0.2~0.8MPa)、低压元件(工作压力

0.02~0.2MPa)及微压元件(工作压力 0.02MPa 以下)三种。

(2) 按逻辑功能分为"与门""或门""非门""是门"和双稳元件等。

(3) 按结构形式分为截止式、膜片式和滑阀式逻辑元件等。

13.4.2 高压截止式逻辑元件

主要是依靠控制气压信号直接推动阀芯或通过膜片的变形间接推动阀芯动作,改变气流的流动方向,以实现一定逻辑功能的逻辑元件。这类元件的特点是行程小、流量大、工作压力高、对气源净化要求低,便于实现集成安装和实现集中控制,其拆装也很方便。

1. "与门"逻辑元件(简称"与"门元件)

图 13-20 所示为"与"门元件的工作原理图及逻辑符号。在 A 口无输入信号时,阀芯 2 在弹簧及已有信号 B(P、B 看做一个信号)作用下处于图示位置,封住 P、S 间的通道,使输出孔 S 与排气孔 3 相通(3 通大气),S 无输出信号。反之,当 A 有输入信号时,膜片 1 在输入信号作用下,推动阀芯 2 下移,封住输出口与排气孔 3 之间通道,B 与 S 相通,S 有输出信号。

可见,如果 A、B 中有任何一个无信号,则 S 无输出信号。也就是只当 A、B 同时有输入信号时,S 才有输出,即 S = AB。

2. "是"门元件

如图 13-20(a)所示,气源压力 P 一直接压力,不看做信号;A 为控制信号,S 为输出信号。分析后可知:如果 A 无信号,则 S 无输出;只有当 A 有信号时,S 才有输出。元件的输入和输出信号之间始终保持相同的状态,即 S = A。图 13-20(c)是"是"门逻辑符号。

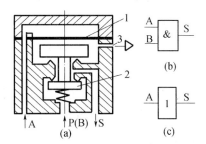

图 13-20 "与门""是门"原理图及符号
1—膜片;2—阀芯;3—排气孔。

3. "或"门元件

"或"门元件,大多由硬芯膜片及阀体所构成。图 13-21 所示为"或"门工作原理图及符号。图中 A、B 为输入信号,S 为输出信号。

当 A 有信号输入时,阀芯 a 在信号压力作用下向下移动,封住信号 B,但 S = A,此时信号 S 有输出;同理,当 B 有输入信号时,阀芯 a 上移,S = B;当 A、B 均有信号时,S 输出压力大的一个,A = B 时上下间隙存在,S 均会有输出。

也就是说,只要 A、B 任意一个或两个有信号,S 均有输出。除非 A = B = 0,S = 0。因其输出符合表达式 S = A + B,故称"或"门。

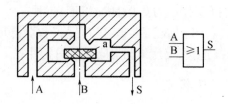

图 13-21 "或"门原理图及符号

4. "非"门元件

图 13-22 所示为"非"门元件的工作原理图及符号。

P 口一直提供压力,不是信号。当 A 没有信号输入时,阀芯 3 在 P 口压力作用下紧压在上阀座上,输出端 S 有信号输出;反之,当 A 有输入信号时,作用在膜片 2 上的气压力经阀杆使阀芯 3 向下移动,关闭 P 通路,S=0。也就是说,当 A=1 时,S=0;而 A=0 时,S=1,即 $S=\overline{A}$。

5. "禁"门元件

图 13-22 所示为"禁"门元件的工作原理图及符号。

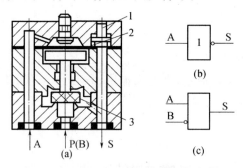

图 13-22 "非"门和"禁"门原理图及符号
1—活塞;2—膜片;3—阀芯。

若 B、(P) 看作一个信号,即为"禁"门元件。也就是说,当 A、B 均有输入信号时,阀杆及阀芯 3 在 A 输入信号作用下封住 B 孔,S 无输出;若 A=0,B=1 时,S=1,信号 A 对 B 的输入信号起"禁止"作用,即 $S=\overline{A}B$。

6. "或非"元件

图 13-23 所示为"或非"元件的工作原理图及逻辑符号。P 为气压,始终存在。有 3

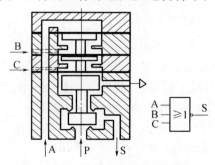

图 13-23 "或非"门原理图及符号

个输入信号 A、B、C,很明显,当 A = B = C = 0 时,S = 1;只要 3 个信号中有一个有输入信号,元件就没有输出,即 S = 0。符合 $S = \overline{A + B + C}$。

或非元件是一种多功能逻辑元件,用这种元件可以实现是门、或门、与门、非门及记忆等各种逻辑功能,如表 13 - 1 所列。

表 13 - 1 "或非"元件实现的逻辑功能

是门	A ─[1]─ S	A ─[≥1]○─[≥1]○─ S=A
或门	A ─┐ B ─[≥1]─ S	A ─┐ B ─[≥1]○─[≥1]○─ S=A+B
与门	A ─┐ B ─[&]─ S	A ─[≥1]○─┐ ├─[≥1]○─ S=A·B B ─[≥1]○─┘
非门	A ─[1]─ S	A ─[≥1]○─ S=Ā
双稳	A ─┐ B ─[1/0]─ S₁/S₂	A ─[≥1]○─┬─ S₁ │ B ─[≥1]○─┴─ S₂

7. "双稳"元件

图 13 - 24 所示为双稳元件的原理图及符号。双稳元件属"记忆"元件,在逻辑回路中起着重要的作用,应用较多。

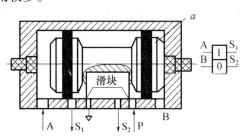

图 13 - 24 "双稳"元件原理图及符号

在图 13 - 24 中,气源 P 一直供气。当信号 A = 1 时,阀芯 a 被推向的右端,P 通至 S_1,S_1 输出;而 S_2 与排气口相通,此时"双稳"处于"1"状态;在信号 B 的输入之前,A 的信号虽然消失,但阀芯 a 仍保持在右端位置,S_1 总是有输出。

到 B 有输入时,阀芯被推向左端,此时压缩空气由 P 至 S_2 输出;而 S_1 与排气孔相通,于是"双稳"处于"0"状态;在信号 B 消失后,信号 A 输入之前,阀芯 a 仍处于左端位置,S_2 总有输出。所以该元件具有记忆功能。A、B 同时输入,状态不定。

即，$S_1 = K_B^A, S_2 = K_A^B$。

可见，"双稳"元件能"记住"原信号输出，新信号进入才改变状态。

13.4.3 高压膜片式逻辑元件

高压膜片元件的主要特点是利用膜片式阀芯的变形来实现各种逻辑功能的，适用于较高压力和大气流。最基本的是"三门"和"四门"元件，经改进就能实现许多元件功能，在此只做简单说明。

1. "三门"元件

该元件有 A、B、C 这 3 个口，也是 3 个信号，所以称为"三门"元件。其中两个信号腔相通，另一个单独。相通信号是否接通，取决于与第三个信号的压差。

2. "四门"元件

与"三门"元件同理，只不过信号两两相通，靠压差工作。

对"三门"和"四门"这两个基本元件加以改进，就可构成许多逻辑元件，应用时参考其他书籍。

13.4.4 逻辑元件的选用

1. 气动逻辑控制系统对气源要求

（1）对供气压力和流量的大小、稳定性、过滤精度，都有严格要求。

（2）大部分不允许气流中存在油液。尤其对于复杂或精密的逻辑元件，其通气结构复杂、结构口或缝隙小，油液存在影响其功能。

应用时可根据元件要求和根据系统要求参照有关资料选取。

2. 元件安装注意事项

（1）尽量将元件集中布置，以便于集中管理。

（2）不能相距太远。由于信号的传输有一定延时，信号的发出点（例如行程阀、开关等）与接收点（元件）之间，一般说来，最好不要超过几十米。

（3）当元件串联时，一定要有足够的流量，否则可能无力推动下一级元件。

另外，尽管高压逻辑元件对气源过滤要求不高，但最好使用过滤后的气源，一定不要让油雾进入逻辑元件，应用时加以注意，保证元件性能。

13.5 气动比例阀及气动伺服阀

在一些高技术领域中，随着工业自动化的发展：一方面，对液压和气动系统的综合性能提出了更高的要求；另一方面，系统各组成元件在性能及功能上也都得到了极大的改进，同时，气动元件与电子元件的结合使控制回路的电子化得到迅速发展，利用微机使新型的控制思想得以实现。现在的系统许多具有较高的综合性能。

现已实用化的气动系统，大多具备断续控制能力。和电子技术结合之后，可连续控制位置、速度及力等。电—气伺服控制系统得到了较大的发展，在发达国家里，电—气（液）比例伺服技术、气（液）动位置伺服控制系统、气（液）动力伺服控制系统等已从实验室走向工业应用。

上述理论甚至都已经进入控制理论教学环节,故本节主要介绍气动比例阀及气动伺服阀的工作原理。

13.5.1 气动比例阀

气动比例阀是一种与输入信号(气体或电信号)按比例关系输出输出信号(压力、流量和方向等)的气动控制阀,它可以按给定的输入信号连续地、按比例地控制气流的输出值,且有自动补偿的性能,所以输出量通常不受负载变化的影响。

按控制信号的不同可分为气控比例阀、电控比例阀。按输出量不同可分为压力比例阀、流量比例阀、方向比例阀等。气控比例阀以气流作为控制信号,电控比例阀则以电信号作为控制信号。在实际系统中应用时,一般应与电—气或气—电转换器等结合,才能对各种气动执行机构进行所需控制。

1. 气控比例压力阀

图 13-25 所示为比例压力阀的结构原理图,阀的输出压力 p_2 与输入 p_1 成一定比例关系。

气压 p_s 为定值。当有输入信号 p_1 时,膜片 1 向下变形,推动中间整体使主阀芯 3 向下运动,打开主阀口;p_s 经过主阀芯节流后,形成输出压力 p_2。膜片 2 起反馈作用,并使输出 p_2 与 p_s 之间保持一定比例。

当输出压力 p_2 小于 p_1 时,膜片组向下运动,使主阀口开大,输出压力 p_2 增大;当 p_2 大于 p_1 时,膜片 2 向上运动,溢流阀芯开启,多余的气体排至大气,p_2 降低,从而保证其稳定。调节针阀的作用是使 p_2 的一部分加到信号压力腔,形成正反馈,增加阀的工作稳定性。

2. 电控比例压力阀

图 13-26 所示为喷嘴挡板式电控比例压力阀原理图及符号,主要组成如图所示。

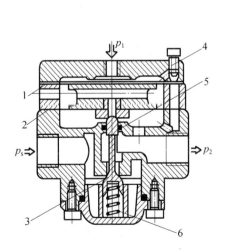

图 13-25 气控比例阀工作原理图
1—信号压力膜片;2—输出膜片;3—主阀芯;
4—调节针阀;5—溢流阀芯;6—弹簧。

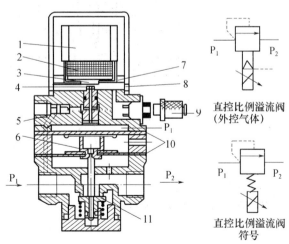

图 13-26 电控比例压力阀原理图及符号
1—永久磁铁;2—线圈;3—挡板;4—喷嘴;
5—节流阀;6—溢流口;7—片簧;8—过滤片;
9—插头;10—膜片组;11—阀芯。

气压 p_s 为定值,喷嘴 4 的压缩空气由气源经节流阀 5 供给。当输入比例电流时,线圈 2 带动挡板 3 产生定量位移,改变其与喷嘴 4 间的距离,使喷嘴 4 的背压 p_1 改变;膜片组 10 为信号及输出压力反馈膜片。背压 p_1 的变化通过膜片 10 控制阀芯 11 的位置实现,从而控制按比例输出的 p_2 压力。

13.5.2 电—气伺服阀(简称气动伺服阀)

气动伺服阀的控制信号多为电信号,其工作原理类似于比例阀。它也是通过改变输入信号来对输出的参数进行连续的、成比例的控制。与比例阀相比,除了在结构、原理上的差异外,主要在于具有很高的动态响应和静态性能。

图 13-27 所示为力反馈式电—气伺服阀结构原理图及符号。其中,第一级气压放大器为喷嘴挡板阀,由力矩马达控制;第二级气压放大器为滑阀;阀芯位移通过反馈杆转换成机械力矩反馈到力矩马达上。其工作原理为:当有一比例电流输入力矩马达控制线圈时,产生一定电磁力矩,使挡板(假设向左)偏离中位,反馈杆变形;这时两个喷嘴挡板阀的喷嘴前腔产生一定压差(左腔高于右腔),在此压差的作用下,滑阀向右移动,反馈杆端点随着一起移动,反馈杆进一步变形,反馈杆变形产生的力矩与力矩马达的电磁力矩相平衡,使挡板停留在某个与控制电流相对应的偏转角上。反馈杆的进一步变形使挡板被部分拉回中位,反馈杆端点对阀芯的反作用力与阀芯两端的气动力相平衡,使阀芯停留在与控制电流相对应的位移上,这样,伺服阀就输出一个对应的压力,达到了用比例电流控制调节压力的目的。

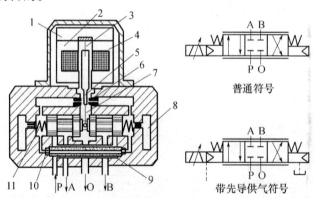

图 13-27 电—气伺服阀工作原理图及符号
1—永久磁铁;2—导磁体;3—支撑弹簧;4—线圈;5—挡板;6—喷嘴;7—反馈杆;
8—阻尼气室;9—滤气器;10—固定节流孔;11—补偿弹簧。

气动伺服阀其实质是一种将电信号转换成压力信号的电—气转换装置,但其价格也较昂贵,使用维护也较为困难。

思考题和习题

13-1 调压阀的调压弹簧为什么要采用双弹簧结构,这两根弹簧串联时和并联时有什么不同?

13-2 试设计一个回路,当三个信号(A、B、C)中任一信号存在时都可使其活塞气缸返回。

13-3 总结气动阀与液压阀功能不同的有哪几个?区别在哪里?

13-4 化简式 $S=(AB+\overline{AB}+C)\overline{AB}$,并画出用逻辑元件组成的控制回路。

13-5 总结气动"记忆"元件有哪些,回路特点如何。

第 14 章　气动基本回路

气动基本回路是指由气动元件与辅件按一定关系连接,能实现某种特定功能的组合。气动系统和液压系统一样,也是由不同功能的基本回路所组成。

由于工作介质性能不同,气动与液压传动系统在分析、设计、应用和维护等存在许多不同。了解常用气动基本回路的工作原理及其应用特点,是更好应用气动系统的基础。

该章介绍气动各种回路组成、工作原理、性能等,主要侧重介绍其主要特点,一些与液压传动相同和相近内容只做简单叙述。

14.1　压力控制回路

压力控制回路的作用是使气动系统保持在某一规定的压力范围内。

14.1.1　压力控制回路组成

图 14-1 所示为二次压力控制回路。气动系统压力调节元件是调压阀,对于简单系统常采用气源直接供气及控制一定压力,要求高的系统压力控制回路组成正确顺序通常是空气过滤器-减压阀-油雾器(简称气动三大件)。

14.1.2　压力控制回路分类

常分为一次压力控制回路、二次压力控制回路和高低压转换回路等。

1. 一次压力控制回路

简单来讲,就是气源压力控制回路(图略)。大型气动系统,为了储存一定量空气,储气罐的设计压力达到 1MPa 以上,甚至超过 3MPa。为了使储气罐送出的气体压力不超过规定压力,需单独设计回路给储气罐供气,并通过这种回路保证气罐安全,并能保证及时为系统供气的能力。因此,通常在储气罐上安装一只安全阀,用来实现罐内超过规定压力(限定压力)时向大气放气。也常在储气罐上安装电接点压力表,一旦罐内超过规定压力时,即控制空气压缩机断电,不再注入气体。压力低于某一压力时,闭合电路继续充气。

2. 二次压力控制回路

为了保证气动系统使用的气体压力稳定,多用如图 14-1 所示的由空气过滤器—减压阀—油雾器(气动三大件)组成的二次压力控制回路,有时也称二次净化系统。

注意:供给逻辑元件的压缩空气不要加入润滑油,所以不经过油雾器。

3. 高低压转换回路

该回路利用两只不同调定压力减压阀和一只换向阀,间或输出低压或高压气体,如图 14-2 所示。若去掉换向阀,可同时输出高低两种压力,相当于两个压力分支供气回路。

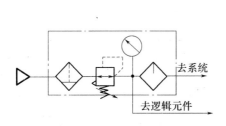

图 14-1 二次压力控制回路

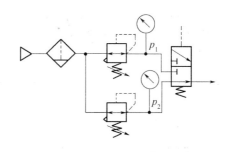

图 14-2 高低压转换回路

14.2 速度控制回路

14.2.1 单作用气缸速度控制回路

如图 14-3 所示,对于能自动复位的单作用气缸,其回路更加简单。在图 14-3(a)中,活塞杆的伸出及缩回都通过节流阀调速。活塞杆伸出由下面节流阀调速,此时属于进气调速,稳定性较差。两个单向节流阀相反安装的,是缸进退双向控速。在图 14-3(b)所示的回路中,缸杆伸出可调速,退回则通过快排阀排气,使缸快速返回,属于排气自由限速。

14.2.2 双作用气缸速度控制回路

1. 单向调速回路

双作用缸有进气和排气两种节流调速方式。

1) 进气节流调速

图 14-4(a)所示为进气节流调速回路。在图示位置,当气控换向阀不换向时,气流经节流阀进入缸 A 腔,属于进气调速,B 腔排出的气体直接经换向阀排出。

此调速方式,当气流进入左腔时,左腔压力上升,开始克服的是较大的静摩擦力和负载,启动后转为较小动摩擦力,活塞存在跳进,此时 A 腔容积增大,结果使压缩空气膨胀,压力下降,使作用在活塞上的力小于总负载,因而活塞停止前进,待压力再次上升后再前进。

这种气缸活塞忽走忽停的现象,叫气缸的"爬行"。节流阀开度较小和负载不稳情况下更明显。存在负值负载时,由于排气经换向阀快排,几乎没有阻尼,负载易产生"跑空"现象,使气缸失去控制。选用时,必须加以考虑,进气节流调速应用相当少。

2) 排气节流调速回路

如图 14-4(b)所示,应用较多。如图位置,当换向阀不换向时,从气源来的压缩空气经换向阀进入气缸的 A 腔,而 B 腔排出的气体经节流阀调速,再经换向阀而排入大气,因而 B 腔存在背压,此时活塞在两腔的压力差作用下前进,而减少了"爬行"发生的可能性。

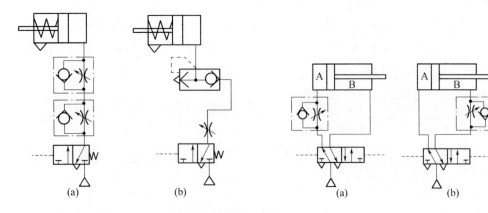

图 14-3 单作用缸的速度控制回路　　图 14-4 双作用缸单向调速回路

排气节流调速回路具有下述优点：
（1）气缸存在背压，运动较平稳，速度受负载影响小。
（2）活塞能承受一定反向负载（与运动方向相同的负载）。
以上的讨论，适用于负载变化不大的情况。

当负载瞬时大量增加时，瞬时的高压将迫使气缸内的气体压缩（由于气体的体积易变性），使活塞运动速度突然减慢，甚至停止；反之，突然加快，出现"自走"现象。这种情况下，对速度的准确性、平稳性要求高的系统，就应该采用气—液传动相结合的调速方式解决。例如，气—液转换回路或气—液缸等。

2. 双向调速回路

如图 14-5 所示，在气缸的进、排气口合理布置单向节流阀，就组成了双向调速回路。图 14-5(a)所示靠气控换向阀实现换向。图 14-5(b)所示为采用两个消声排气节流阀的双向节流调速回路，既可以调速还可以降低噪声，应用起来更环保。

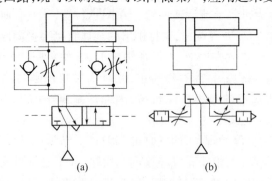

图 14-5 双向调速回路

14.2.3 快速往复运动回路

如图 14-6 所示，由两个快排阀及换向阀组成双向快速往复回路，若欲实现单向快速运动，可只采用一只快排阀加以实现。

14.2.4 速度换接回路

如图 14-7 所示,是利用上面两个二位二通换向阀与单向节流阀并联实现,当右面行程开关被压下时,发出电信号使二位二通阀换向,改变排气通路,可以实现到位快进和快退,也可以根据需要设置个数和位置实现其他要求。行程开关和二位二通阀也可改用其他合适的气动元件。

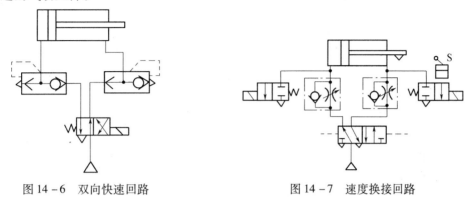

图 14-6 双向快速回路　　　　　图 14-7 速度换接回路

14.2.5 缓冲回路

对于运动气缸,尤其在速度高或惯性大的情况下,气缸到停止位,应该对缓冲加以考虑。一种是采用缓冲缸,另一种采用缓冲回路实现。缓冲缸前面有介绍,对于缓冲回路有气缸运动速度的要求,常用的方法如图 14-8 单向缓冲回路所示。图 14-8(a)所示回路能实现快进—慢进缓冲—停止—快退的工作循环。活塞起初快进,压下行程阀后,由阀实现节流缓冲。可通过节流阀调节缓冲速度,用行程阀来调整缓冲开始位置。图 14-8(b)所示回路,当活塞向左返回到行程末端时,其左腔压力当降至打不开顺序阀 2 的程度时,余气只能经节流阀 1 排出,实现对活塞的缓冲。这种回路常用于行程长、速度快的场合。对回路加以改进就能实现双向缓冲。

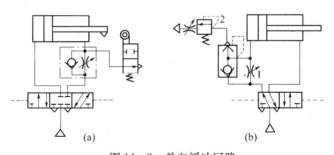

图 14-8 单向缓冲回路
1—节流阀;2—顺序阀。

14.3 换向回路

14.3.1 单作用气缸换向回路

图 14-9 所示为自动复位单作用气缸换向回路,这种回路组成简单。图 14-9(a)是

用换向阀控制气缸杆的伸出运动,当电磁铁得电时,缸杆伸出,失电时气缸在弹簧作用下返回。如图14-9(b)所示,换向阀控制气缸往复运动,该阀在两电磁铁均失电,阀处于中位,可使气缸停于任何位置,但定位精度不高,且定位时间不长。而对于类似于单柱塞缸的单作用气缸,必须靠外力复位。

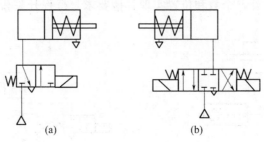

图 14-9 自动复位单作用气缸换向回路

14.3.2 双作用气缸换向回路

以双作用单杆气缸为例,图 14-10 所示为各种双作用气缸的换向回路。

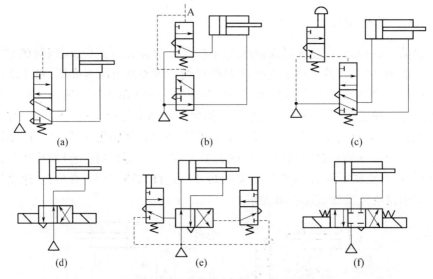

图 14-10 各种双作用气缸换向回路

图 14-10(a)所示为较简单的换向回路。图 14-10(b)所示的回路中,当 A 有压缩空气时气缸伸出,反之,退回。图 14-10(c)所示气缸在手控阀按下时伸出,松手退回。图 14-10(d)、(e)所示的阀两端的电磁铁或按钮不能同时动作,否则将出现误动作。一个动作完成后,另一端如不输入控制,回路保持原动作,具有"双稳"逻辑功能。图 14-10(f)有精度不高的"中停"性能。

14.4 气—液联动回路

对于一些气动系统应用中,会遇到一些局部动作精度、稳定性要求较高的情况,单纯靠气动方式难以保证。可以利用液压稳定性较高的特点,气动反应敏捷的特点,二者结合,利用回路或某些元件,利用气—液联动加以实现。

气—液联动是以气压为主要动力,具有装置简单、经济可靠等特点,常用的有以下几种:

1. 气—液转换速度控制回路

图 14-11 所示为气—液转换速度控制回路,它利用气—液转换器(1、2)将气压传动变成液压传动,获得较高的速度稳定性。主动力是气压,通过气压控制液压缸 3 的运动,不同节流阀调节液压缸不同方向的运动速度。不用单独设计液压回路,却获得一个平稳易控制的活塞运动速度,充分利用了气动供气方便和液压速度容易控制的特点。

2. 气—液增压缸增力回路

如图 14-12 所示,动力是较低的气压,利用单向气—液增压缸 A,使之转变为较高的液压传动。即可以提高气—液缸 B 的输出力。又获得较好的速度的性能。应用时注意液压回路的泄漏等问题。

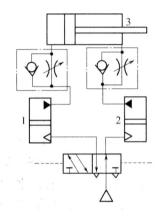

图 14-11 气液转换控制回路
1,2—气—液转换器;3—液压缸。

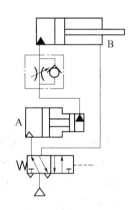

图 14-12 气—液单向增压缸增力回路图
A—单向增压缸;B—液压缸。

3. 气—液阻尼缸的速度控制回路

图 14-13(a)所示为慢进快退回路,在一定压力的气压作用下,靠单向节流阀控制和调节活塞的右行速度;活塞返回时,气—液阻尼缸中液压缸的回油通过单向阀快速流入有杆腔,故返回速度较快,高位油箱起补充泄漏油液的作用。图 14-13(b)所示回路能实

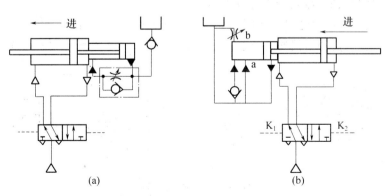

图 14-13 用气—液阻尼缸的速度控制回路

现"快进—工进—快退"的循环动作。控制信号 K_1(注意,此时 $K_2=0$)控制活塞向右快速返回,控制信号 K_2 信号控制活塞向左运动。当 K_2 接通时,此时 $K_1=0$。五通阀换向,活塞向左运动,右侧液压缸无杆腔中的油液通过 a 口进入有杆腔,气缸快速向左前进,如图位置;当左行活塞将 a 口关闭后,液压缸无杆腔中的油液被迫从 b 口经节流阀进入有杆腔,活塞工作进给;当 K_2 消失,有 K_1 输入信号时,换向阀换向,活塞向右快速返回。

4. 气—液缸同步动作回路

气—液缸同步动作回路,如图 14-14 所示。属于液压串联同步缸在气动中应用,应注意泄漏补偿等问题。

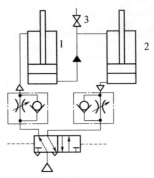

图 14-14 气液缸同步回路
1、2—同步缸;3—开关。

该回路如图 14-14 所示串联,该回路的特点是将油液密封在回路之中,在下面气动回路作用下,驱动 1、2 两个缸,实现同步。要使二者运动速度相同,要求缸 1 无杆腔的有效面积必须和缸 2 的有杆腔面积相等。在设计和制造中,要保证活塞与缸体之间的密封。回路中的开关接头 3 用以放掉混入油液中的空气,也可补充或放掉密封的油液,调节活塞的起始位置。

14.5 延时回路

延时回路在延时控制和逻辑、程序回路设计应用较多,在此对其原理加以介绍。

图 14-15(a)所示为延时输出回路。当外控制信号切换阀 4 后,气源经单向节流阀 3 向气容 2 充气,气容压力上升到一定压力(充气过程,获得延时)使阀 1 换位时,阀 1 就有气压输出。延时长短,需要分析计算得出。

图 14-15(b)所示为延时动作回路。按一下松开阀 8,则气缸向外伸出;当气缸在右行到压下阀 5 后,气流经节流阀给气容 6 充气,获得延时后才将阀 7 切换,气缸退回。

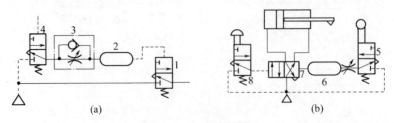

图 14-15 延时回路
1、4、7—气控换向阀;2、6—气容;3—单向节流阀;5—行程阀;8—手控阀。

14.6 计 数 回 路

计数回路可以组成二进制计数器,应用也较多。

图 14-16(a)所示回路,按一下松开阀 1 按钮,则此次压力气流(后面简称信号)经阀 2 至阀 4 的左侧和 5 右侧,阀 4 换至左位,同时使阀 5 切断气路,此时气缸向外伸出;当阀 1 松开后,刚才通阀 4 左侧的信号经阀 1 排空,阀 5 复位,于是气缸 A 腔的气经阀 5 至阀 2 左端,使阀 2 换至左位。等待阀 1 的下一次信号输入。

当第二次按下阀 1 后,信号经阀 2 的左位,通阀 4 右端,使阀 4 换至右位,气缸退回,同时阀 3 将气路切断。待松开阀 1,阀 4 右控制端信号经阀 2,阀 1 排空,阀 3 复位并将气导至阀 2 左端使其换至右位,又等待阀 1 下一次信号输入。这时气压进入缸 B 腔退回。

可见,设按下阀 1 时,信号经阀 2 至阀 4 的左或右端使气缸推出或退回;阀 4 换向位置,取决于阀 2 的位置,而阀 2 的换位又取决于阀 3 和阀 5。

这样,按下阀 1,第 1、3、5、…次(奇数)则气缸伸出;第 2、4、6、…次(偶数)按下阀 1,则使气缸退回。

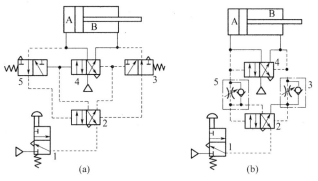

图 14-16 计数回路
1—手控阀;2、3、4、5—气控换向阀。
1—手控阀;2、4—气控换向阀;3、5—单向节流阀。

图 14-16(b)所示的回路,计数原理同图 14-16(a),不同的是按压阀 1 的时间不能过长,只要使阀 4 切换后就放开,否则获得的是气缸来回振荡,计数不准。

14.7 安全保护回路

虽然气压传动工作压力较低,承载能力低于液压,但是气体的可控性能低于液体,再者气动常用来实现相对复杂的系统动作,安全性的考虑就显得尤其重要。

由于气动机构的过载、气压的突然降低或升高,会导致气动执行机构突然停止或高速动作,甚至系统的错误动作等,这样都可能危及设备的安全或操作者,造成较大的损失。因此在气动回路中,常常要加入安全保护措施,即有保护功能的元件或安全回路等。

14.7.1 过载保护回路

1. 中途保护回路

如图 14-17 所示的保护回路,是当活塞杆在伸出途中,若遇到偶然障碍或其他原因使气缸过载时,顺序阀 3 被升高的压力打开,阀 2 换向,活塞就立即缩回(如图状态),实现过载中途保护。压下阀 5 后，缸自动退回。

2. 超载保护

如果在气缸运行过程中，由于障碍等原因出现超载，最好设计成类似图 14-17 所示的回路，使气缸推进腔压力泄掉，否则，去掉障碍物后，缸杆会弹出。

14.7.2 互锁回路

图 14-18 所示为互锁回路。在该回路中，四通阀的换向受三个串联的机动换向阀控制，只有三个都接通，压力才能控制四通阀，四通阀才能换向。

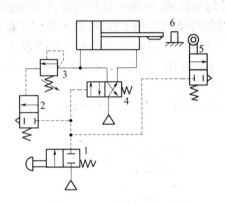

图 14-17 过载保护回路

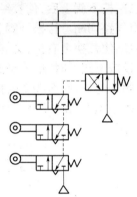

图 14-18 互锁回路

1—手控阀；2、4、5—气控换向阀；3—顺序阀。

14.7.3 双手同时操作回路

双手操作回路，就是气动用的手动阀，气动用的手动阀使用两个或多个，只有同时按动两个阀才动作的回路。

这种回路主要是为了安全，提供给系统不同的操作者，同时控制动作指令。例如，在锻造、冲压机械上，送料者没放好坯件，气锤不能落下，只有两人都准备好，锻床才能动作。以保护操作者的安全。

如图 14-19(a)所示，只有阀 1、2 同时按下时，才能实现阀 3 换向，气缸伸出；中途任

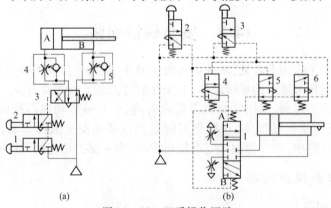

图 14-19 双手操作回路

1、2—手控阀；3—气控换向阀；4、5—单向节流阀。

1、4、5、6—气控换向阀；2、3—手控阀。

一操作者发现问题,松开阀1、2任何一个,气缸就退回。

注意:图14-19(a)所示回路属于逻辑"与"回路。阀1、2所发信号,任何一个为"0",则无输出;只有信号全为"1",才有输出。

图14-19(b)所示为用两个手控阀2、3控制三位主控阀1的双手操作回路。只有手控阀2和3同时动作时,阀1换向到上位,活塞杆前进;当手动阀2和3任意一个松开时(图示位置),将使阀1复位到中位,活塞杆处于停止状态;都按下,缸杆伸出;都松开,缸杆退回。

可见,图14-19(b)所示回路,阀1、2、3、4、5、6如图连接,形成对阀1的信号A经阀2和3进行逻辑"与"的回路,形成对信号B作为手动阀2和3的逻辑"或非"回路。

14.8 顺序动作回路

顺序动作是指在气动系统中,各个执行元件按一定程序,完成系统既定的各自的动作。

常说的顺序动作有单缸的单往复动作、二次往复动作、连续往复动作等;双缸及多缸有单往复及多往复顺序动作等。

14.8.1 单缸往复动作回路

单缸往复动作回路可分为单缸单往复和单缸连续往复动作回路。单缸单往复指输入一个控制信号后,气缸只完成一次往复动作;单缸连续往复指输入一个信号后,气缸可连续进行往复动作。

通常,顺序动作可用简单表示方法。如大写字母A表示缸,不同字母表示不同的缸,用字母下标"1"表示A缸活塞伸出,下标"0"表示活塞退回。那么,单缸往复可以表示为A_1A_0,而连续往复动作可以表示为$A_1A_0\ A_1A_0\ A_1A_0\cdots$。

图14-20所示为三种单缸单往复回路,手控阀1的操作要求都是按一下就松开。否则,系统不能完成循环动作。

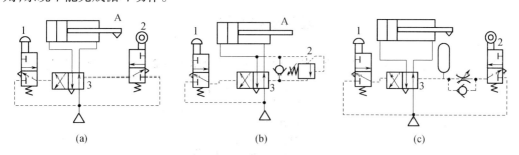

图14-20 单缸单往复控制回路
1—手控阀;2—行程阀;3—气控换向阀。
1—手控阀;2—顺序阀;3—气控换向阀。
1—手控阀;2—行程阀;3—气控换向阀。

图14-20(a)所示为行程阀控制的单往复回路。循环表达式为A_1A_0。图14-20(b)所示为用顺序阀实现的压力控制的单往复回路。注意,当活塞杆前进时压力低,顺序阀2不能打开;当活塞行程到达终点时,气压升高,打开顺序阀,缸返回,完成A_1A_0循环。

图 14-20(c)所示为利用阻容实现时间控制单缸单往复回路。该回路时间准确性较低,完成的循环也是 A_1A_0。

图 14-21 所示的回路是一个单缸连续往复动作回路。其工作过程是当记忆阀 1 的按钮被按下后,停在上位,阀 4 换向,活塞伸出,压块松开阀 3,阀 3 复位并将气路封闭,使阀 4 不能复位;活塞继续前进到压下阀 2,使控制阀 4 的气路排空,阀 4 自动复位,活塞退回。

活塞退回到起始,如图位置,压下阀 3,使阀 4 换向,活塞再次伸出,重复上面循环,实现 A_1A_0 A_1A_0 A_1A_0…循环。

提起阀 1 的按钮后,控制气压断开,如图所示,活塞完成最后一个循环自动停止。

注意:此回路阀 1 必须具有记忆功能才能实现自动的多次循环。

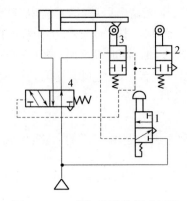

图 14-21 单缸连续往复动回路
1—记忆阀;2、3—行程阀;
4—气控换向阀。

14.8.2 多缸顺序动作回路

两个或以上缸按一定顺序动作的回路称为多缸顺序动作回路,其应用较广泛。在一个循环顺序里,若每个缸都只作一次往复,称为单往复顺序动作;若某些气缸作多次往复,就称为多往复顺序动作。

两缸的单往复基本顺序动作有 3 种,而三缸的有 15 种之多,三缸以上的就更多。

多往复顺序动作回路,其种类无数。在程序控制系统中,把这些顺序动作回路都叫做程序控制回路,相关内容后面介绍。

思考题和习题

14-1 系统如图 14-22 所示,试:(1)指出元件的名称;(2)分析系统动作过程。

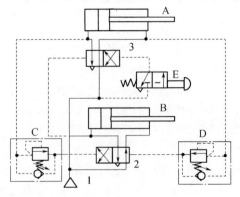

图 14-22 题 14-1 图

14-2 利用两个双作用缸、一个顺序阀、一个二位四通单电控换向阀,试设计顺序回路。

14-3 试设计一双作用缸动作之后单作用缸才能动作的联锁回路。

14-4 试设计一个两缸自动连续循环的循环回路。

14-5 试设计一个气缸遇到障碍停止,手动或自动使气缸推进腔气体排空的安全回路。

第 15 章 气动逻辑控制系统设计及举例

根据气动系统中执行元件的动作与输入信号之间的关系,气动控制线路设计可分为组合逻辑控制和程序控制两类。

组合逻辑控制为执行元件的动作(系统的输出)完全取决于该时刻各输入信号的逻辑运算,而与信号加入的先后次序无关。可以通过布尔代数和卡诺图法来处理系统回路设计问题,设计出简便而有效的控制回路。

设计逻辑控制系统是由实际的问题出发,写出真值表,画出卡诺图或状态图,求其最简逻辑函数,从而设计出合理的逻辑控制系统回路,使系统得到一定的简化,实现用最少控制元件完成系统功能的目的。

15.1 逻辑代数简介

逻辑代数也称布尔代数,它用符号和由符号构成的式子来表示逻辑名词、逻辑判断和逻辑推理。逻辑代数包括与、或、非三种基本运算。

15.1.1 逻辑函数真值表和卡诺图

1. 逻辑函数

在控制系统中,一组输入变量(如三输入变量 A、B、C 的各种组合)与某一个输出变量 S 存在着一定的对应关系,称为逻辑函数关系,S 是这一组输入变量(即逻辑变量)的逻辑函数。逻辑函数可以用真值表或卡诺图来反映。

2. 真值表

真值表是逻辑函数对应于输入变量的各种可能取值以一个表格的形式列出。即在真值表中列出逻辑表达式中各变量为"1"或"0"的各种可能的组合状态,以及它们相对应的逻辑代数结果。系统动作分析时,"1"通常代表"信号存在"或"动作发生"等;"0"则代表"信号不存在"或"动作不发生"等,进而把设备或系统的复杂动作要求用逻辑函数运算加以简化,从而设计出简单且满足需要的回路。

由于一个变量只能取"1"和"0"两个值,n 个变量就有 2^n 种可能的组合。每一种可能的组合称为组。

如函数 $S = A + BC$,它的真值表如表 15-1 所列。

表 15-1 $S = A + BC$ 的真值表

分组号	A	B	C	S=f(A、B、C)	分组号	A	B	C	S=f(A、B、C)
0	0	0	0	0	4	1	0	0	1
1	0	0	1	0	5	1	0	1	1
2	0	1	0	0	6	1	1	0	1
3	0	1	1	1	7	1	1	1	1

在表 15-1 中,变量数 $n=3$,因此有 $2^n=8$ 种组合。这 8 行变量的值恰好是用二进制数码(0,1)表示的十进位数 0,1,2,3,4,5,6,7。而这 8 个数又恰好是组号,这就使真值表便于按顺序排列。

3. 卡诺图

卡诺图是反映逻辑变量运算结果的一张方框图,它也是逻辑函数真值表的简单图解法。

图 15-1 所示为函数 $A=A+BC$ 的卡诺图。若 n 代表变量数(这里 $n=3$),则方框数是 2^n(本例为 8),方框中的值是运算的结果,它与真值表是一致的。

注意: 四变量表左侧 CD 规律同横向 AB。

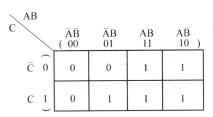

图 15-1 $S=A+BC$ 的卡诺图

15.1.2 逻辑代数的基本逻辑运算及其恒等式

1. 逻辑"或"和逻辑"与"的恒等式

逻辑"或"是指两个或两个以上的逻辑信号相加,逻辑"与"是指两个或两个以上的逻辑信号相乘。它们的运算规律如表 15-2 所列。

表 15-2 逻辑"或"和逻辑"与"的恒等式

逻辑"或"	逻辑"与"
$A+0=0;A+1=1;A+A=A$	$A\cdot 0=0;A\cdot 1=A;A\cdot A=A$

2. 逻辑"非"

逻辑"非"有如下运算规律

$$\overline{0}=1;\overline{1}=0;\overline{\overline{A}}=A;A+\overline{A}=1;A\cdot\overline{A}=0$$

3. 结合律、交换律、分配律

这些运算规律和普通代数运算规律相同,如表 15-3 所列。

表 15-3 运算规律

结合律	交换律	分配律
$A+(B+C)=(A+B)+C$ $A(BC)=(AB)C$	$A+B=B+A$ $AB=BA$	$A(B+C)=AB+AC$ $(A+B)(C+D)=AC+AD+BC+BD$

4. 狄摩根定理

(1) 一个"或"函数的"非"等于各个变数的"非"值的"与"函数。

即
$$S = A + B \rightarrow \overline{S} = \overline{A + B} = \overline{A}\,\overline{B}$$

（2）一个"与"函数的"非"等于各个变数的"非"值的"或"函数。

即
$$S = AB \rightarrow \overline{S} = \overline{AB} = \overline{A} + \overline{B}$$

5. 形式定理

形式定理也是逻辑运算中常用的恒等式。采用这些定理可以化简逻辑函数值，各个定理的证明可利用上面基本运算规律来证明。形式定理如表15-4所列。

表15-4 逻辑运算的形式定理

序号	公 式	序号	公 式
1	$A + AB = A$	4	$A(A + B) = A$
2	$A + \overline{A}B = A + B$	5	$A(\overline{A} + B) = AB$
3	$AB + \overline{A}C + BC = AB + \overline{A}C$	6	$(A + B)(\overline{A} + C)(B + C) = (A + B)(\overline{A} + C)$

逻辑函数相关计算及规律详见数学方面书籍，此处不再详述。

15.1.3 逻辑函数表达式的简化

逻辑函数表达式越简单，则控制系统亦相应地简单，从而使采用的基本逻辑元件最少。逻辑函数表达式中包含与、或项变量数量最少，称为最小化函数式。

把逻辑函数表达式简化为最小化函数式常用逻辑代数法和卡诺图法这两种基本方法。

1. 逻辑代数法

逻辑代数法就是利用逻辑代数的一些基本定律、形式定律和运算公式等把逻辑函数表达式化简的一种方法。

例15-1 化简 $S = A(A + B) + BC + ABC$

解 $S = A(A + B) + BC + ABC = A + BC$

2. 卡诺图法

用卡诺图简化逻辑函数，通常比较直观，可以省去烦琐的数学计算。做法是先按已知函数绘制真值表，再按真值表画出卡诺图。方法如下：以化简逻辑函数 $S = A(A + B) + BC + ABC$ 为例。

首先，分析逻辑函数 $S = A(A + B) + BC + ABC$，列出卡诺图。分析表达式可知，其有三个变量，$n = 3$，方框数 $2^3 = 8$。卡诺图有8个方框，每个方框的右下角括号中的数字代表组号。把所得各组的逻辑值填入相应的组中，这样就得到图15-2所示的 $S = A(A + B) + BC + ABC$ 卡诺图。

其次，列完卡诺图后，再按它直接求最小化函数式。卡诺图简化原理是反复利用逻辑运算规则和卡诺图"相邻"的特点对逻辑函数进行化简的，如图15-3所示，最小化函数式可以是"与、或"式；亦可以是"或、与"式。其他略。

这里先介绍"与、或"式的求法。按卡诺图求"与、或"式的步骤如下：

（1）把卡诺图上相邻的等于1的方格组合成几个合并组，如图15-4所示。可命名为第一合并组、第二合并组等。每个合并组方格数为 2^n 个，合并组为正方形或矩形，应包含尽可能多的方格，以便消去更多的变量。同一方格可被不同的正方形或矩形取用，

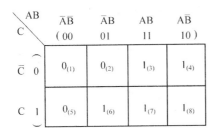

图 15-2 S = A(A + B) + BC + ABC 的卡诺图

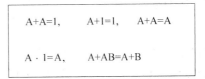

图 15-3 卡诺图化简规则

图 15-4 中的方格(7)即被重复使用。同一卡诺图可以有不同的组合方法。

（2）写出卡诺图的函数表达式并进行简单运算。这里首先要确定每个合并组的函数表达式，然后把所有合并组的函数表达式相加，即得到与整个卡诺图相对应的逻辑函数表达式。

在确定每个合并组的函数表达式时，具体做法如下：凡在该组中取不同值的变量均被消去，对于同值的变量则按"同号取原变量，异号取补数"的原则写出。

图 15-4 中，第一合并组中 A 为不同值，故 A 消去；而 B、C 均为同值，第一合并组以 BC 表示。第二合并组中 B、C 均为不同值，故 B、C 消去；而 A 为同值，第二合并组以 A 表示。两个合并组相加，可得 S = A + BC。

下面介绍"或、与"法简化方法及步骤。

以化简逻辑函数 S = A(A + B) + BC + ABC 为例。

首先，列卡诺图。其次，分组。不过此处以"0"进行分组，如图 15-5 所示。

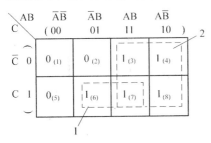

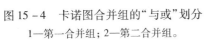

图 15-4 卡诺图合并组的"与或"划分
1—第一合并组；2—第二合并组。

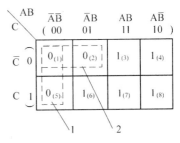

图 15-5 卡诺图合并组的"或与"划分

写出卡诺图的函数表达式并进行简单运算。这里首先要确定每个合并组的函数"或"表达式，然后把所有合并组的函数表达式相与，即得到与整个卡诺图相对应的逻辑函数表达式。

在确定每个合并组的函数表达式时，具体做法如下：凡在该组中取不同值的变量均被消去，对于同值的变量则按"自变量与格内值相同的取原变量，不同的取反码"的原则写出。

图 15-5 中，第一合并组中 C 为不同值，故 C 消去；而 A、B 均为同值"0"，故取原码，第一合并组"或"表达式为 (A + B)。第二合并组中 B 均为不同值，故 B 消去；而 A、C 为同值，第二合并组"或"表达式为 (A + C)。两个合并组相与。此方法需简单运算，可得

$$S = (A+B)(A+C) = A + AC + AB + BC = A + BC$$

可见,结果相同。但两种方法中,后一种还需简单运算,所以两种方法都熟悉可以用于验证化简结果哪一个为最简表达式。

逻辑函数表达式的化简,可以用逻辑代数法,也可以用卡诺图法。对于四变量及四变量以下的函数式的化简卡诺图法更为直观方便。

15.2 组合逻辑控制回路设计

组合逻辑控制回路是指某一逻辑回路在任一瞬间的输出仅是该瞬间各输入变量状态的函数,且仅有"与"、"或"、"非"三种运算。其相应的逻辑函数式为

$$S = f(x_1, x_2, \cdots, x_i), i = 1, 2, \cdots, n$$

式中:x_i 为组合逻辑回路的各输入变量;输出变量 S 的状态仅取决于各输入变量的状态。

15.2.1 组合逻辑控制回路设计的一般步骤

(1) 根据控制要求写出真值表。
(2) 按真值表写出逻辑函数式。
(3) 用逻辑代数法或卡诺图法对逻辑函数式进行简化。
(4) 绘制逻辑原理图。
(5) 绘制组合逻辑控制气动回路图。
以下举例说明。

例 15-2 某工厂生产自动线上有 A、B、C、D 四个阀门(也就是信号),在生产中有 10 种情况,当出现表 15-5 中列出的三种情况时为不正常状态,此时应自动报警,试设计此气控报警回路。

表 15-5 控制报警动作要求表

序号	输入				输出
	阀门 A	阀门 B	阀门 C	阀门 D	报警信号 S
1	关	关	关	关	无
2	关	关	关	开	无
3	关	关	开	开	有
4	关	开	关	开	有
5	关	开	开	关	无
6	开	关	关	关	无
7	开	开	开	关	无
8	开	关	关	开	无
9	开	关	关	开	无
10	开	关	开	开	有

解 首先,根据按下阀门发信状态与报警信号关系,列出表示它们之间相互关系的真值表,如表 15-6 所列。

表 15-6　报警动作真值表

序号	输入				输出
	阀门 A	阀门 B	阀门 C	阀门 D	报警信号 S
1	0	0	0	0	0
2	0	0	0	1	0
3	0	0	1	1	1
4	0	1	0	1	1
5	0	1	1	0	0
6	1	1	0	0	0
7	1	1	1	0	0
8	1	0	0	0	0
9	1	0	0	1	0
10	1	0	1	1	1

由真值表可以写出逻辑函数式为 $S = f(A,B,C,D)$，绘制卡诺图并划分合并组。

本例是四变量卡诺图，应该有 $2^4 = 16$ 个方格，在与真值表相对应的方格中填入"1"或"0"，其余空格可任意假定，不填。

图 15-6 所示为同一卡诺图的两种分组方法。

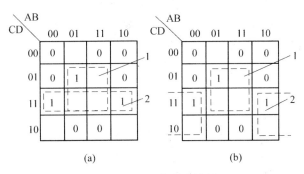

图 15-6　四变量卡诺图
1—第一合并组；2—第二合并组。

写出逻辑表达式并化简，可以有两种分组方法，得出不同的逻辑函数表达式。

图 15-6(a) 可得 $S = BD + CD = D(B + C)$；

图 15-6(b) 可得 $S = BD + \overline{B}C$。

比较上述两个逻辑函数表达式，由于第二个表达式多包含一个"非"信号，较复杂，所以，最小化函数式取第一个 $S = D(B + C)$ 较好。

按最小化函数式 $S = D(B + C)$ 绘制出逻辑框图，如图 15-7 所示。图中，阀 B、C 的输入信号先进行"或"运算后，再与阀 D 的输入信号进行"与"运算，输出信号接气—电转换器。

最后，按逻辑框图绘制报警线路的组合逻辑控制气动回路图，如图 15-8 所示。图中，阀 B、C 通过梭阀进行"或"运算后，再通过一个二位三通单气控阀实现与阀 D 的"与"运算。

注意：逻辑回路设计中，按逻辑元件与气动对照表绘制回路则会容易理解。

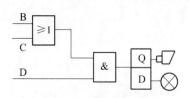

图 15-7 报警逻辑框图

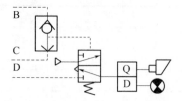

图 15-8 组合逻辑控制气动回路图

15.2.2 组合逻辑控制回路设计举例

上面已举了一个简单的报警线路的设计，下面以两个气缸动作的组合逻辑控制线路为例，进一步说明其设计方法。

例 15-3 设某气动系统有气缸 A 和 B，用 a、b、c、d 四个按钮阀控制，如图 15-9 所示。其控制要求如下：

(1) 按下 a，使 A 缸伸出，B 缸退回。
(2) 按下 b，使 B 缸伸出，而 A 退回。
(3) 按下 c，使 A 缸和 B 缸同时伸出。
(4) 按下 d，使 A 缸和 B 缸同时退回。
(5) 按钮阀 a、b 同时按下，则使 A 缸、B 缸活塞同时退回。
(6) 按钮阀 a、b、c、d 均不按下，则 A 缸和 B 缸活塞均保持原来状态。

解 首先，根据控制要求可知，按下按钮阀的发信状态与气缸的进、退关系，列出表示它们之间相互关系的真值表，如表 15-7 所列。

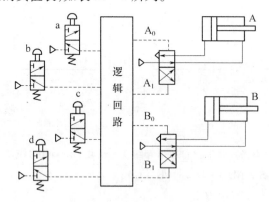

图 15-9 动作控制要求简图

表 15-7 动作控制真值表

输	入			输	出		
a	b	c	d	A_0	A_1	B_0	B_1
1	0	0	0	0	1	1	0
0	1	0	0	1	0	0	1
0	0	1	0	0	1	0	1

(续)

输入				输出			
a	b	c	d	A_0	A_1	B_0	B_1
0	0	0	0	1	0	1	0
1	1	0	1	1	0	1	0
0	0	0	0	0	0	0	0

注：A_0 表示 A 缸活塞退回；A_1 表示 A 缸活塞伸出；B_0 表示 B 缸活塞退回；B_1 表示 B 缸活塞伸出

在真值表中，按钮阀发出的信号 a、b、c、d 则为输入变量，表示 A 缸和 B 缸的进退状态的 A_1、A_0、B_1、B_0 是输出变量。因此，从真值表可以直接写出以下 4 个逻辑函数式

$$A_0 = f_1(a、b、c、d) \qquad A_1 = f_2(a、b、c、d)$$
$$B_0 = f_3(a、b、c、d) \qquad B_1 = f_3(a、b、c、d)$$

上述 4 个逻辑函数式均不是最简逻辑函数，均需进行简化。为此，要分别画出它们的卡诺图，进行简化（见图 15 - 10）。变量为（a、b、c、d）4 个，因而卡诺图上的方格数应为 $2^4 = 16$ 个，4 个变量的真值表应有 16 种状态，有 10 种状态在控制要求中没有提出，称为"多余项"。卡诺图中这些多余项表示为"空格"，其函数 f 的值可以根据需要，任意假设其值为"1"或"0"，以帮助简化。

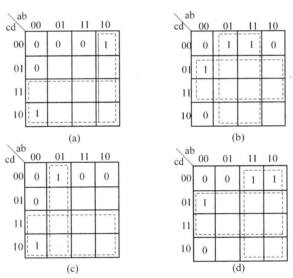

图 15 - 10 卡诺图
(a) A_1 卡诺图；(b) A_0 卡诺图；(c) B_1 卡诺图；(d) B_0 卡诺图。

再按卡诺图中合并组的划分，可得出最小化"与/或"逻辑函数表达式为 $A_1 = c + a\bar{b}$，$A_0 = b + d$，$B_1 = c + \bar{a}b$，$B_0 = a + d$。

据简化后得出的 4 个逻辑函数表达式，可画出如图 15 - 11 所示的逻辑原理图。

根据逻辑原理图，可画出其逻辑控制的气控回路图，如图 15 - 12 所示。回路中，使用二位三通单气控阀 K_1、K_1 实现"非与"逻辑运算，用梭阀 S_1、S_2、S_3、S_4 实现"或"逻辑运算。

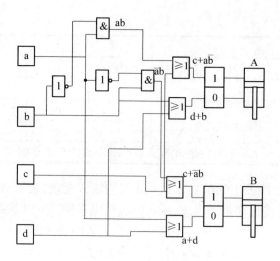

图 15-11 逻辑原理图

其工作过程分析如下：

（1）按下按钮 a 时，控制气路 $a-K_1-S_2-A_1$，使 A 缸伸出；同时气路 $a-S_3-B_0$，使 B 缸退回。

（2）按下按钮 b 时，控制气路 $b-K_2-S_4-B_1$，使 B 缸伸出；同时气路 $b-S_4-A_0$，使 A 缸退回。

（3）按下按钮 c 时，控制气路 $c-S_2-A_1$，使 A 缸伸出；同时气路 $c-s_4-B_0$，B 缸伸出。

（4）按下按钮 d 时，控制气路 $d-S_1-A_0$，使 A 缸退回；同时气路 $d-S_3-B_0$，B 缸退回。

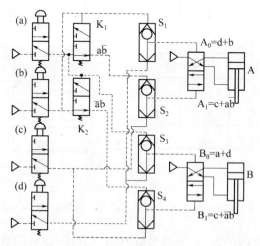

图 15-12 控制系统原理

（5）当同时按下按钮 a 和 b 时，由于阀 K_1 在信号 b 作用下换向，控制气只能自 $a-S_3-B_0$，使 B 缸退回；同样，信号 b 只能使气路 $b-S_1-A_0$，使 A 缸退回。

（6）当 a、b、c、d 这 4 个按钮均不按下时，气路中断，气缸 A 及 B 均处于原状态。

思考题和习题

15-1 试化简下列逻辑函数。
(1) $A+B+\overline{AB}$; (2) $AD+BC\overline{D}+(\overline{A}+\overline{B})C$; (3) $AB\overline{C}+\overline{A}D+(\overline{B}+D)D$。

15-2 试用逻辑线图表示逻辑函数 $f=abc+a\overline{b}+a\overline{c}$。

15-3 做出逻辑函数 $f=abcd+a\overline{b}c\overline{d}+abc\overline{d}$ 的卡诺图。

15-4 用卡诺图化简题 15-3 逻辑函数,并做出逻辑原理图或气动回路图。

15-5 电厂水处理车间有四个气动阀门 A,B,C,D,它们在生产过程中可能出现如表 15-8 所列的情况,其中 1、4、6 为危险情况,需要报警;其他不需报警,试设计一汽笛报警逻辑控制回路。

表 15-8 危险情况表

编号	A	B	C	D	报警	组号	A	B	C	D	f
1	关	开	开	开	有	7	0	1	1	1	1
2	开	关	关	关		8	1	0	0	0	0
3	关	开	关	开		5	0	1	0	1	0
4	关	关	开	关	有	2	0	0	1	0	1
5	开	关	开	开		11	1	0	1	1	0
6	开	开	关	关	有	12	1	1	0	0	1
7	关	关	关	开		1	0	0	0	1	0
8	开	开	开	开		14	1	1	1	0	0

15-6 试自己编制逻辑表达式并化简,作出逻辑线图和气动回路图。

第16章 程序控制系统设计及举例

16.1 程序控制系统概述

程序动作(后简称程序),指气动系统的两个或多个执行元件(缸或马达等),按预定动作程序,即预定动作先后顺序,协调动作。程序控制,就是根据生产过程的要求,对多个执行元件,按预先规定的程序进行自动控制,使系统协调动作一种控制方式。根据控制方式不同通常分为时间、行程和混合程序控制等。

现在许多自动程度高的加工机械、生产线、装配线和包装线等,大多是按程序工作的。程序控制要求执行元件依次完成特定的动作,而这些动作与输入信号的先后次序有关。

时间程序控制,是指各执行元件的动作按时间顺序进行。时间信号通过控制线路,按一定的时间间隔分配给相应执行元件,令其产生有顺序的动作。它通常为开环的控制系统。

行程程序控制,是指某一执行元件从开始到完成一个动作后,由行程发信器(例如,行程开关、位置传感器、行程阀等)发出信号,此信号输入逻辑控制回路,由其作出逻辑运算发出有关执行信号,指挥相应下一个元件完成下一步动作,以此类推,直到完成预定的控制为止。

行程程序控制系统一般是一个闭环程序控制系统。其控制信号可由上述各种发信器发出,也可以由压力、流量、温度、液面等传感器发出。行程程序控制的优点是结构简单、维修容易、动作稳定,特别是当程序中某节拍出现故障时,整个程序就停止进行而实现自动保护。为此,行程程序控制方式在气动系统中被广泛采用。

混合程序控制,通常是指在行程程序控制系统中包含了一些时间信号,甚至包含人工干预等信号,实现自动控制的控制系统。

程序控制系统提到的执行元件,包括各种缸、马达、气动阀门、气电转换器等。程序控制回路,即可以是利用各种气动控制元件组成的传统气动回路,也可以是由逻辑元件组成逻辑控制回路。系统基本组成参考其他部分,在此略。

如果把各种信号都看做行程程序信号之一,即把上述控制,笼统称为行程程序控制,其系统称为行程程序控制系统,也是可以的。

16.2 程序控制系统的设计步骤

16.2.1 设计准备工作

(1) 明确系统工作条件,工作环境的要求。例如:系统应用行业工作条件;环境温度、粉尘、易燃、易爆、冲击及振动情况。应注意系统安全环保等。

（2）明确系统具体性能、动作要求,具体程序。如,各元件动力要求、输出力和转矩等情况;运动状态要求,执行元件的运动速度、行程和回转角速度等;工作要求,即完成工艺或生产过程的具体程序。

（3）初步确定设计方案。如,控制方式手动、自动等;液压、气动元件等。

（4）明确相关规定,标准,设计相关资料等。

（5）明确设计要求、具体任务、完成相应设计。

16.2.2 控制回路设计步骤

控制回路的设计是整个气动控制系统的核心任务,其设计步骤为:

1. 设计过程

（1）根据工作任务要求,列出工作程序及不同的具体要求,包括用几个执行元件及动作顺序,以各执行元件的形式、具体的相关要求等。

（2）完成设计相关分析、计算,确定完善初步方案等。

（3）根据程序画出信号—动作(X-D)状态图或卡诺图化简等,找出障碍并消除障碍,确定具体处理办法等。

（4）画出逻辑原理图和气动回路图。

2. 计算和选择合理执行元件

（1）确定执行元件的类型及数目。

（2）计算和选定各运动和结构参数。如执行元件的运动速度、行程、角速度、输出力、转矩及气缸的缸径等。

（3）完成相关计算。如耗气量、流速等。

3. 选择控制元件

确定控制元件的类型、型号及数目等,并考虑控制方式及安全保护回路等。

4. 选择气动辅助元件

（1）选择主要辅件,过滤器、油雾器、储气罐、干燥器等的形式、型号、连接方式等。

（2）合理选择其他气动辅助元件、检测辅件、显示辅件等。

（3）确定管径及管长、种类等,以及管接头的连接形式、个数。

（4）验算各种阻力损失,包括沿程损失和局部损失。

5. 根据执行元件的耗气量定出压缩机的容量及台数

设计复杂控制系统,涉及的工作很多,也很繁杂,具体可能有未提及内容,但主要按上述步骤进行,便可设计出比较完整的气动控制系统。

16.3 多缸单往复行程程序回路设计及举例

多缸单往复,是指在一个循环程序中,所有的执行元件(气缸、马达等),对每一个执行元件而言,都只作一次往复运动。常用的行程程序控制回路设计方法有信号—动作状态图法(即 X-D 图法)和卡诺图图解法。第 15 章已经介绍卡诺图图解法设计逻辑回路,在此介绍 X-D 状态图法。用 X-D 法设计控制回路、故障诊断和排除比较简单,也比较直观,用 X-D 法设计的气动回路组成简单、控制准确、使用方便。

16.3.1 障碍信号的判断和排除

行程程序控制回路每一个动作都是靠信号控制的,但大部分行程程序回路的信号之间,都存在各种形式的干扰。例如:一个信号妨碍另一个信号的输出,两个信号同时控制一个动作等,也就是说,这些信号之间形成了互相干扰,使应该发生的某些动作不能正常进行,构成了有障回路。对障碍信号必须加以判断和排除,系统才能正常运行。

1. 障碍信号

为了说明什么是障碍信号,先举一简单程序回路的例子。如图 16-1 所示,此回路的行程程序(或动作顺序)表达式是"$A_1B_1B_0A_0$",其中,字母 A、B 表示 A 和 B 气缸;A、B 字母下标"1"表示活塞伸出,下标"0"表示活塞退回;数字"1、2"表示对应控制阀。由于图 16-1 回路没有考虑控制中存在的障碍信号,故它是不能正常工作的。

如图 16-1 所示的回路,一旦系统供气后,由于机动换向阀(下面各种阀都简称阀)b_0(B 缸右侧)一直受压,信号气压(即压力,以后都简称信号)b_0 就一直作用于阀 1 的右侧(A_0 位),这样,即使操作气动阀 q,向阀 1 左侧(A_1 位)供气,阀 1 也不能切换。由此可见,信号 b_0 对阀 q 是个障碍信号。

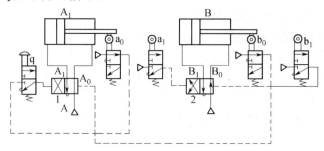

图 16-1 有障碍信号的 $A_1B_1B_0A_0$ 回路

假设没有 b_0 信号影响,则按下阀 q 后,气流经 a_0 阀就可以通过 q 阀进入阀 1 的左侧,使 A_1 位工作,活塞 A 伸出;右行到位后,即可发出信号"a_1"。给阀 2 的左侧(B_1 位)提供控制信号,使阀 2 切换,活塞 B 伸出;右行到位后,再发出信号 b_1 给阀 2 的右侧(B_0 位)。

实际上,图中此时,由于活塞 A 仍在发出信号 a_1 给阀 2 的左侧 B_1 位,使 b_1 向阀 2 的 B_0 位信号输送不进去,也就是说,信号 a_1 也妨碍了 b_1 信号的送入。当然,后面动作也无法进行。

总之,在图 16-1 所示回路中,信号 b_0 和 a_1 都妨碍其他信号的正确输入,成了障碍信号,它们存在时,导致回路不能正常顺利循环,因而必须设法将其加以排除。

2. 障碍信号分类

一个信号妨碍另一个信号不能正常输入,这种障碍信号被为 I 型障碍信号,它经常发生在单往复程序回路中。由于多次出现而产生的障碍的信号,称为 II 型障碍信号,这种障碍通常发生在多往复回路中。

行程程序控制回路设计的关键就是要找出这种障碍信号和设法加以排除。

3. 行程程序控制回路的设计方法和步骤

判断障碍信号、解决信号和执行元件动作之间的协调和连续是行程程序控制回路设计主要问题。用"信号—动作"状态图法（X-D图法）正确找出障碍信号及解决方法,是解决此问题的关键。

设计行程程序控制回路的步骤为：

（1）根据系统的要求,列出工作程序或工作程序流程图。

（2）正确绘制X-D状态图。

（3）找到障碍信号并正确加以排除,列出所有执行元件控制信号的逻辑表达式。

（4）根据逻辑表达式,正确绘制逻辑原理图（有的也称逻辑线图）。

（5）在正确绘制逻辑原理图基础上,绘制正确气动回路的原理图（有的也称回路线图）。

有时,再经过分析、复核等给出最终方案。

16.3.2 X-D状态图建立

1. X-D状态框图画法及规定、符号

1）X-D状态框图画法

$A_1B_1B_0A_0$ 的 X-D 框图如图 16-2 所示。图中横行节拍"1、2、3、4"表示程序有 $A_1B_1B_0A_0$ 这 4 个动作,分别对应下面程序项的"A_1、B_1、B_0、A_0"4 个动作。最右侧执行信号栏和最左侧 X-D 竖栏分别表示 4 个动作控制信号及其控制动作,为了清晰,注明控制动作,例如"$a_0(A_1)$",表示信号 a_0 控制动作 A_1。注意一点,框图最左侧竖栏 X-D 对应（1、2、3、4）指两缸存在 4 种动作；三缸则存在 6 种动作。结合上一章理解,此处不再赘述。根据需要,最下面留出几个备用栏,以备消除障碍信号使用。并标入对应用于消障的附加信号。填入中间记忆元件（辅助阀）的输出信号及联锁信号等。

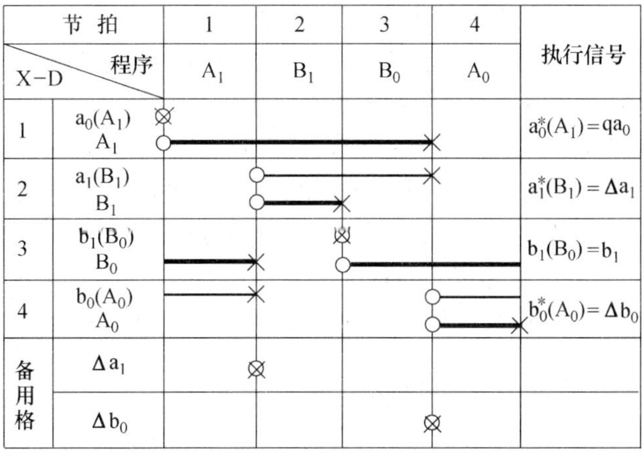

节拍 程序 X-D		1 A_1	2 B_1	3 B_0	4 A_0	执行信号
1	$a_0(A_1)$ A_1	⊗————	————	————	×	$a_0^*(A_1)=qa_0$
2	$a_1(B_1)$ B_1		○————	————×		$a_1^*(B_1)=\Delta a_1$
3	$b_1(B_0)$ B_0	————	————	⊗————	————	$b_1(B_0)=b_1$
4	$b_0(A_0)$ A_0	×			○————	$b_0^*(A_0)=\Delta b_0$
备用格	Δa_1		⊗			
	Δb_0				⊗	

图 16-2 $A_1B_1B_0A_0$ 的 X-D 框图

2）框图常用的字母符号和表示方法

（1）把系统所用的各执行元件排出次序,分别用大写字母 A、B、C、D 等表示。大写字母下标"1"或"0","1"表示气缸活塞杆伸出或马达转向；字母下标"0"表示活塞杆退回或马达另一转向。

(2) 用小写字母 a、b、c、d…表示与各气缸对应的到各自运行终点作用于相对应阀发出的控制信号。其下标"1"表示活塞杆伸出时所发的信号,下标"0"表示活塞杆退回时发出的相应信号。

(3) 控制气缸换向的主控制阀,也用与其控制的缸的所相应的文字符号表示。

(4) 消障引入的联动信号用"Δ"表示,例如(Δa_1、Δa_0)等。

(5) 经过逻辑处理而排除障碍后的执行信号,在右上角加" * "号,如 a_1^*,a_0^* 等;而不带" * "号的信号则为原始信号,如 a_1、a_0 等。

2. 画动作状态线(D 线)

如图 16-2 所示,用横向粗实线,在对应横行下半格,画出各执行元件的动作状态线。

(1) 动作状态线的起点是程序中该动作的开始处,即表中该动作栏左侧竖线,用符号"小圆圈 o"画出,一直到动作终止。

(2) 动作状态线的终点也就是该动作变化开始点,即表中该动作栏右侧竖线,此处用符号"×"画出。

例如,图 16-2 竖栏 1 中,缸 A 伸出动作状态(缸运动和停止都看做该状态,后同) A_1,变换成缩回动作状态 A_0,此时 A_1 的动作状态线的终点必然是在 A_0 的动作状态开始处。

3. 画信号线(X 线)

如图 16-2 所示,用横向细实线,在对应横行上半格,画各行程控制信号线。

(1) 信号线的起点是与同组中对应动作状态线的起点相同,用符号"小圆圈 o"画出。

(2) 信号线的终点是和上一组中产生该信号的动作线终点相同,也就是信号变化的起点处终止。

需要指出的是,若考虑到阀的切换及气缸启动等需要一定时间,因此,信号线的起点应超前于它所控制动作的起点。甚至信号的传递也一样需要一定时间,则信号线的终点应滞后于产生该信号动作线的终点,这样绘制也比较麻烦。

以前有些书籍在 X-D 图上反映这种情况时,则要求信号线的起点与终点都应不同伸出(越过)分界线。但因为这个值很小,因而除特殊情况外,此处未考虑。

(3) 在图 16-2 中,符号"⊗"表示该信号线的起点与终点重合,实际上即表示该信号为脉冲信号。注意一点,脉冲信号的宽度等于行程阀发出信号、主阀换向、缸启动和信号传递时间的总和。脉冲延时,此处未给予考虑,例图中也未加体现。

16.3.3 X-D 状态图应用方法介绍

X-D 动作状态图解法(后简称 X-D 图法),是一种图解法,它可以将多个信号的存在状态和缸的工作状态较清楚地用信号线和动作线表示出来。从图中还能分析出障碍信号的存在状态,以及消除信号障碍的各种可能性。

1. 列出缸或信号行程程序表达式

为了阐明 X-D 图法的设计方法,现以由两缸组成的加工、送料的具体例子来说明,如"$A_1 B_1 B_0 A_0$"分别表示以下动作。这两个缸中,A 为送料缸,B 为加工缸,其自动循环动

作为:

启动→1 送料缸进→2 加工缸进→3 加工缸退→4 送料缸退→1→循环

对于这个程序,可以简化为用字母及内容表示,如图 16-3 所示。

如果把上述事例动作内容简化,就是行程程序表达式"$A_1B_1B_0A_0$"。在考虑加工或各缸具体动作要求,即速度、负载、距离等,则成为一个行程程序控制的实例。

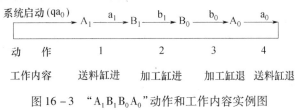

图 16-3 "$A_1B_1B_0A_0$"动作和工作内容实例图

2. 障碍信号判断

仿照图 16-2,画该例 X-D 图,在此 X-D 图中,若各信号线均比所控制的动作线短(或等长),即各信号均看做无障碍信号;若有某信号线比所控制的动作线长,则该信号为障碍信号,长出的那部分线段就叫障碍段,用波浪线或锯齿线"〰〰"表示,如图 16-4 障碍信号判断与标出所示。

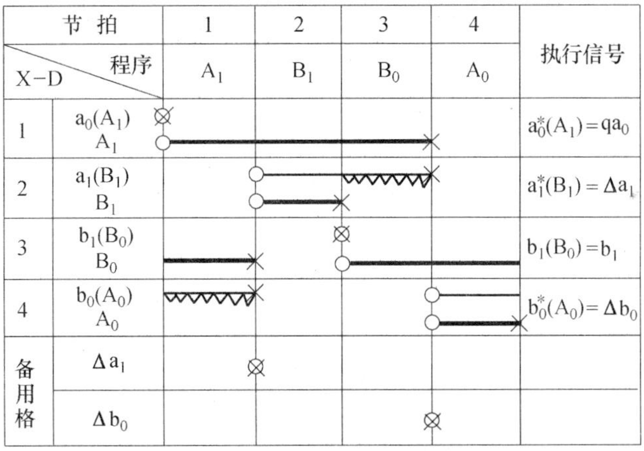

图 16-4 障碍信号判断与标出图

这种情况存在时,说明信号与动作不协调,即动作状态要改变,而其控制信号还未消失,即不允许其改变,可见 a_1、b_0 就是障碍信号。

3. 消除障碍段(简称消障)

为了使各缸能按规定的动作顺序正常工作,设计时必须消除障碍信号的障碍段,也就是把它变成无障碍信号,用处理后的无障碍信号去控制对应的主控阀。

由于障碍信号在 X-D 图中,可以直观发现其控制信号线长于其所控制的动作状态线,即存在时间较长,所以常用的排除障碍的办法就是缩短其信号线(即控制作用时间)长度,使其短于动作线长度,其实质就是要使障碍段失效或消失。常用的消障方法有以下几种。

1) 脉冲信号消障法

这种方法的实质是将所有的有障信号变为脉冲信号,使其在控制实现主控阀换向后,在不影响后面动作之前,立即消失(或不起作用),这样就较容易地解除了 I 型障碍信号。

下面以上述程序"$A_1B_1B_0A_0$"为例。说明如何采用脉冲信号排障。

由图 16-1 和图 16-4 可知,信号 a_1 和 b_0 是两个障碍信号,要将二者转变成无障碍的脉冲信号问题就解决了。对应的脉冲信号用信号 Δa_1 和 Δb_0 表示,并用这种脉冲信号控制对应的下一个动作。那么,Δa_1 和 Δb_0 就变成无障碍信号了。

这样把信号 a_1 的执行信号换成了 $a_1^*(B_1) = \Delta a_1$;信号 b_0 的执行信号换成了 $b_0^*(B_1) = \Delta b_0$;将其填入 X-D 图,见图 16-4。

脉冲信号获得方法,通常有机械法和脉冲回路法。

(1) 机械法脉冲。如图 16-5 所示,此方法就是利用活络挡块或通过滚轮式行程阀发出脉冲信号。图 16-5(a)所示为利用活络挡块使行程阀发出的信号变成脉冲信号的原理图。当活塞杆伸出时行程阀发出信号,当活络挡块很快通过滚轮后,压力消失,阀复位,切断了信号,此时发出的是短时间的脉冲信号。而当活塞杆收回时,活络块抬起,不作用滚轮,行程阀不发信号。图 16-5(b)所示为采用单向起作用的滚轮式行程阀发出脉冲信号。原理基本相同,不再叙述。

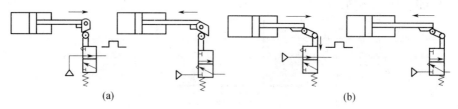

图 16-5 机械式活络块脉冲排障原理图

但在使用机械法排除障中,不能用行程阀来限制缸最终停止位置,原因是不能把行程阀布置在活塞杆伸出的最末端位置,而必须保留一定距离(也可以看做一段行程)以便使活络块或挡块通过滚轮对行程阀产生作用,使阀芯动作换向,发出信号。

(2) 脉冲回路。利用脉冲阀或脉冲回路的方法将较长的障信号转变为较短信号,即脉冲信号。

图 16-6 所示为脉冲气动回路原理图。当左阀滚轮被挡块压下后,换向并发出压力信号 a,此信号发出后立即从阀 K 通过,如图阀 K 处于常态位,则短时间内 K 阀有信号输出。同时,a 信号又经节流阀给气容充气即得到稍许延时,当 K 阀控制端的压力上升到切换压力后,阀 K 换向,输出信号 a 即被切断。只要挡板不离开滚轮,此状态将延续。经此过程从而使信号 a 变为一个短时间存在的脉冲信号。若将图 16-6 的脉冲回路换成一个脉冲阀,就可使设计和应用等简化。

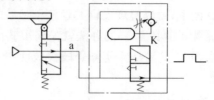

图 16-6 脉冲回路原理图

这样,对于上述图16-1所示的存在障碍信号的"$A_1B_1B_0A_0$"回路,只要将有障行程阀 a_1 和 b_0 换成脉冲阀,就可设计成无障的回路了,但其成本相对较高。

2) 逻辑回路消障法

充分利用逻辑门自身的特性消障信号,即将长信号变成较短的类似于脉冲信号,通常有以下方法。

(1) 逻辑"非"消障。该方法的原理、回路和分析如图16-7所示。该排障法是把原始信号经逻辑"非"运算,在满足系统动作需要的时间情况下及时得到此信号的反相信号,用以排除障碍。

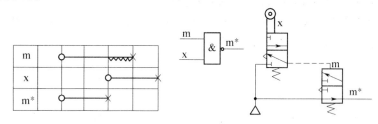

图16-7 逻辑"非"消障

条件是,对原有障信号(m)做逻辑"非"运算的制约信号(信号 x)的起始点要在原信号(m)的执行段之后,原信号(m)的障碍段之前,终点则要滞后于原信号(m)的障碍段一定时间,这样才达到即消障又不影响后面动作的目的。

(2) 逻辑"与"消障。此方法原理、回路和分析如图16-8所示。为了排除有障碍的原信号(m)中的障碍段,还要引入一个制约信号(称为辅助信号)(x),把(x)和(m)相"与"而得到无障碍信号 m^*,即 $m^* = mx$,达到消障目的。

上述制约信号(x)的选用原则、条件:①要尽量选用本系统中可利用的某原信号,这样可不增加气动元件;②制约信号(x)是系统某原信号,但其起点应在原信号(m)开始之前;③制约信号(x)的长短,应必须包括障碍信(m)的执行段,但不包括它的障碍段。3个条件必须满足,才能实现消障。

这种逻辑"与"的运算关系,可以只用一个逻辑"与"元件来实现,也可用一个行程阀两个信号的串联或两个行程阀的串联来实现。如图16-8所示。

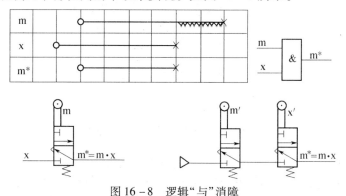

图16-8 逻辑"与"消障

3) 辅助阀消障法

若在起初分析的 X-D 线图中找不到可用来作为排除障碍的制约信号时,可采用增加一个辅助阀的方法来排除障碍,也就是增加一个消障之路,这里的辅助阀就是中间"记忆"元件,即双稳元件。图16-9为辅助阀排除障碍的逻辑、回路原理图。

其方法是,用中间记忆元件的单独输出信号(K)作为制约信号,用它和有原信号(m)相"与"以排除掉(m)中的障碍段。其消障后执行信号的逻辑函数表达式为

$$m^* = mK_d^t \tag{16-1}$$

式中:m 为有障碍的原信号;m^* 为排障后的新执行信号;K_d^t 为辅助阀(另加设的中间"记忆"元件)输出的辅助信号;t、d 分别为辅助阀 K 的两个时间控制信号。

图16-9(a)所示为辅助阀排除障碍的逻辑原理图,图16-9(b)所示为其回路原理图。图中 K 为双气控二位三通(亦可为二位五通等)阀,当信号(t)有压力时使 K 阀有输出,而当信号 d 有压力时 K 阀换位切断,无输出。

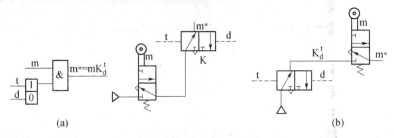

图 16-9 采用中间记忆元件排障回路

很明显,满足消障要求的参与信号 t、d 不能同时存在,只能一先一后存在,从 X-D 线图上看,t 与 d 二者不能重合,用逻辑代数式来表示,必须满足下列制约关系:td = 0。

在用辅助阀排障中,辅助阀的控制信号(中间记忆元件)t、d 的选择原则是:

(1) 信号 t 是使 K 阀"输出"的时间控制信号,其起点必须选在信号 m 起点之前(或同时),其终点应在信号 m 的无障碍段中。

(2) 信号 d 是使 K 阀"切断"的时间控制信号,其起点必须在信号 m 的无障碍段中,其终点应在 t 起点之前。

图 16-10 所示为辅助阀(中间记忆元件)时间控制信号选择的示意图。

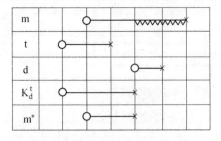

图 16-10 辅助阀时间控制信号的

图 16-11 所示为图 16-1 所示行程程序回路即动作程序为"$A_1B_1B_0A_0$"程序回路,有障碍信号 a_1 和 b_0 存在。用辅助阀法排除障碍后的新 X-D 线图。注意辅助信号及其时间控制信号的起点和终止点等标注情况及其表示形式,备注栏的使用、标定、含义等。

还需提示一种情况是:在 X-D 图分析中,如果有信号线与动作线等长情况,它不加排除短时间后也能自动消失,只是通常会使某个行程动作的开始比预定理想的动作情况

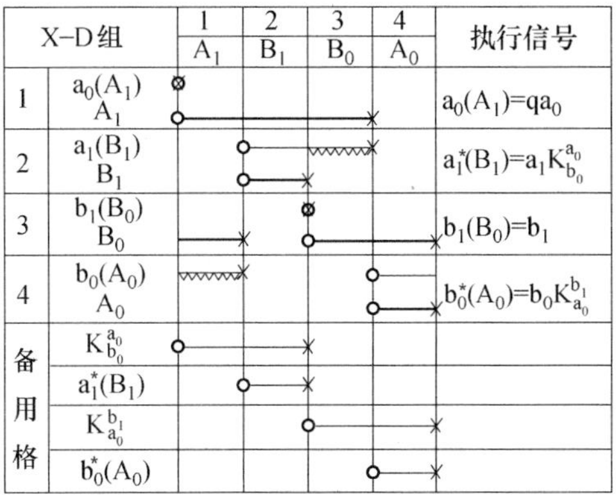

X-D组		1 A_1	2 B_1	3 B_0	4 A_0	执行信号
1	$a_0(A_1)$ A_1					$a_0(A_1)=qa_0$
2	$a_1(B_1)$ B_1					$a_1^*(B_1)=a_1 K_{b_0}^{a_0}$
3	$b_1(B_0)$ B_0					$b_1(B_0)=b_1$
4	$b_0(A_0)$ A_0					$b_0^*(A_0)=b_0 K_{a_0}^{b_1}$
备用格	$K_{b_0}^{a_0}$					
	$a_1^*(B_1)$					
	$K_{a_0}^{b_1}$					
	$b_0^*(A_0)$					

图 16-11 "$A_1 B_1 B_0 A_0$"辅助阀消障处理后的 X-D 图

产生少许的时间滞后,则此信号可称为瞬时障碍信号。一般可不予考虑,特殊情况除外,但必须加以注意。

在图 16-11 中排除障碍后的执行信号 $a_1^*(B_1)$ 和 $b_0^*(A_0)$ 实际上也还是属于这种类型。

16.3.4 绘制气动程序控制逻辑原理图(简称逻辑原理图)

根据经过分析、信号处理步骤后已经正确的 X-D 线图的逻辑关系,利用相应逻辑符号,用正确线路连接,则生成控制系统逻辑原理接线图。

图 16-12 所示为经过对执行信号表达式及考虑气动、手动、自动、运行中安全、复位需要等正确加以充分考虑、分析后画出的。必须保证其正确性,否则,根据其画出的气动逻辑回路会出现错误。

画出逻辑原理图后,就可以较快地画出气动回路原理图,可见,它是由 X-D 图画出气动控制回路原理图的桥梁。

1. 气动逻辑原理图的基本组成及符号

(1) 在逻辑原理图中,主要以逻辑"与"、"或"、"非"、"是"、"记忆"等逻辑符号表示回路逻辑关系。其中每个逻辑符号可理解为逻辑运算符号,不一定总代表某一确定的逻辑元件,这是因为逻辑图上的某些逻辑符号,在气动回路原理上可由多种方案加以合理表示和实现。例如逻辑"与",即可以用一种逻辑元件实现,也可由两个气阀合理连接实现。

(2) 执行元件的表示。因为缸的输出,主要由气动主控阀的输出加以控制,因为气动主控阀常具有记忆能力,因而可用逻辑记忆符号(转换器)表示。输出动作画成接口,并注相应的输出动作字母,表示其控制的缸动作。

(3) 行程发信装置主要是行程阀,也包括外部信号输入装置:如启动阀、运行安全阀、复位阀等。这些用小方框,格内加上对应不同控制字母符号表示各种原始信号(简画时,可不画小方框),而在小方框上方画相应的字母符号或相关文字说明,表示各种手动阀或自动阀,如图 16-12 左侧所示。

2. 气动逻辑原理图的画法

根据经过各种处理后完成的准确的 X-D 图,按照执行信号栏中的逻辑表达式,使用

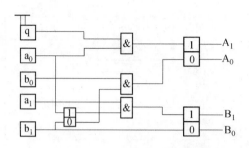

图 16-12 "$A_1B_1B_0A_0$"逻辑原理图

上述逻辑符号,按以下步骤绘制:

(1) 把系统中每个执行元件的两种状态与主控阀逻辑符号相联后,自上而下,通常按程序顺序,一个个地画在图的右侧,标清缸号。

(2) 把发信器(如行程阀)大致对应其所控制的元件,同样一一布置于图的左侧。留出连线空间。

(3) 左侧上方画出为操作需要而增加的阀(如启动阀)。

(4) 按执行信号逻辑表达式中的逻辑符号之间的关系,完成接线,并检查无误。

图 16-12 所示为根据图 16-11 的 X-D 线图而绘制的逻辑原理图。

16.3.5 气动回路图的绘制

由图 16-12 逻辑原理图可知,行程程序"$A_1B_1B_0A_0$"的半自动回路(程序)需用 1 个启动阀、4 个行程阀和 3 个双输出记忆元件(二位四通阀),3 个"与"门可由元件串联来实现。

图 16-13 所示为由此逻辑原理图绘出的气动回路图。气动主回路用一定尺寸的粗实线绘制;控制回路多用虚线绘制,有的复杂回路用细实线。注意交叉处处理、符号的新标准和分布标志等。

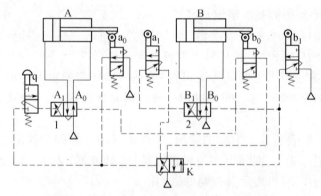

图 16-13 消障后的"$A_1B_1B_0A_0$"气动回路图

图 16-13 中,q 为启动阀,K 为辅助阀(中间记忆元件)。在画气动回路原理图时,特别要注意的是哪个行程阀直接与气源相接,即有源元件,哪个行程阀不能与气源直接相连,即无源元件。判断二者的一般规律是:无障碍的原信号为有源元件,如图 16-13 中的 a_0、b_1。而有障碍的原信号,若用逻辑回路法排障,则为无源元件;若用辅助阀排障,则

只需使它们与辅助阀、气源串接即可,如图 16-13 中的 a_0,b_0 信号。

16.3.6 气动回路图的应用说明

从系统组成可以看见,该类系统通常没有电磁铁、行程开关等电器类元件,却能实现比较复杂的动作循环。有较高的自动性能,适用于许多特殊、危险(例如易燃、易爆、敏感药装填等)场合。

16.4 多缸多往复行程程序回路设计举例

多缸多往复行程程序回路(以后简称多往复行程程序回路),是指在同一个动作循环中,至少有一个缸往复动作两次或以上,其设计步骤与前述单往复行程程序回路设计步骤、方法基本一致。

本节以两个气缸多往复行程程序回路为例简要说明该回路的设计方法。该回路的工作程序及信号如下所示:

$$q-(qa_0) \longrightarrow A_1 \xrightarrow{a_1} B_1 \xrightarrow{b_1} B_0 \xrightarrow{b_0} B_1 \xrightarrow{b_1} B_0 \xrightarrow{b_0} A_0 \xrightarrow{a_0}$$

可见,其行程程序最简式为:"$A_1B_1B_0B_1B_0A_0$"。

16.4.1 画 X-D 线图

根据第 3 节中所述的 X-D 图的绘制方法,画出"$A_1B_1B_0B_1B_0A_0$"的 X-D 图并分析。

(1) 横行内可以分析出,节拍一共有 6 个,(1、2、3、4、5、6)写入;第二横行内相应填入二缸存在的 6 种动作节拍"$A_1B_1B_0B_1B_0A_0$"。

(2) 竖行(1、2、3、4)指两缸存在 4 种动作。

(3) 出现的同一缸同一动作线可以都画在 X-D 线图的同一行。如,"A_1"都画在第一行;"B_1"的动作线都画在第二行内。对应同理,把同一动作不同信号控制线也错落地画在动作线的上方。如 a_0(A_1)、等。特别注意信号分层要清楚,标出对应信号字母要清晰。

(4) 把控制不同动作的同名信号线,在相对应的格内补齐,如,b_0"B_1"要在第二行补齐;b_0"A_0"要在第四行补齐。

这样就得到了"$A_1B_1B_0B_1B_0A_0$"的 X-D 图,如图 16-14 所示。

16.4.2 判断和消障

利用 X-D 线图,判断障碍信号时,要十分仔细小心,分清障碍信号类型。凡是信号线长于动作线的信号,属于 I 型障碍信号;而有信号线而无动作线或信号线重复出现,而引起的障碍则称为 II 型障碍信号。

在图 16-14 中,仔细分析会发现,a_1 信号存在 I 型障碍,b_0 信号既有 I 型障碍,也存在 II 型障碍。在多往复行程程序回路的设计中,其障碍信号有其本身的特点,不但有 I 型障碍信号还有 II 型障碍信号,其排除障碍信号的方法与前述单往复行程程序回路也不完全相同。

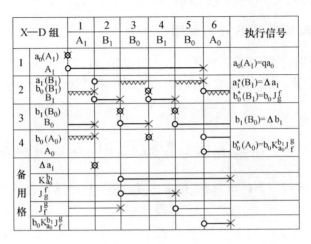

图 16-14 消障后的"$A_1B_1B_0B_1B_0A_0$"X-D 图

1. 障碍信号的消除

(1) 消除 I 型障碍信号的方法与第三节所述方法相同,例如 a_1 信号的消障方法,就是用脉冲信号法。

(2) 不同节拍的同一动作,由不同信号控制。对两个控制一种动作的不同控制信号,仅需用"或"元件进行处理,就可解决。例如,B_1 动作(2、4 节拍)的控制,用 $a_1^* + b_0^* = B_1$ 方法处理即可。

(3) 消除 II 型障碍信号:对重复出现在不同节拍内控制不同动作的 II 型障碍信号。消除它的根本方法就是对重复信号给以正确合理的分配。

2. 重复信号的分配

由 X-D 图(或程序)分析可知:第一个 b_0 信号(动作 2 行,3 节拍)应是动作 B_1 的主控信号;而第二个 b_0 信号(动作 2 行,5 节拍)应是动作 A_0 的主控信号。

1) 分配方法

为了正确分配这个重复信号 b_0,需要在两个 b_0 信号之前确定两个辅助信号,在此用 a_0 和 b_1 信号。a_0 是独立信号,出现在第一个 b_0 信号之前;而 b_1 虽然是非独立信号,它却是两重复信号间的唯一存在的可用信号。充分考虑这些信号组成,分配逻辑元件和线图。如图 16-15(a)所示。图中逻辑"与"门 Y_3 和单输出记忆元件 R_1 是为提取第二个 b_1 信号做制约信号而特别设置的元件。

2) 信号分配后的工作原理

(1) 首先 a_0 信号输入,使双输出记忆元件 $R_2=0$,为第一个 b_0 信号提供起制约作用的辅助信号。同时,也使单输出记忆元件 $R_1=0$,使它也无输出。

(2) 当第一个信号 b_1 输入后,逻辑"与门"Y_3 无输出(前面,已知 $R_1=0$);而第一个 b_0 输入后,逻辑"与门"Y_2 输出执行信号 $b_0^*(B_1)$,去控制 B_1 动作,同时使 $R_1=1$,为第二个 b_0 信号提供制约的辅助信号。当第二个 b_0 到来时,逻辑"与门"Y_2 输出,使 $R_2=1$,为第二个 b_0 提供制约的辅助信号。

(3) 当第二个 b_0 输入后,逻辑"与门"Y_1 输出执行信号 $b_0^*(A_0)$ 去控制 A_0 动作。至

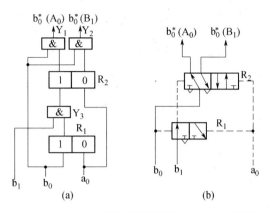

图 16-15 b_0 的分配的逻辑线路和气动回路图

此完成了重复信号 b_0 的分配。

图 16-15(b)所示为信号分配气动回路图。按上述原理,也可组成多次重复信号分配原理图,但回路将变得很复杂。因此,也可借助辅助机构和辅助行程阀或定时发信装置,完成多缸多次重复信号的分配,使分配合理简化。

它们的特点是在多往复缸行程终点,设置多个行程阀或定时发信装置,使每个行程阀只单独指挥一个动作或根据程序定时给出信号,这样就消除了重复更多的Ⅱ型障碍。

16.4.3 画出"$A_1B_1B_0B_1B_0A_0$"的逻辑原理图

根据图 16-14 的 X-D 图和图 16-15(a)中 b_0 的分配的逻辑线路图,结合以前介绍的逻辑原理图的相关知识,画出其的逻辑原理图,如图 16-16 所示。

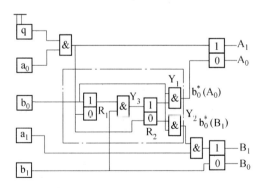

图 16-16 "$A_1B_1B_0B_1B_0A_0$"的逻辑原理图

16.4.4 画出"$A_1B_1B_0B_1B_0A_0$"气动控制回路图

根据图 16-16 "$A_1B_1B_0B_1B_0A_0$"的逻辑原理图,结合以前介绍的气动程序回路原理图的相关知识,结合消障的方法等知识,就可绘出其的气动控制回路原理图,如图 16-17 所示。

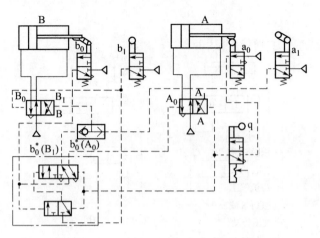

图 16-17 "$A_1B_1B_0B_1B_0A_0$"的气动回路原理图

思考题和习题

16-1 什么是Ⅰ型和Ⅱ型障碍信号？消障方法有哪些？

16-2 试绘制"$A_1B_1B_0A_0$"的 X-D 图和逻辑回路原理图，并绘制出脉冲法和辅助阀法消障的气动控制回路图。

16-3 试用 X-D 图法设计"$A_1B_1B_0B_1A_0B_0$"的逻辑原理图和气动控制回路原理图。

16-4 试绘制"$A_1B_1B_0A_0A_1A_0$"的 X-D 图和逻辑原理图。

16-5 试绘制 $A_1B_1C_1B_0A_0B_1C_0B_0$ 的 X-D 图和逻辑原理图。

参 考 文 献

[1] 雷天觉. 新编液压工程手册. 北京:北京理工大学出版社,1999.
[2] 李壮云. 液压元件与系统. 北京:机械工业出版社,2014.
[3] 官忠范. 液压传动系统. 北京:机械工业出版社,2004.
[4] 左键民. 液压与气压传动. 北京:机械工业出版社,2013.
[5] 杨曙东,何存兴. 液压传动与气压传动. 3 版. 武汉:华中科技大学出版社,2008.
[6] 周忆,于今. 流体传动与控制. 北京:科学出版社,2008.
[7] 姜继海. 液压传动. 3 版. 哈尔滨:哈尔滨工业大学出版社,2006.
[8] 成大先. 机械设计手册. 北京:化学工业出版社,2004.
[9] 王积伟,章宏甲,黄谊. 液压与气压传动. 2 版. 北京:机械工业出版社,2005.
[10] 毛卫平. 液压阀. 北京:化学工业出版社,2009.
[11] 张利平. 液压控制系统及设计. 北京化学工业出版社,2006.
[12] 刘延俊,关浩,周德繁. 液压与气压传动. 北京:高等教育出版社,2007.
[13] 蔡春源. 机械零件设计手册(续篇):液压传动和气压传动. 北京:冶金工业出版社,1979.
[14] 张利平. 液压传动系统及设计. 北京:化学工业出版社,2005.
[15] 王卫卫. 材料成型设备. 北京:机械工业出版社,2004.
[16] 吴根茂. 新编实用电液比例技术. 杭州:浙江大学出版社,2006.
[17] 周士昌. 液压系统设计. 北京:机械工业出版社,2004.
[18] 章宏甲,周邦俊. 金属切削机床液压传动. 南京:江苏科学技术出版社,1989.
[19] 宋锦春,苏东海,张志伟. 液压与气压传动. 北京:科学出版社,2006.
[20] 王惠民. 流体力学基础. 2 版. 北京:清华大学出版社,2005.
[21] 张鸿雁,张志政,王元. 流体力学. 重庆:重庆大学出版社,2008.
[22] 张国强,吴家鸣. 流体力学. 北京:机械工业出版社,2006.
[23] 周云龙. 工程流体力学题解析. 北京:中国电力出版社,2007.
[24] 张平格. 液压传动与控制. 北京:冶金工业出版社,2004.
[25] 孙峰,钱荣芳,马群力. 数字式液压缸和数字式液压系统. 液压与气动,2002(8).
[26] 汤春艳,王世耕,胡捷,等. 一种新型电液伺服系统在机械自动变速器(AMT)中的应用研究. 液压与气动,2005(5).
[27] 吴振顺. 气压传动与控制. 哈尔滨:哈尔滨工业大学出版社,2009.
[28] 陈淑梅. 液压与气压传动(英汉双语). 北京:机械工业出版社,2007.
[29] 郑洪生. 气压传动及控制. 北京:机械工业出版社,1990.
[30] 李明善. 液气压传动. 北京:机械工业出版社,2001.
[31] 徐国华. 电子综合技能实训教程. 北京:北京航空航天大学出版社,2010.
[32] 宋卫海,杨现德. 数字电子技术. 北京:北京大学出版社,2010.
[33] 宋新萍. 液压与气压传动. 北京:机械工业出版社,2013.
[34] 高殿荣. 液化与气压传动. 北京:清华大学出版社,2012.
[35] 江晓明. 液压与气压传动. 武汉:华中科技大学出版社,2013.
[36] 王洁. 液压元件. 北京:机械工业出版社,2014.